U0231272

危险废物处理工程设计

WEIXIAN
FEIWU
CHULI
GONGCHENG
SHEJI

上海市政工程设计研究总院（集团）有限公司
组织编写

王艳明　主　编
曹伟华　副主编

化学工业出版社
·北京·

内 容 简 介

本书以危险废物处理工艺设计和工程案例为主线，主要介绍了危险废物处理过程中的各种工艺路线、技术特点和工程设计要点，并提出不同类型建设项目典型案例，旨在总结危险废物处理行业的设计和建设经验，为提升行业从业人员技术能力、促进行业设计建设水平和健康发展提供理论指导、技术支撑和案例借鉴。

本书具有较强的技术应用性和针对性，可供从事危险废物处理处置及污染控制的工程技术人员、科研人员及环境管理人员参考，也可供高等学校环境科学与工程、市政工程及相关专业师生参考。

图书在版编目（CIP）数据

危险废物处理工程设计/上海市政工程设计研究总院
（集团）有限公司组织编写；王艳明主编 . —北京：化学
工业出版社，2021.8（2023.1 重印）
ISBN 978-7-122-38911-4

Ⅰ.①危… Ⅱ.①上…②王… Ⅲ.①危险材料-废物
处理 Ⅳ.①X7

中国版本图书馆 CIP 数据核字（2021）第 064875 号

责任编辑：刘兴春　卢萌萌　　　　　　装帧设计：王晓宇
责任校对：张雨彤

出版发行：化学工业出版社（北京市东城区青年湖南街 13 号　邮政编码 100011）
印　　装：北京建宏印刷有限公司
787mm×1092mm　1/16　印张 26¼　字数 614 千字　2023 年 1 月北京第 1 版第 2 次印刷

购书咨询：010-64518888　　　　　　售后服务：010-64518899
网　　址：http://www.cip.com.cn
凡购买本书，如有缺损质量问题，本社销售中心负责调换。

定　　价：198.00 元

危险废物综合处理是国家生态文明建设和环境保护的重要组成部分。特别在近年来，随着国家环保督察力度的加强，危险废物的全寿命安全处理与处置迫在眉睫，国家对危险废物管理和处理处置监管日益严格，相应颁布实施了一系列更为严格的管理规定，涵盖法律法规、规章制度、标准规范等多方面的政策措施。同时，危险废物综合处理设施作为城市重要的环保基础设施，近年来在各类工业园区相继动工建设，亦成为当前环保领域投资建设的热点。然而，目前危险废物综合处理工程建设与营运水平参差不齐，技术应用未臻成熟，行业规范明显不足，从业人才相对短缺，危险废物综合处理工程的设计与建设水平急需提升。

为促进危险废物处理行业的健康发展，本书基于国内现有的行业规范标准，结合国外先进的危险废物管理理念与处理技术，总结了危险废物处理的各种工艺路线、技术特点和工程设计要点，并提供了不同类型建设项目的典型案例。本书旨在通过总结危险废物处理行业的设计和建设经验，力求提升行业的整体建设水平和从业人员的技术能力。本书不但具有鲜明的科学技术总结价值，而且具有显著的工程参考价值，具有较强的技术应用性和针对性，可供从事危险废物处理处置及污染控制的工程技术人员、科研人员和管理人员参考，也供高等学校环境科学与工程、市政工程及相关专业师生参阅。

上海市政工程设计研究总院（集团）有限公司是国内最早从事危险废物处理工程设计咨询的设计院之一，近年来承担了众多有代表性的项目。本书是上海市政工程设计研究总院（集团）有限公司近年来开展危险废物综合处理工程设计实践成果的总结，是总院全体固废处理专业设计人员共同创新的成果。本书列入的典型项目各具特点，如列选国家首批环保规划的省级危险废物处置中心的攀枝花市危险废物处置中心项目；国内首个采用SMP（破碎混合泵送）进料技术的南通市开发区固体废物综合处理工程；国内首座处理单元功能最齐全的厦门市工业废物处置中心项目；国内首个按照危险废物填埋污染控制新标准建设的盐城市阜宁县刚性安全填埋场项目；等等。参与编写的作者深刻感受到危险废物处理工程设计是一项综合性很强的技术工作，在排放标准日益严格的今天，如何提供安全、稳定、先进、实用、便于运行操作和管理的工艺技术，需要在取得大量实践经验的基础上不断总结、不断发展。

本书由上海市政工程设计研究总院（集团）有限公司组织编写，由王艳明担任主编并负责审稿，曹伟华担任副主编。具体编写分工如下：第1章、第2章由曹伟华、姜中孝编写；第3章由王艳明、陈思编写；第4章由王艳明、陈振东、张云伟、傅沪鸣编写；第5章由曹伟华、陈思编写；第6章由付钟编写；第7章由王艳明、李砚、曹泳民编写；第8章由赵宗亭编写；第9章由戴小冬编写；第10章由俞士洵编写；第11章由费青、戴小冬、俞士洵编写；第12章由曹伟华编写；第13章由曹伟华、付钟、陈思、戴小冬、张云伟、陈振东、姜中孝、赵宗亭编写。另外，本书编写过程中得到全国危险废物处理相关同行的支持和配合，以及各个案例建设单位的支持，在此一并表示衷心感谢。

危险废物处理技术日新月异，限于编者水平及编写时间，书中不足和疏漏之处在所难免，敬请读者提出修改建议。

王艳明
2021 年 5 月于上海

目录

第8章 危险废物物化处理设计／190

第9章 废水处理设计／210

参考文献／361

附录／362

第1章 概　述

1.1 危险废物处理现状

1.1.1 危险废物的定义与分类

(1) 危险废物的定义

《中华人民共和国固体废物污染环境防治法》规定，危险废物是指列入国家危险废物名录或者根据国家规定的危险废物鉴别标准和鉴别方法认定的具有危险特性的废物。危险特性主要是指腐蚀性、毒性、易燃性、反应性、感染性等。包含上述一种或几种以上危险特性，并以其特有的性质对环境产生污染的物质定义为危险废物。

1998年，我国首次发布实施《国家危险废物名录》，并于2008年和2016年进行两次正式修订，2019年修订并发布了征求意见稿。2020年，根据《中华人民共和国固体废物污染环境防治法》的有关规定，生态环境部会同国家发展改革委、公安部、交通运输部和国家卫生健康委再次更新修订了《国家危险废物名录（2021年版）》。规定具有下列情形之一的固体废物（包括液态废物），列入名录：

① 具有腐蚀性、毒性、易燃性、反应性或者感染性等一种或者几种危险特性的；

② 不排除具有危险特性，可能对生态环境或者人体健康造成有害影响，需要按照危险废物进行管理的。

《国家危险废物名录（2021年版）》同时规定：列入《危险废物豁免管理清单》中的危险废物，在所列的豁免环节，且满足相应的豁免条件时，可以按照豁免内容的规定实行豁免管理。危险废物与其他物质混合后的固体废物，以及危险废物利用处置后的固体废物的属性判定，按照国家规定的危险废物鉴别标准执行。对不明确是否具有危险特性的固体废物，应当按照国家规定的危险废物鉴别标准和鉴别方法予以认定。

(2) 危险废物的类别

随着我国在固体废物污染特性的基础研究、鉴别等工作的逐步增强，《国家危险废物名录》将根据实际情况实行动态调整。2008年版原名录共有49个大类别400种危险废物，2016年版的《国家危险废物名录》中包括46大类479种危险废物。《国家危险废物名录（2021年版）》含46大类467种危险废物，相比于2016版减少了12种。其中：新增种类4种，删减6种；拆分增加种类3种，合并减少种类13种。此外，还修改了90种危险废物的文字表述或危险特性表述。

2016年版名录修订增加《危险废物豁免管理清单》。危险废物豁免管理可以减少危险废物管理过程中的总体环境风险，提高危险废物环境管理效率。2021版名录的附录《危险废物豁免管理清单》共32种危险废物，在2016年版《危险废物豁免管理清单》16种危险废物基础上，新增16种危险废物。

"废物类别"是在《控制危险废物越境转移及其处置巴塞尔公约》划定的类别基础上，结合我国实际情况对危险废物进行分类。"危险特性"包括腐蚀性（Corrosivity，C）、毒性（Toxicity，T）、易燃性（Ignitability，I）、反应性（Reactivity，R）和感染性（Infectivity，In）。

46大类国家危险废物如表1-1所列。

表 1-1　国家危险废物名录分类

编号	废物类别	危险特性	编号	废物类别	危险特性
HW01	医疗废物	In/T/C/I/R	HW24	含砷废物	T
HW02	医药废物	T	HW25	含硒废物	T
HW03	废药物、药品	T	HW26	含镉废物	T
HW04	农药废物	T	HW27	含锑废物	T
HW05	木材防腐剂废物	T	HW28	含碲废物	T
HW06	废有机溶剂与含有机溶剂废物	T、I、R	HW29	含汞废物	T、C
HW07	热处理含氰废物	R、T	HW30	含铊废物	T
HW08	废矿物油与含矿物油废物	T、I	HW31	含铅废物	T、C
HW09	油/水、烃/水混合物或乳化液	T	HW32	无机氟化物废物	T、C
HW10	多氯(溴)联苯类废物	T	HW33	无机氰化物废物	R、T
HW11	精(蒸)馏残渣	T、R	HW34	废酸	C、T
HW12	染料、涂料废物	T、I、C	HW35	废碱	C、T、R
HW13	有机树脂类废物	T	HW36	石棉废物	T
HW14	新化学物质废物	T/C/I/R	HW37	有机磷化合物废物	T
HW15	爆炸性废物	T、I、R	HW38	有机氰化物废物	R、T
HW16	感光材料废物	T	HW39	含酚废物	T
HW17	表面处理废物	T、C	HW40	含醚废物	T
HW18	焚烧处置残渣	T	HW45	含有机卤化物废物	T
HW19	含金属羰基化合物废物	T	HW46	含镍废物	T、I
HW20	含铍废物	T	HW47	含钡废物	T
HW21	含铬废物	T	HW48	有色金属采选与冶炼废物	T、R
HW22	含铜废物	T	HW49	其他废物	T/C/In/I/R
HW23	含锌废物	T	HW50	废催化剂	T

注：摘自《国家危险废物目录（2021版）》，危险特性根据不同小类另行细分。

（3）危险废物的鉴别

我国危险废物的鉴别管理分两个步骤：一是将《国家危险废物名录》中所列的废物纳入危险废物管理体系，可以豁免的，在收集、转移、运输、利用、处置等某方面进行豁免管理；二是未列入名录的，通过《危险废物鉴别标准》将危险性大的纳入危险废物管理体系，危险性低于一定程度的废物加以豁免。

（4）危险废物的来源

危险废物主要来自工业垃圾中的工业危废、城市垃圾中的医疗废物，以及生活垃圾中的其他危废。危险废物既有液态也有固态，产量大户是各行业的各类工业企业。行业包括：石油和天然气开采业，有色金属矿采选业，非金属矿采选业，饮料制造业，纺织业，皮革、毛皮、羽毛（绒）及其制品业，木材加工及木、竹、藤、棕、草制品业，家具制造业，造纸及纸制品业，印刷业和记录媒介的复制，文教体育用品制造业，石油加工、炼焦业，化学原料及化学制品制造业-无机化工原料生产，化学原料及化学制品制造业-有机化工原料及制品生产，化学原料及化学制品制造业-农药制造，化学原料及化学制品制造业-涂料、油墨、颜料及类似产品制造，医药制造业，橡胶制品业，塑料制品业，非金属矿物制品业，黑色金属冶炼及压延加工业，有色金属冶炼及压延加工业，金属制品业，通用设备制造业，专用设备制造业-武器弹药制造业、交通运输设备制造业、电气机械及器材制造业、通信设备、计算机及其他电子设备制造业，仪器仪表及文化、办公用机械制造业，工艺品及其他制造业，废弃资源和废旧材料回收加工业，环境管理业，卫生行业，社会源危险废物等。

不同的行业产生不同的危险废物类别，实际工作中需对照《国家危险废物名录》进行危废的分类。

目前危险废物处理同时具备市场行为和政府管控的市政特许经营属性。面对大量的危险废物处理处置缺口，各地正日益兴起完善管理措施、规划布局、实施建设等工作。由于危险废物来源行业的多元化，使其不隶属于某一特定行业领域，是一个跨行业、跨领域、跨地域，与其他行业相互交叉、相互渗透的综合性新兴行业，具备广阔的发展前景。

（5）危险废物的危害

危险废物具有多种危害特性，主要表现为与环境安全有关的危害性质（如腐蚀性、爆炸性、易燃性、反应性）和与人体健康有关的危害性质（如致癌性、致畸变性、致突变性、传染性、刺激性、毒性、放射性）。其破坏程度远大于生活垃圾和一般工业固废。

危险废物对环境的危害是多方面的，主要是通过下述途径对水体、大气和土壤造成污染。

① 对水体的污染：废物随天然降水径流流入江、河、湖、海，污染地表水；废物中的有害物质随渗滤液渗入土壤，使地下水被污染；较小颗粒随风飘迁，落入地表水，使其污染；将危险废物直接排入江、河、湖、海，会造成更大的污染。

② 对大气的污染：废物本身蒸发、升华及有机废物被微生物分解而释放出有害气体污染大气；废物中的细颗粒、粉末随风飘逸，扩散到空气中，造成大气的粉尘污染；在废物运输、储存、利用、处理处置过程中，产生有害气体和粉尘；气态废物直接排放到大气中。

③ 对土壤的污染：有害废物的粉尘、颗粒随风飘落在土壤表面，而后进入土壤中污染土壤；液体、半固体（污泥）有害废物在存放过程中或抛弃后洒漏到地面，渗入土壤；废物中的有害物质随渗滤液渗入土壤；废物直接掩埋在地下，有害成分混入土壤中污染土壤。

危险废物影响人体健康主要是通过摄入、吸入、皮肤吸收、眼接触而引起毒害，或引起燃烧、爆炸等危险性事件；长期危害包括重复接触导致的长期中毒、致癌、致畸、致变等。

危险废物带来的危害具有长期性、潜伏性和滞后性。如果对危险废物处理不当，则会因为其在自然界不能被降解或具有很高的稳定性、能被生物富集、能致命或因累积引起有害的影响等原因对人体和环境构成很大威胁。一旦其危害性质爆发出来，产生的灾难性后果将不堪设想。由于危险废物的危害性较一般固体废物更大，且具有污染后果难以预测和处置技术难度大等特点，危险废物的管理一直是各国固体废物管理的重点和难点。危险废物处理处置不当将严重制约地区的经济可持续发展。

1.1.2 我国危险废物处置现状

（1）危险废物产量现状

我国危险废物（以下简称"危废"）产生量的数据主要来源于企业向环保部门的自行申报。2010 年，环境保护部将统计口径从年产危废 10kg 调整为年产危废 1kg，因此，2011 年公布的危废产生量出现激增。根据国家统计局发布的《中国统计年鉴 2019》，2017 年全国危险废物产生量为 6936.9 万吨，较 2016 年增长 29.73%。2012～2017 年复合增长率为 15%。其中危险废物综合利用量为 4043.42 万吨，处置量为 2551.56 万吨，贮存量为 870.87 万吨。危废产量居全国前五的省份分别是山东省、江苏省、浙江省、四川省及湖南省，五省份危废产量分别为 2043.40 万吨、435.52 万吨、342.26 万吨、341.19 万吨及 328.12 万吨。

从工业危废占工业固废产生量的比例来看，发达国家多在 5% 以上，其中韩国约为 4%，日本约为 5%，美国约为 6%，瑞士约为 7%，挪威约为 8%，英国约为 10%，而我国的这一比例约为 2%。这一方面是因为我国危废管理制度不健全，大量危废产生源没有被纳入统计，造成统计数量较实际数量偏小。另一方面是因为不同于英、美等国将采选矿产生的固体废物单独进行统计，我国的工业固废中包含了大量来源于采选矿的固体废物，使得分母较大，危废对固废占比较低。参考发达国家数据低值，假设 2017 年我国工业危废占全国工业固废的产量比例为 4%，结合 2017 年我国一般工业固废产量在 33.16 亿吨，则可计算得出我国 2017 年的危废处置需求（理论值）约为 1.33 亿吨。产业结构决定了危废的类别，相比于发达国家，我国全部工业增加值占 GDP 的比重（2017 年占比为 40%）更高，第二产业占比大，而危废主要来自化工、有色金属冶炼、矿采和造纸等行业，危废产量更大。理论上来讲，危废占工业固废比例会更高。

根据生态环境部发布的《2020 年全国大、中城市固体废物污染环境防治年报》，2019 年我国 196 个大、中城市工业危险废物产生量达 4498.9 万吨，综合利用量 2491.8 万吨，处置量 2027.8 万吨，贮存量 756.1 万吨。工业危险废物综合利用量占利用处置及贮存总量的47.2%，处置量、贮存量分别占比 38.5% 和 14.3%（见图 1-1），综合利用和处置是处理工业危险废物的主要途径，部分城市对历史堆存的危险废物进行了有效的利用和处置。

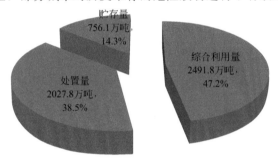

图 1-1　工业危险废物利用、处置情况

2019 年工业危险废物产生量排在前三位的省份是山东省、江苏省、浙江省。各省（区、市）大、中城市发布的工业危险废物产生情况见图 1-2。

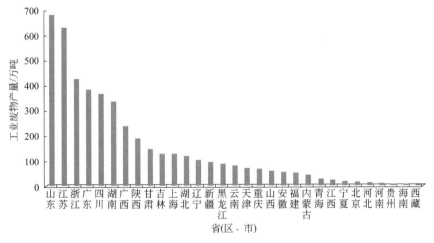

图 1-2　2019 年各省（区、市）工业危险废物产生情况

根据统计数据，全国 196 个大、中城市中，工业危险废物产生量居前 10 位的分别是山东烟台市、四川攀枝花市、江苏苏州市、湖南岳阳市、上海市、浙江宁波市、江苏无锡市、山东日照市、山东济南市以及广西梧州市（见表 1-2）。其中山东烟台市工业危险废物产生量位居首位，达到 294.3 万吨。前 10 名城市产生的工业危险废物总量为 1409.6 万吨，占全部信息发布城市产生总量的 31.3%。

表 1-2　2019 年排名前十城市危险废物产生量

序号	1	2	3	4	5	6	7	8	9	10
城市	烟台	攀枝花	苏州	岳阳	上海	宁波	无锡	日照	济南	梧州
产量/万吨	294.3	200.2	161.8	147.0	124.8	119.4	103.4	91.4	84.9	82.4

2009～2019 年，重点城市及模范城市的工业危险废物产生量、综合利用量、处置量及贮存量详见图 1-3。

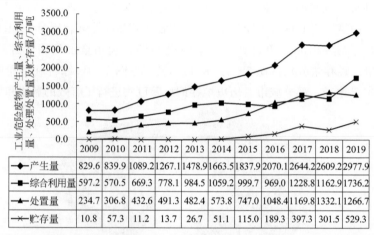

	2009	2010	2011	2012	2013	2014	2015	2016	2017	2018	2019
◆ 产生量	829.6	839.9	1089.2	1267.1	1478.9	1663.5	1837.9	2070.1	2644.2	2609.2	2977.9
■ 综合利用量	597.2	570.5	669.3	778.1	984.5	1059.2	999.7	969.0	1228.8	1162.9	1736.2
▲ 处置量	234.7	306.8	432.6	491.3	482.4	573.8	747.0	1048.4	1169.8	1332.1	1266.7
✕ 贮存量	10.8	57.3	11.2	13.7	26.7	51.1	115.0	189.3	397.3	301.5	529.3

图 1-3　2009～2019 年重点城市及模范城市的工业危险废物产生、利用、处置、贮存情况（单位：万吨）

（2）危险废弃物经营许可证数量加速增长

根据生态环境部数据，2008～2019 年全国危险废物经营许可证数量逐年增长，其中 2016～2019 年呈现加速增长的态势。截至 2019 年年底，全国各省（区、市）颁发的危险废物（含医疗废物）经营许可证共 4195 份。其中，江苏省颁发许可证数量最多，共 594 份。2019 年各省（区、市）颁发危险废物经营许可证数量情况见图 1-4。

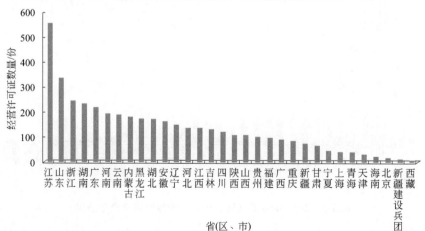

图 1-4　2019 年各省（区、市）颁发危险废物经营许可证数量

相比 2006 年，2019 年全国危险废物（含医疗废物）经营许可证数量增长 376%。2006～2019 年全国危险废物经营许可证数量情况见图 1-5。

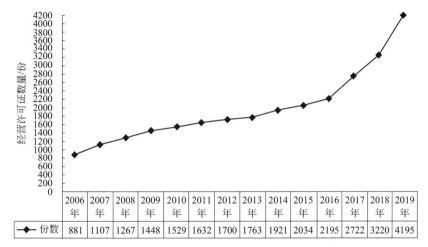

图 1-5　2006～2019 年全国危险废物经营许可证数量情况

2019 年，全国危险废物（含医疗废物）许可证持证单位核准收集和利用处置能力达到 12896 万吨/年（含收集能力 1826 万吨/年）；2019 年度实际收集和利用处置量为 3558 万吨（含收集 81 万吨），其中，利用危险废物 2468 万吨；采用填埋方式处置危险废物 213 万吨，采用焚烧方式处置危险废物 247 万吨，采用水泥窑协同方式处置危险废物 179 万吨，采用其他方式处置危险废物 252 万吨；处置医疗废物 118 万吨。2019 年各省（区、市）危险废物持证单位核准收集和利用处置能力见图 1-6。2019 年各省（区、市）危险废物持证单位实际收集和利用处置量见图 1-7。

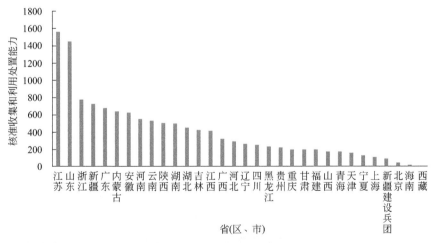

图 1-6　2019 年各省（区、市）危险废物持证单位核准收集和利用处置能力（单位：万吨/年）

相比 2006 年，2019 年危险废物实际收集和利用处置量增长 1098%。2006～2019 年危险废物持证单位核准能力及实际收集、利用处置情况见图 1-8。2006～2019 年危险废物实际收集和利用处置量逐年增长，其中 2016～2019 年呈现加速增长态势，这与危险废弃物经营许可证数量增长态势相吻合。

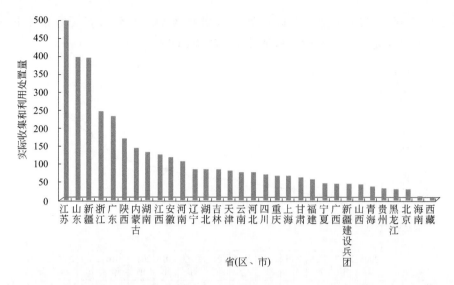

图1-7　2019年各省（区、市）危险废物持证单位实际收集和利用处置量（单位：万吨）

图1-8　2006~2019年危险废物持证单位核准能力及实际收集、利用处置情况（单位：万吨/年、万吨）

（3）危废处置行业存在的问题

危废处置技术要求高。危险废物来源广泛，种类繁多，部分批次成分复杂，企业需根据所接收危废的成分不同选择不同的预处理方法，综合利用物理、化学、生物方法对污染物进行处理。处置企业设备效率低下、运作不稳定或风险控制经验不足都可能造成二次污染。

危废处置的前期投入成本较高，设施建设较为繁琐，项目从申请到投产运营一般需要3~5年的时间。投产周期长，产能利用率低，加剧供不应求。由于危废实际经营规模增速不及危废经营许可证核准经营规模增速，导致我国危废实际产能利用率一直呈现下滑趋势。导致危废实际产能利用率较低的主要原因如下：

① 审批权限下放后，危废核准产能快速扩张，较多新增产能尚处于产能爬坡阶段；

② 存在产能区域错配，叠加跨省运输流程较复杂等因素，造成地域供需不平衡，增加无效产能；

③ 危废实际经营规模中并未包含产废企业自行利用处置的数量；

④ 处置企业虚报产能的现象严重，实际处置能力较许可证资质严重偏低。

1.1.3 危险废物处理设施建设的必要性

(1) 满足生态文明建设的需要

空气、水、土壤等自然资源用之不觉、失之难续，中华文明历来强调天人合一、尊重自然。全球工业化创造了前所未有的物质财富，也对环境造成了难以弥补的生态创伤，世界上无一国家能幸免。改革开放 40 年多来，中国经济和社会建设取得了举世瞩目的巨大成就，已经成为世界第二大经济体。与此同时，经济建设与生态环境之间的矛盾日益突出，资源紧缺、环境污染、生态失衡等一系列问题已成为制约我国经济和社会发展的瓶颈。人民对于"青山绿水"需求已成为重要的民生问题。

2013 年 9 月 7 日，国家主席习近平在哈萨克斯坦纳扎尔巴耶夫大学回答学生问题时指出，中国明确把生态环境保护摆在更加突出的位置。我们既要绿水青山，也要金山银山。宁要绿水青山，不要金山银山，而且绿水青山就是金山银山。我们绝不能以牺牲生态环境为代价换取经济的一时发展。经济发展与生态环境保护的关系，就是"金山银山"与"绿水青山"之间的辩证统一关系，必须在保护中发展，在发展中保护。

习近平同志在十九大报告中指出，加快生态文明体制改革，建设美丽中国。生态文明建设其实就是把可持续发展提升到绿色发展高度，为后人"乘凉"而"种树"，就是不给后人留下遗憾，而是留下更多的生态资产。生态文明建设是中国特色社会主义事业的重要内容，关系人民福祉，关乎民族未来，事关"两个一百年"奋斗目标和中华民族伟大复兴中国梦的实现。党中央、国务院高度重视生态文明建设，先后出台了一系列重大决策部署，推动生态文明建设取得了重大进展和积极成效。

危险废物处置不当，其中的有害物质会通过各种途径进入水体、土壤、空气中，对环境造成的危害远超一般生活垃圾。危险废物无害化处置设施的建设有利于我国环境保护事业的发展，促进生态文明建设，积极响应党中央、国务院关于生态文明建设的号召。

(2) 解决危险废物安全出路的需要

危险废物具有有毒性、易燃易爆性、腐蚀性、反应性等危险特性，对人类和环境构成严重威胁。由于危险废物的危害性以及对环境造成的严重污染，1983 年，联合国环境规划署将其污染控制问题列为全球重大环境问题之一，我国制定的《中国 21 世纪议程》和《中国环境保护 21 世纪议程》也都把危险废物的管理和处理处置列为重要工作内容。危险废物易对地下水和土壤造成污染，如不严格控制和管理、加快处理处置进度，必将对生态环境和人体健康产生严重危害。

(3) 执行国家环保法律法规的需要

发达国家在 20 世纪 70～80 年代已经对常见危险废物进行了严格的鉴别和安全处置，我国目前许多地方已经建设或正在筹建危险废物集中处理处置设施，并已积累了一定的设计、建设及运营管理经验。

(4) 符合国家产业政策

危险废物处理处置项目属于《产业结构调整指导目录》（2019 年本）中鼓励类产业第

四十三条"环境保护与资源节约综合利用"中第 8 款"危险废物（医疗废物）及含重金属废物安全处置技术设备开发制造及处置中心建设及运营"和第 15 款"'三废'综合利用与治理技术、装备和工程"。符合《当前国家重点鼓励发展的产业、产品和技术目录》中第二十六条"城市基础设施"中第 5 款"城镇垃圾及其他固体废弃物无害化、资源化、减量化处理和综合利用"、第二十七条"环境保护"中第 4 款"废弃物综合利用"。

危险废物处理处置项目的建设将有利于集中治理固体废物污染，符合国家相应的产业政策。

（5）保证社会经济可持续性发展的需要

随着国内经济的不断发展，危险废物数量和种类不断增加，需要建立完整的危险废物无害化处置设施。如果危险废物得不到及时妥善的处理，就会引发环境污染问题，长此以往会形成经济发展瓶颈，制约今后经济发展。另外，危废处置设施作为城市基础设施之一，不仅可以提升目前危险废物处置水平，提升城市形象，也为未来保驾护航，使得经济持续稳定发展。

（6）创建和谐社会的需要

民生首先需要有一个好的生存环境，而危险废物的存在不仅污染环境，有些还直接给人体造成伤害。目前危险废物分散、不规范的处理处置，将导致大气、水体和土壤的污染，破坏生态环境。例如，不规范的填埋会污染地下水及土壤，尤其重金属、高毒类废物，将造成长期危害，国内外都有深刻教训。因此，对危险废物的安全处置符合民生需求，也是构建和谐社会的重要内容之一。

1.2　危险废物主要处理技术及发展

根据《危险废物污染防治技术政策》：危险废物处置总原则是减量化、资源化和无害化，危险废物处理首推回收利用，即生产系统内无法回收利用的危险废物，通过系统外的危险废物交换、物质转化、再加工、能量转化等措施实现回收利用；其次是热处理技术，可实现危险废物的减量化和无害化，并可回收利用其余热；最终为安全填埋，适用于不能回收利用其组分和能量的危险废物。

1.2.1　危险废物热处理技术

焚烧法是一种高温热处理技术，即以一定量的过剩空气与被处理的有机废物在焚烧炉内进行氧化燃烧反应，废物中的有毒有害物质在高温下氧化、分解而被破坏。焚烧的主要目的是尽可能焚毁废物，使被焚烧的物质变为无害和最大限度的减容，并尽量减少新的污染物质产生，避免造成二次污染。因此焚烧是一种可同时实现废物无害化、减量化、资源化的处置技术。焚烧法不但可以处理固体废物，还可以处理液体废物、气体废物；不但可以处理城市垃圾和一般工业废物，还可以处理危险废物。

焚烧炉是利用燃烧方式处理废物的设备。危险废物焚烧处置就其主要工艺过程来说，与城市垃圾和一般工业废物相近，但是危险废物管理法规和标准更为严格。危险废物种类众多，形态各异，成分及特性变化很大，在设计上必须考虑各种各样的废物特性，确保在不利工况条件下系统地稳定运行。

焚烧处理的工艺和设备很多，使用范围各不相同。主要的焚烧装置有热解炉、回转窑、固定床、流化床等。目前一些应用于传统工业的热处理技术和设备开始被应用于废物的处理，如电熔玻璃炉、熔盐焚烧炉、电反应炉、电浆热解系统、红外线处理炉、低温加热处理系统、富氧焚烧等。这些技术已示范成功，虽然尚未普遍应用于危险废物的处理上，但是它们较传统焚烧技术具备特殊的优点，未来的发展及应用潜力很大。

目前，回转窑焚烧炉是用于处理危险废物最主要的炉型，可以有效适应不同形状、不同相态废物的混合焚烧处理。

（1）回转窑

回转窑也称为回转炉、旋转炉等。炉主体部分为卧式的钢制圆筒，圆筒与水平线呈 $1°\sim5°$ 倾角，筒体绕轴线转动。工业危险废物包括废矿物油、废有机溶剂、化工废水处理污泥等，需处理的危险废物中有固态的、半固态的，因此要求焚烧炉炉型对需处理的物料具有广泛的适用性和灵活性。通常采用顺流式回转窑。运行时，废物从高处一端进入回转窑，焚烧残渣从较低一端排出。液体废物可由固体废物夹带进入炉膛或通过喷嘴喷入炉膛焚烧。回转窑本体是一个由钢板（带轮、齿圈等局部加厚）卷成的圆筒，内衬耐火材料。在本体上面还有两个带轮和一个齿圈，传动机构通过小齿轮带动本体上的大齿圈，然后通过大齿圈带动回转窑本体转动。窑尾是连接回转窑本体和二燃室的过渡体，它的主要作用是保证窑尾的密封以及作为烟气和焚烧残渣的输送通道。为保证物料向下传输，回转窑必须保持一定的倾斜度；由于危险废物物料所需，焚烧时间长短不一，焚烧炉需要较大幅度的调节，其设计转速通常为 $0.1\sim1r/min$。

回转窑焚烧技术在国内外用于危险废物的焚烧处理已有成熟、可靠的设备和运行经验。因此，采用回转窑焚烧炉有利于项目的顺利建设并有助于保证安全可靠的运行，也利于操作人员的培训。而且，《危险废物污染防治技术政策》第 7 项危险废物的焚烧处置中的 7.3 条提到，危险废物的焚烧宜采用以旋转窑炉为基础的焚烧技术，可根据危险废物种类和特征选用其他不同炉型，鼓励改造并采用生产水泥的旋转窑炉附烧或专烧危险废物。

回转窑的优点：可以处理不同形状的固态、液态废物；可以处理熔点低的物质；可以分别接受固体及液体进料；可以将桶状或大型块状固体废物直接送入窑内处理；窑内气体湍流程度高，气、固体接触良好；窑内无移动的机械组件，保养容易；窑内固体停留时间可以通过调整转速来控制；温度可高达 $1200℃$ 以上，可以有效摧毁任何有毒有害物质；处理量大，可以连续稳定地处理危险废物。

回转窑的缺点：投资成本高；运转时必须小心，耐火砖维护费用高；球状及桶状物体可能会快速滚出窑外，无法完全焚烧，进炉前需预处理；过剩空气需求高，排气中粉尘含量高；热效率低。

（2）流化床焚烧炉

流化床焚烧炉由以耐火材料为衬里的垂直容器及其中的惰性颗粒物组成。空气由焚烧炉底部的通风装置进入炉内，垂直上升通过一个分配盘进入流化床的颗粒层，颗粒层由于上升气流的吹动而造成床层流化。该设施的特点是燃烧效率高、投资费用较少。但绝大多数的流化床装置通常仅接受一些特定的废物，废物混杂会干扰操作或损坏设备。

流化床焚烧炉处理危险废物的优点：燃烧室结构简单，内部没有移动的机械组件，维修费用低；燃烧效率高，单位体积的放热速率大，为其他焚烧炉的 5～10 倍；温度较低，过剩空气量小，燃料费用低；排气量较少，氮氧化物含量低，不需酸气去除洗涤塔，因此排气处理投资低；炉内温度分配均匀，炉内保持固定的热容量，所以受进料变化的影响小；废物中的卤素及硫分可用中和剂直接喷入炉内中和。

流化床焚烧炉处理危险废物的缺点：仅能直接处理液态、污泥或粒状固体物，块状及大型固体必须经过前置处理；控制系统复杂，连转时必须小心，以维持炉压、温度的分配，灰渣排除及固体进料管道易堵塞，运转费用高；尚未普遍使用，安全、有效的操作步骤尚未完全建立；排气中粉尘含量高；大型炉体的最适设计方法及理论尚未建立，设计多根据过去的经验，偏于保守，因此先期投资较高。

（3）液体喷射炉

液体喷射炉用于处理各种可由泵输送的废物（不易完全燃烧的污水、含高能量的废溶剂等）。废物通过喷嘴雾化后充分燃烧，低热值的废物需要配置辅助燃料，高能液体废物可以作为燃料供应处理系统。该系统对液体危险废物焚烧处理较有效，基本投资和运行维护费用也较低。

① 液体喷射炉的优点：可以销毁各种不同成分的液体危险废物；处理量调整幅度大；温度调节速率快；炉内中空，无移动的机械组件，维护费用低；投资费用低。

② 液体喷射炉的缺点：无法处理难以雾化的液体废物；必须配置不同喷雾方式的燃烧器和喷雾器，以处理各种黏度及固体悬浮物含量不同的废液。

（4）水泥窑协同处置技术

水泥窑协同处置与其他废物处置方式相比具有节能、环保、经济的比较优势，是目前国际上废物处置的一种重要手段，在发达国家的水泥行业已有三十多年安全运行经验。近几年，我国水泥行业利用水泥窑协同处置有了积极的尝试，并取得了显著成果。国内有数家专业公司和水泥生产企业一直致力于研发具有中国特色的水泥窑协同处置技术，已经逐步建立了一套协同处理技术体系。

水泥窑协同处置是利用新型干法水泥生产技术及设备，在正常连续稳定生产合格水泥熟料、大气污染物达标排放的基础上，对危险废物进行协同处置。其涉及的水泥生产系统设备设施主要有熟料冷却机、烧成回转窑、窑尾烟室、分解炉、多级预热器、尾气处理系统等，统称"新型干法水泥熟料烧成系统"；该系统的核心烧成设备为"烧成回转窑"，为方便起见，在论述协同处置时该系统简称为"水泥窑"。

水泥窑系统较之专业焚烧炉具有以下特点。

① 内部温度高。回转窑内气体最高温度可以达到 1800℃ 以上，主要有害成分焚毁率可达 99.999% 以上，即使很稳定的有机物也能被完全分解。

② 热工空间大。水泥回转窑是一个体积较大、慢速旋转的筒体，而且瞬时大量且稳定的生料流、气流使得热工环境相当稳定，不会轻易被相对少量的添加物过分扰动，可以维持均匀、稳定的焚烧。

③ 物料停留时间长。物料在窑中高温下停留时间长，反应充分。窑内热生料经过固相、液相、固相转化并在窑内形成稳定的湍流，自身热容量巨大且稳定，可以使废物中的

固态物质随着生料一同煅烧，少量重金属可以被熔融固化在熟料的四面体晶格中达到稳定化，有害的气体成分可以随着窑内高温烟气进行反应，在 850～1000℃ 区间停留时间远远超过 2s。

④ 相对处理规模大。新型水泥回转窑处理危废量可以占到水泥窑熟料产量的 5% 甚至更多。

⑤ 新型水泥回转窑内呈碱性气氛，可有效避免普通焚烧炉燃烧废气产生的"二次污染"问题。

⑥ 新型水泥回转窑系统是负压状态运转，烟气和粉尘不会外溢，从根本上防止了处理过程中的再污染。

⑦ 新型水泥回转窑处理工业废物的焚烧过程有吸硫、吸氯作用，因此能降低污染物综合排放量。

⑧ 水泥窑系统受废物供给的影响小。因为是"协同处置"，水泥窑系统的运转与热工环境的稳定，基本不受进入窑内废物的种类、数量、热值及特征的变化的影响。

⑨ 不产生需要后续处理的灰渣。水泥窑系统处置过程中，废物中的固态物转化成的惰性灰渣已混入水泥熟料产品中，不需另加处理。

水泥窑系统处置危废缺点如下：水泥厂协同处置受制于水泥市场，当水泥厂订单不足导致无法满负荷生产甚至停工时，就算厂内堆积再多的危废，外面的产废单位提供再高的价格，也得等恢复生产之后才能协同处置，故水泥窑协同处置本身受制于水泥厂订单数量。目前，我国仅有采用新型干法水泥生产工艺的窑炉可协同处置大部分种类的危险废物。由于我国现阶段水泥行业产能过剩，大量具有新型干法水泥生产工艺的企业将会被淘汰。因此，以现有新型干法水泥生产企业为基础，选取具备危险废物贮存场所、预处理场所、危险废物入窑设施建设空间的水泥生产企业有一定难度。

另外，水泥窑协同处置危险废物应以保证水泥产品质量和各项生产工艺正常运行为原则，氯含量高、含六价铬、含汞的危险废物均会影响水泥产品品质，不适用于水泥窑协同处置。水泥窑协同处置要求投加工艺保证危废投加量均匀稳定。危险废物入窑不均或是入窑危险废物过量，导致窑尾、分解炉等处的温度不稳定等造成系统热工环境不稳定，会影响熟料质量。

（5）等离子熔融技术

固体废弃物等离子体熔融气化处置技术，利用等离子体炬高温、高能量密度、低氧化气氛的优势，可在气化炉内产生高达 1600℃ 高温，在此温度下，固体废弃物中的有机物质（含毒性、腐蚀性、传染性物质）完全裂解气化为可燃合成气（主要成分为 CO、H_2），无机物质（含矿物质、重金属类物质）高温熔融为玻璃态物质并回收利用。和一般的焚烧方式大不一样，等离子体火炬的中心温度可高达 $(2～3) \times 10^4$℃，火炬边缘温度也可达到 3000℃ 左右。当高温高压的等离子体去冲击被处理的对象时，被处理物的分子、原子将会重新组合而生成新的物质，从而使有害物质变为无害物质，甚至能变为可再利用的资源。因此等离子体废物处理是一个废料分解和重组过程，它可将有毒有害的有机、无机废物转成有价值的产品。

等离子体高温分解的特性是：a. 温度越高，产生的分子的分子量越小；且 C/H 比越高，碳越易沉积为烟灰；b. 高温分解的许多产物的化学反应随温度降低而降低。碳、氢、氯在 300℃ 左右容易形成致癌物质［如二氧（杂）苊、呋喃等］，由于等离子体在处置废物时温度高，不易形成致癌物质，所以可以达到"零排放"。等离子体分解有机废物可得到氢气及一氧化碳，并可通过一个附属设备提取。它们可以用作化学原料去生产其他产品，如聚合物或其他化学产品。氢气是十分有价值的商业气体，可应用在多种制造日用品的工艺中，例如生产氨及塑料、药物、维生素、食用油等。它亦可为燃料电池提供能量，燃料电池被广泛认为是未来解决污染问题的洁净能源。从无机物中得到的可再生的产品包括可用于冶金工业的合成金属、可用于建筑及研磨材料的玻璃状硅石。

几乎所有废料均可被等离子体处理并转换成有用的产品。等离子体火炬处理废物有如下特点：

① 可以处理有毒、有害危险及非危险废物，包括有机的、无机的气体、液体及固体。

② 能够完全地、安全地将有毒废料转化成无毒且有使用价值的产品。

③ 符合最严格的排放标准，减容率高。

许多有毒有害的物质是不能焚烧的，例如 PCBs、农药、杀虫剂等，采用等离子技术可以安全地处理并且可以随时启动和停机。但耗电量较多，从而造成运行成本高昂。另外，虽然等离子炉的减容量很大，最大可达 90%，以处理量 1000t/d 为例，仍有 100t/d 富含重金属的底灰需填埋或再经等离子系统处理。

1.2.2 危险废物填埋处置

安全填埋是危险废物最终的处置方式，也是焚烧必须配套的最终处置工艺。《危险废物填埋污染控制标准》（GB 18598）、《危险废物贮存污染控制标准》（GB 18597）、《危险废物安全填埋处置工程建设技术要求》（环发〔2004〕75 号）等标准规范对危险废物安全填埋场建设提出了明确的要求。2019 年，生态环境部、国家市场监督管理总局发布了《危险废物填埋污染控制标准》（GB 18598—2019）。相比于原标准，2019 版新标准规范了危险废物填埋场场址选择技术要求，严格了危险废物填埋的入场标准，收严了危险废物填埋场废水排放控制要求，完善了危险废物填埋场运行及监测技术要求。

（1）柔性库区

目前国内绝大多数填埋场均采用柔性方案。采用敷设防渗膜的方式防止污染物下渗，避免污染地下水以及土壤。

根据《危险废物填埋污染控制标准》（GB 18598—2019），柔性填埋场场区的区域稳定性和岩土体稳定性应良好，渗透性低，没有泉水出露；填埋场防渗结构底部应与地下水有记录以来的最高水位保持 3m 以上的距离；柔性填埋场场址不应选在高压缩性淤泥、泥炭及软土区域；柔性填埋场厂址天然基础层的饱和渗透系数不应大于 1.0×10^{-5} cm/s，且其厚度不应小于 2m；柔性填埋场应采用双人工复合衬层作为防渗层。双人工复合衬层中的人工合成材料采用高密度聚乙烯膜时应满足 CJ/T 234 规定的技术指标要求，并且厚度不小于 2.0mm。柔性填埋场应设置渗滤液收集和导排系统，包括渗滤液导排层、导排管道和集水井。

根据《危险废物安全填埋处置工程建设技术要求》第 6.4.1 条的规定，柔性填埋场必须采用双层人工衬垫系统，其结构由下到上依次为基础层、地下水排水层、压实的黏土衬层、高密度聚乙烯膜、膜上保护层、渗滤液次级集排水层、高密度聚乙烯膜、膜上保护层、渗滤液初级集排水层、土工布、危险废物。

（2）刚性库区

随着科学技术的发展，危险废物安全填埋场建设标准不断提高。为防止池内渗滤液渗漏而污染地下水，贮存池的池底和池壁内壁需进行防渗处理。填埋池内采用钢筋混凝土与柔性人工衬层组合的防渗结构。

根据《危险废物填埋污染控制标准》（GB 18598—2019）第 4.9 条的规定，填埋场场址不能满足 4.6 条（a. 场区的区域稳定性和岩土体稳定性良好，渗透性低，没有泉水出露；b. 填埋场防渗结构底部应与地下水有记录以来的最高水位保持 3m 以上的距离）、4.7 条（填埋场场址不应选在高压缩性淤泥、泥炭及软土区域，刚性填埋场选址除外）及 4.8 条（填埋场场址天然基础层的饱和渗透系数不应大于 1.0×10^{-5} cm/s，且其厚度不应小于 2m，刚性填埋场除外）的要求时，必须按照刚性填埋场要求建设。

刚性填埋场设计应符合以下规定：

① 刚性填埋场钢筋混凝土的设计应符合 GB 50010 的相关规定，防水等级应符合 GB 50108 一级防水标准；

② 钢筋混凝土与废物接触的面上应覆有防渗、防腐材料；

③ 钢筋混凝土抗压强度不低于 $25N/mm^2$，厚度不小于 35cm；

④ 应设计成若干独立对称的填埋单元，每个填埋单元面积不得超过 $50m^2$ 且容积不得超过 $250m^3$；

⑤ 填埋结构应设置雨棚，杜绝雨水进入；

⑥ 在人工目视条件下能观察到填埋单元的破损和渗漏情况，并能及时进行修补。

1.2.3　危险废物物化处理

物化处理是将液态危险废物（含部分固态）经物理、化学法处理后，降低甚至解除其毒性、腐蚀性或反应性，为危险废物的下一处理工序提供有利条件。适于物化处理的危险废物广泛来源于金属表面处理及热处理加工，石油加工，涂料、油墨、颜料及类似产品制造，电子元件制造，基础化学原料制造，毛皮鞣制及制品，纸浆制造等多个行业。

目前国内较成熟的危废物化处理工艺包括废酸碱处理、重金属废液处理、废乳化液处理、含氟废物处理等。废酸碱多采取"酸碱中和＋固液分离"物化处理工艺；废乳化液物化处理多采用"破乳＋气浮"工艺。目前废乳化液破乳工艺有盐析法、酸化法、凝聚法、气浮法、超滤法、吸附法、混合法等。重金属废液处理常采用氢氧化物沉淀法、氟化物沉淀法、硫化法等工艺。

1.2.4　危险废物资源化利用

危险废物资源化是指从废弃物中回收有用的物质和能源。目前我国境内危险废物处置领域常涉及的资源化利用技术包括废矿物油资源化回收技术、有机废液蒸馏回收技术、电镀污泥回收重金属技术。

（1）废矿物油资源化回收技术

废矿物油再生工艺流程，我国过去分为再生及简易再生两类。再生工艺包括硫酸-白土工艺、蒸馏-白土工艺、蒸馏-硫酸-白土工艺等，将废矿物油再生成为合格的润滑油基础油，主要用于专业再生产。硫酸-白土法是用浓硫酸与油中的不良成分发生反应，生成酸渣，经沉淀后与油分离，此时，油呈酸性，再用白土处理，就可得到酸值小、安定性好的油品；但使用硫酸后，部分油发生脂化，废油回收率低；副产的酸性废渣及其他副产品，会造成二次污染，根据《废矿物油回收利用污染控制技术规范》（HJ 607—2011），目前已禁止继续使用硫酸-白土法再生废矿物油。

（2）有机废液蒸馏回收技术

在印染行业、线路板行业、电镀行业、炼油行业或其他有机化工行业中，往往会产生高浓度的有机废水（或废液），这些有机废水的 COD 浓度很高，COD≥20000mg/L，甚至高达 200000mg/L。此外，往往还含有部分碱性物质和溶解盐（TDS 1%～8%），如线路板行业的显影、脱膜槽液，橡胶塑料行业反应釜清洗废水，有机溶剂行业的生产废液，炼油厂产生的碱渣废液等。

对于这类有机废液，如果采用生物处理法进行处理，由于可生化性差、含盐量高、有机物浓度太高等原因，微生物难以培养，生化效果差，往往是要掺杂在其他废水中、经稀释上百倍后进行处理，但仍然效果差。如果采用化学氧化法处理，例如 Fenton 氧化，存在药剂添加量大、处理成本高、处理后水质无法保证等问题。如果采用通过高温彻底分解有机物的直接高温焚化法处理这种有机废液，需要消耗大量热量：必须加热至 800℃以上，有机物才能有效分解，必须将全部废水从室温升温，所耗热量大部分由燃气或燃油提供。因此，有机废水中的水含量，对于高温焚烧处理的能耗有非常大的影响，如果能够有效地将水和有机物分离，可以大幅降低处理量和处理费用。

有机废液蒸馏系统工艺：有机废液由泵从储罐输送进入蒸馏釜内，整个蒸馏系统为全封闭系统。蒸馏热源由锅炉产生的蒸汽提供。回收的有机溶剂均为相对低沸点的轻组分，通过减压蒸馏形成气态，再利用真空系统形成的负压从蒸馏釜顶通过管道收集，经过低温冷却水多级冷凝后恢复为液态馏分，由储罐收集后回用（见图1-9）。批次蒸馏结束后，开启釜底卸料口，将釜残放入收集罐内，定期送焚烧厂焚烧处置。蒸馏回收工序产生废气主要为蒸馏釜残卸料过程中泄漏的有机废气和真空系统尾气，在蒸馏釜釜底卸料区和真空系统尾气排气点设置抽风罩，将泄漏的有机废气通过管路输送到除臭设施处理。

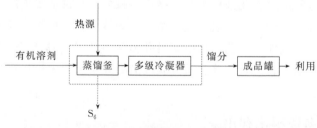

图1-9 蒸馏回收工序流程

1.3 我国危险废物管理现状

1.3.1 危险废物法规治理体系

随着危废相关禁令和政策密集出炉，危废治理市场热度逐渐提升。我国政府对危废处置行业高度重视，迄今已形成以《国家危险废物名录》为核心，覆盖从危废鉴别、转移、处置到资质、监管的危废治理法规体系。

至 2017 年，危险废物治理法规体系日趋完善。体系形成的最大标志之一是危废监管力度加大。2017 年 5 月，环境保护部发布《"十三五"全国危险废物规范化管理督查考核工作方案》，提出建立分级负责考核机制，以省（区、市）为主组织考核，国家对全国的规范化管理情况进行抽查。在落实主体责任的前提下，进一步加强危废监管。

另一方面，危废违法犯罪惩处趋严。根据《关于办理环境污染刑事案件使用法律若干问题的解释》，将"非法排放、倾倒、处置危险废物三吨以上的"认定为违反《刑法》的行为。新《环境保护法》的实施也大幅提升了危废非法经营的违法成本，"针对拒不停止的排污行为，当事人不仅需承担刑事责任，还将按日计价从重进行经济处罚，处罚金额上不封顶"。

1.3.2　危险废物管理法规和标准框架

我国危险废物管理法规框架体系是自 20 世纪 90 年代初逐步形成的，主要包括危险废物的专项及其有关的法律、法规、部门规章、地方法规、环境标准和技术指导及其规范性文件和司法解释。

这些法律法规和标准规范是危险废物处理工程管理、设计、施工、验收的重要依据。

(1) 法律法规

国家层面的主要有《中华人民共和国环境保护法》《中华人民共和国大气污染防治法》《中华人民共和国水污染防治法》《中华人民共和国环境噪声污染防治法》《中华人民共和国固体废弃物污染环境防治法》《建设项目环境保护管理条例》和《危险废物污染防治技术政策》。

另外，各省（市、区）为便于行业管理，也相应出台各种地方法规、规章制度等，例如在江苏省就有《江苏省固体废物污染环境防治条例》《江苏省危险废物转移管理办法》等。

(2) 标准和规范

主要涉及的标准和规范有《危险废物焚烧污染控制标准》（GB 18484—2020）、《危险废物贮存污染控制标准》（GB 18597—2001）、《危险废物填埋污染控制标准》（GB 18598—2019）、《国家危险废物名录》（2021 版）、《危险废物鉴别标准 通则》、《危险废物鉴别标准 腐蚀性鉴别》、《危险废物鉴别标准 急性毒性初筛》、《危险废物鉴别标准 浸出毒性鉴别》、《危险废物鉴别标准 易燃性鉴别》、《危险废物鉴别标准 反应性鉴别》、《危险废物鉴别标准 毒性物质含量鉴别》、《危险废物集中焚烧处置工程建设技术规范》（HJ/T 176）、《医疗废物集中焚烧处置工程建设技术规范》（HJ/T 177）、《危险废物收集贮存运输技术规范》（HJ 2025）和《医疗废物处理处置污染控制标准》（GB 39707—2020）。

为便于管理，地方上也出台相应的排放标准和管理规范要求，在此不一一列举。在满足国家标准和规范的同时，若有地方标准和规范，地方标准和规范也应同时满足。

1.3.3　危险废物经营监管机制

在危险废物经营监管机制里，我国目前主要有危险废物经营许可证制度、转移联单制度和申报登记制度。

2004 年国务院颁布了《危险废物经营许可证管理办法》，该管理办法分别于 2013 年以及 2016 年进行了两次修订。该规定第一章总则的第二条明确规定"在中华人民共和国境内从事危险废物收集、贮存、处置经营活动的单位，应当依照该办法的规定，领取危险废物经营许可证。"

危险废物经营许可证按照经营方式，分为危险废物收集、贮存、处置综合经营许可证和危险废物收集经营许可证。

领取危险废物综合经营许可证的单位，可以从事相应类别危险废物的收集、贮存、处置经营活动；领取危险废物收集经营许可证的单位，只能从事机动车维修活动中产生的废矿物油和居民日常生活中产生的废镉镍电池的危险废物收集经营活动。

2013 年年底，国务院下放危险废物经营许可证审批权。《危险废物经营许可证管理办法》相应修订，提出县级以上人民政府环境保护主管部门依照该办法的规定，负责危险废物经营许可证的审批颁发与监督管理工作。

其中，医疗废物集中处置单位的危险废物经营许可证，由医疗废物集中处置设施所在地设区的市级人民政府环境保护主管部门审批颁发。

危险废物收集经营许可证由县级人民政府环境保护主管部门审批颁发；危险废物综合经营许可证，由省、自治区、直辖市人民政府环境保护主管部门审批颁发。县级以上地方人民政府环境保护主管部门应当于每年 3 月 31 日前将上一年度危险废物经营许可证颁发情况报上一级人民政府环境保护主管部门备案。上级环境保护主管部门应当加强对下级环境保护主管部门审批颁发危险废物经营许可证情况的监督检查，及时纠正下级环境保护主管部门审批颁发危险废物经营许可证过程中的违法行为。

《危险废物转移联单管理办法》适用于在中华人民共和国境内从事危险废物转移活动的单位，其中规定危险废物产生单位在转移危险废物前，必须按照国家有关规定报批危险废物转移计划；经批准后，产生单位应当向移出地环境保护行政主管部门申请领取联单。产生单位应当在危险废物转移前三日内报告移出地环境保护行政主管部门，并同时将预期到达时间报告接受地环境保护行政主管部门。危险废物接受单位应当按照联单填写的内容对危险废物核实验收，如实填写联单中接受单位栏目并加盖公章。接受单位应当将联单第一联、第二联副联自接受危险废物之日起十日内交付产生单位，联单第一联由产生单位自留存档，联单第二联副联由产生单位在两日内报送移出地环境保护行政主管部门；接受单位将联单第三联交付运输单位存档；将联单第四联自留存档；将联单第五联自接受危险废物之日起两日内报送接受地环境保护行政主管部门。联单保存期限为五年；贮存危险废物的，其联单保存期限与危险废物贮存期限相同。

申报登记制度规定产生危险废物的单位，必须依照国家规定的内容和程序，如实进行申报登记。危险废物申报登记的主要内容有：所产生危险废物的种类、性质、数量、浓度、排放（或转移）去向、排放地点、排放方式（或利用、贮存、处理、处置的地点或方式）、贮存（利用、处置）场所等。

这三种制度对危险废物经营企业及危险废物的转移都做出了明确而具体的要求，建立了危废的监督检查、定期报告、台账制度等一系列经营监管机制。

第2章 危险废物处理工程设计概述

2.1 设计阶段与深度要求

2.1.1 可行性研究或项目申请报告阶段

(1) 总体要求

工程可行性研究应以批准的项目建议书和委托书为依据，结合主管部门批准意见和建设单位的总体要求进行设计。

主要任务是：在充分调查研究、评价预测和必要的勘察工作基础上，对项目建设的必要性、经济合理性、技术可行性、实施可能性进行综合性的研究和论证，对不同建设方案进行比较，提出推荐建设方案。

可行性研究的工作成果主要是提出可行性研究报告，批准后的可行性研究报告是编制设计任务书和进行初步设计的依据。

某些项目的可行性研究，经行业主管部门指定可简化为可行性方案设计（简称方案设计）。

可行性研究报告应满足设计招标及业主向主管部门上报的要求。

企业投资项目需要的项目申请报告，基本是在可行性研究基础上，按照国家项目申请报告格式进行编制，因此其深度可以参考可行性研究报告深度。

(2) 文件组成及编制深度

可行性研究文件由设计文本和图纸组成。设计文本包括各专业设计说明及投资估算等内容。设计图纸包括总体布置图、方案比较图、工艺流程图等。

文件组成及编制深度应达到建设部《市政公用工程设计文件编制深度规定》的要求。

(3) 设计文件编制大纲

设计文件编制大纲格式及内容如下，供参考；使用时应根据具体项目做调整。

第1章 概述

1.1 项目概况

项目名称、建设单位、设计单位、项目地点及项目性质。

1.2 编制依据

1.2.1 项目资料

上级主管部门有关立项的主要文件和行业主管部门批准的项目建议书；法律、方针政策性依据文件；业主的委托书及有关的合同、协议书；城市总体规划及专业规划文件；环境影响评价报告批复（若有）；工程场址红线、地形图、地质勘察报告等场地资料；工程处理对象相关的资料。

1.2.2 采用的主要规范和标准

1.3 编制范围

1.4 编制原则

设计文件的编制一般遵循国家现行的主要政策，并结合项目的主要特点。

一般采用的原则有：贯彻国家关于环境保护的基本国策，执行相关法规、政策、规范和标准；全面规划、分期实施；做到保护环境、节约资源、技术先进、经济合理、运行可靠、管理方便，适合当地实际情况，积极稳妥地采用四新技术，推进资源综合利用，充分利用现有设施。

1.5　城市概况和自然条件

1.5.1　城市历史特点、地理位置、行政区划。

1.5.2　城市性质及规模。

1.5.3　自然条件，包括地形、城市水系、气象、水文、工程地质、地震、水文地质等。

1.6　危废设施现状和规划

1.6.1　城市或地区危废设施现状

应包括与工程建设必要性、规模、工程建设相关的内容。

1.6.2　城市或地区危废设施规划

应包括城市总体规划、城市危废设施规划等。

1.7　项目建设的必要性

项目建设的必要性是工程可行性研究的重要内容，一般有以下方面的考虑：目前处理方式的不良影响，解决城市危险废物的出路问题；作为规划实施提出的要求；作为城市基础设施的重要组成，保障城市安全、社会经济可持续发展；改善城市生态环境与居住环境的需要；其他需要等。

第 2 章　工程规模论证

2.1　服务范围

说明工程服务范围。

2.2　危险废物产量预测

应详细论证危险废物产量、处理量等预测情况。

2.3　处理规模

确定合适的处理规模和处理线。

第 3 章　项目选址及建设条件

3.1　选址原则

3.2　厂址比选

根据拟定的比选场址进行方案比较，确定推荐厂址。

3.3　厂址自然概况

3.4　厂址工程地质与水文地质条件

3.5　厂址建设条件（交通状况、供排水条件、供电条件等）

第 4 章　工艺论证

4.1　工艺确定原则

4.2　焚烧工艺论证

重点介绍焚烧炉、烟气处理等工艺论证。

第 5 章　总图运输

5.1　总图布置

5.1.1　布置原则

5.1.2　总图布置具体介绍

包括总图方案比选，并介绍推荐方案的生产区、管理区的总体布置。

5.2 交通组织

5.2.1 出入口布置

5.2.2 交通组织

介绍厂区运输车辆的交通组织。

第6章 危险废物收集运输与暂存系统

6.1 危险废物的收集运输系统

介绍收运范围、频次、收运方式。

6.2 危险废物的接收、化验

6.2.1 危险废物的计量、接收

6.2.2 危险废物的鉴定、化验

6.3 危险废物的暂存

6.3.1 危险废物暂存概况

6.3.2 危险废物暂存仓库

6.3.3 废液罐区

6.4 危险废物的收运管理

介绍收运管理相关制度、事故应急措施等。

第7章 焚烧处理工程

7.1 工艺设计基础条件

介绍焚烧处理入口参数、排放标准等。

7.2 工艺流程描述

7.3 热工衡算与物料平衡

7.4 工艺设备参数

7.5 工艺系统自动控制

7.6 物料消耗

7.7 车间布置

第8章 物化处理工程（若有，其他处理工艺章节均可参考）

8.1 工艺设计基础条件

8.2 工艺流程描述

8.3 工艺设备参数

8.4 工艺系统自动控制

8.5 物料消耗

8.6 车间布置

第9章 废水处理工程

9.1 废水产量

9.2 废水进出水质

9.3 废水处理工艺流程

9.4 废水处理设备参数

9.5 废水处理站布置

第 10 章　辅助设施与公用工程

10.1　辅助设施

辅助设施包括机修、地衡、洗车、停车等设施。

10.2　建筑设计

10.3　结构设计

10.4　给排水设计

10.5　电气设计

10.6　仪表与自控设计

10.7　暖通设计

第 11 章　主要设备清单

第 12 章　环境保护与监测

第 13 章　劳动安全与职业卫生

第 14 章　消防设计

第 15 章　节能

第 16 章　劳动定员与管理

第 17 章　建设进度计划

第 18 章　土地利用

18.1　征地拆迁计划

18.2　征地拆迁工程量

18.3　征地拆迁费用

第 19 章　投资估算

19.1　编制内容

19.2　编制依据

19.3　估算中需要说明的问题

19.4　工程投资估算

19.5　资金筹措

第 20 章　财务评价

20.1　编制说明

20.2　编制依据

20.3　财务效益分析

20.4　财务指标一览表

第 21 章　项目效益分析

21.1　经济效益

21.2　社会效益

21.3　环境效益

第 22 章　工程风险分析

应进行工程风险分析，包括社会稳定风险分析和工程安全质量分析。

第 23 章　项目招投标内容

第 24 章　结论及建议

24.1　结论

在前述论证的基础上，汇总项目建设必要性、项目建设规模、工程选址、主体工程技术方案、工程投资估算、成本测算与财务分析等内容的研究结论。

24.2　存在问题及建议

说明有待进一步研究解决的主要问题。

第25章　附图

25.1　选址区域位置图

25.2　总平面布置图

包括拟建主要建构筑物、道路、绿地等的布置、设计标高，指北针、风向玫瑰图、比例，根据需要说明功能分区、工程用地及技术参数等。

25.3　全厂工艺流程图

25.4　水量平衡图

25.5　焚烧工艺流程图

25.6　焚烧工艺物料及能量平衡图

25.7　焚烧车间平面图、立面图

第26章　附件

附件一般应包括项目建议书批复、用地批复等。

2.1.2　初步设计阶段

（1）总体要求

初步设计应根据批准的可行性研究报告进行编制。

要明确工程规模、建设目的、投资效益、设计原则和标准，深化设计方案，确定拆迁、征地范围和数量，提出设计中存在的问题、注意事项及有关建议，其深度应能控制工程投资，满足编制施工图设计、主要设备订货、招标及施工准备的要求。

（2）文件组成及编制深度

初步设计应包括：a. 设计说明书，包括设计总说明、各专业设计说明，主要设备或材料表；b. 设计图纸；c. 工程概算书。

对于规模较大、设计文件较多的项目，设计说明书和设计图纸可分册；另外，单独成册的设计图纸应有图纸总封面和图纸目录；

文件组成及编制深度应达到建设部《市政公用工程设计文件编制深度规定》的要求。

（3）设计说明书

以下按常规项目进行说明，可根据具体项目做调整。

第一章　概述

1.1　项目概况

包括项目名称、建设单位、设计单位、项目地点。

1.2　编制依据

1.2.1　项目资料

项目资料包括：批准的可研报告、环境影响评价报告及选址报告等，要求写明批准机关、文号、日期、批准的主要内容；有关的方针政策性依据文件；设计委托书（或设计合同）；业主的主要要求（如有）；城市总体规划及专业规划文件；规划、用地、环保、卫生等要求和依据资料；初勘资料及工程测量资料；等等。

1.2.2　采用的主要标准及规范

1.3　编制范围及编制内容

指合同（或协议书）中所规定的编制范围及编制内容，如超出批准的可行性研究报告，应特别说明。

一般为：编制范围、服务对象；工程的设计规模及项目组成；分期建设（应说明近期、远期的工程）的情况；承担的设计范围与分工。

1.4　设计原则

设计原则根据项目特点写，要有一定的针对性，可分为工艺设计、总图布置、环保、节能等原则。

1.5　对上一阶段批复或评审意见的响应

对于可行性研究报告（或项目申请报告）、环境影响评价的主要结论及专家意见，说明初步设计响应和调整的主要内容。

1.6　主要经济技术指标

包括主要设计规模、占地面积、经济技术指标、劳动定员、工程总投资与直接工程费、物料消耗等。

第二章　工程规模与建设目标

工程规模及建设目标一般是可行性研究阶段的主要研究内容，可按可行性研究报告的结论写。

2.1　工程规模

2.2　建设目标

根据规范和环境影响评价批复，确定工程的处理效果目标和大气、废水、噪声等排放目标。

第三章　工程建设条件

3.1　城市（或区域）概况及自然条件

包括建设现状、总体规划分期修建计划及有关情况，概述地表、地貌、工程地质、地下水水位、水文地质、气象、水文等有关情况。

3.2　现有工程概况及存在问题（如有）

针对改扩建工程应介绍现有工程设施现状并分析存在的问题。

3.3　场址概况与自然条件

3.3.1　工程位置及概况

3.3.2　地形地貌

3.3.3　水文、气象条件

3.3.4　水文地质及工程地质

3.3.5　与工程相关的边界条件（如给水、排水、电力及道路等接入条件）。

第四章　总图布置和交通运输

4.1　总图布置

包括布置原则、功能分区、平面布置、高程布置、建构筑物一览表和技术经济指标表。

4.2 交通组织

包括出入口设置、厂区运输车辆的交通组织。

第五章 工艺设计

5.1 总体工艺流程

包括工艺流程框图和全厂工艺描述。

5.2 危险废物接受和化验

包括危险废物接收流程和化验室配置要求。

5.3 危险废物暂存

包括暂存仓库、卸料站和废液罐区等。

5.4 危险废物焚烧工程（物化处理也按此参考）

介绍焚烧物料特性、平衡数据、处理要求和排放指标、工艺流程描述、预处理进料系统、焚烧系统、余热利用系统、烟气净化系统、烟风系统、压缩空气系统、自动控制系统。

5.5 废水处理工程

介绍废水产量、进出水质、废水处理工艺流程、废水处理设备参数、废水处理站布置。

5.6 辅助设施

包括机修车间、灰渣库、地衡、洗轮机、除臭设施等。

5.7 主要运行材料消耗

第六章 公用工程设计

6.1 建筑设计

6.2 结构设计

6.3 给排水设计

6.4 电气设计

6.5 仪表与自控设计

6.6 暖通设计

第七章 主要设备清单

第八章 环境保护与监测

8.1 污染源分析和环境影响评价批复要求

8.2 环境保护控制措施

8.3 环境管理和监测

第九章 劳动安全与职业卫生

9.1 生产原辅材料危害因素分析

9.2 生产过程的危险因素分析

9.3 劳动安全防护措施

9.4 职业卫生管理措施

第十章 消防设计

10.1　设计原则

10.2　总图消防

10.3　火灾危险性等级和消防水设计

10.4　灭火器配置

10.5　消防宣传和演练

第十一章　节能

11.1　编制依据

11.2　项目用能方案

11.3　节能措施和效果分析

第十二章　劳动定员与管理

12.1　机构设置

12.2　劳动定员

12.3　人员培训和管理

第十三章　工程招标及项目实施计划

13.1　实施机构及项目招标投标

13.2　工程建设进度

第十四章　投资概算

14.1　编制内容

14.2　编制依据

14.3　概算中需要说明的问题

14.4　工程投资概算

第十五章　工程风险分析

应进行工程风险分析，包括社会稳定风险分析和工程安全质量分析。

第十六章　存在问题及建议

附件

一般包括可行性研究报告批复、重要会议纪要等

（4）设计图纸

初步设计一般应包括下列图纸，根据工程内容可增加或减少。

① 总平面布置图。比例一般采用（1∶500）～（1∶1000），图上表示坐标轴线、等高线、风玫瑰（指北针）、平面尺寸，标注范围内现状和拟建的建、构筑物及主要挡墙、围墙、道路及相关位置，标示竖向设计地坪及坡比，列出构筑物和建筑物一览表、主要技术经济指标表。

② 工艺物料及能量平衡图。

③ 各子系统 PID 图。

④ 各工艺处理系统的工艺布置图。比例一般采用（1∶50）～（1∶200），图上表示出工艺布置，设备、仪表及管道等安装尺寸、相关位置、标高（绝对标高）。列出主要设备、材料一览表，并注明主要设计技术数据。

⑤ 主要单体建筑图。

⑥ 主要单体结构图。

⑦ 给排水总图。

⑧ 电气主接线图。

⑨ 控制系统图。

2.1.3 施工图设计阶段

(1) 总体要求

施工图应根据批准的初步设计进行编制，其设计文件应能满足施工、安装、加工及编制施工图预算的要求。

施工图设计文件应包括设计说明书、设计图纸、工程数量、材料设备表、修正概算或施工图预算。

施工图设计文件应满足施工招标、施工安装、材料设备订货、非标设备制作需要，并可据以进行工程验收。

(2) 文件组成及编制深度

1) 一般要求

一般为合同要求的设计图纸，包括图纸目录、设计说明、施工图纸和必要的设备、材料表。

2) 施工图设计说明

施工图设计说明应包括总说明及相关图纸的说明。

总说明主要内容应包括以下几个方面。

① 设计依据。包括摘要说明初步设计批准的机关、文号、日期及主要审批内容（若企业投资项目无初步设计批文，请业主出具书面说明文件，便于施工图设计正常开展）；施工图设计资料依据（初步设计文件及批复，红线资料，河道蓝线资料，规划用地许可等）；采用的规划、标准和标准设计；详细勘测资料（如地形图、地质详细勘察报告等）。

② 项目概况。内容一般包括工程规模、分期建设情况说明、建设地点、工艺流程、排放标准、工程子项说明，对照初步设计变更部分的内容、原因及依据等，采用的新技术的说明（如果有）。

③ 设计界面与分工。

④ 施工安装注意事项及质量验收要求：a. 施工及验收规范；b. 尺寸单位、标高系统、坐标系统的选用及注意事项；c. 建筑物、构筑物定位原则；d. 设备、管道及钢制件防腐要求；e. 管道压力等级、试压、闭水试验要求；f. 管道敷设及交叉时注意事项；g. 管道支架、吊架安装要求；h. 路面材质及施工要求；i. 机械设备安装要求。

⑤ 运行管理注意事项。

⑥ 图纸编号说明。

⑦ 其他需说明的内容

3) 设计图纸

① 总平面布置图。比例采用（1∶500）～（1∶1000），图上内容基本同初步设计，包括风玫瑰图、等高线、坐标轴线，构筑物、围栏、绿地、道路等的平面位置，注明厂界红线坐标、转弯半径及建（构）四角坐标或相对位置，建、构筑物的主要尺寸，道路地坪的标高等，并附主要建筑物（构）一览表、厂区主要技术经济指标表、图例及有关说明。

② 系统 PID 图（带控制点的工艺流程图）。

③ 单体建（构）筑物工艺设计图。比例一般采用（1∶50）～（1∶100），分别绘制平面图、剖面图及详图，表示出工艺布置，细部构造，设备，管道、阀门、管件等的安装位置和方法，详细标注各部尺寸和标高（绝对标高），引用的详图、标准图，并附设备管件一览表以及必要的说明和主要技术数据。

④ 各专业图纸，根据各专业编制深度进行绘制。

2.1.4　设计基础资料

（1）可行性研究阶段所需资料

1）规划资料

城市总体规划或区域规划；城市固废或危险废物处理规划；政府部门的方针政策、纪要等依据文件。

2）拟建项目前期已经生效的有关文件批复

① 上级主管部门有关立项的主要文件或行业主管部门批准的项目建议书。

② 环境影响评价报告批复（通常可行性研究报告中的工程方案作为环境影响评价报告的方案基础，但环境影响评价终稿及批复文件作为可行性研究报告终稿的依据）。

3）目前危险废物现状情况

① 服务范围内危险废物产量：按照《国家危险废物名录》进行分类，包括产生来源、地域分布、产生量、目前综合利用量、目前处置方法和处置量以及规划发展情况等。

② 危险废物特性，包括危险废物的含水率、种类和状态（物理状态、可燃性、化学反应性等）、低位热值。

③ 收运系统的调查，包括收集运输方式、主管部门和实施单位、主要车辆和设备、收集量和费用。

4）拟建场址比选资料

描述拟建场址的概况、交通、场地、环境等，一般需对至少两个场地进行细化比选。

5）场地资料

① 拟建场址地形图（含红线）。

② 拟建场址地质资料。

③ 场址周边环境、居民区情况。

④ 场址周边水域概况。

⑤ 场址周边道路交通情况。

⑥ 场址周边供电情况。

⑦ 场址周边给排水等管道情况。

⑧ 焚烧处理的余热利用方式、当地燃料情况等。

6）有无特殊的地方排放标准

主要是与环境影响评价相关的污水、大气、臭气等排放标准。

7）业主对项目建设内容、进度计划、资金筹措等方面的意见。

（2）初步设计阶段所需资料

1）依据文件

① 规划资料，最新的固废、环保设施规划或政府计划。

② 可行性研究报告及批复。

③ 环境影响评价报告及批复。

④ 节能、安全、卫生等评价报告及批复。

2）场地基础资料

① 批准的规划用地图及规划红线控制坐标。

② 地形图电子版。

③ 初步勘察资料。

④ 现状设施基本资料（给排水管线图、设备清单、变压器容量等）。

⑤ 外部接口条件，包括：a. 供水条件（供水点位置压力管径）；b. 雨水外排条件（周边水系或接管口位置、管径）；c. 污水外排条件（排放口或接管口位置、管径）；d. 供电条件（附近的电压等级、外线长度及相关费用）；e. 道路条件（厂外道路宽度、长度及相关费用）。

3）工艺设备资料

① 主要工艺、设备、布置的文字描述。

② 工艺流程图、平衡图、PID 图、焚烧车间布置图、设备平立面布置图。

③ 主要设备清单、规格、功率、二级负荷要求、初步询价等。

4）建设单位需求变化（相对于可行性研究阶段）

如工程内容、处理对象是否有变化，建筑设计风格、单体功能要求、宿舍房间数量等。

(3) 施工图设计阶段所需资料

1）依据文件

包括初设批复、规划、环境影响评价、节能、安全、卫生等专项评估报告及批复。

2）场地资料

① 详勘报告。

② 地形图和红线图，建议比例采用（1∶500）～（1∶1000）。

③ 项目给水、排水、供电、燃气、供热、道路交通条件。

④ 周边河道设计水位与防洪堤资料。

3）工艺设备资料

包括设备布置图、设备参数、基础条件等。

2.2 危险废物处理工程选址

2.2.1 危险废物处理工程选址要求

危险废物处理工程选址是工程设计前期非常重要的环节。随着国家用地、环境影响评价等相关政策的发展，项目选址尤其是危险废物处理工程的选址，已经成为项目能否成立的关键因素。在设计过程中，往往会遇到选址迟迟不能落实或者选址产生变更等情况。工程选址是一个复杂的系统工程，必须全面考虑当地规划、城市发展、居住环境、交通状况、地形地质条件、建设条件、公众可接收度等多种因素。因此，在项目总体设计中首先来看看项目选址需要哪些基本条件。

（1）选址基本原则

① 应符合城市总体规划、城市环境卫生专业规划的要求以及国家现行有关标准的规定和要求。

② 应满足城市环境保护和城市景观要求，并应减少其运行时产生的废气、废水、废渣等污染物对城市的影响；符合城市建设项目环境影响评价的要求。

③ 远离居住区，征地拆迁费用低。

④ 交通便利，易于连接现有或规划的快速道路，以缩短新建进场道路费用。

⑤ 有可靠的电力供应、供水水源及污水排放系统。

⑥ 应满足工程建设的工程地质条件和水文地质条件。

⑦ 尽量选择在非环境敏感地区，并能建设一定的防护隔离带，能有效控制对周边环境的影响。

（2）规范相关要求

我国已颁布的《危险废物集中焚烧处置工程建设技术规范》（HJ/T 176—2005）、《医疗废物集中焚烧处置工程建设技术规范》（HJ/T 177—2005）、《危险废物焚烧污染控制标准》（GB 18484—2020）、《危险废物贮存污染控制标准》（GB 18597—2001）、《危险废物填埋污染控制标准》（GB 18598—2019）等均对危险废物处置项目的场址选择提出了具体的要求。此外，《中华人民共和国环境保护部 2013 年（第 36 号）》文件对《危险废物贮存污染控制标准》和《危险废物填埋污染控制标准》进行了修改完善。

1）《危险废物集中焚烧处置工程建设技术规范》（HJ/T 176—2005）

① 厂址选择应符合城市总体发展规划和环境保护专业规划，符合当地的大气污染防治、水资源保护和自然生态保护要求，并应通过环境影响和环境风险评价。

② 厂址选择应综合考虑危险废物焚烧厂服务区域、交通、土地利用现状、基础设施状况、运输距离及公众意见等因素。

③ 不允许建设在《地表水环境质量标准》（GB 3838—2002）中规定的地表水环境质量Ⅰ类、Ⅱ类功能区和《环境空气质量标准》（GB 3095—2012）中规定的环境空气质量一类功能区，即自然保护区、风景名胜区、人口密集的居住区、商业区、文化区和其他需要特殊保护的地区。

④ 焚烧厂内危险废物处理设施距离主要居民区以及学校、医院等公共设施的距离应不小于 800m。

⑤ 应具备满足工程建设要求的工程地质条件和水文地质条件。不应建在受洪水、潮水或内涝威胁的地区；受条件限制，必须建在上述地区时应具备抵御百年一遇洪水的防洪、排涝措施。

⑥ 厂址选择时，应充分考虑焚烧产生的炉渣及飞灰的处理与处置，并宜靠近危险废物安全填埋场。

⑦ 应有可靠的电力供应、供水水源和污水处理及排放系统。

2）《危险废物集中焚烧处置工程建设技术规范》修订公告（环保部公告 2012 年第 33 号）

焚烧厂内危险废物处理设施距离主要居民区以及学校、医院等公共设施的距离应根据当地的自然、气象条件，通过环境影响评价确定。

3)《医疗废物集中焚烧处置工程建设技术规范》（HJ/T 177—2005）

① 厂址选择应符合全国危险废物和医疗废物处置设施建设规划及当地城乡总体发展规划，符合当地大气污染防治、水资源保护、自然保护的要求，并应通过环境影响评价和环境风险评价的认定。

② 厂址选择应符合《危险废物焚烧污染控制标准》（GB 18484—2020）和《医疗废物集中处置技术规范》（试行）中的选址要求。

③ 厂址应满足工程建设的工程地质条件和水文地质条件，不应选在发震断层、滑坡、泥石流、沼泽、流砂及采矿隐落区等地区。

④ 选址应综合考虑交通、运输距离、土地利用现状、基础设施状况等因素，宜进行公众调查。

⑤ 厂址不应受洪水、潮水或内涝的威胁，必须建在该地区时，应有可靠的防洪、排涝措施。

⑥ 厂址选择应同时考虑炉渣、飞灰处理与处置的场所。

⑦ 厂址附近应有满足生产、生活供水水源和污水排放条件。

⑧ 厂址附近应保障电力供应。

4)《危险废物焚烧污染控制标准》（GB 18484—2020）

① 危险废物焚烧设施选址应符合生态环境保护法律法规及相关法定规划要求，并综合考虑设施服务区域、交通运输、地质环境等基本要素，确保设施处于长期相对稳定的环境。鼓励危险废物焚烧设施入驻循环经济园区等市政设施的集中区域，在此区域内各设施功能布局可依据环境影响评价文件进行调整。

② 焚烧设施选址不应位于国务院和国务院有关主管部门及省、自治区、直辖市人民政府划定的生态保护红线区域、永久基本农田集中区域和其他需要特别保护的区域内。

③ 焚烧设施厂址应与敏感目标之间设置一定的防护距离，防护距离应根据厂址条件、焚烧处置技术工艺、污染物排放特征及其扩散因素等综合确定，并应满足环境影响评价文件及审批意见要求。

5)《危险废物贮存污染控制标准》（GB 18597—2001）

① 地质结构稳定，地震烈度不超过 7 度的区域内。

② 设施底部必须高于地下水最高水位。

③ 厂界应位于居民区 800m 以外，地表水域 150m 以外。

④ 应避免建在溶洞区或易遭受严重自然灾害如洪水、滑坡、泥石流、潮汐等影响的地区。

⑤ 应建在易燃、易爆等危险品仓库、高压输电线路防护区域以外。

⑥ 应位于居民中心区常年最大风频的下风向。

⑦ 集中贮存的废物堆选址除满足以上要求外，还应满足 6.3.1 款要求［基础必须防渗，防渗层为至少 1m 厚黏土层（渗透系数≤10^{-7}cm/s），或 2mm 厚高密度聚乙烯，或至少 2mm 厚的其他人工材料，渗透系统≤10^{-10}cm/s］。

6)《危险废物安全填埋处置工程建设技术要求》

① 与《危险废物填埋污染控制标准》（GB 18598—2001）相近。

② 增加内容："若确难以选到百年一遇洪水标高线以上场址，则必须在填埋场周围已有或建筑可抵挡百年一遇洪水的防洪工程"。

7)《危险废物填埋污染控制标准》（GB 18598—2019）

① 填埋场选址应符合环境保护法律法规及相关法定规划要求。

② 填埋场场址的位置及与周围人群的距离应依据环境影响评价结论确定。在对危险废物填埋场场址进行环境影响评价时，应重点考虑危险废物填埋场渗滤液可能产生的风险、填埋场结构及防渗层长期安全性及其由此造成的渗漏风险等因素，根据其所在地区的环境功能区类别，结合该地区的长期发展规划和填埋场设计寿命期，重点评价其对周围地下水环境、居住人群的身体健康、日常生活和生产活动的长期影响，确定其与常住居民居住场所、农用地、地表水体以及其他敏感对象之间合理的位置关系。

③ 填埋场场址不应选在国务院和国务院有关主管部门及省、自治区、直辖市人民政府划定的生态保护红线区域、永久基本农田和其他需要特别保护的区域内。

④ 填埋场场址不得选在以下区域：破坏性地震及活动构造区，海啸及涌浪影响区；湿地；地应力高度集中，地面抬升或沉降速率快的地区；石灰溶洞发育带；废弃矿区、塌陷区；崩塌、岩堆、滑坡区；山洪、泥石流影响地区；活动沙丘区；尚未稳定的冲积扇、冲沟地区及其他可能危及填埋场安全的区域。

⑤ 填埋场选址的标高应位于重现期不小于百年一遇的洪水位之上，并在长远规划中的水库等人工蓄水设施淹没和保护区之外。

⑥ 填埋场场址地质条件应符合下列要求，刚性填埋场除外：a. 场区的区域稳定性和岩土体稳定性良好，渗透性低，没有泉水出露；b. 填埋场防渗结构底部应与地下水有记录以来的最高水位保持 3m 以上的距离。

⑦ 填埋场场址不应选在高压缩性淤泥、泥炭及软土区域，刚性填埋场选址除外。

⑧ 填埋场场址天然基础层的饱和渗透系数不应大于 1.0×10^{-5} cm/s，且其厚度不应小于 2m，刚性填埋场除外。

⑨ 填埋场场址不能满足⑥、⑦及⑧的要求时，必须按照刚性填埋场要求建设。

8)《中华人民共和国环境保护部公告（2013 年第 36 号）》

① 应依据环境影响评价结论确定危险废物集中贮存设施的位置及其与周围人群的距离，并经具有审批权的环境保护行政主管部门批准，并可作为规划控制的依据。

② 危险废物填埋场场址的位置及与周围人群的距离应依据环境影响评价结论确定，并经具有审批权的环境保护行政主管部门批准，并可作为规划控制的依据。

2.2.2 拟选厂址的建设条件分析

建设条件是关系工程项目选址、工艺设计及项目投资的重要因素，因此在工程可行性研究及设计阶段都必须对拟选场址的各项建设条件进行深入分析。项目主要的建设条件如下：

① 批准的规划用地图及规划红线控制坐标。

② 地形图电子版。

③ 周边环境分析，附近居民等敏感点距离等。

④ 地质勘察资料。

⑤ 若是改扩建项目，必须包括现状设施基本资料（总图、给排水管线图、设备清单、变压器容量等）。

⑥ 外部接口条件。包括：供水条件（供水点位置、压力、管径），雨水外排条件（周边水系或接管口位置、管径），污水外排条件（排放口或接管口位置、管径），供电条件（附近的电压等级，外线长度及相关费用），道路条件（厂外道路宽度、长度、标高及相关费用），外部管廊如蒸汽、除盐水、天然气等条件。

所有这些外部条件必须逐条分析明确，作为项目建设的基础条件。

2.3 危险废物处理工程建设规模

危险废物处理工程建设规模应根据服务范围内的危险废物可收集处理量、分布情况、发展规划以及变化趋势等因素综合考虑确定。

（1）危险废物产生量及预测

危险废物产生量数据也来自危险废物的调研数据。根据调研数据，进行多种因素的分析预测，以确定合理的设计规模。

影响危险废物产生量的因素很多，通常危险废物产生量与经济增长率、GDP 增长率、科技发展水平、环境管理模式等很多因素有关。

危险废物的产生量与当地的工业规模、产业结构、工艺水平等有很大的关系。通常而言，伴随着工业的快速发展，危险废物产生量呈现较快发展趋势。同时随着科学技术的进步、清洁生产工艺的应用、节能减排措施的实施以及环境管理水平的提高，会从负面制约危险废物的产生。

危险废物产生量的预测有多种方法，而下面两种方法采用比较多。

① 拟合预测法。根据历史数据拟合出危险废物产生量的变化曲线，然后根据曲线进行预测。该法需要较多的历史数据。

② 产污系数法。由于危险废物与工业规模有较密切的关系，因此可以利用产污系数（每百万元工业增加值危险废物产生量）和规划的工业总产值进行预测。

针对医疗废物而言，医疗废物产生量增加与医疗机构床位的增加和床位日产垃圾量的增加有关。我国大中城市医院的医疗废物的产生量一般按住院部产生量和门诊产生量之和计算，住院部为 $0.3\sim1.0$ kg/（床·d），门诊部为 $20\sim30$ 人次产生 1kg。在实在缺乏数据时也可以采用增长率法进行预测。

（2）危险废物处理规模

危险废物处理的基本原则是安全彻底，在符合环境保护标准同时，适当兼顾远期资源化利用，进一步降低处理成本，所以合理选择处理规模尤为重要。建设规模过大，处理设施利用率不高，维修和运行费用过高，就导致处理成本和投资成本过高，不利于危险废物的收集和处理。规模过小，不利于应付突发事件，不能及时处置突发事故产生的危险废物。

在确定建设规模时，需考虑以下两个因素：一是客观因素，就是危险废物的实际产生量；另一个是环境管理的水平和废物收集水平。在实际工作中，危险废物产生量的统计数字通常不甚准确，所以在考虑申报和统计数字时，应该同时研究产业发展趋势，确定危险废物的客观产生量。环境管理水平和废物的收集水平决定着危险废物的实际处理量，因此在决定建设规模时，有些因素是难以控制的，需要根据经验和通过类比决定。

确定处理规模必须和处理工艺相结合。由于危险废物处理工艺的特殊性，处理过程中也会产生危险废物。实际设施的处理能力一般大于外来物料处理规模。因此，建设规模通常包含两层意思，一个是外来物料的处理规模，另一个是厂内各项设施的处理规模。前者来自外来的收集物料，后者来自内部各项设施的物料平衡。在实际设计过程中该两个规模必须说明清楚。

实际选型时，考虑到投资及维护费用的经济性，应尽可能选用大型的焚烧炉，同时必须是成熟的成套设备。

针对焚烧工艺而言，由于焚烧炉停炉非常不经济而且很容易损坏设备，焚烧处理工艺通常按每天 24 小时连续运行设计。但机械生产线每年均需停机维护和保养，因此焚烧处理规模及生产线配置需考虑上述特点，保障全年有效运行和全年处理量的达标。

针对物化、稳定化/固化、填埋、废水处理等工艺而言，根据其工艺特点可以间歇操作，通常按每天 8 小时工作制或更少的时间设计。污水生化处理必须考虑每天 24 小时连续运行。

2.4　总体技术路线及工程内容

基于危险废物成分复杂、种类较多、危害性大的特点，需针对各种类型的废物使用不同的处理方法，从安全性、经济性、技术可行性的角度出发，使危险废物达到资源化、减量化和无害化，通常各种废物拟采用如下处理处置方案。

（1）可燃类废物的处理

热值较高（12000～21000kJ/kg）的废物和采用其他方法处理从安全、经济角度不适用的废物，例如医药废物、废矿物油、废有机溶液、精（蒸）馏残渣等，宜采取焚烧处理。

（2）酸碱类废物、乳化液、重金属废液等的处理

目前国内针对废酸及废碱均采用中和方法进行处理，这是一种应用广泛而且成熟的技术；针对乳化液、重金属废液、含氟废液等液态废物，可以采取物化处理法。

（3）可资源化类废物处理

针对量很大且可以资源化利用的危险废物，如废矿物油、有机废液、废催化剂等，可以采取相应技术路线进行回收利用。

（4）含重金属类、固态无机废物

为避免此类废物在最终处置过程中和处置后发生浸出现象，产生二次污染，在最终处置前可采取固化、焚烧的方法进行处理，由于此类废物大部分热值很低，焚烧过程中需消耗大量辅助燃料，因此，通常针对这部分固体废物采用稳定化/固化的处理。针对部分毒性较大的含铬、砷类等废物，需先进行物化处理解毒后，再固化填埋处理。

综合性危险废物处理中心，根据各危险废物的特性和产量，可以选择成熟的组合处理工艺技术路线，包括焚烧、物化、资源化利用、稳定化/固化、安全填埋等一种或多种处理处置工艺的组合。

完整的总体工艺技术路线见图 2-1。

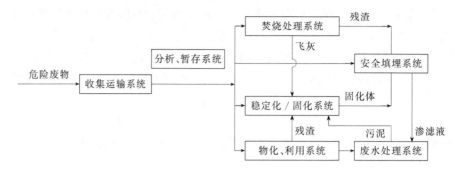

图 2-1　全厂总体工艺技术路线

（5）工程内容

考虑危险废物成分的复杂性和多变性，一般要求危险废物集中处理中心具有一定的技术研发能力，以适时应对复杂多变的废物成分和数量。

常见的危险废物处理厂，一般至少具备危险废物焚烧、填埋、物化、综合利用等一个或若干个处理单元的组合。根据国内外危险废物处理处置项目的建设和运行经验，通常由以下设施组成：a. 管理中心；b. 收集运输系统；c. 危险废物鉴定化验；d. 危险废物暂存；e. 危险废物焚烧；f. 危险废物物化及综合利用；g. 危险废物稳定化/固化；h. 危险废物安全填埋；i. 废水处理系统；j. 配套设施，包括供配电系统、仪表自动化系统、监控系统、信息管理与通信系统、给排水系统、消防系统、暖通系统、维修设施等。

上述各项设施中，根据处理对象类别不同，可选择一种或几种处理工艺的组合。工艺系统主要指危险废物焚烧、物化及综合利用、稳定化/固化、安全填埋等。综合性的危废处理项目一般包含两种或两种以上处理工艺。

工程内容宜因地制宜、一次性规划、分期实施、近远结合。

2.5　总图设计要点

（1）总图设计原则

危险废物处理设施的总图设计通常需考虑如下原则。

① 集约化原则：即最大可能地集约化用地，体现循环经济和可持续发展理念，最大化利用土地，就是节约宝贵的土地资源。

② 统筹规划、分期实施原则。

③ 功能分区明晰原则：生产区和生活区合理布局，确保人物分流。

④ 物流高效原则：物流交通组织有序、运转安全高效。

⑤ 因地制宜原则：总图布置应结合拟建场地的地形地貌，合理确定平面布局和竖向布置，土方工程基本平衡。

⑥ 环境协调原则：总图的布置充分考虑与周边的综合环境有机协调，最大限度地减少对周边环境的影响。

（2）总图设计要点

① 总图设计应根据厂址所在地区的自然条件，结合生产、运输、环境保护、职业卫

生与劳动安全、职工生活，以及电力、通信、热力、给排水、污水处理、防洪和排涝等设施，经多方案综合比较后确定。

② 人流和物流出入口的设置应符合城市交通有关要求，方便危险废物运输车进出，实现人流和物流分离。

③ 功能分区：生产区应与管理区隔离建设。

④ 厂区布局应围绕主要工艺车间（如焚烧车间）的物流与管理布置，其他各项设施应按危险废物处理流程合理安排，尽可能把物流、人员及参观流进行分离；生产附属设施和生活服务设施等辅助设施可根据社会化服务原则统筹考虑，避免重复建设。

⑤ 厂区设置围墙或其他防护栅栏，防止家畜和无关人员进入。

⑥ 若使用燃油或燃气的，应满足国家相关规范如《汽车加油加气站设计与施工规范》《城镇燃气设计规范》等有关规定。

⑦ 地磅房应设在出入口处，与厂界的距离应大于一辆最长车的长度且宜为直通式，并应具备良好的通视条件。

⑧ 洗车设施宜位于厂出口附近。

⑨ 厂内道路应根据工厂规模、运输要求、管线布置要求等合理确定，厂区道路的设置应满足交通运输、消防及各种管线的铺设要求。道路的荷载等级应根据交通情况确定。厂区主要道路的行车路面宽度不宜小于 6m，车行道宜设环形道路。消防道路的宽度不应小于 4m，消防车道转弯半径不小于 9m。

⑩ 临时停车场可设在厂区物流出口或入口附近，应充分考虑排队等作业需要。

⑪ 各单体之间的安全距离应参考《建筑设计防火规范》（GB 50016）、《石油化工企业设计防火规范》（GB 50160）的要求进行。

⑫ 宜根据规范《爆炸和火灾危险环境电力装置设计规范》（GB 50058）及《爆炸性环境用防爆电气设备 第 14 部分：危险场所分类》（GB 3836.14）的要求，划分相应的防爆区等级。

危险废物焚烧处理厂典型设施的火灾危险性类别与防爆区域参考见表 2-1。

表 2-1　典型设施的火灾危险性类别与防爆区域参考

序号	设施名称	火灾危险性类别	防爆区域参考	备注
1	焚烧车间	丁类,有些项目提高到丙类	焚烧线进料区、车间料坑区域、破碎混合泵送区。活性炭存储区考虑粉尘防爆	（1）防爆区的设定另应结合区域通风设施设计综合考虑； （2）酌情考虑防爆区域设定的范围,除应复核标准规范要求以外,还应按实际项目情况考虑
2	废液罐区、卸料站	甲/乙/丙类（根据废液类别）	全部（含区域内管廊）	
3	暂存仓库	甲/乙/丙/丁类（根据危废类别）	甲/乙类存储区域	
4	预处理车间	乙/丙类	需开包装区	
5	物化车间	丙/丁类（根据危废类别）		
6	稳定化/固化车间、废水处理车间、灰渣库、机修车间等设施	丁/戊类		

第3章 危险废物鉴别与暂存系统设计

3.1　危险废物的收集运输

3.1.1　危险废物的收集

（1）收集原则

由于危险废物种类繁多、性质复杂，应遵循分类收集的原则，严格避免各废物之间因混合而发生反应或爆炸等事故。一般而言，危险废物的收集应遵循以下原则：

① 认真执行《中华人民共和国固体废物环境污染防治法》等法规和环保标准，收运人员需接受专业培训，考核合格，带证上岗。

② 明确可接受和不可接受危险废物的内容范围，对可接受危险废物应按物化特性分类，严禁混合收集性质不相容而未经安全处置的废物。

③ 危险废物包装容器必须贴有标签，注明危险废物的名称、质量、成分、特性，运输危险废物的车辆有危险废物式样标志。

④ 危险废物收运过程应具备防止扬散、流失、渗漏等污染环境的措施，避免运输过程中的污染，减少可能造成的环境风险。

（2）标准规范

主要包括：《中华人民共和国固体废物污染环境防治法》《国家危险废物名录（2021版）》《危险化学品安全管理条例》《危险货物道路运输规则》（JT/T 617—2018）；《危险废物转移联单管理办法》（环发 1999.10.1）；《危险货物运输包装通用技术条件》（GB 12463—2009）；《危险货物包装标志》（GB 190—2009）；其他标准、规范。

（3）危险废物的收集

危险废物的收集主要在产生单位完成，包括以下 2 个方面：

① 在危险废物产生点将危险废物集中到适当的包装容器或运输车辆的活动；

② 将已包装或装到运输车辆上的危险废物集中到危险废物产生单位内部临时贮存设施的内部转运。

危险废物的收集应根据危险废物产生的工艺特征、排放周期、危险废物特征、废物管理计划等因素制订收集计划和详细的操作规程。其中收集计划应包括收集任务概述、收集目标及原则、危险废物特性评估、危险废物收集量测算、收集作业范围及方法、收集设备及包装容器、安全生产及个人防护、工程防护及应急预案、进度安排及组织管理等；操作规程内容应包括适用范围、操作程序、专用设备及工具、转移与交接、安全保障和应急防护等。

（4）包装形式

危险废物的收集应根据危废种类、数量、危险特性、物理形态、运输要求等因素确定包装形式，具体应符合如下要求。

① 包装材质要与危险废物相容，可根据废物特性采用钢、铝、塑料等材质。

② 性质类似的废物可收集到同一容器中，不相容的废物不应混合包装。

③ 危险废物包装应能有效隔断危险废物的迁移扩散途径，并达到防渗防漏要求。

④ 包装好的危险废物应设置标签。

⑤ 盛装过危险废物的包装容器破损后应按照危险废物进行管理和处置。

⑥ 危险废物收集包装应符合《危险货物运输包装通用技术条件》（GB 12463—2009）、《危险货物包装标志》（GB 190—2009）的要求。含多氯联苯废物的收集还应符合《含多氯联苯废物污染控制标准》（GB 13015—2017）的要求。医疗废物的收集详见第5章。

（5）收集及内部转运作业

① 应根据收集设备、转运车辆及现场人员配置等实际情况确定相应作业区域，并综合考虑厂区的实际情况确定转运路线，尽量避开办公及生活区，整个操作及运输线路，应设置作业界线标志及警示。

② 作业区域内应设置危险废物收集专用通道及人员避险通道。在危险废物收集、密封和移动等过程中，一定要小心操作，避免包装物损坏或割伤身体。

③ 危险废物收集及内部转运应参照《危险废物收集、贮存、运输技术规范》（HJ 2025—2012）附录A、附录B填写记录表，并将记录表作为危险废物管理的重要档案保存。

④ 收集及内部转运结束后应清理和恢复收集作业区域及转运路线的环境，确保环境整洁安全。

⑤ 收集或转运过危险废物的容器、设备、设施，均应消除污染，确保其使用安全。

3.1.2 危险废物临时贮存

危险废物要根据其成分，用符合国家标准的专门容器分类收集。装运危险废物的容器应根据危险废物的不同特性而设计，不易破损、变形、老化，能有效地防止渗漏、扩散。装有危险废物的容器必须贴有标签，在标签上详细标明危险废物的名称、质量、成分、特性以及发生泄漏、扩散、污染事故时的应急措施和补救方法。

（1）临时贮存

各危险废物产生单位应设置固定的废物临时贮存处，由产废单位、收运单位或处置单位提供盛装容器，做到危险废物从产生直到处理的整个过程中不暴露、不与外界接触。各危险废物产生单位按照各自规定的时间，由专人将产生的危险废物根据其化学相容性，分类分区堆放在专用的危险废物临时贮存场所，由收运单位收运，送至处置单位进行集中无害化处置。

危险废物贮存应满足《危险废物贮存污染控制标准》（GB 18597）的相关规定，应按危险废物的种类和特性进行分区贮存，各分区之间设置挡墙间隔并必须有可靠的防雨、防火、防雷、防扬尘、防蛀咬、通风等手段，必须有醒目的危险警告标志，要有专人管理，避免无关人员误入；要便于危险废物收集容器的回取和运输车辆的交通。其中废弃危险化学品的贮存还应满足《常用化学危险品贮存通则》（GB 15603）的要求；废弃剧毒化学品还应满足《剧毒化学品、放射源存放场所治安防范要求》（GA 1002）的要求，24小时专人看管；医疗废物的贮存详见第5章。常规临时贮存场所如图3-1所示。

（2）收集容器

危险废物含有较多的有毒有害物质，危害性强，因此要求在产源地将这些危险废物放置在专用容器内，以保证存放、装卸和转移的安全。目前国内各地均采用定做的专用容器进行危险废物收集。专用容器及其标志应满足《危险废物贮存污染控制标准》（GB 18597）的要求。根据危险废物的性质和形态，可采用不同大小和不同材质的容器进行盛装。盛装危险废物的容器根据需处置危险废物的性质、形态和数量确定，可以是钢桶、钢罐或塑料制品，国内常用的容器有带塞/带卡箍盖钢圆桶、带卡箍盖塑料桶、吨袋等。

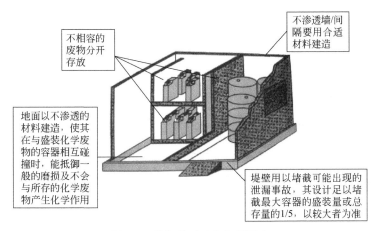

图 3-1　常规临时贮存场所示意

不同种类废物与一般容器的化学相容性如表 3-1 所列。

表 3-1　不同种类废物与一般容器的化学相容性表

废物种类	容器或内衬垫的材料							
	塑料				钢			
	高密度聚乙烯	聚丙烯	聚氯乙烯	聚四氟乙烯	低碳钢	不锈钢		
						304	316	440
酸(非氧化),如硼酸、盐酸	R	R	A	R	N	*	*	*
酸(氧化),如硝酸	R	N	N	R	N	R	R	*
碱	R	R	A	R	N	R	*	R
铬或非铬氧化剂	R	A*	A*	R	N	A	A	*
废氰化物	R	R	R	A*N	N	N	N	N
卤化或非卤化溶剂	*	N	N	*	A*	A	A	A
润滑油	R	A*	A*	R	R	R	R	R
金属盐酸液	R	A*	A*	R	A*	A*	A*	A*
金属淤泥	R	R	R	R	R	*	R	*
混合有机化合物	R	N	N	A	R	R	R	R
油腻废物	R	N	N	R	A*	R	R	R
有机淤泥	R	N	N	R	R	*	R	*
废油漆(源于溶剂)	R	N	N	R	R	R	R	R
酚及其衍生物	R	A*	A*	R	N	A*	A*	A*
聚合前驱物及产生的废物	R	N	N	*	R	*	*	*
皮革废料(铬鞣溶剂)	R	R	R	R	R	*	R	R
废催化剂	R	*	*	A*	A*	A*	A*	A*

注：A 表示可接受；N 表示不建议使用；R 表示建议使用；* 表示具有变异性，请参阅个别化学品的安全资料。

装满危险废物待运走的容器或贮罐都应清楚地标明内盛物的类别、危害、数量和装入日期。危险废物的盛装应足够安全，并经过周密检查，严防在转载、搬移或运输过程中出现渗漏、溢出、抛洒或挥发等情况。

根据《危险货物运输包装通用技术条件》（GB 12463）、《危险货物包装标志》（GB 190），结合危险废物种类、数量，一般处置单位可选择以下几种容器。

1）收集液态类危险废物的容器

① 油罐车、防腐罐车、酸碱类罐车，装油类，乳化液、酸碱类。

② 20L 小口盖塑料桶，装油类、乳化液等。

③ 200L 带塞圆钢桶，装乳化液、有机溶剂类等。

④ 200L 带塞 PE 桶，装有机溶剂、表面处理液等。

⑤ IBC 桶或吨桶。

以上容器应尽量借用化工现有通用的容器。

2）收集半固态类危险废物的容器

① 50L 中开口塑料桶，装淤泥类、油渣等。

② 200L 带卡箍圆钢桶内塑袋，装溶剂渣、污泥类。

3）收集固态类危险废物的容器

① 50kg 复合编织袋，装重金属类、废石棉等。

② 200L 带卡箍圆钢塑复合桶，装剧毒类等。

③ 100kg 麻袋内塑袋，装重金属类等。

④ 吨袋等。

塑料桶、钢塑复合桶、麻袋为周转使用，塑袋、复合编织袋为一次性使用。

危险废物收集容器、标签格式及种类标志分别如图 3-2～图 3-4 所示。

(a)   (b)

图 3-2　危险废物收集容器示意

危险废物		
主要成分： 化学商品名称：	产生单位：	（尺寸： 40cm×40cm×40cm）
危险类别： □爆炸性　□腐蚀性 □反应性　□传染性 □毒性	单位地址：	
禁忌及安全措施：	联系人：	
	电　话：	

图 3-3　危险废物标签参考格式

图 3-4 危险废物种类标志

3.1.3 运输系统

按照现行有关规定,危险废物由各个危险废物产生单位分类收集、专业处理厂集中无害化处理,因此存在危险废物由产生单位向专业处理厂转运环节。

(1) 运输方式

危险废物应综合考虑废物性质、产量、服务区域、运距、交通、路线、收运频次、经济性等因素,确定收运方式及路线,选用距离短、对沿路影响小的运输路线,避免在装、运途中产生二次污染。危险废物的运输可以采用公路运输、水路运输、铁路运输,其分别应满足《道路危险货物运输管理规定》《水路危险货物运输规则》《铁路危险货物运输管理规则》的相关规定。目前，国内一般采用公路直运的方式收集及运输危险废物。

对危险废物的运输要求安全可靠，要严格按照危险货物运输的管理规定进行，减少运输过程中的二次污染和可能造成的环境风险。首先，从事危险废物运输应持有危险废物经营许可证和交通部颁发的危险货物运输资质；其次，运输应采用专用的密闭式收集容器以及专用密闭转运车辆。

危险废物的转运属于特殊行业，需组建专业运输车队，转运车辆的采购应采用向专业生产厂家定购的方式，即委托厂家进行定做。

运输车辆应按照《道路运输危险货物车辆标志》（GB 13392）的要求设置车辆标志。车厢配备牢固的门锁；在明显位置固定产品标牌，标牌需符合《道路车辆产品标牌》（QGB/T 18411）的规定；车厢外部颜色为白色或银灰色，车厢的前部、后部和两侧喷涂警示性标识；驾驶室两侧注明转运单位名称；在驾驶室醒目位置注明仅用于危险废物转运的警示说明。危险废物运输车如图 3-5 所示。

(a)

(b)

(c)

图 3-5　危险废物运输车

转运车装载危险废物时，保证车厢内留有 1/4 的空间，以保证车厢内部空气的循环流动。车厢内设置固定装置，以保证非满载车辆紧急启动、停车或事故情况下，危险废物收集容器不会翻转。危险废物转运人员需严格按照与收集人员同等的要求穿戴相应的防护衣具。转运车辆每次卸除危险废物后，均需按照有关规程到专用的场所进行严格的清洗后才能再次使用。转运车需要维护和检修前，必须经过严格的清洗工序。转运车停用时，必须将车厢内外进行彻底清洗、晾干，锁上车门和驾驶室，停放在通风、防潮、防暴晒、无腐蚀性气体侵害的专用停车场所，停用期间不得用于其他目的的运输。

（2）应急处理措施

应急处理应严格按危险废物收集、储存、转运等规定执行。运输车辆上配备必要的急救药箱、洗眼器、灭火器，废液运输车还应配备自吸泵等应急装备。押运人员应配备防护服、胶靴、长胶手套、眼罩等，运输特殊废物的车辆还应配备防毒面具。运输过程中一旦发生事故，及时封闭现场，同时上报主管部门和相关单位——环保、公安、消防、交通等部门，针对不同情况实施处理方案，尽快妥善处理，尽可能使影响降到最低限度。

（3）运输线路

运输线路确定的原则是安全第一，同时兼顾科学性、经济性，具体组织中，还要考虑如下几点。

① 每个作业日的运输量尽可能均衡。

② 同一条线路上的收运安排尽可能紧凑，能合并运输的相容性废物尽可能合并，节省运力。

③ 收运时间尽量错开当地居民出行高峰期，避开易拥堵路段。

④ 所有运输线路优先选择国道，不得已再选择乡村公路，力求线路简短、经济快捷。

⑤ 运输路线尽量避开饮用水源保护区及其他特殊敏感区。

（4）车辆配置

一般外部运输可选用密闭厢式货车（或垃圾车）、油罐车、防酸碱罐车及车厢可卸式垃圾车等汽车；内部搬运可以使用叉车、电瓶车、载重货车等。不同种类运输车辆不得混用。

3.2　危险废物的鉴别和分析化验

3.2.1　危险废物的鉴别

危险废物的鉴别是有效管理及处理处置危险废物的首要前提。世界各国因其危险废物性质及立法的不同而存在差异，通常有名录法及特性法两种鉴别方法。中国的危险废物鉴别是采用名录法与特性法相结合的方法。对未知废物首先必须确定其是否属于《国家危险废物名录》中所列的种类。如果在名录之列，则必须根据《危险废物鉴别标准》来检测，判定其具有哪类危险特性；如果不在名录之列，也必须根据《危险废物鉴别标准》来判定其是否属于危险废物及相应的危险特性。《危险废物鉴别标准》要求检测的危险废物特性为易燃性、腐蚀性、反应性、浸出毒性、急性毒性、传染性及放射性等。

我国目前已经颁布《危险废物鉴别标准》，该标准共有 7 部分，包括《危险废物鉴别标准 腐蚀性鉴别》（GB 5085.1—2007）、《危险废物鉴别标准 急性毒性初筛》（GB 5085.2—2007）、《危险废物鉴别标准 浸出毒性鉴别》（GB 5085.3—2007）、《危险废物鉴别标准 易燃性鉴别》（GB 5085.4—2007）、《危险废物鉴别标准 反应性鉴别》（GB 5085.5—2007）、《危险废物鉴别标准 毒性物质含量鉴别》（GB 5085.6—2007）及《危险废物鉴别标准 通则》（GB 5085.7—2019）。危险废物鉴别应严格执行该标准的要求。

（1）危险废物鉴别程序

危险废物的确定有两种方式，首先确定该废物是否在《国家危险废物名录》（以下简称《名录》）之内，即列表定义鉴别法；如果确定不在《名录》之内，再根据《危险废物鉴别标准》进行判定，即危险特性鉴别法。同时《危险废物鉴别标准》也是固体废物增补列入《名录》的理由之一。

危险废物鉴别体系结构见图 3-6，常规危险废物鉴别程序见图 3-7。

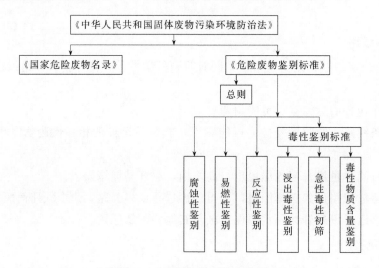

图 3-6 危险废物鉴别体系结构

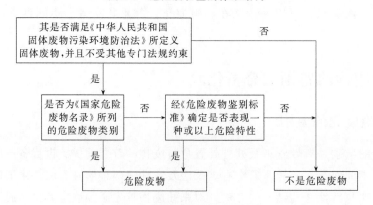

图 3-7 常规危险废物鉴别程序

第一步：依据《中华人民共和国固体废物污染环境防治法》，判定其是否满足固体废物的定义。

第二步：判定其是否满足危险废物定义，或是否为《巴塞尔公约》规定的 47 类应加控制的废物类别和具有中国废物特征的废物类别（含钡废物和含镍废物）。

第三步：依据固体废物行业来源或危险特性，判定其是否在《名录》之内。

第四步：如不在《名录》之内，则通过危险特性鉴别确定其是否表现一种或多种危险特性。

（2）危险废物鉴别规则

对于具有毒性（包括浸出毒性、有毒物质含量等鉴别特性）和感染性一种以上危险特性的危险废物，不论是与其他固体废物混合还是进行处理改变了物理特性和化学组成，这种物质仍然属于危险废物。这是由于与其他三种特性（易燃性、反应性和腐蚀性）相比，毒性化学品显示的毒性风险典型依赖于很多因素，毒性危害评估更复杂，涉及更多的变量。由于化学品通过环境迁移，它们能积累、显示长期慢性风险，即使水平低于制定的毒性特征标准。因此，不论做何种处理，毒性特征是不可能因此而完全消除的，即使处理后毒性水平有所降低，低于危险废物名录中的水平，但是这些废物中的毒性仍然由于具有持久性、生物积累性等对人体健康和环境造成潜在的威胁。因此，对于这类废物应按照危险废物来管理。

对于仅具有易燃性、反应性或腐蚀性其中一种危险特性的危险废物，不论是与其他固体废物混合还是进行处理改变其物理特性和化学组成，都属于危险废物。但是当该废物经 GB 5085.1～GB 5085.6 鉴别不具有危险特性，混合后的固体废物不属于危险废物。这是因为，由于这些性质可以通过某种方法将其特征除去，如对于易燃性危险废物，只要将其点燃，易燃性特征就不复存在；反应性危险废物，通过一定的反应，这种特性也可以除去；腐蚀性的危险废物（如废强酸与废强碱），只要将其中和同样可以消除腐蚀性。因此，对于这类废物，按照从严管理的原则，不论是与其他固体废物混合还是通过处理改变其物理特性和化学组成，我们都按照危险废物来管理。只有当废物的产生者根据危险废物鉴别标准对废物进行鉴别后，认为不具有危险特性，则按照一般废物来管理。

（3）危险废物鉴别流程

危险废物入厂时，应先核对危险废物标签上的信息与转移联单、经营合同上所列危险废物种类是否一致，如有问题，应与危险废物标签上所标明联系人取得联系，确认无误才可以进行过磅称重，严禁未标明危险废物标识或危险废物标识信息与转移联单、经营合同所列信息不一致的危险废物进入处置单位。过磅称量时，计量人员应对危险废物包装容器有无破损、泄露进行检查，发现情况应立即反馈装卸人员，确保做到转移过程中无危险废物洒落、泄露，防止污染环境。

危险废物在处置单位的鉴定是在废物计量站、暂存仓库的接收区或专用的取样区对进场废物取样，进行快速定量或定性分析，再验证"废物转移联单"和确定废物在本场区内的去向（如暂存仓库、焚烧车间等）。应根据《工业固体废物采样制样技术规范》（HJ/T 20）的要求，依据不同批次、不同产生日期分别进行定量取样，采样数量确定依据《危险废物鉴别技术规范》（HJ/T 298）。所取样品应具有代表性、准确性和可靠性，从而获得精确的、可靠的检测分析数据，为危险废物的处理利用做好准备工作。

定性分析部分可在暂存仓库的接收区或者专用取样区完成，如 pH 检测；部分需在分析化验室完成，如化学成分分析。定量分析应全部在分析化验室完成。

3.2.2 分析化验与试验研究

处置单位的分析能力必须满足危险废物处置的分析项目要求，分别设置分析化验室（从事废物鉴定与化验工作）和试验研究室（从事废物回收利用和处理处置的技术开发与研究工作）。尽管两室的工作任务有所不同，但相互之间有紧密的联系和依托关系，故分析化验与试验研究两室合并建设，以下简称化验室。

化验室在处置单位起着重要的作用。从废物进场检验、处理处置工艺确定到全场的环境安全监测，都离不开分析试验室，分析试验室对全场的生产安全、环境安全起着控制作用。化验室还承担废物处理工艺、技术的选择与研发功能。由于废物诸多的不确定性，更大量的工作是在处理过程中针对新情况确定合适的处理工艺，研究新的处理、利用技术。因此，化验室是处置单位的一个重要硬件。

(1) 分析化验的主要工作任务

① 检验进场废物的成分，验证"废物转移联单"。

② 检验各种辅助材料、各处理处置车间的中间产物组成。

③ 检验出场副产品的质量。

④ 对环境监测化验（主要是对生产区各车间废水、大气等污染源进行监测，环境质量监测可委托当地的环境监测站承担）所采样品进行室内分析；配合试验研究课题所需的试样分析。

(2) 试验研究的工作任务

技术开发与研究工作内容一般包括专题性科研课题和为处理处置工艺服务的常规试验研究工作，主要工作任务有：a. 不同危险废物热值配比的研究；b. 废物处理处置工艺条件的筛选和优化方面的研究；c. 对新增类别废物处理处置工艺的开发及工艺参数控制的研究。

(3) 危险废物特性分析内容

针对危险废物的特性分析应包括以下内容（其他专业性较强的生物检验项目，采用社会化协作方式，依托当地卫生防疫部门完成）。

1) 物理性质　主要包括物理组成、容重、尺寸等。

2) 工业分析　主要包括固定碳、灰分、挥发分、水分、灰熔点、低位热值等。

3) 元素分析和有害物质含量　主要对碳、氢、氧、氮、硫、氯、氟等元素及重金属元素进行分析。

4) 特性鉴别　主要针对废物的腐蚀性、浸出毒性、急性毒性、易燃易爆性等进行分析。

① 腐蚀性：a. 按照 GB/T 15555.12—1995 制备的浸出液，pH≥12.5，或者 pH≤2.0；b. 在 55℃条件下，对 GB/T 699 中规定的 20 号钢材的腐蚀速率≥6.35mm/a。

② 浸出毒性：浸出毒性是指固态的危险废物遇水浸沥，其中有害的物质迁移转化，污染环境，浸出的有害物质的毒性。浸出毒性鉴别标准值如表 3-2 所列。

表 3-2　浸出毒性鉴别标准值

序号	项目	浸出液中危害成分最高浓度限值/(mg/L)	分析方法
无机元素及化合物			
1	铜(以总铜计)	100	HJ/T 299 附录 A、B、C、D
2	锌(以总锌计)	100	HJ/T 299 附录 A、B、C、D
3	镉(以总镉计)	1	HJ/T 299 附录 A、B、C、D
4	铅(以总铅计)	5	HJ/T 299 附录 A、B、C、D
5	总铬	15	HJ/T 299 附录 A、B、C、D
6	铬(六价)	5	GB/T 15555.4—1995
7	烷基汞	不得检出(指甲基汞<10ng/L,乙基汞<20ng/L)	GB/T 14204—93
8	汞(以总汞计)	0.1	HJ/T 299 附录 B
9	铍(以总铍计)	0.02	HJ/T 299 附录 A、B、C、D
10	钡(以总钡计)	100	HJ/T 299 附录 A、B、C、D
11	镍(以总镍计)	5	HJ/T 299 附录 A、B、C、D
12	总银	5	HJ/T 299 附录 A、B、C、D
13	砷(以总砷计)	5	HJ/T 299 附录 C、E
14	硒(以总硒计)	1	HJ/T 299 附录 B、C、E
15	无机氟化物(不包括氟化钙)	100	HJ/T 299 附录 F
16	氰化物(以 CN⁻ 计)	5	HJ/T 299 附录 G
有机农药类			
17	滴滴涕	0.1	HJ/T 299 附录 H
18	六六六	0.5	HJ/T 299 附录 H
19	乐果	8	HJ/T 299 附录 I
20	对硫磷	0.3	HJ/T 299 附录 I
21	甲基对硫磷	0.2	HJ/T 299 附录 I
22	马拉硫磷	5	HJ/T 299 附录 I
23	氯丹	2	HJ/T 299 附录 H
24	六氯苯	5	HJ/T 299 附录 H
25	毒杀芬	3	HJ/T 299 附录 H
26	灭蚁灵	0.05	HJ/T 299 附录 H
非挥发性有机化合物			
27	硝基苯	20	HJ/T 299 附录 J
28	二硝基苯	20	HJ/T 299 附录 K
29	对硝基氯苯	5	HJ/T 299 附录 L
30	2,4-二硝基氯苯	5	HJ/T 299 附录 L
31	五氯酚及五氯酚钠(以五氯酚计)	50	HJ/T 299 附录 L
32	苯酚	3	HJ/T 299 附录 K
33	2,4-二氯苯酚	6	HJ/T 299 附录 K
34	2,4,6-三氯苯酚	6	HJ/T 299 附录 K
35	苯并[a]芘	0.0003	HJ/T 299 附录 K、M
36	邻苯二甲酸二丁酯	2	HJ/T 299 附录 K
37	邻苯二甲酸二辛酯	3	HJ/T 299 附录 L
38	多氯联苯	0.002	HJ/T 299 附录 N
挥发性有机化合物			
39	苯	1	HJ/T 299 附录 O、P、Q

序号	项目	浸出液中危害成分最高浓度 限值/(mg/L)	分析方法
挥发性有机化合物			
40	甲苯	1	HJ/T 299 附录 O、P、Q
41	乙苯	4	HJ/T 299 附录 P
42	二甲苯	4	HJ/T 299 附录 O、P
43	氯苯	2	HJ/T 299 附录 O、P
44	1,2-二氯苯	4	HJ/T 299 附录 K、O、P、Q
45	1,4-二氯苯	4	HJ/T 299 附录 K、O、P、Q
46	丙烯腈	20	HJ/T 299 附录 O
47	三氯甲烷	3	HJ/T 299 附录 Q
48	四氯化碳	0.3	HJ/T 299 附录 Q
49	三氯乙烯	3	HJ/T 299 附录 Q
50	四氯乙烯	1	HJ/T 299 附录 Q

③ 急性毒性

a. 经口摄取：固体 $LD_{50} \leqslant 200mg/kg$，液体 $LD_{50} \leqslant 500mg/kg$。

b. 经皮肤接触：$LD_{50} \leqslant 1000mg/kg$。

c. 蒸气、烟雾或粉尘吸入：$LC_{50} \leqslant 10mg/L$。

④ 易燃易爆性

a. 液态易燃性危险废物。闪点温度低于 60℃（闭杯试验）的液体、液体混合物或含有固体物质的液体。

b. 固态易燃性危险废物。在标准温度和压力（25℃，101.3kPa）下因摩擦或自发性燃烧而起火，经点燃后能剧烈而持续地燃烧并产生危害的固态废物。

c. 气态易燃性危险废物。在 20℃、101.3kPa 状态下，在与空气的混合物中体积分数 ≤13% 时可点燃的气体，或者在该状态下，不论易燃下限如何，与空气混合，易燃范围的易燃上限与易燃下限之差大于或等于 12 个百分点的气体。

5）反应性 当具有以下特性之一者，则具有反应性：

① 常温常压下不稳定，在无引爆条件下易发生剧烈变化；

② 受强起爆剂作用或在封闭条件下加热，能发生爆轰或爆炸反应；

③ 与水混合发生剧烈化学反应，并放出大量易燃气体和热量；

④ 与水混合能产生足以危害人体健康或环境的有毒气体、蒸气或烟雾；

⑤ 在酸性条件下，每千克含氰化物废物分解产生 ≥250mg 氰化氢气体，或者每千克含硫化物废物分解产生 ≥500mg 硫化氢气体；

⑥ 极易引起燃烧或爆炸的废弃氧化剂；对热、震动或摩擦极为敏感的含过氧基的废弃有机过氧化物。

6）相容性 分析共混物各组分彼此相互容纳，形成宏观均匀材料的能力。

（4）重复监测频率

每个样品平行测定 3 次，测定允许的误差范围为 1%～1.5%，如超出该范围必须重新进行化验分析。

(5) 一般性分析测定方法

一般性分析测定方法如表 3-3 所列。

表 3-3　一般性分析测定方法表

序号	检测项目	分析及测定方法
1	COD	重铬酸盐法
2	BOD	稀释与接种法
3	pH 值	玻璃电极法
4	大肠杆菌	多管发酵法
5	硫化氢	气相色谱法
6	悬浮物	重量法
7	氨	次氯酸钠-水杨酸分光光度法
8	铵	滴定法
9	氟化物	氟试剂分光光度法
10	氰化物	硝酸银滴定法
11	氯化物	硝酸银容量法
12	多氯联苯	气相色谱法
13	总铬/六价铬	二苯碳酰二肼分光光度法 火焰原子吸收分光光度法 硫酸亚铁铵滴定法
14	汞	冷原子吸收分光光度法 气相色谱法
15	铅	原子吸收分光光度法
16	锌	原子吸收分光光度法
17	铜	原子吸收分光光度法
18	镉	原子吸收分光光度法
19	镍	原子吸收分光光度法
20	铍	石墨炉原子吸收分光光度法 铍试剂 II 光度法
21	钡	电位滴定法
22	钼	火焰原子吸收分光光度法
23	砷	二乙基二硫代氨基甲酸银分光光度法

(6) 主要设备清单

化验室所用仪器的规格、数量均应根据危险废物处置工艺及规模确定。普通仪器设备如表 3-4 所列，主要仪器及功能如表 3-5 所列。

表 3-4　普通仪器设备表

序号	名称	序号	名称
1	分析天平	13	量热仪
2	光电天平	14	闭口闪点测定仪
3	溶解氧测定仪	15	电炉/加热板
4	水分测定仪	16	马弗炉
5	pH 计	17	硝化设备
6	电导仪	18	磨碎机和研磨机
7	真空泵	19	翻转振动器
8	离心机	20	振动筛
9	冰箱	21	各种采样器
10	热电偶	22	蒸馏水设备
11	酸度计	23	试剂和玻璃器皿
12	生物显微镜	24	笔式氧化还原电位计(ORP)

表 3-5 主要仪器及功能表

序号	仪器设备名称	用途
1	能谱 X 射线荧光光谱仪	测 Cu、Zn、Pb、Ni、Cd 等
2	紫外可见分光光度计	测总氮
3	分光光度计	测氰化物
4	气相色谱仪	测气体成分
5	双道原子荧光光度计	测砷、汞
6	离子交换色谱仪	阴、阳离子分析
7	BOD 测定仪	测污水中的生化需氧量
8	化学需氧量测定仪	测污水中的化学需氧量
9	TOC 分析仪	总有机碳分析
10	量热仪	燃烧性、热值
11	闭口闪点测定仪	闪点
12	计算机	数据库维护及其他日常管理
13	打印机	打印输出
14	采样车	采样及材料运输

(7) 化验室主要布置

化验室在选址时要充分考虑环境因素的影响，周围环境的粉尘、噪声、振动、电磁辐射等均不得影响检验的准确性。分析检测中心应包括加热室、仪器分析室、预处理室、天平室、微生物分析室、试验和化验室、物化分析室。各个功能间应该相互隔开，物化分析室设有通风柜，使有害气体能够迅速排出；天平室、仪器分析室等功能间设置空调和换气系统。试验和化验室应单独设计下水系统，排水应单独收集处理，废药品、废试剂应分类收集储存，进入物化系统处理或焚烧处理，不能与生活废水或一般生产废水排水系统混合。

3.3 危险废物暂存

暂存空间主要是为待处理处置的危险废物、待检验危险废物、待再利用的有直接利用价值的废物、待积累到一定量后再进行处理的危险废物设置的存储空间。其中医疗废物一般直接进入处置生产线处理，若需暂存进入冷藏库暂存；待处理废液进入废液储罐暂存；其余危险废物则进入暂存仓库暂存。

根据对危险废物产生情况的分析，普遍存在种类较多、产生单位分散的问题，故应根据危险废物的不同特性，采用不同的方法对其进行接收、暂存。

考虑危险废物来料的不均匀、无害化处置物料配伍的需要以及检验和工艺参数的确定需要一定的时间，按相关规范和标准，焚烧车间内宜设置废物储坑和医疗废物冷藏库，在生产区设置危险废物暂存仓库和废液罐区，在废水车间内部设置酸碱废液罐。

3.3.1 接受与贮存流程

危险废物专用运输车辆进入场区，按《危险废物转移联单管理办法》的规定，首先对废物抽样，将样品送处置中心化验室进行快速辨别，检验实际废物与废物标签和处置合同是否一致，并判断废物是否能进入处置中心。在检验满足一致要求后，再对危废进行称量登记和储存，废物取样品送中心实验室进行进一步分析，确定废物处理工艺，至此完成了危废的接收工作。具体接收制度、程序如下。

（1）危险废物的接收

注有明显标志的专用运输车辆进入场区后，对废物进行化验、验收、计量后贮存，尤其是高毒废物应按下列程序进行。

① 设专人负责接收。在验收前需查验联单内容及产废单位公章。

② 接受负责人对到场的危险废物进行单货清点核实。

③ 查验禁止入库的废物。对危险废物进行放射性检查，检查出以下物质禁止入库：a. 含放射性物质及包装容器；b. PCBs 废物及包装容器。

④ 检查危险废物的包装。包括：a. 同一容器内不能有性质不兼容物质；b. 包装容器不能出现破损、渗漏；c. 腐蚀性危险废物必须使用防腐蚀包装容器；d. 凡不符合危险废物包装详细规定的均视为不合格，需采取相应措施直至合格。

⑤ 检查危险废物标志。标志贴在危险废物包装明显位置，凡应防潮、防震、防热的废物，各种标志应并排粘贴。

⑥ 检查标签。危险废物的包装上应贴有以下内容的标签：a. 废物产生单位；b. 废物名称、重量、成分；c. 危险废物特性；d. 包装日期。

⑦ 分析检查。进场废物须取样检验，分析报告单据作为储存的技术依据。

⑧ 验收中凡无联单、标签，无分析报告的废物视为无名废物处理。

⑨ 以上内容验收合格后，根据五联单内容填写入库单并签名，加盖单位入库专用章。

⑩ 接受负责人填写危险废物分类分区登记表，通知各区相应交接贮存。

⑪ 对易燃、易爆、放射性的危险废物，应由专业公司统一进行技术处理，未经许可严禁接收。

（2）危险废物贮存

① 危险废物应分区分类贮存。危险废物应按照不同的化学特性，根据互相间的相容性分区分类贮存。不相容的废物类别举例见表 3-6。

表 3-6　不相容的废物类别举例

不相容的废物		混合时会产生的危险
甲	乙	
氰化物	非氧化性酸类	产生氰化氢,吸少量可能会致命
次氯酸盐	非氧化性酸类	产生氯气,吸入可能会致命
铜、铬及多种重金属	氧化性酸类,如硝酸	产生二氧化氮、亚硝酸烟,导致刺激眼睛及灼伤皮肤
强酸	强碱	可能引起爆炸性的反应及产生热能
铵盐	强碱	产生氨气,吸入会刺激眼及呼吸道
氧化剂	还原剂	可能引起强烈及爆炸性的反应、产生热能

具体包括：a. 据《危险货物品名表》（GB 12268）的分类原则，按贮存场地现有库房

及设备条件的实际情况，对危险废物实行分区分库贮存；b. 性质不同或相抵触能引起燃烧、爆炸或灭火方法不同的物品不得同库贮存；c. 性质不稳定，易受温度或外部其他因素影响可引起燃烧、爆炸等事故的应当单独存放。

② 氧化性危险废物库房贮存规定：a. 入库前应将库房清扫干净，做好入库前准备；b. 清扫出的废物灰渣按指定地点进行妥善处理，不得随意丢弃；c. 包装桶与地面之间要加垫木板，木板上不得残留其他物品；d. 操作过还原性物质的手套不得在此库内使用；e. 库内禁止内燃机铲车或可控硅叉车操作。

③ 剧毒类物品库房贮存规定：a. 剧毒类物品库房严格执行公安局管理要害部位有关规定，明确安全负责人、安全责任人，物品专人管理，防范措施必须落实；b. 库房安装报警装置，做到灵敏有效；c. 库房管理由保卫负责人建立档案，日常监督检查记录在案；d. 库房实行双人双锁，出入库双人同室操作，双人复核；e. 库房钥匙由甲乙保管员分开保管，双锁上为甲，下为乙，两名保管员分别保管甲、乙号钥匙；f. 乙号钥匙每日下班前送至保卫部门保管，次日早八点半将钥匙取回，交取要登记；g. 入库物品要再次检查包装、标签、数量，不符合入库标准的拒绝入库；h. 发现物品洒落地面时，要仔细清扫，连同破损包装一同包装起来，严禁随意丢弃；i. 库房窗户要加铁护栏，门窗随时关牢锁好，管理人员每日将检查情况和保管情况详细记录，发现特殊情况及时报告有关部门。

④ 腐蚀性物品。包括：a. 贮存腐蚀性物品时要区分酸性、碱性，按性质分别存放；b. 经常检查包装是否完好，防止容器倾斜时危险废物漏出；c. 操作时，库房要通风排毒，按规定戴好眼镜、防酸手套等防护用品；d. 操作完毕要及时清理现场，残余物品要正确处理。

⑤ 危险废物在库检查规定。包括：a. 各专项储存库房的管理人员要加强责任心，严格执行检查制度；b. 检查库房危险物品气体浓度；c. 检查物品包装有无破碎；d. 检查物品堆放有无倒塌、倾斜；e. 检查库房门窗有无异动，是否关插牢固；f. 检查库房温度、湿度是否符合各专项物品贮存要求，可分别采用密封、通风、降潮等不同或综合措施调控库房温、湿度；g. 特殊天气，检查库房防风、漏雨情况；h. 检查具有毒性、腐蚀性、刺激性物品时，配备好防护用品，并且检查者须站在上风口；i. 检查结束，填写记录。发现问题及时处理，特殊情况报告主管部门。

⑥ 危险废物的码放。包括：a. 盛装危险废物的容器，其标志一律朝外，堆叠高度视容器的抗压强度而定；b. 标志、标牌应并排粘贴，并位于其容器的竖向中部的明显位置。

(3) 危险废物出库程序

① 出库负责人接到由主管领导签发的出库通知单时，将出库内容通知到仓库管理人员。

② 库房管理人员穿戴好必要的防护用品，按操作要求，先在本库表格上登记后，将危险废物提出库房送到指定地点。

③ 出库负责人复查通知单上已填写的适当的处理处置方法，否则不予出库。

④ 按入库时的要求检查包装、标志、标签及数量。

⑤ 以上内容检验合格后，在出库通知单上签名并加盖单位出库专用章。

3.3.2　接收、暂存设施

进场的危险废物通过称重，分类计量、取样分析，经核对无误后进行工艺选择，需试验确定处理工艺的应取样确定处理工艺，确认后给出编码，送到进场废物暂存区进行接收、临时储存。

其中地磅的规格一般按照运输车最大满载重量的 1.7 倍设置，同时可根据具体情况酌情设置放射性检测设施。地磅应设置在处置区车辆进出口处，并有良好的通视条件，与进口厂界距离不应小于一辆最大转运车的长度。地衡装置宜设红绿灯、车辆检测器和读卡器，出口设称重显示器，传感器发出称重模拟信号，该信号通过数据转换器转换为数据信号后，上传至工作站。工作站将即时重量信号发送至称重显示器，按要求处理后的重量信号上传至服务器，需要打印的内容发送至打印机打印；服务器将要求的信号上传至中央控制室。工作站设有日常数据处理装置，进行运入、运出物日报、月报的制作，并向中央控制室中央数据处理装置传送数据。

对于不需预处理的危险废物就可以经接收、储存后直接进行处理和最终处置，有些危险废物如酸、碱类废物以及含较高毒性的废物需经物化处理、分离后再进行下一步处理。按其性质、有害成分及处理、处置方法不同分述如下。

（1）危险废物预处理车间

危险废物预处理车间主要用于散装固废、桶装固废、桶装液废及干净物料的接收及预处理，其建设标准应不低于暂存仓库。

1）散装废物接收及包装区　散装废物一般由封闭式自卸卡车送至厂内，经检测符合焚烧标准后卸到散装废物预处理区进行分类打包。

根据物料性质可以分为干固体和可泵送固体两类：干固体可直接卸料在场内，由工作人员检测登记后进行再包装；可泵送固体一般多为粉状物质，卸料时需注意防止撒漏及扬尘，根据物料性质进行再包装。

包装后的桶或袋置于托盘上，桶及托盘均要求被贴上条形码及标签，登记完成后由叉车或其他输送机构送入废物暂存库存储。

2）桶装废物接收区　桶装废物包括桶装固废及桶装液废，由卡车送至厂内，经放射性检查符合焚烧标准后运到桶装废物接收区。

接收桶装废物后，依次进行开包、取样、分析、必要时重包装、分类、记录、转运。标准桶通过标准托盘装载，中型液体容器通过与之配套的叉车运输，部分小包装按照不同的形式输送。

① 部分来自制造业或超市的非标准包装桶按照其自身的商业硬纸板包装输送（如非标油漆罐）。

② 部分物料可用树脂垃圾桶运输（如实验室包装物）。

③ 部分小包装物料可用托盘堆积包装并运输。

根据废物的去向，分类如下：a. 进破碎装置的包装废物；b. 直接进回转窑进料装置的包装废物；c. 泵送物料；d. 再包装废物（小包装物再装桶）；e. 其他需特殊包装的废物。

3）再包装区　对于既不能进入破碎装置也不能直接进入回转窑进料装置的桶装废物，

需在再包装区进行重新包装并登记。清空的废包装如果与废物直接接触则不可重复利用。

4）特殊包装区　对于接收废物中部分反应性/腐蚀性/毒性和异味重的液体/浆状废物，其不能在破碎塔中处理，且可能输送的容器也不能直接供给回转窑进料槽，因此设置特殊包装间对这类有特殊化学危害的废物进行再包装。

5）缓冲区　对于接收区来不及定义去向的桶装废物可先运至缓冲存储区贮存。

6）样品存储区　对于来不及进行分析的样品可于样品存储区暂存。

（2）危险废物暂存仓库

1）暂存仓库工艺　暂存仓库主要用于焚烧线年检期间的废物存储的缓冲，以及日常接受废物的分类存储。存储的废物按去向分类为：a. 等待后续预处理；b. 准备进料；c. 退场。

危险废物查明特性后按以下要求存放。

① 暂存仓库可根据功能分区，如可燃危废贮存区、灰渣贮存区、毒性废物贮存区、进场危废暂存区、临时贮存区、配伍区。也可根据物料热值情况分为高热值贮存区、中热值贮存区及低热值贮存区。

其中对于化学特性不能确定的废物原则上处置单位应该拒收，应由产废单位自行处置。对于已运入处置单位而又无法很快退回的废弃物，可以暂存于暂存仓库临时储存区，但时间不宜过长，宜按 3d 的贮存时间考虑。

② 根据危险废物的不同性质采用桶或方箱装后分别储存于各个小存放区内。废物量较小且毒性较大的废液采用钢塑复合桶盛装，废物量较大而毒性较小的废液可采用 $1m^3$ 耐腐蚀塑料方箱盛装。

③ 每个小存放区的规划占地面积原则上为 $6m \times 6m$，堆高 2 层，每层高度控制在 1.5m。

④ 盛装危险废物的容器上必须粘贴符合《危险废物贮存污染控制标准》的标签，注明废物产生单位及其地址、电话、联系人等，以及废物化学成分、危险情况、安全措施。

⑤ 存放液体危险废物的区域设置堵截泄漏的裙脚，地面与裙脚所围建的容积不低于堵截最大容器的最大储量或总储量的 1/5。

⑥ 不相容的危险废物必须分开存放于不同的小存放区。

⑦ 危险废物进入存放区后，有关该危险废物的资料应立即移交给存放区管理员，管理员将根据废物的种类、数量、性质以及处理处置设施的处理能力制订处理处置计划表，处理处置计划表将随废物一起流转直到废物被处理处置后才返回管理员，处理处置计划表添加处理处置时间等信息后存档。

2）设计标准和设计原则　应满足《危险废物贮存污染控制标准》（GB 18597）的要求。暂存仓库设计原则如下。

① 地面与裙脚用混凝土等坚固、防渗的材料建造，并采用环氧树脂防腐和防渗，建筑材料与危险废物相容。

② 有泄漏液体收集装置、气体导出口及气体净化装置。

③ 室内设安全照明设施和观察窗口。

④ 用以存放液体、半固体危险废物容器的地方，设有耐腐蚀的硬化地面，且表面无裂隙。

⑤ 设计堵截泄漏的裙脚，地面与裙脚所围间的容积不低于堵截最大容器的最大储量

或总储量的 1/5。

⑥ 不相容的危险废物分开存放，并设有隔离间隔断。

⑦ 医院临床废物不进入暂存间，直接进入焚烧车间。

⑧ 暂存库房内应设有全天候摄像监视装置，确保库房的安全运行。库房内保持正常通风次数不小于 3 次/h，事故通风不小于 12 次/h，排出废气经清洁处理后排放或进入焚烧线烧掉。

⑨ 仓库地面及高度不低于 1m 的墙裙应考虑防腐，同时仓库地坪应考虑防渗措施。

⑩ 库房内宜设置复合式洗眼器（洗眼和冲淋），以防工作人员不慎被危废沾染皮肤，以冲洗方式作为应急措施，随后再做进一步的处理。

3）暂存仓库的火灾危险性　甲类仓库用于存放甲 1（闪点＜28℃的液体）、甲 2（爆炸下限＜10％的气体，受到水或空气中水蒸气的作用能产生爆炸下限＜10％气体的固体废物）、甲 5（遇酸、受热、撞击、摩擦以及遇有机物或硫黄等易燃的无机物，极易引起燃烧或爆炸的强氧化剂）、甲 6（受撞击、摩擦或与氧化剂、有机物接触时能引起燃烧或爆炸的物质）类废物。

乙类仓库用于存放乙 1（闪点≥28℃，但＜60℃的液体）、乙 2（爆炸下限≥10％的气体）、乙 3（不属于甲类的氧化剂）、乙 4（不属于甲类的易燃固体）、乙 6（常温下与空气接触能缓慢氧化，积热不散引起自燃的物品）类废物。

丙类仓库用于存放丙 1（闪点≥60℃的液体）、丙 2（可燃固体）类废物。

丁类仓库用于存放难燃烧物品。

危险废物暂存仓库的耐火等级为一级；每座仓库的最大允许占地面积和每个防火分区的最大允许建筑面积，仓库与厂房、仓库与仓库的防火距离应满足《建筑设计防火规范》的要求。

4）仓库贮存方式　废物暂存主要有堆垛式贮存、货架式贮存两种方式。

① 货架式贮存。一般采用 3 层货架，废物以托盘为单位置于货架上，货架的顶部放置空托盘。正常使用的托盘尺寸为 1200mm × 1200mm，每只托盘可存放 4 只 200L 的标准柴油桶或 1 只吨桶。

货架由底脚板、横梁、立柱、斜撑、横撑等组成。货架共设置三层，用于存放装载废物的托盘，底层货架高出室内地坪 300mm，便于车间的冲洗，底层货架也可不设横梁，托盘直接放在地面上；每层货架净空 1.5～1.8m；货架顶部用于存放空托盘。两侧货架靠墙布置，其余货架背对背布置，货架与一侧墙间设巡检通道，货架与另一侧墙间设叉车通行车道。货架实物见图 3-8。

② 堆垛式贮存。密闭桶装废物可采用堆垛式存储方式，存于各个存放区内。

图 3-8　货架实物图

图3-9 堆垛实物图

每个小存放区的规划占地面积原则上为 6m×6m，堆高2层，每层高度控制在1.5m。盛装危险废物的容器上必须粘贴符合《危险废物贮存污染控制标准》的标签，注明废物产生单位及其地址、电话、联系人等，以及废物化学成分、危险情况、安全措施。不相容的危险废物必须分开存放于不同的小存放区。堆垛实物见图3-9。

（3）焚烧类危废暂存

焚烧类危废由专用容器和运输车辆运至场内后，经检测、验收、计量后分别进入可燃废液储罐区及焚烧车间暂存区。

1）液态焚烧类　需焚烧处理的液态废物主要包括废有机溶剂、废矿物油以及厂内有机生产废水等。由于可燃废液贮存工段是为焚烧车间配套的生产工序，所以其生产班制应与相应的生产工序相协调。

焚烧类液态废物按照高、中、低不同热值经卸料泵分别卸至不同的废液储罐贮存，根据生产需要可以通过输送泵送至回转窑焚烧处置。

桶装液体废物通过真空泵抽吸至对应的废液储罐，然后经过滤处理后泵送至焚烧系统，通过喷枪喷入燃烧炉。

2）固态焚烧类　焚烧处理固体废物分为散装固体废物和包装固体废物。

① 散装固体物料。散装固体物料由箱式自卸运输车送至场内，经检测符合焚烧标准后卸到焚烧车间的储料坑内。储料坑可分隔设置，常规建议分为独立的3格，分别用于原始物料存放、破碎物料存放、配伍物料存放。料坑应具备抗渗、防腐功能，料坑设计应尽可能减少行车操作的死角。由于贮存物料的不确定性及高危险性，料坑应采用合理的消防设施。建议料坑设置红外热成像系统，实时监控各空间点的温度场分布，降低火灾发生的风险。

当出现超长时间的停炉时，可以将部分废物暂存于仓库中，也可以在废物产生地增加存放时间，特别是在生产的初期废物的收集量不能及时满足焚烧炉连续稳定的燃烧时，可将废物存放一段时间，然后再集中燃烧一段时间。

② 包装固体物料。部分粉末或黏稠状等不适于直接进入储料坑的固体或半固体废物，用塑料袋、25L金属桶或纸箱等包装，通过包装进料系统直接进入焚烧炉内处理。

3.3.3　事故池

生产车间和储罐区的环境突发事件污水处理系统应能容纳一次消防用水量和初期雨水存储，根据中石化《水体污染防控紧急措施设计导则》核算事故池容量。

（1）应设置能够贮存事故排水的贮存设施

贮存设施包括事故池、事故罐、防火堤内或围堰内区域等。

（2）事故排水贮存设施总容积

按下式计算：

$$V_总 = (V_1 + V_2 - V_3)_{max} + V_4 + V_5$$

$$V_5 = 10qF$$

$$q = q_a/n$$

式中　V_1——发生事故的一个罐组或一套装置的物料量，m^3，贮存相同物料的罐组按一个最大储罐计；

　　　V_2——发生事故的储罐或装置的消防水量，m^3；

　　　V_3——发生事故时可以传输到其他贮存或处理设施的物料量，m^3；

　　　V_4——发生事故时仍必须进入收集系统的生产废水量，m^3；

　　　V_5——发生事故时可能进入该收集系统的降雨量，m^3；

　　　q——降雨强度，mm；

　　　q_a——年平均降雨量；

　　　n——年平均降雨日数；

　　　F——必须进入事故废水收集系统的雨水汇水面积，hm^2。

式中 V_3 取值：罐区防火堤内容积可作为事故排水贮存有效容积。

（3）事故池容积

$$V_{事故池} = V_总 - V_{现有}$$

式中　$V_{现有}$——用于贮存事故排水的现有贮存设施的总有效容积（如废水收集管网）。

新建的事故池容积和消防系统配套使用。一旦液体废物泄漏量较大时，可将废物引入事故池，同时用潜污泵将其泵至盛装危险废物的容器（如废液罐区）中等待处理或直接送至废水处理车间处理。

（4）事故排水要求

当事故发生时，立即切断雨水排放口，余量消防废水储存去向为：在确保消防废水不带火源的情况下可将余量废水由事故池用泵打入装危险废物的容器（如废液罐区），再进入焚烧线焚烧处理或废水处理站处理，同时尽可能对可回收物料进行回收。

此外，对环境突发事故，废水收集系统的设计和管理也必须满足以下要求：

① 制订《污水阀的操作规程》，包括污水排放口和雨（清）水排放口的应急阀门开合、启动发生事故罐区事故应急排污泵回收污水至污水事故池的程序文件。

② 事故处置过程中未受污染的排水不宜进入贮存设施。

③ 事故池可能收集挥发性有害物质时应采取安全措施。

④ 事故池非事故状态下需占用时，占用容积不得超过 1/3，并应设有在事故时可以紧急排空的技术措施。

⑤ 自流进水的事故池内最高液位不应高于该收集系统范围内的最低地面标高，并留有适当的保护高度。

⑥ 当自流进入的事故池容积不能满足事故排水贮存容量要求，需加压外排到其他贮存设施时，用电设备的电源应满足现行国家标准《供配电系统设计规范》所规定的一级负荷供电要求。

第4章 危废焚烧处理系统

4.1　危废焚烧基本原理

4.1.1　焚烧设施总体要求

焚烧，指焚化燃烧危废使之分解并无害化的过程。焚烧危废的主体装置是焚烧炉。焚烧产生的烟气和残渣必须妥善处理，避免二次污染。焚烧技术是一种同时具有减量化、无害化和资源化的处理技术，在近年来的实际工程中得到了广泛的应用。

在废物焚烧处理技术和设备发展的历程中产生了多种技术，但基本工艺组合形式一般如图 4-1 所示。

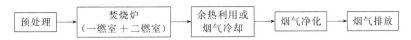

图 4-1　危废焚烧处理工艺流程简图

危废焚烧之前需经过预处理，使得废物满足入炉要求。废物在焚烧炉中充分焚烧，产生的高温烟气可以进行余热利用或冷却降温，并通过烟气净化系统，去除烟气中的污染成分，在满足排放标准条件下高空排放。其中，焚烧炉技术和烟气净化技术是评价整个危废焚烧系统的关键所在，后续章节分别详细叙述。

焚烧处置设施应满足如下基本要求：

① 采用焚烧技术处置危废，应采用技术成熟、自动化水平高、运行稳定的设备，并重点考虑其配置与后续废气净化设施之间的匹配性。焚烧控制条件应满足《危险废物焚烧污染控制标准》的相关要求。

② 焚烧炉应采取连续焚烧方式，并保证焚烧处理量在额定处理量的 70%～110%范围内波动时能稳定运行。应设置二次燃烧室，并保证烟气在二次燃烧室 1100℃以上停留时间≥2s。

③ 采用热解焚烧技术应根据物料特性和项目要求选择热解工艺，对于热值较低的废物宜采用热解焚烧技术，对于热值较高的废物宜采用热解气化技术回收物质。

④ 回转窑焚烧炉等动力装置应满足最大负荷以及各种意外情况下的最大动力输送，宜取平均值的 3～5 倍或以上；其温度范围应控制在 820～1100℃，液体及气体停留时间 2s 以上，固体停留时间 30～120min。

⑤ 焚烧处置系统宜考虑对其产生的热能以适当形式加以利用。危废焚烧的热能利用应避开 200～500℃温度区间。利用危废焚烧热能的锅炉应充分考虑烟气对锅炉的高温和低温腐蚀问题。

⑥ 确保焚烧炉出口烟气中氧气含量达到 6%～10%（干烟气）；炉渣热灼减率应<5%。

4.1.2　焚烧效果评价指标及影响因素

（1）效果评价指标

固体废物焚烧的目的有：a. 使废物减量；b. 使废物所含热量释出而再利用；c. 使废弃物中的毒性物质得以摧毁。

在焚烧处理危废时，以有害物质破坏去除效率（destruction and removal efficiency，

DRE）或焚毁去除率作为焚烧处理效果的评价指标。焚毁去除率是指某有机物经焚烧后减少的百分比，以下式表示：

$$DRE = \frac{W_i - W_o}{W_i} \times 100\%$$ (4-1)

式中　W_i——加入焚烧炉内的 POHCs 的质量；

　　　W_o——烟气和焚烧残余物中与 W_i 相对应的有机物质的质量之和。

在焚烧固体废物时，以燃烧效率（combustion efficiency，CE）作为焚烧处理效果的评价指标。焚烧效率是指烟气中 CO_2 浓度与 CO_2 和 CO 浓度之和的百分比，以下式表示：

$$CE = \frac{[CO_2]}{[CO_2] + [CO]} \times 100\%$$ (4-2)

式中　$[CO]$、$[CO_2]$——燃烧后烟气中 CO 和 CO_2 的浓度。

我国《危险废物焚烧污染控制标准》中，采用热灼减率反映灰渣中残留可焚烧物质的量。热灼减率是指焚烧残渣经灼热减少的质量占原焚烧残渣质量的百分比，以下式表示：

$$P = \frac{A - B}{A} \times 100\%$$ (4-3)

式中　P——热灼减率，%；

　　　A——干燥后原始焚烧残渣在室温下的质量，g；

　　　B——焚烧残渣经 600℃（±25℃）、3h 灼热后冷却至室温的质量，g。

（2）效果影响因素

根据固体物质的燃烧动力学，影响废物焚烧处理效果评价的因素主要包括物料尺寸、停留时间、湍流程度、焚烧温度和过剩空气量。

1）物料尺寸（size）　物料尺寸越小，则所需加热和燃烧时间越短。另外，尺寸越小，比表面积则越大，与空气的接触越充分，有利于提高焚烧效率。一般来说，固体物质的燃烧时间与物料粒度的 1~2 次方成正比。

2）停留时间（time）　为保证物料的充分燃烧，需要在炉内停留一定时间，包括加热物料及氧化反应的时间。停留时间与物料粒度及传热、传质、氧化反应速度有关，同时也与温度、湍流程度等因素有关。

3）湍流程度（turbulence）　湍流程度指物料与空气及气化产物与空气之间的混合情况，湍流程度越大，混合越充分，空气的利用率越高，燃烧越有效。

4）焚烧温度（temperature）　焚烧温度取决于废物的燃烧特性（如热值、燃点、含水率）以及焚烧炉结构、空气量等。一般来说，焚烧温度越高，废物燃烧所需的停留时间越短，燃烧效率也越高。但是，如果温度过高，会对炉体材料产生影响，还可能发生炉排结焦等问题。炉膛温度最低应保持在物料的燃点温度以上。

5）过剩空气量（excess air）　为保证氧化反应进行得完全，从化学反应的角度应提供足量的空气。但是，过剩空气的供给会导致燃烧温度的降低。因此，空气量与温度是两个相互矛盾的影响因素，在实际操作过程中，应根据废物特性、处理要求等加以适当调整。一般情况下，过剩空气量应控制在理论空气量的 1.7～2.5 倍。

总之，在焚烧炉的操作运行过程中，停留时间、湍流程度、焚烧温度和过剩空气量是四个最重要的影响因素，而且各因素间相互依赖，通常称为"3T+1E"原则。

4.1.3　焚烧炉型概述

危废焚烧技术的关键设备是焚烧炉，焚烧炉的作用是将固体废物干燥、点火燃烧、燃烬，以达到无害化、减量化、稳定化和彻底毁形的目的。随着焚烧技术的发展，焚烧设备的种类也越来越多，其炉型结构也越来越完善，各种炉型的使用范围和适用条件各不相同，下述是几种比较成熟常用的炉型。

4.1.3.1　炉排焚烧炉

(1) 焚烧原理

机械炉排焚烧炉是较早发展的垃圾焚烧炉型（图 4-2）。机械炉排焚烧炉根据炉排的结构和运动方式不同而形式多样，但燃烧的基本原理大致相同，废物随着炉排的运动进行层状燃烧，经过干燥、燃烧、燃烬后灰渣排出炉外，各种炉排都会采取不同的方式使废物料层不断得到松动以便使废物与空气充分接触，从而达到较理想的燃烧效果。废物的燃烧空气由炉排底部送入，根据废物热值与水分不同，送入炉排风可以是热风或是冷风，不同的炉排结构其炉排透风方式各异。根据炉排运动方式及结构不同，机械炉排焚烧炉的型式有往复推动炉排、滚动炉排、多段波动炉排、脉冲抛动炉排。但主要型式是往复推动炉排及滚动炉排。

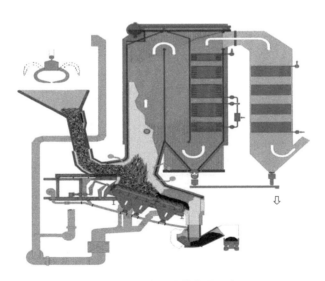

图 4-2　机械炉排焚烧炉示意

往复推动炉排根据其运动方向不同又可分为顺推式和逆推式。它们共同的工作原理是炉排为倾斜阶梯式布置，炉排总体布置的倾斜角在 10°～15°之间。推料器不断把废物推入炉内，废物在运动的炉排作用下不断松动、切断和翻滚，逐步由干燥区向燃烧区、燃烬区移动。

往复推动炉排的材质要求较高，加工精度也非常高，炉排与炉排之间的接触面非常光滑，细小灰尘难以从其缝隙之间漏出，对于漏入风室中的少量灰，另设有清除装置把其推入出渣机。炉排之间的交互运动可使炉排面达到自清洁的目的。

（2）适用范围

炉排焚烧炉适合于处理大件和形状不规则的废物，在处理生活垃圾等固体废物中应用较多。由于炉排焚烧炉的结构复杂，造价较高，且焚烧温度受传动炉排和耐火材料的限制一般不能大于 950℃，而危废焚烧要求炉温大于 1100℃，且气体在炉内停留应在 2s 以上，因此在发达国家很少采用炉排焚烧炉处理工业危废。

4.1.3.2　回转窑焚烧炉

（1）焚烧原理

回转窑焚烧炉是一种连续式焚烧炉，普遍用于危废、医废、水泥等行业。炉子主体部分为卧式的钢制圆筒，内部装设耐火材料，圆筒相对于水平线略倾斜安装，进料端（窑头）略高于出料端（窑尾），一般斜度为 1%～2%，筒体可绕轴线转动。此炉型适应性强，对物料的性状要求低，用途广泛，基本适用于各类气、液、固体物料。运行时，物料从窑头进入回转窑，在窑内经过干燥段、燃烧段、燃烬段后，焚烧残渣从窑尾排出。液体废物可由固体废物夹带入炉焚烧，或通过喷嘴喷入炉内焚烧。回转窑内焚烧温度在 750～850℃，产生的未完全燃烧的可燃气体进入二燃室，通过供氧和投加辅助燃料的方式进行二次燃烧，燃烧温度达到 1100℃ 以上，并且保证烟气在二燃室中的停留时间在 2s 以上，使可燃气体及二噁英彻底分解。该炉型可以连续运行，有利于热能的回收利用，对物料适应性强，适合燃烧成分复杂的固体废物，技术成熟可靠，操作方便，能耗适中。回转窑焚烧炉如图 4-3 所示。

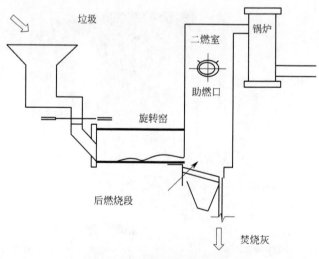

图 4-3　回转窑焚烧炉示意

（2）适用范围

回转窑焚烧炉的优点是可连续运转、进料弹性大，能够处理各种类型的固体和半固体危废甚至液体废物，技术可靠且易于操作；与余热锅炉联合使用可以回收热分解过程中产生的大量能量；运行和维护方便。从目前国内外的情况来看，回转窑焚烧炉是工业危废处理的主力炉型。

4.1.3.3　气化焚烧炉

热解气化焚烧炉有卧式控气式热解气化炉、AB 炉交替工作热解气化炉和立式连续热解气化炉。现以立式连续热解气化炉为例介绍如下。

（1）焚烧原理

该炉从结构上分为一燃室与二燃室。一燃室内燃烧层次分布如图 4-4 所示，从上往下依次为干燥段、热解段、燃烧段、燃烬段和冷却段。

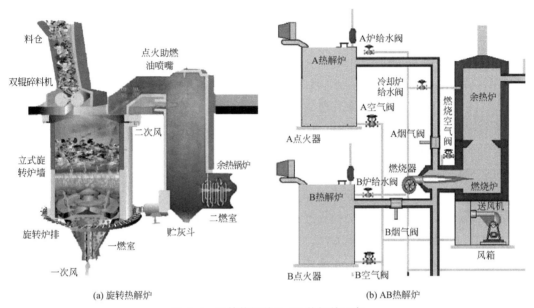

(a) 旋转热解炉　　　　　　　　(b) AB热解炉

图 4-4　旋转热解炉及 AB 热解炉示意

进入一燃室的废物首先在干燥段由热解段上升的烟气干燥，其中的水分蒸发；在热解气化段分解为一氧化碳、气态烃类等可燃物并形成混合烟气，混合烟气进入二燃室燃烧；热解气化后的残碳向下进入燃烧段充分燃烧，温度高达 1100～1300℃，其热量用来提供热解段和干燥段所需热量。燃烧段产生的残渣经过燃烬段继续燃烧后进入冷却段，由一燃室底部的一次供风冷却（同时残渣预热了一次风），经炉排机械挤压、破碎后，由排渣系统排出炉外。一次风穿过残渣层给燃烧段提供了充足的助燃氧。空气在燃烧段消耗掉大量氧后上行至热解段，形成了热解气化反应所需的欠氧或缺氧条件。

废物在一燃室内经热解后实现了能量的两级分配：裂解形成的气态成分进入二燃室焚烧，裂解后残留物留在一燃室内焚烧，废物的热分解、气化、燃烧形成了动态平衡。在投料和排渣系统连续稳定运行时，炉内各反应段的物理化学过程也持续进行，从而保证了热解气化焚烧炉的持续正常运转。

热解气化焚烧炉最突出的优点是焚烧工况稳定，易调控，由于是无扰动燃烧，烟气带走的颗粒物很少。

（2）适用范围

热解气化焚烧炉适用于处理挥发分含量较高的废物，如废轮胎、小规模的医疗废物等，如危废物料比较复杂，热解气化炉普遍存在燃烧不充分、残渣热灼减率不合格等问题，故很少采用它处理大规模的危废。

4.1.3.4 炉型对比

除了上述炉型外，用于处理固体废料的焚烧炉尚有多膛式炉、液体喷射炉、旋风炉、船用焚烧炉等小型焚烧炉。

目前国内外工业危废焚烧炉应用较多的炉型是回转窑焚烧炉和热解气化焚烧炉两种：回转窑焚烧炉一般主要用于处理工业危废或处理规模较大的医疗废物（10t/d以上）；对于10t/d以下的焚烧炉，热解气化焚烧炉应用较多。

回转窑焚烧炉是国际上通用的危废处理装置，几乎可处理各种废物，具有对废物适应性较广、设备运行稳定可靠、焚烧彻底等优点，同等条件与热解炉相比具有能耗大、运行成本高等不足。回转窑焚烧炉因其对废物受热、搅动的条件更为有利，焚烧处理系统适应性更强，可很好地满足各种危险废物焚烧在进料、出渣、燃烧完全等方面的要求。

热解气化炉处理对象的局限性较大，通常适合处理单一的高热值且挥发分含量较高的固体物料，通常需进行配料预处理。由于危废的类别、特性复杂，新建的危废焚烧设施大多数采用回转窑焚烧炉。

4.1.3.5 窑燃烧工况概述

回转窑焚烧炉燃烧工况主要分为灰渣式、熔渣式、热解式三种，目前最常用的是灰渣式回转窑焚烧炉，其次是熔渣式回转窑焚烧炉，发展趋势是热解式回转窑焚烧炉，即热解技术与回转窑技术相结合，目的是解决回转窑的能耗大这一问题。

以上三种技术各有优缺点，在使用过程中各有侧重，主要表现在以下几方面。

（1）灰渣式焚烧炉

灰渣式焚烧炉对一般性危废来讲，回转窑温度控制在850~900℃，危废通过氧化燃烧达到销毁，回转窑窑尾排出的主要是灰渣，冷却后灰渣松散性较好，由于炉膛温度不高，危废对回转窑耐火材料的高温侵蚀性和氧化性不强，同等条件下耐火材料的使用寿命比熔渣式回转窑焚烧炉要长；其次是灰渣式焚烧炉焚烧熔渣"挂壁"现象不严重，有利于回转窑内径保持正常尺寸和设备正常运行，同等条件下灰渣式回转窑焚烧炉产生的烟气量比熔渣式回转窑焚烧炉低10%~15%，由于烟气量的降低，对尾气净化来讲，设备装机容量、设备尺寸比熔渣式回转窑焚烧炉低，高温氮氧化物相对少，运行成本低10%左右。灰渣式回转窑焚烧炉排出的灰渣也完全能满足环保标准要求。但是灰渣式回转窑焚烧炉与热解式回转窑焚烧炉相比，其烟气量要高15%左右，运行成本也高10%左右。

（2）熔渣式回转窑焚烧炉

熔渣式回转窑焚烧炉根据熔融焚烧炉发展而来，国外熔融炉主要是处理一些单一的、毒性较强的危废，温度一般在1500℃以上，目的是便于操作控制，提高销毁率。熔渣式回转窑焚烧炉一般来讲回转窑温度至少控制在1100℃以上，但是对于综合性危废焚烧厂，由于处理对象多、成本复杂，一些危废熔点较低，例如一些盐类，温度在800~900℃期间开始熔化，也有一些危废熔点在1300~1400℃以上，因此该类型焚烧炉温度控制较难，对操作要求较高。熔渣式回转窑焚烧炉熔渣热灼减率低，焚烧彻底，这是其最大优点。但是，由于熔渣式回转窑焚烧炉炉膛温度较高，辅助燃料耗量增大，带来的最直接的后果是对回转窑耐火材料、保温材料要求较高，若回转窑窑体保温效果不好，热辐射损失增大，对尾气净化系统来讲，运行成本与灰渣式回转窑焚烧炉相比略大。另外，根据日本相关试验证明，温度提高，重金属挥发性增多，回转窑尾气中含有的重金属含量明显高于灰渣式回转窑焚烧炉，这样就大大增加了尾气净化的负担。

（3）热解式回转窑焚烧炉

热解式回转窑焚烧炉温度控制在 700～800℃，由于危废在回转窑内热解气化产生可燃气体进入二燃室燃烧，可以大大降低耗油量，另外由于温度低，热损失少，烟气量为三种处理工艺最低，约比灰渣式焚烧炉低 15%，比熔渣式低 30%，尾气净化设备尺寸变少，装机容量降低，这样可以大大降低运行成本，但是它最大的缺点是灰渣残留量高，灰渣焚烧不彻底，有待于进一步提高灰渣销毁率，目前该种技术还处于工艺试验阶段。

4.1.4　焚烧产生的大气污染物及其控制

危废焚烧过程中产生的废气的组成包括粒状污染物、一氧化碳（CO）、二氧化硫（SO_2）、三氧化硫（SO_3）、氮氧化物（NO_x）、氯化氢（HCl）、氟化氢（HF）、重金属、二噁英、呋喃（PCDDs/PCDFs）、氮气（N_2）、二氧化碳（CO_2）、水蒸气（H_2O）等。在评价废气组成时，可分为干基与湿基两种标准，一般环保法规中多以干基及某特定含氧量下的标准状态来制定管制标准。

4.1.4.1　粒状污染物控制技术

危废焚烧系统中控制粒状污染物的设备主要是除尘装置，常使用的除尘装置有静电除尘器、布袋除尘器、旋风除尘器及湿法除尘设备等。近年来，随着人们对二噁英问题的重视，普遍以布袋除尘器替代静电除尘器。

（1）旋风除尘器

旋风除尘器的原理是使含尘气流做旋转运动，借助于离心力将尘粒从气流中分离并捕集于器壁，再借助重力作用使尘粒落入灰斗。旋风除尘器的各个部件都有一定的尺寸比例，每一个比例关系的变动都能影响旋风除尘器的效率和压力损失，其中除尘器直径、进气口尺寸、排气管直径为主要影响因素。在使用时应注意，当超过某一界限时有利因素也能转化为不利因素。另外，有的因素对于提高除尘效率有利，但却会增加压力损失，因而对各因素的调整必须兼顾。

旋风除尘器由进气管、排气管、圆筒体、圆锥体和灰斗组成。旋风除尘器结构简单，易于制造、安装和维护管理，设备投资和操作费用都较低，已广泛用于从气流中分离固体和液体粒子，或从液体中分离固体粒子。在普通操作条件下，作用于粒子上的离心力是重力的 5～2500 倍，所以旋风除尘器的除尘效率显著高于重力沉降室。旋风式除尘器适用于非黏性及非纤维性粉尘的去除，大多用来去除粒径在 5μm 以上的粒子，并联的多管旋风除尘器装置对粒径在 3μm 的粒子也具有 80%～85% 的除尘效率。选用耐高温、耐磨蚀和腐蚀的特种金属或陶瓷材料构造的旋风除尘器，可在温度高达 1000℃、压力达 $500×10^5$ Pa 的条件下操作。从技术、经济诸方面考虑旋风除尘器压力损失控制范围一般为 500～2000Pa。因此，它属于中效除尘器，且可用于高温烟气的净化，是应用广泛的一种除尘器，多应用于烟气除尘、多级除尘及预除尘。它的主要缺点是对细小尘粒（粒径＜5μm）的去除效率较低。

（2）脉冲袋式除尘器

脉冲袋式除尘器采用过滤的方法将含尘气体中的粉尘颗粒阻留在布袋纤维织物上，从而使气体得到净化，适宜捕集非黏结性、非纤维粉尘。与一般除尘器相比，除尘效率可稳定在 99% 以上，能去除 $1\mu m$ 左右的颗粒。该除尘器具有结构简单、投资费用低、操作简单可靠、管理维护技术要求不高等优点。

脉冲袋式除尘器采用高压（0.4～0.7MPa）脉冲气流反吹来清除除尘器过滤布袋上的积灰。可以通过调节脉冲周期和脉冲宽度来改变喷吹操作的持续时间和间隔时间，使滤袋保持良好的过滤状态。所以脉冲袋式除尘器的过滤风速较高，除尘效果也比较稳定，同时采用压缩空气反吹来清灰时滤袋无机械运动，滤袋使用寿命长。

脉冲袋式除尘器一般由上箱体、下箱体、清灰系统组成。其中，上箱体包括盖板、排气口等；下箱体包括机架、滤袋组件等；清灰系统包括电磁脉冲阀、脉冲信号控制器等。

（3）静电除尘器

静电除尘器的工作原理是利用高压电场使烟气发生电离，气流中的粉尘荷电后在电场作用下与气流分离。负极由不同断面形状的金属导线制成，叫放电电极。正极由不同几何形状的金属板制成，叫集尘电极。静电除尘器的性能受粉尘性质、设备构造和烟气流速三个因素的影响。粉尘的比电阻是评价导电性的指标，它对除尘效率有直接的影响。比电阻过低，尘粒难以保持在集尘电极上，致使其重返气流；比电阻过高，到达集尘电极的尘粒电荷不易放出，在尘层之间形成电压梯度，会产生局部击穿和放电现象，这些情况都会造成除尘效率下降。

静电除尘器由两大部分组成：一部分是电除尘器本体系统；另一部分是提供高压直流电的供电装置和低压自动控制系统。高压供电系统为升压变压器供电，除尘器集尘极接地。低压自动控制系统用来控制电磁振打锤、卸灰电极、输灰电极以及几个部件的温度。

静电除尘器与其他除尘设备相比，耗能少，除尘效率高，适用于除去烟气中粒径为 $0.01\sim50\mu m$ 的粉尘，而且可用于烟气温度高、压力大的场合。实践表明，处理的烟气量越大，使用静电除尘器的投资和运行费用越经济。

（4）湿式电除尘器

湿式电除尘器（简称 WESP）是一种用来处理含微量粉尘和微颗粒的新除尘设备，主要用来除去含湿气体中的粉尘、酸雾、水滴、气溶胶、臭味、$PM_{2.5}$ 等有害物质。湿式电除尘器和与干式电除尘器的收尘原理相同，都是靠高压电晕放电使得粉尘荷电，荷电后的粉尘在电场力的作用下到达集尘板/管。干式电除尘器主要处理含水量很低的干气体，湿式电除尘器主要处理含水量较高乃至饱和的湿气体。在对集尘板/管上捕集到的粉尘的清除方式上，湿式电除尘器与干式电除尘器有较大区别，干式电除尘器一般采用机械振打或声波清灰等方式清除电极上的积灰，而湿式电除尘器则采用定期冲洗的方式，使粉尘随着冲刷液的流动而清除。

湿式电除尘器主要有两种结构形式：一种是使用耐腐蚀导电材料（可以为导电性能优良的非金属材料或具有耐腐蚀特性的金属材料）做集尘极；另一种是通过喷水或溢流水形成导电水膜，利用不导电的非金属材料做集尘极。沉积在极板上的粉尘可以通过水将其冲洗下来。湿式清灰可以避免已捕集粉尘的再飞扬，达到很高的除尘效率。因无振打装置，运行也较可靠。采用喷水或溢流水等方式使集尘极表面形成导电膜的装置存在着腐蚀、污泥和污水的处理问题，仅在气体含尘浓度较低、要求除尘效率较高时才采用；使用耐腐蚀导电材料做集尘极的湿式电除尘器不需要长期喷水或溢流水，只根据系统运行状况定期进行冲洗，仅消耗极少量的水，该部分水可回收循环利用，收尘系统基本无二次污染。

湿式电除尘器具有除尘效率高、压力损失小、操作简单、能耗小、无运动部件、无二次扬尘、维护费用低、生产停工期短、可工作于烟气露点温度以下、由于结构紧凑而可与其他烟气治理设备相互结合、设计形式多样化等优点。湿式电除尘器采用液体冲刷集尘极表面来进行清灰，可有效收集微细颗粒物（$PM_{2.5}$ 粉尘、SO_3 酸雾、气溶胶）、重金属（Hg、As、Se、Pb、Cr）、有机污染物（多环芳烃、二噁英）等。使用湿式电除尘器后含湿烟气中的烟尘排放可达 $10mg/m^3$ 甚至 $5mg/m^3$ 以下，收尘性能与粉尘特性无关，适用于含湿烟气的处理，尤其适用于湿法脱硫之后含尘烟气的处理，但设备投资费用较高，且需与其他除尘设备配套使用。

4.1.4.2 氮氧化物控制技术

氮氧化物（NO_x）的形成主要与炉内温度及废弃物化学成分有关。燃烧产生的 NO_x 可分成两大类：一类是空气中的氮氧化产生的热力型氮氧化物（Thermal-NO_x），通常火焰温度在 1000℃ 以上时会大量发生；另一类是燃料中氮的氧化而产生的燃料型氮氧化物（Fuel-NO_x）。由于废气中的氮氧化物大多以一氧化氮（NO）的形式存在，且不溶于水，无法通过洗烟塔加以去除，故必须有专门的处理办法。废物焚烧厂中氮氧化物形成的反应方程式如下：

$$O+N_2 =\!=\!= NO+N$$
$$N+O_2 =\!=\!= NO+O$$

一般而言，降低废气中 NO_x 的方法可分成燃烧控制法、湿式法及干式法，其中干式法有选择性非催化还原法和选择性催化还原法，以下分别介绍。

（1）燃烧控制法

燃烧控制法是通过调整焚烧炉内废物的燃烧条件来降低 NO_x 生成量。又有狭义与广义燃烧控制之分，前者的燃烧控制是指低氮燃烧法、两阶段燃烧法或抑制燃烧法，而后者的燃烧控制则包括喷水法及废气再循环法。

采用燃烧控制法来降低 NO_x 生成量，主要是考虑它们发生自身的脱硝作用，也即经燃烧废物生成的 NO_x 在炉内可被还原为氮气（N_2）。在此反应中作为还原剂的物质一般认为是由炉内干燥区产生的氨气（NH_3）、一氧化碳（CO）及氰化氢（HCN）等，要使这种反应能有效进行，除必须促进热分解产生气体外，还必须维持这些气体与 NO_x 的接触，并使炉内处于低氧状况，以避免热分解产生的气体发生急剧燃烧。

（2）湿式法

去除 NO_x 的湿式法与去除 HCl 及 SO_x 的湿式法类似，但因占 NO_x 中大部分的一氧化氮（NO）不易被碱性溶液吸收，故需以臭氧（O_3）、次氯酸钠（NaClO）、高锰酸钾（$KMnO_4$）等氧化剂将一氧化氮氧化成二氧化氮（NO_2）后，再以碱性液中和、吸收；此外，欧洲各国亦有利用 EDTA-Fe(Ⅱ) 水溶液形成络合盐的方式吸收 NO_x。近年来也有欧洲国家发展湿式法同时脱硫及脱硝的技术，但是由于湿式法氧化剂的成本较高以及排出液的处理较困难，故很少有应用于处理废物焚烧厂废气的实例。

（3）选择性非催化还原法

选择性非催化还原法（Selective Non-Catalytic Reduction，SNCR）是将尿素或氨注入高温（900～1000℃）废气中，将氮氧化物还原成为氮气及水的方法，由于该法不需要催化作用，所以可避免催化剂堵塞或中毒问题的发生。反应如下：

$$2NO+2NH_3+2O_2+3H_2 =\!=\!=\!= 2N_2+6H_2O$$

该法去除效率受药品与氮氧化物接触条件（如温度和反应时间）的影响而有很大的变化，因此喷嘴吹入口的位置必须根据炉体形式、构造及烟道形状设计，采用本法时对氮氧化物的去除效率约在60%以下，若为了提高氮氧化物的去除率而增加药剂喷入量，未反应的氨会残留在废气中，并使烟囱排气形成白烟。尽管如此，氨或尿素喷入法的设备及操作维护成本较催化还原法及湿式吸收法低廉得多，且无废水处理的问题，实际应用较多。

（4）选择性催化还原法

选择性催化还原法（Selective Catalytic Reduction，SCR）是借助选择性催化剂的催化作用，使废气中的氮氧化物与注入的氨气发生还原反应而产生无害的氮气与水。由于废气中的硫氧化物可能造成催化剂活性降低及粒状物堆积于催化床造成堵塞，因此催化反应塔一般多设置于除尘及除酸性气体设备之后，催化剂使用年限为3～5年，设计时应谨慎选用催化剂材质及催化剂形状。在垃圾焚烧厂中使用尾端脱硝流程，一般在较低温度状态下操作（200～450℃），催化反应塔可使用 Pt/Al_2O_3、V_2O_5/TiO_2、$V_2O_5/WO_3/TiO_2$、Fe_2O_3/TiO_2、CrO_3/Al_2O_3 及 CuO/TiO_2 等金属氧化物作为催化剂，并以氨或尿素作为还原剂。因废气在经过除酸及除尘后温度多在200℃以下，在使用前要将废气温度加热到350℃左右，由于催化剂的存在，使得氮氧化物无须高温即可有效进行还原反应，其反应式如下：

$$4NO+4NH_3+O_2 =\!=\!=\!= 4N_2+6H_2O$$

$$NO+NO_2+2NH_3 =\!=\!=\!= 2N_2+3H_2O$$

SCR法对氮氧化物的去除效率可达80%以上，且药品（如 NH_3）消耗量较少，也无锅炉管线结垢的缺点，有些研究显示催化作用还具有去除二噁英的效果。但催化剂再生及更换成本昂贵，且此法多为专利技术，使用时宜慎加考虑。

4.1.4.3 酸性气体控制技术

废气排烟脱硫（Flue Gas Desulphurization，FGD）技术已是一种发展成熟的技术，其主要目的是将废气中的 SO_x 酸性气体去除，同时也有效去除 HCl 及 HF 等酸性气体，在废物焚烧烟气中成功应用的技术有干式、半干式及湿式等。

（1）干式脱酸

干式脱酸（Dry Sorbent Injection，DSI）是将消石灰粉（或小苏打）直接通过压缩空气喷入烟管或烟管上某段反应器内，使碱性消石灰粉（或小苏打）与酸性气体充分接触而达到中和及去除的目的。由于固相与气相的接触时间有限且传质效果不佳，故常需超量加药，干式脱酸法单独的去除率并不高（HCl 仅 60%，SO$_2$ 仅 30%），而需借助后接的布袋除尘器进行二次反应方能达到排放标准，干式洗烟塔搭配布袋除尘器已成为典型的酸性气体污染物去除流程。

整个系统最大的优点为设备简单、维修容易及造价便宜，缺点是药剂的消耗量大，整体去除效率较其他两种方法为低，产生的反应物及和反应物量亦较多。

典型干式脱酸工艺流程如图 4-5 所示。

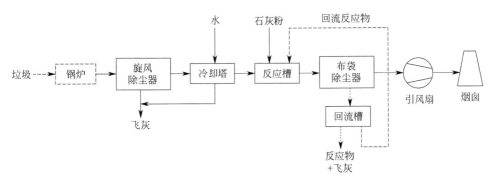

图 4-5　典型干式脱酸工艺流程框图

（2）半干式脱酸

半干式脱酸（Semi-dry Process 或 Spray Dryer Adsorption，SDA）与干式脱酸法最大的不同在于喷入的碱性药剂为乳泥状而非干粉，故需要有一组调药设备。典型半干式脱酸工艺流程如图 4-6 所示。

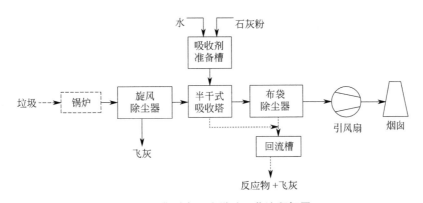

图 4-6　典型半干式脱酸工艺流程框图

半干式脱酸采用的碱性药剂一般均为石灰系物质，如消石灰 [Ca(OH)$_2$] 浆液。喷入的方式是将消石灰泥浆与压缩空气借助喷嘴混合向上或向下喷入洗烟塔中，废气则与喷入的泥浆以同向流或反向流的方式充分接触并产生中和作用，亦可将消石灰泥浆借助雾化转轮自塔顶喷入，以增加与同向流废气的中和反应，如图 4-7 所示，在喷入的过程中乳剂中的水分可在喷雾干燥塔内完全蒸发，故不会有水滴流出。

泥浆喷入后与废气接触并进行中和作用，当单独使用时对酸性气体去除效率在 90% 左右，通常其后需再接布袋除尘器，以提供反应药剂在滤布表面进行二次反应的机会，整体系统对酸性气体的去除效率亦随之提高（HCl 98%，SO$_x$ 90% 以上）。半干法最大的特

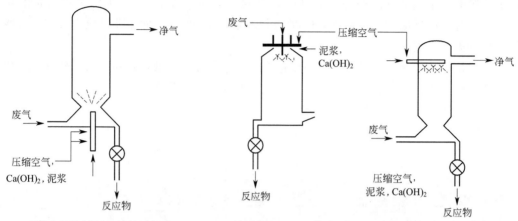

(a) 液浆与压缩空气向上喷射(同向流)　(b) 液浆与压缩空气向下喷射(同向流)　(c) 液浆与压缩空气向下喷射(逆向流)

图 4-7　半干式脱酸工作示意

点是结合了干式法与湿式法的优点，较干式法的去除效率高，亦免除了湿式法产生过多废水的困扰，然而喷雾干燥塔的加水量需详细设计及操作，其化学方程式为：

$$CaO + H_2O \longrightarrow Ca(OH)_2$$
$$Ca(OH)_2 + SO_2 \longrightarrow CaSO_3 + H_2O$$
$$Ca(OH)_2 + 2HCl \longrightarrow CaCl_2 + 2H_2O$$
$$或 \ SO_2 + CaO + 1/2 \ H_2O \longrightarrow CaSO_4 \cdot 1/2H_2O$$

半干式洗烟塔的雾化喷嘴可分为转盘式雾化器及两相流喷嘴，前者只要转速及转盘直径不变，液滴尺寸就会保持一定，但构造较复杂，容易阻塞，多用在废气流量较大时（一般为 $Q > 34000m^3/h$）；后者构造简单，不易阻塞，但液滴尺寸不均匀。

(3) 湿式脱酸

湿式脱酸的处理流程见图 4-8。通常接入静电除尘器或布袋除尘器之后，废气在粒状物质先被去除后，再进入湿式脱酸塔上端，首先需喷入足量的液体使废气达到饱和，再使饱和的废气与喷入的碱性吸收剂在塔内的填充材料表面进行中和作用。

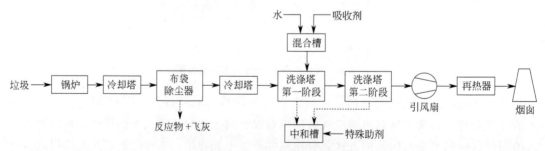

图 4-8　湿式脱酸工艺流程框图

常用的碱性吸收剂有 NaOH 溶液或 $Ca(OH)_2$ 溶液，整个脱酸塔的中和剂喷入系统采用循环方式设计，当循环水的 pH 值或盐度超过一定标准时即需排出，再补充新鲜的 NaOH 溶液，以维持一定的酸性气体去除效率，排出液中通常含有很多溶解性重金属盐类（如 $HgCl_2$、$PbCl_2$ 等），氯盐浓度亦高达3%，必须予以适当处理。如果用石灰溶液脱酸时，其化学方程式为：

$$2SO_2 + 2CaCO_3 + 4H_2O + O_2 \Longrightarrow 2CaSO_4 \cdot 2H_2O + 2CO_2$$

其中，$CaSO_4 \cdot 2H_2O$ 可以回收再利用。

由于一般的湿式脱酸塔均采用充填吸收塔的方式设计，故其对粒状物质的去除能力几乎可被忽略。湿式脱酸塔的最大优点是酸性气体的去除效率高，对 HCl 去除率为 98%，SO_2 去除率达 90% 以上，并附带有去除高挥发性重金属物质（如汞）的潜力；其缺点是造价较高，用电量及用水量亦较高，此外，为避免废气排放后产生白烟现象，需另加装废气再热器，废水亦需加以妥善处理。目前改良型湿式脱酸塔多分为两阶段洗烟，第一阶段针对 HCl，第二阶段针对 SO_2，主要原因是二者在最佳去除效率时的 pH 值有所不同。

4.1.4.4　重金属控制技术

工业危废中含有重金属的物质包括防腐剂、杀虫剂、印刷油墨等的废容器、温度计、灯管、颜料、金属板、电池等，此种废物在焚烧过程中，为有效焚烧有机物质，需要相当高的温度，在温度升高的同时也会使废物中的部分重金属以气态附着于飞灰而随废气排出。一般而言，焚烧厂排放废气中所含重金属量的多少与废物性质、重金属存在形态、焚烧炉的操作及空气污染控制方式密切相关。

（1）重金属物质焚烧后的特性

含重金属物质经高温焚烧后，一部分重金属会因燃烧而挥发，其余部分则仍残留于灰渣中，而挥发与残留的比例则与各种重金属物质的饱和温度有关，饱和温度越高越易凝结，残留在灰渣内的比例亦随之增高。由于废弃物经焚烧后形成多种氧化物及氯化物，因挥发、热解、还原、氧化等作用，可能进一步发生化学反应，其产物包括元素态重金属、重金属氧化物及重金属氯化物等。元素态重金属、重金属氧化物及重金属氯化物在废气中将以特定的平衡状态存在，且因其浓度各不相同，各自的饱和温度亦不相同，从而构成了复杂的连锁关系。

重金属物质（如镉及汞等）经挥发而存在于废气中，当废气通过热能回收设备及其他冷却设备后，部分重金属因凝结或吸附作用而易附着于细尘表面，可被后续的除尘设备去除，当废气通过除尘设备时的温度越低时，其去除效率越佳。此种去除作用主要依据以下 3 种反应机理。

① 重金属降温面达到饱和，经凝结成粒状物后被除尘设备收集去除。

② 饱和温度较低的重金属元素虽无法充分凝结，但会因飞灰表面的催化作用而形成饱和温度较高且较易凝结的氧化物或氯化物，易于被除尘设备收集去除。

③ 仍以气态存在的重金属物质，因吸附于飞灰上或喷入的活性炭粉末上而被除尘设备一并收集去除。

此外，因部分重金属的氯化物为水溶性，即使无法由于上述的凝结及吸附作用而去除，却可利用其溶于水的特性，经由湿式洗烟塔的洗涤液自废气中吸收下来。早期的废物焚烧厂采用湿式洗烟塔的主要原因即是为了去除此类重金属。

（2）烟气中重金属物质的控制技术

废物焚烧厂典型的空气污染控制设备主要可分为干式、半干式或湿式三大类，它们最大的区别在于废气是否达到饱和状态，当将废气冷却至饱和露点以下时即可归类为湿式处理流程。典型的干式处理流程由干式洗烟塔或半干式洗烟塔与静电除尘器或布袋除尘器组合而成；而典型的湿式处理流程则包括静电除尘器与湿式洗烟塔的组合。废物中含有的重金属物质经高温焚烧后，部分因挥发作用而以元素态及其氧化状态存在于废气中，构成废气中重金属污染物的主要来源；由于每种重金属及其化合物均有其特定的饱和温度（与其含量有关），当废气通过废热回收设备及空气污染控制设备而被降温时，大部分成挥发状态的重金属可自行凝结成颗粒或凝结于飞灰表面而被除尘设备收集去除，但挥发性较高的铅、镉及汞等少数重金属则不易凝结。

（3）提高烟气中重金属物质去除效率的措施

为满足日趋严格的重金属排放标准，传统的尾气污染控制设备已无法符合需要。此外，由于重金属物质固有的不可破坏性，燃烧作用只不过改变其相的状态或形成其他化合物。因此，要降低重金属的排放浓度，必须从改善尾气污染控制装置着手。目前已成熟的改善方式，是以增进干式处理流程的"吸附作用"或湿式处理流程的"吸收作用"为出发点。在干式处理流程中，于布袋除尘器前喷入活性炭或于尾气处理流程尾端使用活性炭滤床。如此处理，除可加强对汞金属的吸附作用外，对尾气中的微量有机化合物如二噁英类（PCDDs/PCDFs）也有吸附去除的效果；在干式处理流程中亦可喷入化学药剂与汞金属反应，如喷入雾化的抗高温液体螯合剂可达到 $50\% \sim 70\%$ 的去除效果，或在布袋除尘器前喷入 Na_2S 药剂，使其与汞作用生成 HgS 颗粒而被除尘系统去除。在湿式处理流程中于洗烟塔的洗涤液内添加催化剂（如 $CuCl_2$），促使更多水溶性的 $HgCl_2$ 生成，再以螯合剂固定已吸收汞的循环液，可确保吸收效果。

4.1.4.5 二噁英和呋喃控制技术

（1）二噁英及呋喃的定义及其浓度表示方式

二噁英是一族多氯二苯二噁英化合物（polychlorinated dibenzodioxins，PCDDs）。它是含有两个氧键连接两个苯环的有机氯化合物，具有三环结构，其结构式如图 4-9(a) 所示。呋喃是一族多氯二苯呋喃化合物（polychlorinated dibenzofurans，PCDFs），其结构与 PCDDs 不同的是只有一个氧原子连接苯环，其结构式见图 4-9(b)。

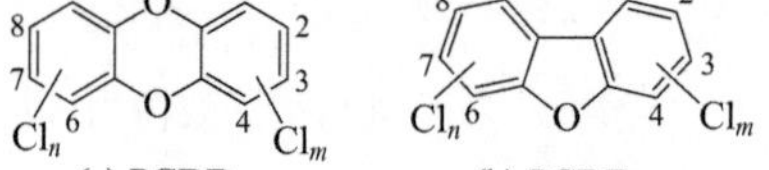

(a) PCDDs   (b) PCDFs

图 4-9 二噁英分子结构示意

二噁英及呋喃按氯原子数目的不同（$1 \sim 8$ 个），分别有 75 种及 135 种衍生物，其中具有 $1 \sim 3$ 个氯原子者，因不具毒性，故一般述及 PCDDs/PCDFs 时均是指含 $4 \sim 8$ 个氯原子的 136 种衍生物，如果 2、3、7、8 位置上与 Cl 结合，则称为 2,3,7,8-TCDD，它被认为是现有合成化合物中最毒的物质，其毒性比氰化物还要大 1000 倍。至于 PCDDs/PCDFs 浓度的表示方式主要有"总量"及"毒性当量"（Toxic Equivalent Quantity，TEQ）两种。在分析含 PCDDs/PCDFs 的物质时，若将前述 136 种衍生物的浓度分别求出再加总即为"总量浓度"（以 ng/m^3、ng/kg 或 ng/L 表示），另若先将具有毒性的各种衍生物按其个别的毒性当量系数（Toxic Equivalent Factor，TEF）转换后再加总则为"毒性当量浓度"。其中毒性当量系数的确定主要以毒性最强的 2,3,7,8-TCDD 为基准（系数为

1.0），其他衍生物则按其相对毒性强度以小数表示（以 ng/m^3、ng/kg 或 ng/L 表示）。不同有机氯化物的国际毒性当量因子列入表 4-1 中。

表 4-1　不同有机氯化物的国际毒性当量因子

名　称	I-TEF(1989, EPA)	TEF(1998, WHO)	TEF(2005, WHO)
2,3,7,8-T$_4$CDD	1	1	1
1,2,3,7,8-P$_5$CDD	0.5	1	1
1,2,3,4,7,8-H$_6$CDD	0.1	0.1	0.1
1,2,3,6,7,8-H$_6$CDD	0.1	0.1	0.1
1,2,3,7,8,9-H$_6$CDD	0.1	0.1	0.1
1,2,3,4,6,7,8- H$_7$CDD	0.01	0.01	0.01
OCDD	0.001	0.0001	0.0003

（2）焚烧过程中二噁英及呋喃的生成机制

废物焚烧过程中，PCDDs/PCDFs 的产生主要来自废物成分、炉内形成及炉外低温再合成 3 个方面，分别说明如下。

1）废物成分

工业废物成分比较复杂，再加上杀虫剂、除草剂、防腐剂甚至农药及喷漆等有机溶剂，废物中即可能含有 PCDDs/PCDFs 等物质。据国外数据显示，每千克的家庭废物中 PCDDs/PCDFs 的含量为 11～255ng（I-TEQ），其中以塑胶类的含量较高，达 370ng（I-TEQ），至于其他废物中的 PCDDs/PCDFs 含量则更为复杂。由于 PCDDs/PCDFs 的破坏分解温度并不高（750～800℃），若能保持良好的燃烧状况，由废物本身所夹带的 PCDDs/PCDFs 物质，经焚烧后大部分应已破坏分解。根据欧洲各国的研究，废物中塑胶含量与焚烧炉烟道气中二噁英含量并无直接的统计关联性。

2）炉内形成

废物化学成分中 C、H、O、N、S、Cl 等元素，在焚烧过程中可能先形成部分不完全燃烧的烃类化合物（C$_x$H$_y$），当 C$_x$H$_y$ 因炉内燃烧状况不良（如氧气不足、缺乏充分混合及炉温太低等因素）而未及时分解为 CO$_2$ 和 H$_2$O 时，可能与废物或废气中的氯化物（如 NaCl、HCl、Cl$_2$）结合形成 PCDDs/PCDFs、氯苯及氯酚等物质。其中氯苯及氯酚的破坏分解温度较 PCDDs/PCDFs 高出约 100℃，若炉内燃烧状况不良，尤其在二次燃烧段内混合程度不够或停留时间太短，更不易将其去除，因此可能成为炉外低温再合成 PCDDs/PCDFs 的前驱物质（precursor）。

3）炉外低温再合成

由于完全燃烧不容易达成，当氯苯及氯酚等前驱物质随废气自燃烧室排出后，可能被废气中飞灰的碳元素所吸附，并在特定的温度范围（250～400℃，300℃时最显著），在飞灰颗粒所构成的活性接触面上，被金属氯化物（CuCl$_2$ 及 FeCl$_2$）催化反应生成 PCDDs/PCDFs。此种再合成反应的发生，除了需具备前述特定温度范围内由飞灰所提供的碳元素、催化物质、活性接触面及先驱物质外，废气中充分的氧含量、重金属含量与水分含量也扮演着再合成的重要角色。在典型的混烧式废物焚烧厂中，因多是采用过氧燃烧，且由于废物中的水分含量较其他燃料为高，再加上重金属物质经燃烧挥发多凝结于飞灰上，废气中亦含有较多的 HCl 气体，因此提供了 PCDDs/PCDFs 再合成的环境，而此种再合成反应也成为焚烧尾气中产生 PCDDs/PCDFs 的主要原因。

（3）二噁英及呋喃的控制

为控制由焚烧厂所产生的 PCDDs/PCDFs，可从控制来源、减少炉内形成及避免炉外低温区再合成 3 个方面着手。

1）控制来源

废物的来源广，成分控制困难，避免含 PCDDs/PCDFs 物质及含氯成分高的物质（如 PVC 塑胶等）进入废物中可降低 PCDDs/PCDFs 的生成，因此加强和改进废物分类及资源回收技术甚为重要。

2）减少炉内形成

为达到完全燃烧的目标，不仅要分解破坏废物内含有的 PCDDs/PCDFs，也要避免氯苯及氯酚等前驱物质产生。为此，应在以下几个方面进行控制。

① 在燃烧室设计时采取适当的炉体热负荷，以保持足够的燃烧温度及气体停留时间，燃烧段与后燃烧段的不同燃烧空气量及预热温度等。

② 炉床上的二次空气量要充足（约为全部空气量的 40%），且应配合炉体形状于混合度最高处喷入（如二次空气入口上方），喷入的压力亦需能足够穿透及涵盖炉体的横断面，以增加混合效果。

③ 燃烧的气流模式宜采用顺流式，以避免在干燥阶段已挥发的物质未经完全燃烧即短流排出。

④ 高温阶段炉室体积应足以确保废气有足够的停留时间等。

⑤ 在操作上，应确保废气中具有适当的过氧浓度（最好在 6%～12% 之间），因为过氧浓度太高会造成炉温不足，太低则燃烧需氧量不足，同时亦须避免大幅变动负荷（最好在 80%～10% 之间）。

⑥ 在启炉、停炉与炉温不足时，应确保启动助燃器达到既定的炉温等。

⑦ 对于 CO 浓度（代表燃烧情况）、O_2 浓度、废气温度及蒸汽量（代表负荷状况）等均应连续监测，并借助自动燃烧控制系统（Automatic Combustion Control，ACC）或模糊控制系统（Fuzzy Control System）回馈控制废物的进料量、炉床移动速度、空气量及一次空气温度等操作参数，以达到完全燃烧。

3）避免炉外低温再合成

由于目前多数大型焚烧厂均设有锅炉回收热能系统，焚烧烟气在锅炉出口的温度在220～250℃，因此前述的 PCDDs/PCDFs 炉外再合成现象，多发生在锅炉内（尤其在节热器的部位）或在粒状污染物控制设备前。有些研究指出，主要的生成机制为铜或铁的化合物在悬浮微粒的表面催生了二噁英的前驱物质。在干式处理流程中，最简单的方法是喷入活性炭粉或焦炭粉通过吸附作用以去除烟气中的 PCDDs/PCDFs，喷入的位置根据除尘设备的不同而异：当使用布袋除尘器时，因布袋能为吸附物提供较长的停留时间，故将活性炭粉或焦炭粉直接喷入除尘器前的烟道内即可，吸附作用可发生在布袋的表面；若使用静电除尘器时，因没有类似于布袋的停滞吸附效果，故活性炭喷入点应提前至半干式或干式洗烟塔内（或其前烟管内），以争取吸附作用时间。活性炭粉虽然单价较高，但因其活性大，用量较省，且蒸汽活化安全性高，同时对汞金属亦具较优的吸附功能，故为较佳的选择。借助吸附作用去除 PCDDs/PCDFs 的方法，除活性炭粉喷入法外，也可在干式或半干式系统中直接于静电除尘器或布袋除尘器后端加设一含有焦炭或活性炭的固定床吸附过滤器，但由于其过滤速度慢（0.1~0.2m/s），体积大，使用焦炭或活性炭滤层时有自燃或尘爆的危险，实际应用时应特别小心。

在湿式处理流程中，因湿式洗烟塔一般仅能吸收酸性气体，且因 PCDDs/PCDFs 的水溶性甚低，故其去除效果不好；但在不断循环的洗涤液中，氯离子浓度持续累积，造成毒性较低的 PCDDs/PCDFs（毒性仅为 2,3,7,8-TCDD 的 0.1%）占有率较高，对总量浓度影响不大，也为一种控制 PCDDs/PCDFs 毒性当量浓度的方法；若欲进一步将 PCDDs/PCDFs 去除，可在洗烟塔的低温段加入二噁英去除剂（dioxin-scavenging additives），但此种方法仍需进行进一步的研究。

4.1.4.6 焚烧烟气净化工艺概述

废物焚烧系统烟气净化工艺及设备在近几十年来得到很大发展，尤其进入 20 世纪 80 年代后，随着各国对环境质量提出更高要求，焚烧厂空气污染防治工艺技术及设备日趋成熟，并针对不同的环境质量控制要求，形成了不同的工艺路线及设备组合。

去除烟气中各种成分的常见方法有干式洗涤塔、半干式洗涤塔、湿式洗涤塔、静电除尘及布袋除尘，烟气中有的成分选用单独一种方法即可，有的成分则需几种方法组合使用。

（1）粉尘

采用单一的旋风除尘、静电除尘或布袋除尘，几种组合使用效果更佳。静电除尘器具有运行费用低、运行管理方便、维修保养费用低等特点；但在实际运行时除尘效率低，尤其对 $<1\mu m$ 的微小颗粒物脱除效率更低，而一般情况下，重金属及二噁英均凝聚于粒径为 $1\mu m$ 左右的微颗粒上，因而电除尘对重金属及二噁英的脱除效率低。布袋除尘器的造价比电除尘略省，其对粒径 $<1\mu m$ 的微小颗粒物脱除效率在 90% 以上，故其对重金属及二噁英的脱除效率高；另外，布袋除尘器具有二次脱 HCl、SO_2 的作用，提高了脱 HCl、SO_2 的效果。布袋除尘器对操作工艺条件的要求较高，维修较困难，对高温化学腐蚀较敏感。

（2）酸性气体

采用湿法、干式和半干式洗涤塔，这三种方法都要使用酸性气体吸收剂，常用吸收剂为氧化钙、碳酸钙、氧化镁和碳酸镁等，选用其中一种方法即可。

（3）重金属、二噁英类物质

对于二噁英类物质的控制采取预防、治理相结合的方法：首先控制焚烧炉二燃室的"3T"，即停留时间（燃烧室内停留时间≥2s）、温度（焚烧温度≥1100℃）和空气搅拌。其次，烟气降温过程中，在 200~500℃ 之间极易合成二噁英，所以采用强制喷淋降温法缩短降温时间，减少二噁英的重新聚合。

在重金属及二噁英的处理上，有的采用喷活性炭粉的方法，有的采用活性炭吸附塔。采用活性炭吸附法投资高、运行成本高，在操作得当的前提下其脱除效率高。一般均采用在布袋除尘器前喷入活性炭粉的方法脱除重金属及二噁英即可满足国家标准的要求。部分重金属具有挥发性，其在燃烧过程中大部分进入烟气，在烟气降温的过程中被吸附在烟尘上，在布袋除尘器前喷入活性炭粉脱除重金属及二噁英，并在布袋除尘器中被去除，从而使烟气达标排放。

（4）NO$_x$ 的脱除

1）抑制 NO$_x$ 的生成

NO$_x$ 的生成机理：一是废物中所含氮成分在燃烧时生成 NO$_x$；二是空气所含 N$_2$ 在高温下氧化生成 NO$_2$，因此，去除 NO$_x$ 的根本方法是抑制 NO$_x$ 的生成。由于 O$_2$ 浓度越高，产生的 NO$_x$ 浓度也越高，一般通过低氧燃烧法来控制 NO$_x$ 的产生，即通过限制一次助燃空气量以控制燃烧生成的 NO$_x$ 量，实践已证明这是行之有效的方法。具体措施主要有以下几种。

① 烟气充分混合：采用高压一次空气、二次空气均匀布风等措施，使烟气在炉内高温域得到充分混合和搅拌。

② 低空气比：通过降低过剩空气系数，采用低氧方式运行，降低氧浓度，抑制 NO$_x$ 的产生。

③ 控制炉膛温度不高于 950℃（在满足 850℃ 以上的前提下）。

2）烟气脱 NO$_x$

对于危废焚烧烟气处理的脱 NO$_x$ 工艺，工程上采用较多的有选择性非催化还原工艺（SNCR）和选择性催化还原工艺（SCR）两种。

① 选择性催化还原去除 NO$_x$ 工艺。选择性催化还原法（SCR）是在催化剂存在的条件下，NO$_x$ 被还原成 N$_2$ 和水。SCR 系统设置在烟气处理系统布袋除尘器的下游段，在催化剂脱硝反应塔内喷入氨气。氨气制备是将尿素或氨水溶液进行热解产生。为了达到 SCR 法还原反应所需的 200～300℃ 的温度，烟气在进入催化脱氮器之前需要加热，试验证明 SCR 法可以将 NO$_x$ 排放浓度控制在 50mg/m^3 以下。SCR 的脱硝效率为 80%～90%。

② 选择性非催化还原去除 NO$_x$ 工艺。选择性非催化还原法（SNCR）是在高温（800～1000℃）条件下，利用还原剂将 NO$_x$ 还原成 N$_2$，SNCR 不需要催化剂，但其还原反应所需的温度比 SCR 法高得多，因此 SNCR 需设置在焚烧炉膛内完成。SNCR 的脱硝效率为 30%～50%。

综上，SNCR 工艺可保证 NO$_x$ 的排放指标达到 200mg/m^3。如果上述指标仍不满足要求。为了达到 NO$_x$ 日均排放指标值 100mg/m^3，需进一步脱除氮氧化物或者改用其他脱硝效率更高的方法。此时，如果仅通过 SCR 脱硝将 NO$_x$ 浓度从 300mg/m^3 降到 100mg/m^3，需要催化剂的量将非常多。因此，将 NO$_x$ 浓度从 300mg/m^3 降到 200mg/m^3 使用 SNCR 脱硝，将 NO$_x$ 浓度从 200mg/m^3 降到 100mg/m^3 使用 SCR 进行脱硝，可将需要使用的催化剂量降下来，从而降低工程的运行费用。

（5）CO 去除

在回转窑焚烧炉中由于没有充分完全燃烧，还有很少量的 CO，在二燃室炉膛中设置燃烧器，其燃烧火焰使烟气形成漩流，使 CO 及其他还原性气体（NH$_3$、H$_2$、HCN 等）在高温下进一步氧化，最终生成 N$_2$、O$_2$、CO$_2$、H$_2$O 和 NO$_x$。

烟气中各种成分的去除方法汇总见表 4-2。

表 4-2 烟气中各种成分的去除方法

成 分	去除方法
粉尘	湿法、干法、半干法、静电除尘、布袋除尘、旋风除尘
酸性气体	湿法、干法、半干法
二噁英类物质	燃烧过程控制(3T)、急冷、活性炭吸附、布袋除尘
重金属	湿法、干法、半干法、活性炭吸附、布袋除尘
氮氧化物	选择性催化还原法(SCR)、选择性非催化还原法(SNCR)

危废焚烧系统烟气净化工艺及设备在近几十年来得到很大发展，尤其进入 20 世纪 80 年代后，随着各国对环境质量提出更高要求，危废焚烧厂空气污染防治工艺技术及设备日趋成熟，并针对不同的环境质量控制要求，形成了不同的工艺路线及设备组合。

在危废焚烧烟气净化工艺中，从世界范围而言湿法工艺应用最多，其次为半干法工艺。湿法工艺对污染物去除率高，但水耗较大，产生废水量大，系统复杂，初次投资费用偏高且运行费用高；半干法工艺虽然二次产物很少，易于处理，但酸性气体去除率较湿法工艺低，塔顶高速旋转雾化喷嘴容易堵塞，操作维护要求高，初次投资费用偏高且运行费用高；在同样需要增加湿式洗涤塔去除酸性气体的情况下，干法+湿法工艺具有产生污泥及废水少、重金属及二噁英去除效果更好，初次投资少且运行费用低等优点。近年来，随着湿法高盐废水处理难度的增加，还有两级干法、半干法+湿法等多种处理工艺。

总体而言，"急冷+干式脱酸+布袋除尘器+湿式洗涤"的烟气净化组合技术是最为广泛采用的一种成熟技术，其特点是操作弹性大，有害物去除率高，反应剂消耗量较少，可有效控制二噁英等。此外，为进一步控制烟气中粉尘含量，有工程采用两级除尘工艺，即在急冷塔后布置旋风分离器，去除大部分颗粒物，以减轻布袋除尘器的负荷。

随着工艺技术的发展，近年来的烟气处理技术发展快速，随着烟气排放标准的不断提高和科技的不断发展，有理由相信烟气处理技术将日益更新和优化。

4.1.5 主要焚烧参数计算

4.1.5.1 工艺计算概述

(1) 主要目的

工艺计算是焚烧处理工程的核心。焚烧工艺计算包括燃烧计算、物料质量平衡计算以及主要设备计算。

计算的主要目的在于确定工艺参数、工艺布置图、工艺物料消耗和能耗、设备规格参数以及设备清单等。

(2) 主要计算步骤

焚烧工艺计算通常针对的是某一种特定工艺流程的物料和能量的平衡计算。不同的危废焚烧工艺计算结果也有差异。焚烧工艺计算是一个复杂的系统过程，其中包含了物理热能原理、化学反应原理和系统实际应用特点等多种因素，简单说来，计算过程可以概括为如下 4 步：a. 处理量及元素组分输入；b. 空气量与烟气量计算；c. 焚烧炉热平衡和物料平衡计算；d. 余热锅炉和烟气处理系统计算。

4.1.5.2　焚烧烟气量

设 1kg 燃料中含有 C(kg)、H(kg)、O(kg)、S(kg)、N(kg) 和 $H_2O(kg)$，则该燃料完全燃烧可以由下列主要反应进行描述：

碳燃烧　　　　　$C + O_2 \Longrightarrow CO_2$　　　　　$C/12 \times 22.4 m^3$

氢燃烧　　　　　$H_2 + 1/2O_2 \Longrightarrow H_2O$　　　$H/2 \times (22.4/2) m^3$

硫燃烧　　　　　$S + O_2 \Longrightarrow SO_2$　　　　　$S/32 \times 22.4 m^3$

燃料中的氧　　　$O \Longrightarrow 1/2O_2$　　　　　　$O/16 \times (22.4/2) m^3$

(1) 理论空气量计算

固体和液体燃料理论空气量的计算是以燃料收到基元素分析为依据，见式(4-4) 或式(4-5)：

$$V^0 = 0.0889C_{ar} + 0.265H_{ar} - 0.033(O_{ar} - S_{ar}) \tag{4-4}$$

$$L^0 = 1.293V^0 = 0.1149C_{ar} + 0.3426H_{ar} - 0.0431(O_{ar} - S_{ar}) \tag{4-5}$$

式中　　　　　V^0——每千克收到基燃料所需理论空气量，m^3/kg；

$C_{ar}, H_{ar}, O_{ar}, S_{ar}$——收到基燃料元素分析中碳、氢、氧、硫的质量分数，%；

　　　　　L^0——每千克收到基燃料所需理论空气质量，kg/kg。

若采用天然气作为辅助燃料，气体燃料理论空气量的计算是以气体燃料的组成成分为依据，见式(4-6) 或式(4-7)：

$$V^0 = 0.02381H_2 + 0.02381CO + 0.04762\sum\left(m + \frac{n}{4}\right)C_mH_n + 0.07143H_2S - 0.04762O_2 \tag{4-6}$$

$$L^0 = 1.293V^0 = 0.03079H_2 + 0.03079CO + 0.06157\sum\left(m + \frac{n}{4}\right)C_mH_n + 0.09236H_2S - 0.06157O_2 \tag{4-7}$$

式中　　　　　　　V^0——标准状态下干燃气燃烧所需理论空气量，m^3/m^3；

$H_2, CO, C_mH_n, H_2S, O_2$——气体燃料中各组成成分的体积分数，%；

　　　　　L^0——标准状态下干燃气燃烧所需理论空气质量，kg/m^3。

(2) 实际空气量

在工程实践中，由于燃料与空气混合不均匀，空气中的氧不可能完全参与燃烧，为了保证燃料的完全燃烧，实际供给的空气量要大于理论空气量。实际空气供应量 V 和理论空气量 V^0 之比称为过量空气系数 α，见式(4-8)。

$$\alpha = \frac{V}{V^0} \tag{4-8}$$

过量空气系数是焚烧炉运行的一个重要指标，α 值的大小与废物的组分、燃烧方式、焚烧炉设备结构和运行水平有关，一般 $\alpha \geqslant 1$。在保证燃烧完全的前提下，应尽可能使 α 接近 1。如果 α 过大，会降低燃烧温度，增加送风量和排烟量，增加排烟热损失，造成热效率的下降。

对于危废回转窑焚烧炉而言，一般二燃室出口过量空气系数 $\alpha = 1.8$。

如果考虑到空气中含有水分，实际空气量可按式(4-9) 计算

$$V = \alpha V^0(1 + 0.00124d_k) \tag{4-9}$$

式中　d_k ——标准状态下干空气的水蒸气含量，g/m^3。

（3）烟气量

燃料燃烧后的产物是烟气。当燃烧处在理想状态，即只供给理论空气量（$\alpha=1$）而完全燃烧所产生的烟气量称为理论烟气量。理论烟气的组成成分是 CO_2、SO_2、N_2 和 H_2O。前三种成分合称为干烟气，包含 H_2O 时的烟气则称为湿烟气。烟气中的 CO_2 和 SO_2 又合称为三原子气体，用 RO_2 表示。当过剩空气系数 $\alpha>1$ 时，产生的烟气中除理论烟气量外，尚有部分过剩空气，这时的烟气量称为实际烟气量。

1）固体、液体燃料燃烧烟气量的计算　固体、液体燃料燃烧理论烟气量的计算：固体、液体燃料燃烧理论烟气量（$\alpha=1$）中包含三原子气体、理论氮气量和理论水蒸气三部分，见式(4-10)。

$$V_y^0 = V_{RO_2} + V_{N_2}^0 + V_{H_2O}^0 \tag{4-10}$$

$$V_{RO_2} = 0.01867C_{ar} + 0.007S_{ar}$$

$$V_{N_2}^0 = 0.008N_{ar} + 0.79V^0$$

$$V_{H_2O}^0 = 0.111H_{ar} + 0.0124M_{ar} + 0.0161V^0 + 1.24G_{wh}$$

式中　　　　V_y^0 ——标准状态下每千克收到基燃料燃烧的理论烟气量，m^3/kg；

V_{RO_2} ——标准状态下每千克收到基燃料燃烧的理论烟气中三原子气体的体积，m^3/kg；

$V_{N_2}^0$ ——标准状态下每千克收到基燃料燃烧的理论烟气中氮气的体积，m^3/kg；

$V_{H_2O}^0$ ——标准状态下每千克收到基燃料燃烧的理论烟气中水蒸气的体积，m^3/kg；

V^0 ——标准状态下每千克收到基燃料燃烧所需理论空气量，m^3/kg；

$C_{ar}, H_{ar}, N_{ar}, S_{ar}, M_{ar}$ ——燃料收到基中碳、氢、氮、硫和水分的质量分数，%；

G_{wh} ——燃油用蒸汽雾化时每千克燃油的雾化蒸汽量，kg/kg，一般取 $0.3 \sim 0.6kg/kg$。

固体、液体燃料实际烟气量计算：实际燃烧都是在过量空气（$\alpha>1$）的条件下进行的，此时烟气中除包含理论烟气量外，还有过量空气 $(\alpha-1)V^0$ 和随同过量空气带入的水蒸气 $(0.0161\alpha-1)V^0$。

根据上述分析，固体和液体燃料燃烧的实际烟气量可按式(4-11)计算：

$$V^y = V_y^0 + (\alpha-1)V^0 + 0.0161(\alpha-1)V^0 = V_y^0 + 1.0161(\alpha-1)V^0 \tag{4-11}$$

将理论烟气量计算式(4-10)代入，得到实际烟气量（m^3/kg）计算式(4-12)：

$$V^y = V_{RO_2} + V_{N_2}^0 + V_{H_2O}^0 + 1.0161(\alpha-1)V^0 \tag{4-12}$$

2）气体燃料燃烧烟气量的计算　气体燃料燃烧理论烟气量（$\alpha=1$）的计算见式(4-13)：

$$V_y^0 = V_{RO_2} + V_{N_2}^0 + V_{H_2O}^0 \tag{4-13}$$

其中：

$$V_{RO_2} = 0.01(CO_2 + CO + H_2S + \sum m C_m H_n)$$

$$V_{N_2}^0 = 0.01N_2 + 0.79V^0$$

$$V_{H_2O}^0 = 0.01 \left[H_2 + \sum \frac{n}{2} C_m H_n + H_2S + 0.124(d_R + d_k V^0) \right]$$

式中　　　　　　　V_y^0——标准状态下每立方米燃气燃烧的理论烟气量，m^3/m^3；

V_{RO_2}——标准状态下每立方米燃气燃烧的理论烟气中三原子气体的体积，m^3/m^3；

$V_{N_2}^0$——标准状态下每立方米燃气燃烧的理论烟气中氮气的体积，m^3/m^3；

$V_{H_2O}^0$——标准状态下每立方米燃气燃烧的理论烟气中水蒸气的体积，m^3/m^3；

$CO_2,CO,H_2S,C_mH_n,H_2,N_2$——燃气中各组成成分的体积分数，%；

d_R——标准状态下每立方米燃气的含湿量，g/m^3；

d_k——标准状态下每立方米空气的含湿量，g/m^3。

气体燃料实际烟气量（$\alpha > 1$）的计算见式(4-14)：

$$V_y = V_{RO_2} + V_{N_2} + V_{O_2} + V_{H_2O} \tag{4-14}$$

$$V_{N_2} = 0.01N_2 + 0.79\alpha V^0$$

$$V_{O_2} = 0.21(\alpha - 1)V^0$$

$$V_{H_2O}^0 = 0.01\left[H_2 + \sum \frac{n}{2}C_mH_n + H_2S + 0.124(d_R + d_kV^0)\right]$$

式中　V_y——标准状态下每立方米燃气燃烧的实际烟气量，m^3/m^3；

V_{N_2}——标准状态下每立方米燃气燃烧的实际烟气中氮气的体积，m^3/m^3；

V_{O_2}——标准状态下每立方米燃气燃烧的实际烟气中氧气的体积，m^3/m^3；

V_{H_2O}——标准状态下每立方米燃气燃烧的实际烟气中水蒸气的体积，m^3/m^3。

4.1.5.3　烟气温度

燃料燃烧产生的热量绝大部分贮存在烟气中，因此掌控烟气的温度无论对于了解燃烧效率或是进行余热利用都是十分重要的。燃料与空气混合燃烧后，在没有任何热量损失的情况下，燃烧空气所能达到的最高温度称为"绝热火焰温度"，决定火焰温度的关键因素是燃料的热值。由于燃烧过程中必然伴随部分热量损失，实际烟气温度总是低于绝热火焰温度，但它可以给出理论上可以达到的最高烟气温度（即炉膛温度）。

理论燃烧温度（绝热火焰温度）可以通过下列近似方法求得：

$$H_L = VC_{pg}(T - T_0) \tag{4-15}$$

式中　H_L——燃料的低位热值，kJ/kg；

C_{pg}——废气在 T 与 T_0 间的平均比热容，$kJ/(kg \cdot ℃)$ 在 0～100℃ 范围内 $C_{pg} \approx 1.254kJ/(kg \cdot ℃)$；

T_0——大气或助燃空气温度，℃；

T——最终废气温度，℃；

V——燃烧产生的废气体积，m^3。

此时 T 可当成是近似的理论燃烧温度（绝热火焰温度），式(4-15)可变换为：

$$T = \frac{H_L}{VC_{pg}} + T_0 \tag{4-16}$$

若系统总热损失为 ΔH，则实际燃烧温度可由下式估算：

$$T = \frac{H_L - \Delta H}{VC_{pg}} + T_0 \tag{4-17}$$

4.1.5.4 烟气焓

在热力计算时，经常需要根据烟气温度计算烟气的焓。烟气焓也同样是以单位质量或单位体积的燃料为基础进行计算，而且以 0℃ 作为焓值的起算点。

从前述烟气量计算可知，烟气是多种气体的混合物，所以烟气焓应包括理论烟气焓、过量空气焓和烟气中飞灰的焓，即

$$h_y = h_y^0 + (\alpha - 1)h_k^0 + h_{fh} \tag{4-18}$$

式中　h_y——标准状态下烟气质量焓（kJ/kg）或体积焓（kJ/m³）；

h_y^0——标准状态下理论烟气质量焓（kJ/kg）或体积焓（kJ/m³），见式(4-15)；

h_k^0——理论空气质量焓（kJ/kg）或体积焓（kJ/m³），见式(4-16)；

h_{fh}——烟气中飞灰的质量焓（kJ/kg），对燃料为油、气时，可不计算，在燃用固

体燃料时，当 $\dfrac{1000A_{ar}\alpha_{fh}}{Q_{ar.net}} > 1.43$ 时，可按式(4-21)计算。

标准状态下理论烟气焓 h_y^0 的计算见式(4-19)：

$$h_y^0 = V_{RO_2}(ct)_{RO_2} + V_{N_2}^0(ct)_{N_2} + V_{H_2O}^0(ct)_{H_2O} \tag{4-19}$$

式中　V_{RO_2}，$V_{N_2}^0$，$V_{H_2O}^0$——燃料燃烧后理论烟气中三原子气体、氮气和水蒸气的体积，
　　　　　　　　　　　　　　　　　m³/kg 或 m³/m³；

$(ct)_{RO_2}$，$(ct)_{N_2}$，$(ct)_{H_2O}$——标准状态下 1m³ 三原子气体、氮气和水蒸气在温度 t 时的
　　　　　　　　　　　　　　　　　体积焓，kJ/kg。

理论空气焓的计算见式(4-20)。

$$h_k^0 = V^0(ct)_k \tag{4-20}$$

式中　V^0——燃料燃烧所需理论空气量，m³/kg 或 m³/m³；

$(ct)_k$——标准状态下 1m³ 空气在温度 t 时的湿空气体积焓，kJ/m³，见表 4-3。

表 4-3　标准状态下 1m³ 三原子气体、氮气、水蒸气、湿空气的体积焓和每千克飞灰的质量焓

t/℃	$(ct)_{RO_2}$/(kJ/m³)	$(ct)_{N_2}$/(kJ/m³)	$(ct)_{H_2O}$/(kJ/m³)	$(ct)_k$/(kJ/m³)	$(ct)_{fh}$/(kJ/kg)
100	169.71	129.58	150.48	132.01	80.67
200	356.97	259.58	303.887	265.85	168.87
300	558.03	391.25	461.89	401.12	263.34
400	770.79	525.84	625.33	540.89	359.48
500	994.84	662.95	793.36	683.01	457.71
600	1220.56	802.56	965.58	828.48	559.28
700	1458.82	944.68	1145.32	978.12	661.28
800	1701.26	1090.88	1333.42	1128.60	765.78
900	1947.88	1241.66	1521.52	1279.08	873.62
1000	2198.68	1391.94	1722.16	1433.78	982.30
1100	2453.66	1542.42	1922.80	1592.58	1095.16
1200	2712.82	1620.90	2127.62	1751.42	1203.84
1300	2971.98	1847.56	2340.80	1910.26	1358.50
1400	3235.32	2006.40	2553.98	2073.28	1580.04

$t/℃$	$(ct)_{RO_2}/(kJ/m^3)$	$(ct)_{N_2}/(kJ/m^3)$	$(ct)_{H_2O}/(kJ/m^3)$	$(ct)_k/(kJ/m^3)$	$(ct)_{fh}/(kJ/kg)$
1500	3498.66	2161.06	2775.52	2236.30	1755.60
1600	3762.00	2319.90	2997.06	2399.32	1872.64
1700	4029.52	2478.74	3222.78	2562.34	2060.74
1800	4297.04	2637.58	3452.68	2725.36	2181.96
1900	4564.57	2800.60	3682.58	2892.56	2382.60
2000	4836.26	2959.44	3920.84	3059.76	2508.00
2100	5107.96	3122.46	4154.92	3226.96	—

烟气中飞灰焓的计算见式(4-21)。

$$h_{fh}=\frac{\alpha_{fh}A_{ar}}{100}(ct)_{fh} \tag{4-21}$$

式中　α_{fh}——烟气携带出炉膛的飞灰占总灰量的质量分数,简称飞灰份额;

　　　A_{ar}——燃烧收到基灰分质量分数,%;

　　$(ct)_{fh}$——温度为 t 时 1kg 飞灰的质量焓,见表 4-3。

4.1.5.5　焚烧热量衡算

在进行热平衡计算时,需要确定基准温度,这个基准温度可以取为 0℃,也可以取为环境大气温度。

焚烧炉的热量平衡示意见图 4-10。

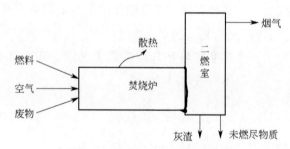

图 4-10　焚烧炉的热量平衡示意

(1) 热量输入

① 燃料发热量 H_{i1}(kcal/kg):

采用高热值时,$H_{i1}=H_h$

采用低热值时,$H_{i1}=H_l$

② 燃料显热 H_{i2}:

$$H_{i2}=C_f(\theta_f-\theta_0) \tag{4-22}$$

式中　C_f——燃料比热容,kcal/(kg·℃),废物的 $C_f\approx0.6\sim0.7$kcal/(kg·℃);

　　　θ_f——燃料温度,℃;

　　　θ_0——基准温度,℃。

③ 助燃空气显热 H_{i3}:

$$H_{i3}=AC_a(\theta_a-\theta_0) \tag{4-23}$$

式中　A——助燃空气量,kg/kg 或 m³/kg;

C_a——空气的等压比热容，kJ/(kg·℃) 或 kcal/(kg·℃)；

θ_a——空气入口温度，℃；

θ_0——基准温度，℃。

（2）热量输出

1）烟气带走的热量 H_{01}

① 以低热值计算：

$$H_{01}=V_d C_g(\theta_g-\theta_0)+(V-V_d)C_s(\theta_g-\theta_0) \tag{4-24}$$

式中　C_g——烟气平均等压比热容；

C_s——水蒸气平均等压比热容；

V——总烟气量；

V_d——干烟气量；

θ_g——烟气温度，℃；

θ_0——基准温度，℃。

② 以高热值计算：

$$H_{01}=V_d C_g(\theta_g-\theta_0)+(V-V_d)[C_s(\theta_g-\theta_0)+r] \tag{4-25}$$

式中　r——水的蒸发潜热。

2）不完全燃烧造成的热损失 H_{02}

① 底灰：

$$H'_{02}=6000 I_g a \tag{4-26}$$

式中　a——灰分，kg/kg；

I_g——底灰中残留可燃物量，约等于热灼减量；

6000——底灰中残留可燃物的经验热值，kcal/kg。

② 飞灰：

$$H''_{02}=8000 d C_d \tag{4-27}$$

式中　d——飞灰量，g/kg；

C_d——飞灰中可燃物量；

8000——飞灰中残留可燃物的经验热值，kcal/kg。

$$H_{02}=H'_{02}+H''_{02}（约占总出热的 0.5\%～2.0\%） \tag{4-28}$$

3）焚烧灰带走的显热 H_{03}

$$H_{03}=a C_{as}(\theta_{as}-\theta_0) \tag{4-29}$$

式中　C_{as}——焚烧灰的比热容，kcal/(kg·℃)，约等于 0.3kcal/(kg·℃)；

θ_{as}——焚烧灰出口温度。

4）炉壁散热损失 H_{04}　通常由入热和出热的差值计算，需要单独计算时单位时间炉壁的散热量可以表示为：

$$H'_{04}=\sum h_e(\theta_s-\theta''_a)F+4.88\varepsilon\left[\left(\frac{T_s}{100}\right)^4-\left(\frac{T_a}{100}\right)^4\right]\times F \tag{4-30}$$

式中　h_e——对流传热系数；

θ_s——炉外壁表面温度，℃；

T_s——炉外壁表面温度，K；

θ_a——环境大气温度，℃；

T_a——环境大气温度，K；

F——炉外壁面积，m^2；

ε——炉外壁表面辐射率。

H'_{04} 也可以由下式求得：
$$H'_{04} = \frac{\lambda(\theta_i - \theta_s)}{L} \times F \tag{4-31}$$

式中　λ——炉壁的热导率；

θ_i——炉内壁温度；

L——壁厚，m。

换算成 1kg 燃料：
$$H_{04} = H'_{04}/M \tag{4-32}$$

式中　M——单位时间的投料量，kg/h。

4.1.5.6　余热锅炉计算

规范要求危废焚烧烟气余热利用应避开 200～500℃ 的温度区间，以防止二噁英的再生成，因此余热锅炉一般利用焚烧烟气从 1100℃ 降温到 500℃ 的换热产生的热量。余热锅炉计算不同于一般的锅炉计算，其主要通过换热量来计算余热锅炉蒸发量、锅炉给水量及排污量，当然，与其选用的蒸汽参数有关。由于危废焚烧烟气利用温度区间有限，且通常焚烧规模不大，同生活垃圾焚烧相比，其产生的蒸汽量较少且不稳定，一般不进行发电利用，因此其蒸汽通常为低压蒸汽，比如 0.6～2.5MPa，该蒸汽可以进一步用于烟气排放前的防白烟加热器、二次空气加热、除氧器、蒸汽伴热及废物综合利用等。

4.1.5.7　烟气净化系统计算

(1) 急冷塔计算

急冷塔要求在 1s 内从 500℃ 快速降温到 200℃ 以下，通常采用急冷雾化喷头喷水来控制。急冷塔体尺寸与喷头雾化角度有关，喷水量则与烟气换热量有关。

(2) 烟气脱酸药剂计算

燃烧产生的烟气中存在 HCl、SO$_x$ 等酸性气体，根据脱酸工艺不同药剂用量计算分别如下。

① 采用生石灰（CaO）脱酸

$$CaO + 2HCl \Longrightarrow CaCl_2 + H_2O$$
$$2CaO + 2SO_2 + O_2 \Longrightarrow 2CaSO_4$$

则 CaO 的理论消耗量为：$(M_{Cl}/2 + M_S) \times 56/1000$ kg/h

实际应用时，钙硫比一般取 2。

② 采用熟石灰 [Ca(OH)$_2$] 脱酸

$$Ca(OH)_2 + 2HCl \Longrightarrow CaCl_2 + 2H_2O$$
$$2Ca(OH)_2 + 2SO_2 + O_2 \Longrightarrow 2CaSO_4 + 2H_2O$$

则 Ca(OH)$_2$ 的理论消耗量为：$(M_{Cl}/2 + M_S) \times 74/1000$ kg/h

实际应用时，钙硫比一般取 2。若液体浓度已知，需再换算为液态量。

③ 采用 NaOH 脱酸

$$NaOH+HCl \Longrightarrow NaCl+H_2O$$
$$4NaOH+2SO_2+O_2 \Longrightarrow 2Na_2SO_4+2H_2O$$

则 NaOH 的理论消耗量为：$(M_{Cl}+2M_S)\times 40/1000 kg/h$

实际应用时，钠硫比一般取 1.2。若液体浓度已知，需再换算为液态量。

针对两级脱酸系统，干法脱酸对酸性气体去除率可取 $20\%\sim30\%$，剩余部分酸性气体被湿法脱酸去除。

活性炭添加量通常用其与烟气量的比例表示，一般取 $100\sim300 mg/m^3$ 烟气。

(3) 灰渣量计算

焚烧过程产生的残渣包括二燃室排出的炉渣，余热锅炉、急冷塔、干式脱酸塔、布袋除尘等烟气净化设备排出的飞灰两部分。

① 总灰量：焚烧后的总灰量来自垃圾应用基含灰量和不可燃物质：

$$G_h(kg/h)=A_{arh}B_{jh}+B_h q_4$$

② 飞灰量：飞灰分为两部分，一是焚烧后不燃物被烟气带出的部分，该部分约占总灰量的 20%；二是烟气净化系统喷入的消石灰及活性炭等。

③ 炉渣量：约占总灰量的 80%。

4.2　焚烧处理系统基本要求

4.2.1　焚烧炉技术性能要求

根据《危险废物焚烧污染控制标准》（GB 18484—2020），危废焚烧炉应满足以下技术性能要求。

① 危废焚烧炉的技术性能指标应满足表 4-4 的要求。

表 4-4　危废焚烧炉的技术性能指标

焚烧炉温度/℃	烟气停留时间/s	烟气含氧量(干烟气，烟囱取样口)/%	烟气 CO 浓度 /(mg/m³)		燃烧效率/%	焚毁去除率/%	焚烧残渣的热灼减率/%
			1 小时均值	24 小时均值			
≥1100	≥2.0	≥6	≤100	≤80	≥99.9	≥99.99	<5

② 危废焚烧炉应进行技术性能的测试，测试方法按照 HJ 561 执行。

③ 危废焚烧炉运行过程中要保证系统处于负压状态，避免有害气体逸出。

④ 危废焚烧炉应设置助燃系统，在启、停炉时以及炉膛内焚烧温度低于表 4-4 要求时使用，并应保证焚烧炉的运行工况满足表 4-4 的要求。

⑤ 危废焚烧设施应配有烟气净化系统、报警系统和应急装置，每台危废焚烧炉应单独设置烟气净化系统并安装在线监测装置。

4.2.2　排气筒要求

① 焚烧炉排气筒高度应符合《危险废物焚烧污染控制标准》（GB 18484—2020）的要求，详见表 4-5。具体高度及设置应根据环境影响评价文件及其审批意见确定。

表 4-5 焚烧炉排气筒高度

焚烧量/(kg/h)	废物类型	排气筒最低允许高度/m
≤300	医院临床废物	20
	除医院临床废物以外的危废	25
300~2000	危废	35
2000~2500	危废	45
≥2500	危废	50

② 危废焚烧设施如有多个排气源，应集中到一个排气筒排放或采用多筒集合式排放。若采用多筒集合式排放，应在合并排气筒前的各分管上设置采样孔。

③ 危废焚烧设施排气筒应按 GB/T 16157 要求，设置永久采样孔，并在采样口的正下方约 1m 处设置不小于 $3m^2$ 的带护栏的监测平台，同时设置永久电源（220V）以便放置采样设备，进行采样操作。

4.2.3 排放控制要求

2021 年 7 月 1 日后，新建焚烧设施污染控制执行 GB 18484—2020 规定的限值，现有危废焚烧设施 2022 年 1 月 1 日后执行，详见表 4-6。

表 4-6 危废焚烧炉大气污染物排放限值（GB 18484—2020） 单位：mg/m^3

序号	污染物项目	限值	取值时间
1	颗粒物	30	1 小时均值
		20	24 小时均值或日均值
2	一氧化碳（CO）	100	1 小时均值
		80	24 小时均值或日均值
3	氮氧化物（NO_x）	300	1 小时均值
		250	24 小时均值或日均值
4	二氧化硫（SO_2）	100	1 小时均值
		80	24 小时均值或日均值
5	氟化氢（HF）	4.0	1 小时均值
		2.0	24 小时均值或日均值
6	氯化氢（HCl）	60	1 小时均值
		50	24 小时均值或日均值
7	汞及其化合物（以 Hg 计）	0.05	测定均值
8	铊及其化合物（以 Tl 计）	0.05	测定均值
9	镉及其化合物（以 Cd 计）	0.05	测定均值
10	铅及其化合物（以 Pb 计）	0.5	测定均值
11	砷及其化合物（以 As 计）	0.5	测定均值
12	铬及其化合物（以 Cr 计）	0.5	测定均值
13	锡、锑、铜、锰、镍、钴及其化合物（以 Sn＋Sb＋Cu＋Mn＋Ni＋Co 计）	2.0	测定均值
14	二噁英类/（ng TEQ/m^3）	0.5	测定均值

注：表中污染物限值为基准氧含量排放浓度。

① 危废焚烧设施的焚烧残余物应按照 GB 18597 和 HJ 2025 的相关要求进行收集、贮存和运输。如进入危废填埋场处置，应满足 GB 18598 的要求；如进入水泥窑处置，应满足 GB 30485 的要求。

② 危废焚烧设施的废水排放控制按照 GB 8978 的要求执行。

③ 危废焚烧设施的噪声排放控制按照 GB 12348 的要求执行。

④ 危废焚烧设施的恶臭污染物排放控制按照 GB 14554 的要求执行。

4.3　典型焚烧工艺

4.3.1　工艺流程

（1）工艺流程简图

典型的危废焚烧处理工艺流程见图 4-11，采用"回转窑＋二燃室＋余热锅炉＋急冷塔＋旋风除尘器＋干式脱酸塔＋布袋除尘器＋湿式洗涤塔＋烟气再加热"的处理工艺。

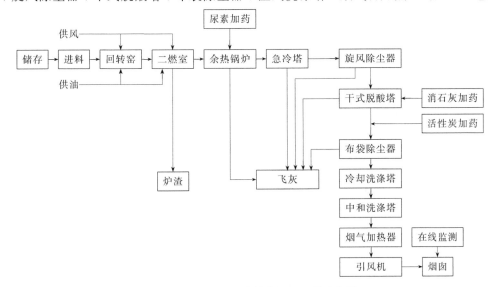

图 4-11　典型的危废焚烧处理工艺流程图

（2）工艺流程简述

危废焚烧工艺主要包括以下主要单元：a. 进料系统（含固体、废液暂存及进料系统）；b. 焚烧系统（炉窑系统、助燃空气系统、辅助燃烧系统、废液喷烧系统）；c. 余热利用系统（余热锅炉及附属水处理设施、蒸汽冷凝系统）；d. 烟气净化及排放系统（含急冷、除尘、脱酸等系统）；e. 炉渣及飞灰收集系统；f. 辅助系统（如水、压缩空气等）；g. 电气和自动控制系统（含在线监测）。

系统流程描述如下：

① 固体废物由运输车卸至废物贮坑中贮存，而后通过抓斗起重机提升至进料斗上方，桶装废物/医疗废物由垂直提升机翻转倒入进料斗，经进料装置送入回转窑前端；废液经贮存和输送，喷入回转窑前端焚烧处理。

② 在回转窑中，废物依次经历着火段、燃烧段和燃烬段，燃烧产生的高温烟气进入

二燃室继续燃烧，产生的炉渣经排渣机排出系统。

③ 二燃室出口烟气依次进入余热锅炉和急冷塔降温。余热锅炉利用焚烧产生的热量产生蒸汽，供工艺生产使用；在急冷塔中，水与烟气直接接触并瞬间急剧降温。

④ 急冷塔出口烟气经旋风除尘器去除大部分颗粒后进入干式脱酸塔，在干式脱酸塔中，烟气中的酸性气体与消石灰发生中和作用，烟气中的重金属等与活性炭发生吸附作用，均得到一定程度的去除，而后进入布袋除尘器降低烟气中的粉尘浓度。

⑤ 布袋除尘器出口烟气在湿式洗涤塔内被净化，酸性气体、颗粒物、重金属及二噁英类物质均得到了有效的控制和去除。经过湿式洗涤塔后，烟气的湿度较大，可能会出现"白烟"。利用余热锅炉产生的蒸汽，将排入烟囱的烟气加热到露点以上，可以防止以上情况的出现。蒸汽凝结水回收再利用。

⑥ 烟气加热器出口烟气在引风机的作用下通过烟囱达标排至大气。

4.3.2 焚烧热工衡算

4.3.2.1 基础数据

(1) 危废物料特性

危废入炉物料（图 4-12）特性主要包括处理量、形态、元素组成和热值。

(a)

(b)

(c)

(d)

(e)

(f)

图 4-12 危废入炉物料照片

危废从废物的状态划分有固体废物、液体废物、半固体膏装废物。另有一部分包装废物因不能进行二次混料，必须连包装一起焚烧。根据国内外一些危废焚烧处理单位的运行检测分析结果，进入焚烧车间的危废的理化性质大致如表 4-7 所列。

表 4-7 危废的理化性质

序　号	参　　数	数　　值	序　号	参　　数	数　　值
1	低位热值	1200～41000kJ/kg	4	液态废物水分	约 99%
2	固体废物水分	25%～45%	5	固体废物灰分	5%～25%
3	膏状废物水分	70%～85%	6	挥发分	3%～40%

参照国内外危废的主要成分分析，工业危废主要成分见表 4-8。

表 4-8 工业危废的主要成分

序　号	成　　分	比　　例	序　号	成　　分	比　　例
1	碳(C)	12%～45%	7	磷(P)	0～3%
2	氢(H)	1%～9%	8	硅(Si)	0～15%
3	氧(O)	2%～13%	9	钾(K)	0～3%
4	硫(S)	0.1%～3%	10	钠(Na)	0～4%
5	氯(Cl)	0.1%～4%	11	钒(V)	0～0.1%
6	氟(F)	0～4%	12	水分	15%～40%

上述成分的波动范围较大，设计时必须有针对性地进行取样化验分析，以合理进行元素组成的设计取值，而且，对进入焚烧前的物料必须进行混合配伍，以均值入炉的各种元素。

以下为针对不同物料经配伍后的入炉元素参考值。

对于通常的危废入炉元素见表 4-9。

表 4-9 危废入炉元素

名称	碳	氢	氧	氮	硫	氯	水	灰分	低位热值
符号	C_{ar}	H_{ar}	O_{ar}	N_{ar}	S_{ar}	Cl_{ar}	M	A_{ar}	Q_{ydw}
单位	%	%	%	%	%	%	%	%	kJ/kg
数值	32.5	2.3	4.46	0.95	0.35	1.56	27	30.88	14630

对于含高硫、氯、氟的物料元素成分示例见表 4-10。实际上，很多废料存在高硫高氯高盐，必须进行一定的配伍入炉。

表 4-10 入炉物料平均元素组成表

名称	碳	氢	氧	氮	硫	氯	氟	水	灰分	低位热值
符号	C_{ar}	H_{ar}	O_{ar}	N_{ar}	S_{ar}	Cl	F	M	A_{ar}	Q_{ydw}
单位	%	%	%	%	%	%	%	%	%	kJ/kg
数值	30.34	4.51	5.10	1.45	2.08	3.50	0.40	28.12	24.50	14630

(2) 辅助燃料

焚烧系统的辅助燃料可以采用 0# 柴油或者天然气。

0# 柴油闪点温度为 65℃，20℃时黏度为 3.0～8.0mm²/s，其余参数详见表 4-11。

表 4-11　0# 柴油基本参数

名称	碳	氢	氧	氮	硫	水	灰分	低位热值
符号	C_{ar}	H_{ar}	O_{ar}	N_{ar}	S_{ar}	M	A_{ar}	Q_{ydw}
单位	%	%	%	%	%	%	%	kJ/kg
数值	85.2	13.7	0.56	0.03	0.5	0	0.01	42900

天然气主要成分为 CH_4，基本参数见表 4-12。

表 4-12　天然气基本参数

组　分	含　量	单　位	组　分	含　量	单　位
CH_4	94.75	%	C_5H_{12}	0.068	%
C_2H_6	2.396	%	CO_2	1.351	%
C_3H_8	0.607	%	N_2	0.541	%
$i\text{-}C_4H_{10}$	0.106	%	热值	8600	kcal/m³
$n\text{-}C_4H_{10}$	0.111	%			

4.3.2.2　燃烧图

根据焚烧处理量、低位热值等参数，绘制燃烧图。

焚烧炉每小时的最大热负荷＝低位热值×每小时焚烧量；最小热负荷约是最大热负荷的 60%。低于该值时，由于不可燃物质的特性而会产生一些问题。锅炉可在任何热负荷下工作，但要求它在蒸汽的产量低于 70% 时维持正常工作是不现实的；单台炉的最小机械负荷通常为额定值的 60%。

根据上述原则，可根据废物的低位热值以及焚烧炉特征，确定危废焚烧过程的燃烧图的特征值，包括正常设计点、最大可接受低位热值、最大和最小机械负荷点、最小机械及热负荷点、最小低位热值及机械负荷点和最小低位热值及最大机械负荷点。

如果进炉废物的热值高于设计热值，燃烧不会有问题，但机械负荷将低于设计值，因为焚烧炉系统受到设备热极限能力的限制。而当低位热值过低时，必须使用辅助燃烧器，以维持最低的烟气温度。在正常的设计热值区域内，仍可能应用辅助燃烧器。当然，一个项目的最后燃烧图在一定程度上取决于所选用的燃烧方式。

通常，焚烧炉热负荷及机械负荷波动范围为 60%～110%。危废物料差别较大，经过配伍后确保进炉物料热值范围为 3000～4000kcal/kg（12560～16747kJ/kg），设计工况点 3500kcal/kg（14654kJ/kg）。

典型燃烧如图 4-13 所示。

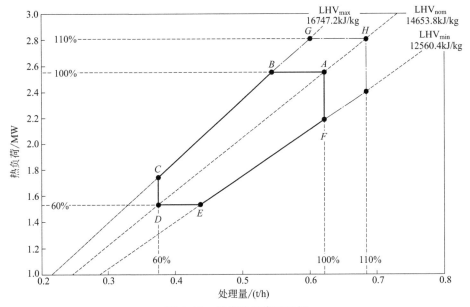

图 4-13　焚烧炉燃烧图示例

4.4　危废焚烧系统主体工艺设计

4.4.1　炉前贮存与配伍系统

（1）炉前贮存与配伍概述

由于危废组分复杂，形态各异，既有固态、半固态，又有液态的物质，废物在焚烧之前必须进行贮存和配伍。

贮存系统也必须对各种组分和形态的废物有较强的适应能力，且必须具有一定的灵活性。固态、半固态以及液态的废物应分别贮存，厂区应单独设置暂存仓库和废液储罐，详见贮存章节。在此，仅对焚烧炉前的贮存和配伍进行描述。

大多数危废焚烧厂在焚烧炉前设置了料坑和抓斗。料坑的设置应满足暂存、缓冲、配伍均质的功能。近年来，针对炉前料坑的异味控制、抓斗配伍过于粗放等问题，已经有案例取消炉前料坑和抓斗的工艺。该工艺就包装物进行破碎、混合，经泵送系统进料，是一种全新的预处理工艺。

配伍的目的在于实现进炉物料相对均质，使焚烧工况接近设计工况，确保尾气达标排放和防止设备腐蚀。

废物焚烧配伍以确保焚烧系统能稳定达标运行为目标，应遵循以下原则：

① 入炉废物的热值在合理范围内，按此热值设定辅助燃料和助燃空气的量。

② 固态和液态废物合理配比，保证焚烧均匀。

③ 针对高含 S、Cl 的废物，多次少量入炉，避免一次性过量投加。

④ 严禁不相容废物进入焚烧炉，避免不相容废物混合后产生不良后果。

配伍需保证入炉废物热值相对稳定，控制废物总氯含量＜2％，防止或减轻对余热锅炉和烟气净化设施的腐蚀，并从源头上减少二噁英合成所需的元素。

（2）配伍方案

根据回转窑焚烧系统实际情况，主要配伍方案如下。

1）低位热值配伍

废物入场后利用氧弹量热仪区分低热值废物（1500kcal/kg以下，如废水处理污泥、废乳化液等）、中热值废物（1500～3000kcal/kg，如木材防腐剂废物、污染纸箱等）和高热值废物（3000kcal/kg以上，如废有机溶剂、废矿物油等），焚烧处置时合理配料，使入炉物料均质化以达到中热值等级。

设有炉前料坑工艺的，固态、半固态废物在炉前料坑内利用抓斗完成相应配伍作业，液态废物则在废液贮罐内利用搅拌器完成相应配伍作业，配伍时应注意其不相容性。

2）燃烧速率配伍

通常，可燃固体燃烧速率一般小于可燃液体、可燃气体，而且不同废物其燃烧速率也有很大差异，如萘及其衍生物、三硫化磷、松香等受热熔化、蒸发、气化、氧化分解、起火燃烧，一般燃烧速率较慢，硝基化合物、含硝化纤维素的制品等，燃烧是分解式的，速率很快。

对于同一种可燃固体，其燃烧表面积与体积之比值越大，则燃烧速率越大。废物入场后利用燃烧速率仪区分快速燃烧废物、中速燃烧废物和慢速燃烧废物，焚烧处置时合理配料，使入炉物料均质化以达到中速等级，在回转窑内焚烧应完整经历烘干-起燃-燃烧-燃烬四个阶段。

3）有害元素均质化配伍

有害元素均质化配伍的目的是保证尾气达标排放、防止腐蚀设备、防止炉膛结焦，具体配伍要求如下。

① 尾气达标排放的配伍要求

有害元素：氟，氯，硫，氮，汞、镉、铅等重金属。

配伍指标：主要根据入炉物料设计值范围进行配伍。

② 防止腐蚀设备

有害元素：卤素、硫、磷、H^+。

配伍指标：卤素<2%，硫<0.3%，磷<0.1%，pH>4（否则需特殊设计）。

（3）配伍操作

配伍通常在料坑或混合器中进行。

在料坑配伍时，破碎后的固态、半固态废物通过抓斗混合均匀，液态危废则通过输送泵直接送入回转窑或二燃室。

在混合器配伍时，固态、半固态、液态的废物均进入混合器，在混合器中充分混合，统一通过柱塞泵送入回转窑焚烧。液态废物也可直接送入回转窑或二燃室。

通过抓斗配伍相对较为粗放，均匀性较差。混合器配伍均匀性较好，但其对废物前段的预处理要求更高，即进入混合器前必须做好固态、液态物料的合理分配。

（4）炉前料坑

能够焚烧的物料可倒入炉前料坑内，需要破碎预处理的废物，则送入破碎机破碎处理后卸入料坑。炉前料坑可进一步分隔，便于不同物料的储存及预处理，在料坑内通过抓斗对拟焚烧物料进行初步配伍。

料坑容积一般不小于 5d 的贮存量。料坑宜分隔布置，一般具有原始物料贮坑、破碎后物料贮坑、配伍贮坑等功能。此外，料坑布置应尽可能减少起重机的操作死区，提高贮坑利用率。料坑上部设有焚烧炉一次风机吸风口，风机从料坑中抽取空气，用作焚烧炉的助燃空气，维持垃圾贮坑中的负压，防止坑内的臭气外溢。

料坑屋顶除设人工采光外，还应设置自然采光设施，以增加料坑中的亮度。料坑的周边应留有抓斗的检修场地，可方便起重机抓斗的检修。

料坑应按照环境影响评价要求，采取相应的防渗防腐措施。

4.4.2　预处理及进料系统

(1) 进料系统概述

废物进料系统主要包括固体废物和半固体废物、液体废物的进料。废物进料系统工艺流程见图 4-14。

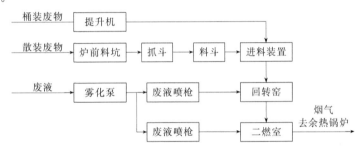

图 4-14　废物进料系统工艺流程

① 固体废物和半固体废物：料坑内的散装物料通过抓斗起重机抓入窑前进料斗，由进料装置送入回转窑焚烧处理。抓斗起重机每次抓取的物料量不宜太多，应尽可能均匀。当焚烧炉处理规模大，抓斗操作过于频繁时，可在回转窑进料斗前增加链板输送机，抓斗将物料送入链板输送机的进料斗，由链板输送机均匀地将物料输送至回转窑进料斗。

② 桶装废物/医疗废物：窑头设置一套提升进料机构，桶装废物/医疗废物通过提升机翻转倒入回转窑进料斗，也可通过滚筒输送机及推杆直接送入进料装置的溜槽。

③ 液体废物：废液贮罐内的废液由废液输送泵经过滤器后，由废液喷枪送入回转窑或二燃室处理。

(2) 抓斗起重机

抓斗起重机由起重机、抓斗、大车轨道、承轨梁、车挡、电缆、滑线、操作台及座椅、电气控制柜、电子称重显示打印设备等组成。抓斗分为机械抓斗及液压抓斗，危废处置厂大多采用液压抓斗。抓斗的容积应与处置规模相匹配。液压式抓斗起重机如图 4-15 所示。

抓斗起重机设有自动称重功能，废物经抓斗抓取并投入进料斗时，称重模块会自动记录每次抓取的重量，并能记录当天/当月的累积进料量。单次进料量及累积进料量数据应上传至 DCS。

图 4-15　液压式抓斗起重机

抓斗起重机布置应充分考虑行车的检修，承轨梁应设检修平台，进料平台应设至行车检修平台的楼梯。检修平台的栏杆设计不得影响大车的通行。滑线行走过程中不得产生火花，以免引起火灾。

（3）破碎机

当废物尺寸超过回转窑进料斗料口规格时，就需将固废经破碎装置破碎到适当大小后才能投入焚烧炉进料。废物通过抓斗起重机或提升机送至破碎机进料斗，破碎后的物料通过破碎机出料口的斜溜槽卸入废物贮坑内。

破碎机的种类很多，在危废处理领域通常采用回转式剪切结构双轴机型，轴上装有刀片，两轴反向旋转，转速不同，以刀片剪切作用使废物得以破碎。回转式剪切破碎机为低速破碎机，不会产生粉尘扩散及对物料加热。废物经破碎后一般为条状，最长破碎长度为 200mm。

破碎机示意如图 4-16 所示。

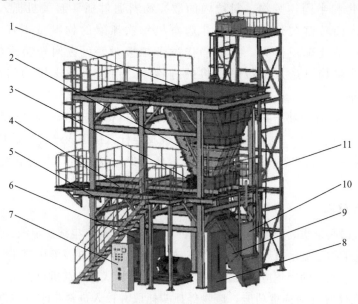

图 4-16　破碎机示意

1—进料斗；2—推料器；3—破碎机主机；4—位移导轨；5—钢构平台；6—液压站；
7—电控柜；8—CO_2 消防系统；9—斜溜槽；10—防火闸门；11—斗式提升机

若需破碎的危废具有较高的易燃性,则需考虑配备氮气保护系统,控制破碎室中的氧气含量,将爆炸及火灾危险降至最小。同时破碎机应配置 CO_2 灭火或蒸汽灭火系统,当发生火灾时通过向破碎室中喷入 CO_2 或低压蒸汽,迅速灭火。

(4) 进料装置

进料装置不但要保证能稳定的进料、高效的密封效果,最重要的是能保证操作人员的安全。完整的进料系统应包括进料斗、溜槽、密封门、推料机构、液压站等。

常见的进料方式有推杆进料、溜槽进料、螺旋进料、泵送进料等几种,进料装置结构形式的选择应充分考虑处理对象的特性。

1) 推杆进料

典型的推杆进料装置包括进料斗、液压插板门(或者液压双翻板门)、溜槽、翻板、液压推杆、液压站等。废物通过抓斗提升至进料斗,并经插板门暂存,需要进料时开启插板门,通过溜槽落至翻板,翻板翻转后废物落至推料机前端的空腔,由液压推杆推动落至空腔内,液压推杆将进料通道前端的废物送至回转窑焚烧处理。利用存储在进料通道内的废物将焚烧炉与进料装置隔离,起到密封的作用。

进料溜槽为矩形截面的通道,插入回转窑部分的溜槽承受较高的温度,应采用耐热钢制作。进料通道可采用内部砌筑浇注料,也可通过外部水冷的方式,解决高温辐射热的问题。若采用外部水冷的方式,设计时要考虑烟气的腐蚀性,采用合适的冷却方式,防止冷却水管泄露,降低窑头温度。

推杆进料装置如图 4-17 所示。

该进料方法通过进料通道前端的料封实现密封的作用。由于危废特性差异较大,当物料不能形成料封时,可在进料通道前端靠近窑头罩侧设置翻板门或垂直插板门隔绝窑内高温烟气。

图 4-17　推杆进料示意

图 4-18　溜槽进料示意

2) 溜槽进料

典型的溜槽进料装置包括进料斗、上插板、下插板、溜槽、桶装废物推杆、液压站等。废物通过抓斗提升至进料斗,上插板打开,物料落入垂直溜槽的空腔中,上插板关闭,下插板打开，物料通过倾斜溜槽滑入回转窑。桶装废物通过提升机、滚筒输送机、液压推杆送入两个插板门的中间区域，下插板门开启，桶装废物溜入回转窑。溜槽进料装置如图 4-18 所示。

通过两级插板门的交替开启实现密封，为保证物料能顺利滑入回转窑，倾斜溜槽的水平夹角应尽可能大，也可在倾斜溜槽尾部安装液压推杆，定期往复运动，清理黏结在溜槽上的物料。此外，倾斜溜槽插入窑头罩的部分承受高温，应采用耐热钢制作，并采取水冷措施。

3）螺旋进料

典型的螺旋进料装置包括进料斗、无轴双螺旋、垂直溜槽、无轴单螺旋等。废物通过抓斗提升至进料斗，由无轴双螺旋输送机送入垂直溜槽的空腔中，由无轴单螺旋输送机送入回转窑。螺旋进料装置如图 4-19 所示。

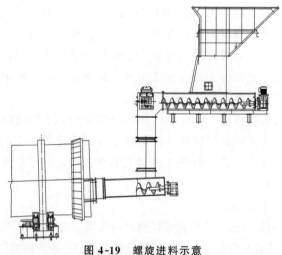

图 4-19　螺旋进料示意

4）泵送进料

除了传统的抓斗配伍进料外，目前较为先进的配伍进料设备是破碎-混合-泵送一体化设备（简称 SMP 系统）。该系统是集破碎、混合、泵送为一体的成套设备，与传统的"料坑＋抓斗"进料方式相比，其具有过程全密闭、自动化程度高、无人值守、搅拌混合初步实现物料配伍等优点。SMP 系统如图 4-20 所示。

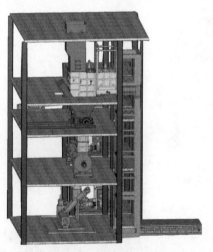

图 4-20　SMP 系统示意

需破碎预处理的危废由叉车转运至 SMP 系统，由水平传送机构及提升机送入 SMP 系统上部的密封舱，包装废弃物被送入被氮气填充的破碎腔后，当达到低氧气含量时（＜7％），托盘通过落料槽落到粉碎塔的刀片上进行破碎，破碎后的物料进入混合器，与废液等溶液混合，再通过泵送至焚烧系统中焚烧处理。

为防止可燃气体外漏及防爆，SMP 系统的进料口前端一般宜设置双闸门密封舱，废物进入密封舱后进行氮封处理，然后才能打开内侧密封门将废弃物送至破碎器中。

破碎器侧面需安装一个液压门及专用泄料通道或料槽，用于排出无法正常破碎的废物。

破碎后的废弃物进入混合器中，混合器中废物的料位通过称重装置控制，也可启动滑动门来调节搅拌机中废物的料位。

混合器的搅拌机叶轮的转矩一般应可以测量。根据破碎的废弃物的性质，破碎后的废物中可加入废液，以便于调节注入焚烧系统的物料的黏度及化学性质。

混合器中的混合物由泵通过专用的进料喷枪直接注入焚烧系统。考虑物料的性质，泵一般宜选用柱塞泵；专用喷枪的出口处必须连续喷入空气，一方面用于提高危废的燃烧效率，另一方面可起冷却保护作用，冷却用空气最终进入焚烧系统中处理。

SMP 系统的密封舱、料斗、破碎器、混合器及泵均需要进行氮封保护，污染后的氮气一般可收集后集中送至焚烧系统焚烧处理。

破碎间的密封舱、破碎机、搅拌器、泵及进料斗均设置氮封，该封闭系统中将控制氧的含量（氧含量设定为 7％），因此系统内部为非防爆区。同时设置液压站及电控柜于每层的独立、干燥且有良好通风设施的房间内，该设备通常为非防爆设备。

4.4.3　焚烧系统

(1) 燃烧系统概述

典型的焚烧系统采用回转窑＋二燃室的工艺。

各类废物由进料装置进入回转窑，在助燃风和辅助燃料的作用下依次经历干燥、燃烧和燃烬阶段，实现充分的一次焚烧，焚烧产生的高温烟气进入二燃室，焚烧产生的炉渣从回转窑尾部落至水冷出渣机排出。

未完全燃烧的高温烟气进入二燃室进一步焚烧，二燃室具有较高的燃烧温度（≥1100℃）和在此温度下不小于 2s 的烟气停留时间，以抑制有毒有害物质及二噁英类物质的产生，焚烧后的高温烟气进入余热锅炉。

垃圾坑的臭气经风机抽取后，作为助燃风进入回转窑和二燃室。应急情况下，垃圾坑的气体由风机引入除臭系统处理。

若助燃采用轻柴油，油罐储存的轻柴油通过供油泵送至柴油缓冲罐，而后自流进入布置在回转窑和二燃室的燃烧器，燃烧器可根据出口烟气温度自动调节供油量。若助燃采用天然气，外供燃气经厂内调压站降压后，用管道送至燃烧器，燃烧器可根据出口烟气温度自动调节燃气阀组的开度。

焚烧系统工艺流程如图 4-21 所示。

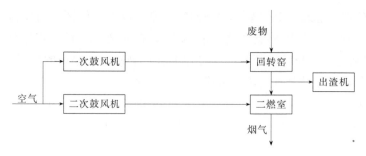

图 4-21　焚烧系统工艺流程

(2) 回转窑

回转窑是一个有一定斜度的钢制圆筒,内衬浇注料或耐火砖,废物通过上料机由高的一端(头部)进入窑内,依靠窑筒体的斜度及窑的转动在窑内向后运动。物料借助窑的转动来促进料在窑内搅拌混合,使物料在燃烧的过程中与助燃空气充分接触,完成干燥、燃烧、燃烬的全过程,高温烟气和炉渣从窑尾进入二燃室,焚烧炉渣从窑尾进入出渣机,定期外送。

回转窑通常采用顺流式。回转窑设计中长径比(L/D)取值应适当(一般取 3～5),可延长废物在回转窑内的停留时间(一般为 30～120min),保证废物在回转窑内的完全干燥、分解和固态物质的焚烧和炉渣的燃烬。为保证物料向下的传输,回转窑必须保持一定的倾斜度,焚烧炉倾斜度设计值为 1%～3%;由于危废物料性质的波动,焚烧时间长短不一,焚烧炉需要较大程度的调节,通常焚烧炉设计转速范围为 0.1～2.0r/min。

回转窑由前端板、筒体、大齿轮、传动装置、托轮、挡轮等组成。窑头面板除设有进料装置外,还设有燃烧器、观火孔、温度及压力测点、一次风等接口,窑头设有漏灰收集装置。回转窑一般包含 1 组大齿轮、2 组托轮及 2 组挡轮,托轮下部设水槽,用于冷却。回转窑主传动采用齿轮传动,设辅助传动装置(根据需求设置,一般直径较小的窑体可不设)、变频调速装置、挡轮调节装置。为防止冷空气进入和烟气粉尘溢出筒体,在窑头与进料装置连接部位、窑尾与二燃室连接部位设有可靠的密封装置,密封方式可采用鱼鳞片＋迷宫或石墨密封,以适应窑体上下窜动、窑体长度伸缩、直径变化以及悬臂端轻微变形的要求。窑尾外部设有冷却风。回转窑内部砌筑耐火材料或耐火砖,保证其外表温度在 180℃左右,避免 HCl 气体结露而造成炉壳腐蚀。回转窑外观如图 4-22 所示。

图 4-22　回转窑外观图

（3）二燃室

危废在回转窑内进行高温分解及燃烧反应，物料中的有机物经气化及初步燃烧后，产生的尾气进入二燃室进一步燃烧，二燃室运行温度至少保持在 1100℃，在最大负荷时气体停留时间超过 2s，在此条件下，烟气中的二噁英和其他有害成分的 99.99％以上将被分解掉，达到无害化的处理目的。

二燃室为立式钢制圆筒，设计温度至少为 1100℃，最高耐温可达 1300℃。为了避免辐射和二燃室外壳过热，二燃室设计成由钢板和耐火材料组成的圆柱筒体。二燃室的容积设计将确保烟气在此的停留时间不小于 2s，并保证其完全燃烧。二次风供给用多点强制切向供风的方式，耐火材料充分考虑防腐要求，二燃室顶部设急排烟囱。

根据焚烧理论，烟气充分焚烧的原则是"3T＋1E"原则，即保证足够的温度（≥1100℃）、足够的停留时间（≥2s）、足够的扰动（二燃室用二次风或燃烧器燃烧让气流形成漩流）、足够的过剩氧气，其中前三个作用是由二燃室来完成。在二燃室下部设置二次风口、废液喷枪、燃烧器接口，保证二燃室烟气温度达到标准以及烟气有足够的扰动。

在二燃室下面，设置出渣机，回转窑内不可燃的无机物及回转窑和二燃室的灰渣落入出渣机，经水冷后由刮板排出。

二燃室上部设有烟气出口，将二燃室内的烟气通过出口排入烟道。

二燃室顶部设置紧急泄放烟囱，当焚烧系统出现紧急异常情况或下游装置出现故障时，烟气可由此放空，以确保下游设备和操作的安全。紧急泄放烟囱由开启门和钢板烟囱组成，其底部设有气动机构控制的密封开启门。紧急烟囱的主要作用是当焚烧炉内出现爆燃、停电等意外情况，紧急开启烟囱，避免设备爆炸、后续设备损害等恶性事故发生。当炉内正压超过 300Pa 时气动机构会自动开启密封开启门，通过紧急烟囱排放烟气，在燃烧过程中即使发生爆燃，炉内压力也能得到释放，避免发生安全事故。在特殊时刻，可以手动开启密封开启门。紧急烟囱的密封开启门平时维持气密，防止烟气直接逸散。此紧急旁路还可在开车升温时使用。

二燃室外观如图 4-23 所示。

图 4-23　二燃室外观图

（4）助燃系统

当焚烧炉启动、进炉物料热值过低以致二燃室不能达到设计温度时，应添加辅助燃料，使废物焚烧处于最佳状态。辅助燃料可使用高热值废液、轻质柴油或天然气。

当废物热值较高，回转窑或二燃室出口焚烧温度达到设定值时，燃烧器自动熄火；当废物的热值较低时，燃烧器自动调节火焰大小。

燃烧器是焚烧系统的主要设备之一，按燃料的不同可划分为燃气系列、燃油系列、油气混烧等；按燃烧器结构形式可划分为平流式燃烧器、旋流式燃烧器、低 NO_x 燃烧器、大风箱式燃烧器等。燃烧器主要包括燃烧器本体、燃料喷嘴、配风装置、稳燃装置等，并配备相应的管路系统、自动点火装置及控制系统，可实现负荷调节、自动点火、逻辑保护等功能。

常用的燃烧器形式有一体化燃烧器、组合式燃烧器两大类。

一体化燃烧器外形小巧，燃烧器的所有部件均整合在一个整体内，安装便利快捷，精确提供用户所需热量，燃烧器装有微电子控制盒，能提供燃烧器运行状态和故障原因诊断。一体化燃烧器及燃烧头实物图见图 4-24。

图 4-24　一体化燃烧器及燃烧头实物图

组合燃烧器为多燃料燃烧器，燃烧机内设置多支喷枪，实现可燃废气、可燃废液、柴油或天然气的混合燃烧，在焚烧炉内形成单一火焰，不会相互干扰。组合燃烧器如图 4-25 所示。

图 4-25　组合燃烧器示意

（5）供风系统

供排风系统是指整个系统中为满足工艺需要而设置的风机及其相应管道等。主要设备包括一次风机、二次风机和窑尾冷却风机。

1）一次风机

当回转窑达到一定温度时，关闭燃烧器，为确保废物在回转窑内充分燃烧，回转窑需维持一定的温度和氧含量，此时可继续开启燃烧器助燃风机，由于该风量较小，故需开启一次风机。一次风机取风口一般设置于料坑上部，吸风口设滤网以降低吸入风的灰尘含量，进口设消声器控制噪声。一次风机采用变频调节，与二燃室出口含氧量连锁，控制风机转速。

2）二次风机

当二燃室达到设计温度时，需关闭燃烧器，为确保废气在二燃室内进一步充分燃烧，二燃室需保证一定的温度和氧含量，此时可继续开启燃烧器助燃风机，由于该风量较小，必要时需开启二次风机。二次风一般从大气中抽气，经空气预热器加热至 150℃ 后切向送入二燃室，吸风口设滤网，进口设消声器。二次风机采用变频调节，与 CEMS 测量值（CO 与 CO_2 的比值）及二燃室氧含量作串级比例控制调节。二次风一般要求切向供风，同时在二燃室内形成充分的扰动。

3）窑尾冷却风机

由于回转窑燃烧时窑尾的温度最高，为保护安装在窑尾的护板以及防止窑尾筒体因受热而变形，因此需要设置窑尾冷却风机。冷却风机一般从大气中抽气，工频运行。

4）助燃空气管路

风管系统包括从废物料坑吸风口开始，经过风机、空气预热器后到达焚烧炉调风门的所有风管及其附件。

风管中的风速不超过 20m/s，关键部位的钢板厚度不少于 4.0mm。风管与风机之间采用柔性连接。

（6）出渣机

出渣机是一种通过刮板输送物料的输送设备。物料的移动是靠刮板链条的移动及物料间的内摩擦力而形成的。出渣机如图 4-26 所示。

在回转窑尾部设出渣机，可自动排渣、出渣。出渣机选用下回式刮板出渣机，采用水冷方式，出渣温度＜50℃，同时保证出渣机密封。集灰箱内注入冷却水，并形成水封隔断炉内外空气的相互渗透，槽底端设排污阀，箱内液位通过浮球阀自动控制。下设放水阀，便于清理出渣机。

出渣机链条根据形状可分为圆环链和滚子链。圆环链在运行过程中会出现因刮板两侧受力不均，引起环链变形，导致两侧链条错边而最终停机。滚子链基本可避免该问题。

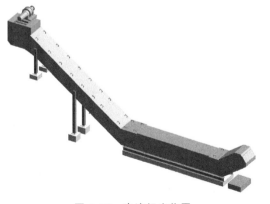

图 4-26　出渣机实物图

出渣机设计时槽宽应尽可能大，中间隔板上方的高度应满足大块炉渣排出的需求，采用变频电机，电机电流信号应上传至 DCS，当电流信号异常时应及时巡检。此外，出渣机出口下方可设水平输渣机，输渣机上方设除铁器，回收炉渣中的铁皮。

4.4.4 余热利用系统

（1）余热利用及烟气降温系统概述

废物焚烧产生的高温烟气是一种热源，对其加以回收利用可降低整个系统的运行成本，提高经济效益，同时可减轻尾气处理的负荷。但废物焚烧炉不同于一般的工业炉窑，其运行介质和运行条件具有特殊性，余热回收必须以保证焚烧系统运行的安全性和防止二噁英的再合成为前提。

从目前比较成熟的理论看，废物焚烧产生的烟气若在500℃以下逐渐降温，二噁英等有害气体再生成的可能性将增大，而骤冷过程则可有效抑制有害物质的再生。因此，设计通常只考虑利用焚烧炉出口烟温1100～550℃这一区间的烟气余热。

二燃室出口的高温烟气进入余热锅炉产生蒸汽，烟气经余热锅炉放热后进入烟气冷却、净化系统，锅炉收集的飞灰从底部灰斗排出。

产生的蒸汽可用于空气加热器、烟气加热器、除氧器、其他工艺生产。上述用蒸汽设备中，除除氧器外，其余设备消耗的蒸汽均可循环利用。回收的冷凝水进入冷凝水箱，最后由锅炉给水泵送至锅炉汽包。锅炉补充水采用软化水或除盐水，锅炉辅机包括炉内加药装置、取样装置和排污扩容器等。余热回收系统工艺流程见图4-27。

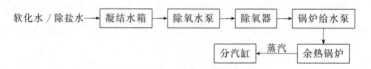

图 4-27　余热回收系统工艺流程

（2）余热锅炉

余热锅炉为膜式壁结构，循环方式为自然循环，由炉膛、膜式水冷壁、汽包、灰斗及出灰螺旋、吹灰器及附件组成。余热锅炉外观如图4-28所示。此外，蒸发量大于6t/h的余热锅炉还应设除氧器。

图 4-28　余热锅炉外观图

给水及蒸汽疏水汇集于凝结水箱中，由除氧水泵送至除氧器，除氧器中通入低压蒸汽将给水加热至104℃并除氧，经锅炉给水泵送至炉膛顶部的锅筒，由不受热的集中下降管输送到水冷壁和蒸发受热面的下集箱，经过受热面加热后的汽水混合物汇集至汽包，分离出的饱和蒸汽进入分汽缸，饱和水继续参与汽水循环。

　　锅炉由膜式壁形成的辐射冷却室构成，炉膛四周、顶部及中间隔墙均为膜式水冷壁，炉膛顶部水冷壁管与水平线夹角约为 20°，以避免汽水分层现象。炉膛底部为锥形绝热灰斗，灰斗内衬浇注料，用于收集沉降的飞灰。灰斗底部设螺旋输送机，输送机出口接星型卸灰阀或电动双翻板阀，保证出灰的气密性。膜式水冷壁采用光管＋扁钢制作，在前、后墙膜式壁上设人孔、观察孔、测量孔、SNCR 喷入口等。由于危废焚烧产生的烟气具有一定的腐蚀性，为减少积灰，锅炉不建议设置对流管束。

　　为清除锅炉受热面上的积灰，在辐射冷却室四周布置有清灰器。清除下来的烟尘，连同自烟气流中分离出的尘粒由设置在锅炉下部的灰斗收集后定期排出。

　　常用的膜式壁清灰方式有如下几种。

　　1）机械振打

　　机械振打是利用小容量电动机作为动力，通过变速器带动一长轴做低速转动，在轴上按等分的相位挂上许多振打锤，按顺序对锅炉受热面进行锤击，在锤击的一瞬间受热面产生强烈的振动，使黏附的积灰受到反复作用的应力而产生微小的裂痕，直到积灰的附着力遭到破坏而脱落。机械振打的优点是消耗动力少，而且不会对烟气增加额外的介质。缺点是对锅炉管子和焊口焊缝的使用寿命和强度有一定程度的不良影响。

　　2）激波吹灰

　　激波吹灰是利用燃料的爆燃产生可控强度的脉冲激波进行吹灰，将空气和可燃气按适当比例混合，经高能点火点燃，在脉冲发生器内产生的脉冲能量，通过吹灰管送入炉膛，靠动能冲击、声能震荡和热清洗的综合作用来完成吹灰作业。激波吹灰原理如图 4-29 所示。

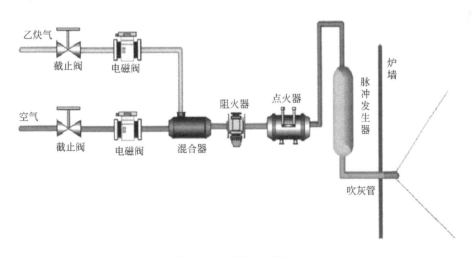

图 4-29　激波吹灰原理

　　3）声波吹灰

　　声波吹灰是将高强度声波通过声波导管送入锅炉烟道的积灰区域，在声波高加速的双向往复作用下，灰粒子和空气分子产生振荡，声波的交变力破坏并阻止粉尘粒子在锅炉受热面和灰粒子间的集合，使之处于悬浮状态，以便烟气和重力将其带走，从而达到清洁的目的。声波发生器如图 4-30 所示。

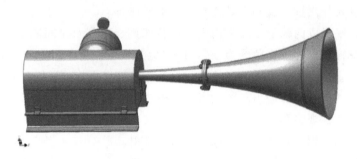

图 4-30　声波发生器示意

（3）锅炉辅机

1）软化凝结水箱

软化凝结水箱是用于缓存软化水/除盐水、蒸汽凝结水的方形不锈钢保温水箱，水箱容积应与锅炉蒸发量相匹配，水箱设进水口、出水口、溢流口、排空口、液位计接口和检修口。

2）除氧水泵

将软化凝结水箱内的软化水送至除氧器，一般采用立式离心泵。

3）除氧器

低压喷雾式大气除氧器由两大部件组成，本体上部为除氧头，下部为除氧水箱。本体上部设有进水母管，母管两侧有若干个相互平行的支管，支管上装有旋转喷头，待除氧的水通过旋转喷头产生旋转水膜和来自下本体的蒸汽混合，使水迅速加热并进行第一级除氧，经初步除氧的水在迅速下流时，与下本体的填料层相接触并在填料表面形成水膜下流，填料层下设有二次蒸汽进气口，蒸汽加热水膜进行第二次除氧。

除氧器及水箱具有现场压力表、温度计、安全阀、液位光柱指示数显报警仪、液位计以及电动阀组等满足除氧器正常运行的就地和远控仪表。

4）锅炉给水泵

将除氧器内的除氧水送至锅筒，一般采用多级卧式离心泵。

5）分汽缸

对锅炉汽包排出的蒸汽进行收集和分配，分汽缸为卧式、鞍式支座。

6）加药装置

采用加磷酸三钠处理。将磷酸三钠先进行溶解，然后由计量泵加药方式送入锅筒内，1t 水加药 90～100g。自动加药装置将计量泵、计量箱、自动控制系统一体化。

7）取样冷却器

水汽样品的采集取样需要冷却，是保证分析结果准确性的一个极为重要的步骤，锅炉系统中的水大都温度较高，为了便于测定，应把取样品引进取样冷却器进行冷却。一般需对锅炉给水、炉水、蒸汽进行取样分析。

8）排污扩容器

排污扩容器与锅炉的排污口连接，排污水在排污扩容器内经扩容、降压后排放。排污扩容器由罐体、排污水导流槽、汽水分离装置、浮筒式溢水调节阀、液位计、安全阀、管道、阀门、仪表等组成。

9）蒸汽冷凝器

余热锅炉产生的蒸汽除供工艺生产使用外，富余的蒸汽需冷凝回用。按冷却介质分类，蒸汽冷凝器分为水冷、空冷两种。

① 水冷换热器。为管壳式换热器，蒸汽靠自身压力进入蒸汽冷凝器管程，凝结成水后流入凝结水箱回用。冷却水由循环水泵输送至蒸汽冷凝器壳程，通过与蒸汽换热升温后排出，进入空气冷却塔降温冷却，然后进入下一个循环过程。

② 空气冷却器。主要由管束、支架和风机组成，以空气作为冷却剂，热流体在管内流动，空气在管束外吹过，由于换热所需的通风量很大，风压不高，故多采用轴流式通风机。为强化空冷器的传热效果，可在进口空气中喷水增湿，既降低了空气温度，又增大了传热系数。采用空冷器可节省大量工业用水，减少环境污染，降低基建费用。特别在缺水地区，以空冷代替水冷，可以缓和水源不足的矛盾。

4.4.5　烟气净化系统

烟气净化系统具有除尘、脱酸、去除重金属等功能，危废焚烧烟气净化普遍采用"SNCR＋急冷＋干法脱酸（消石灰及活性炭喷射）＋袋式除尘器＋两级湿法洗涤脱酸＋烟气加热"的组合工艺，能有效控制烟气中各类污染物，使得大气污染物满足排放标准的要求。

(1) SNCR 脱硝系统

在膜式壁锅炉第一回程处设置脱氮反应系统。脱氮采用非催化法（SNCR 法）控制 NO_x，脱氮装置包括喷射装置、贮存及输送装置。

人工将尿素投加到尿素配置罐中，加水搅拌制备 10％尿素溶液，配置好的尿素溶液泵入尿素贮存罐，由尿素计量泵送入锅炉进口处的喷枪，与烟气中的 NO_x 发生化学反应，达到脱氮目的。

在 1000℃以上的高温的环境下，烟气与喷入的雾化尿素溶液充分混合，烟气中 NO_x 组分在 O_2 的存在下与尿素发生还原反应，与此同时尿素溶液水分全部被烟气汽化并带走。在尿素与 NO_x 的比例为 2∶1 时，NO_x 的还原效率为 30％～50％。多余的尿素转化为氨，在低温段进一步与 NO_x 发生还原反应，减少 NO_x 的排放浓度。

(2) 急冷塔

为了控制二噁英再合成以及减轻高温酸性烟气对后续等设备造成的腐蚀、烟尘结垢问题，在余热锅炉之后设置了急冷塔，使烟气在急冷塔中被喷入的水雾瞬间降温，并且分离部分烟尘等物质。

急冷塔内壁采用耐高温、耐腐蚀胶泥材料，该种浇注材料有良好的热震稳定性和化学稳定性，大大延长了钢材的耐腐蚀寿命。

采用双流体喷枪，由于喷雾系统的喷头能使得水的雾化颗粒非常细小，液滴总蒸发表面积增加数倍，蒸发时间更短，确保 100％蒸发，保证不湿底。喷头还具有优异的抗堵性能、使用维护量小、耐腐蚀、使用寿命长等优点。

急冷系统可根据出口烟气温度的变化自动调节喷水量，保证急冷塔出口温度维持在设定温度范围内。急冷系统可以保证烟气温度在 1s 内由 500～550℃降至 200℃以下，有效避免二噁英类物质的再合成。急冷塔外观如图 4-31 所示。

图 4-31　急冷塔外观图

（3）旋风除尘器

从烟气急冷塔出来的烟气带有大量的粉尘，为减轻袋式除尘器的工作负荷，急冷塔出口设置旋风除尘器。旋风除尘器的作用在于将烟气中颗粒较大的粉尘通过旋风离心作用分离出来并收集。

除尘器由进气管、筒体、锥体、排气管、风冷夹套等组成。经急冷降温的含尘气流进入除尘器后，沿外壁由上向下做旋转运动，当旋转气流的大部分到达锥体底部后，转而向上沿轴心旋转，最后经排气管排出。气流做旋转运动时，尘粒在离心力作用下逐步移向外壁，到达外壁的尘粒在气流和重力共同作用下沿壁面落入灰斗。从而达到除去大颗粒粉尘的目的。对于粒径在 $40\mu m$ 以上的粉尘去除效率＞90％。

旋风除尘器的锥形底部设有电动双翻板出灰阀，依靠电动减速机间隔动作，把收集在锥形底部的粉尘排出。

旋风除尘器外观如图 4-32 所示。

图 4-32　旋风除尘器外观图

（4）干式脱酸系统

可单独设置干式脱酸塔或在布袋除尘器入口烟道上设置干式脱酸系统。干式脱酸通常喷入消石灰和活性炭。消石灰和烟气中的 SO_2、SO_3、HCl 和 HF 等发生化学反应，生成 $CaSO_3$、$CaSO_4$、$CaCl_2$、CaF_2 等，同时烟气中有 CO_2 存在，还会消耗一部分 $Ca(OH)_2$ 生成 $CaCO_3$。由于在急冷塔内喷入大量的水，汽化后变成水蒸气随烟气进入脱酸塔，$Ca(OH)_2$ 吸收烟气中的水分后，反应速度加快。活性炭可吸附烟气中的二噁英及重金属。消石灰及活性炭注入烟气中，并随后附着在布袋除尘器的滤布表面，发生持续性反应，反应后的产物随飞灰排出。

通常由运输槽车通过气力输送将消石灰送入储仓内，通过吊车将袋装的活性炭粉送入储仓内，分别通过给料结构进入烟道。

由于活性炭具有很大的比表面积，因此，即使是少量的活性炭，只要与烟气混合均匀且接触时间足够长就可以达到高吸附净化效率。活性炭与烟气混合一般是通过强烈的湍流实现的，而足够长的接触时间就必须以后续的袋式除尘器为保证，也就是说活性炭喷射吸附应与袋式除尘器配套，活性炭的位置应在袋式除尘器前的烟气管道上。这样，活性炭在管道中与烟气混合后吸附一定的污染物，但并未达到饱和，随后再与烟气一起进入后续的袋式除尘器，停留在滤袋上，与缓慢地通过滤袋的烟气充分接触，最终达到对烟气中重金属和二噁英的吸附净化。

（5）布袋除尘器

布袋除尘器由灰斗、进排风道、过滤室（中、下箱体）、清洁室、滤袋及框架（龙骨）、手动进风阀、气动蝶阀、脉冲清灰机构、压缩空气管道及栏杆、平台扶梯、电控等组成。

布袋除尘器的布袋材质根据烟气组分和温度选择，主流的布袋材质为聚四氟乙烯（PTFE）＋聚四氟乙烯（PTFE）覆膜。飞灰在布袋上聚集使布袋除尘器压差增大，当差压达到设定值时，依靠压缩空气脉冲打下飞灰，由底部螺旋出灰机排出。布袋除尘器下部装有电加热器，除尘器内温度过低时可自动加热，防止温度太低时设备低温腐蚀受损，以及减轻飞灰结块、架桥现象。

工作原理为：含尘气体由进风总管经导流板使进风量均匀后通过进风调节阀进入各室灰斗，粗尘粒沉降至灰斗底部，细尘粒随气流转折向上进入过滤室，粉尘被阻留在滤袋表面，净化后的气体经滤袋口（花板孔上）进入清洁室，由出风口经排气阀至出风总管排出，而后再经引风机排至大气。

随着除尘器的运行，过滤烟气中所含粉尘、微粒因惯性冲击、直接截流、扩散及静电引力等在滤袋外侧表面形成滤饼。当压差大于仪表设定时则停止过滤，使用高压空气逆洗。当阻力增大至定值（如设定 1200Pa），除尘器开始分室停风进行脉冲喷吹清灰。由 PLC 可编程序电控仪按设定压差控制程序，先关闭第一室排气阀，使该室滤袋处于无气流通过的状态，然后逐排开启脉冲阀以低压压缩空气对滤袋进行脉冲喷吹清灰，清落的粉尘集于灰斗，经由回转卸灰阀卸下面的输灰系统。由于工艺的需要，除尘器的底部制成槽形，送入飞灰贮仓。当该室滤袋清灰完后，开启排气阀，恢复该室的过滤状态，再对后面各室逐室进行清灰。自控程序在确定清灰周期及两次清灰的时间间隔后即转为定时进行控制。

布袋除尘器如图 4-33 所示。

图 4-33　布袋除尘器

图 4-34　湿式洗涤塔

(6) 湿法脱酸系统

布袋除尘器出口烟气首先进入预冷塔，通过循环碱液降低烟气温度，然后进入两级湿法洗涤塔继续脱除残留的酸性污染物，经过两级湿法洗涤后的烟气进入烟气加热器中。湿式洗涤塔见图 4-34。

两级洗涤塔材质为耐高温 FRP，预冷塔放置在洗涤塔之前，其作用是将高温烟气（160～170℃）通过喷液体的方式急速降温到水的饱和湿度下的温度（正常在 65～75℃ 之间，具体因烟气的含水量而定）。一级预冷塔调节烟气温度从 160℃ 左右到 70℃ 左右，达到酸碱反应的最佳温度后，进入碱液洗涤塔。预冷塔内可以脱除一部分酸性气体，减少了第二级洗涤塔负荷，减少洗涤塔内盐水浓度，缓解洗涤塔结盐现象，延长洗涤塔连续运行时间。

预冷塔的给水来自碱洗塔的循环泵供应的碱性循环水，给水分两支管分别供往喷枪入口和降膜水入口。在预冷塔的各分支进水口前分别设置相应的软接头、转子流量计和隔膜泵、压力表。在预冷塔的主水管道上设有电磁流量计，以监视预冷塔给水量，并提供连锁保护。为防止设备超温，在预冷塔内的降温喷枪的上部有不止一个应急喷枪提供紧急用水，在超温时打开给水开关阀。

二级碱洗塔为填料塔，填料均采用散装聚丙烯材质鲍尔环。碱洗塔本身的材质为乙烯基树脂玻璃钢（FRP），含所有法兰及内件。碱洗塔底部 FRP 的厚度不小于 10mm，顶部厚度不小于 8mm，外部需做防紫外线保护。

碱洗塔填料托盘处和填料上方设人孔，人孔带有钢化玻璃视镜，以便于装卸填料，并可以巡视填料的状况。碱液洗涤塔出口设除雾器，通过除雾器的折流作用，从烟气中去除液滴。除雾器带有冲洗喷头，可间歇自动地喷入高压清洁水清洗除雾器。

碱液喷淋管线上设电磁流量计监视循环液流量。碱洗塔的补水由碱洗塔液位调节给水阀控制。碱洗塔的碱液添加由 pH 调节碱液调节法来控制。当洗涤水 pH 值达到 6 时系统报警。如 pH 值没有得到有效提高，强制投加碱液，直到洗涤水恢复至碱性。同时考虑系统抗冲击负荷能力，避免由于配伍不均匀导致瞬间酸性物质过多的假报警，应选择大流量的碱液输送泵，提高系统抗波动能力。

碱洗塔的排污由电导率调节和流量控制循环管旁路的管道上的比例控制阀来实现，碱洗塔内的废液盐浓度控制在 2％～5％以内，以防盐的析出，堵塞管道。排污一方面是排除盐分，另一方面要换新水来维持循环水的温度不超过 65～70℃。

（7）烟气加热器

设置烟气加热器，加热洗涤后的烟气，以尽量减少烟囱出口的"白烟"。

烟气加热器有两种选择：一种是蒸汽-烟气加热器（SGH）；另一种是烟气-烟气加热器（GGH），来对烟气进行加热。烟气-烟气加热器工艺复杂，用于加热的烟气需要重新回到系统再次净化，加热器热侧未净化烟气对设备的腐蚀比较严重，设备防腐要求高；烟道延长比较多，大大增加了后面引风机的压力，设备运行效率低于 SGH；此外，GGH 的运行维护费用远高于 SGH。

危废焚烧工程烟气量较小，用 SGH 换热器设备体积小，烟气管道顺流而走，阻力小，直接操作，简单方便快捷。SGH 加热器以余热锅炉的饱和蒸汽为加热介质，将洗涤后的 60℃烟气加热到 130℃。

（8）排烟系统

1）排烟系统概述

烟气排放系统包括引风机和烟囱。

引风机实现抽送系统烟气以维持炉膛的负压操作状态的功能，通过烟囱将净化达标的烟气排入大气。

在烟道和风道上设置清灰口用于清灰，同时设置人孔或手孔，用于管道清理和维修。

2）引风机

引风机的功能是为焚烧系统提供负压，使烟气不外泄，为尾气流通提供动力，因此被认为是整个焚烧线的"心脏"。引风机运转的频率可以调控，自动变频调整风压，为系统提供操作所需的负压。

引风机叶轮用耐腐蚀钢制作，通常采用 316L 不锈钢或双相不锈钢。

3）烟囱

烟囱高度应符合环境影响评价要求，烟囱出口直径的确定，首先要恰当地选定烟囱出口的烟气流速，使烟囱在全负荷运行时不致因阻力太大，在最低负荷运行时不致因外界风力影响造成空气倒灌，烟气排不出去。对于机力引风，烟囱出口流速全负荷时为 12～20m/s，最低负荷时为 2.5～3m/s，一般不宜取上述数值的上限，以便留有适当的发展余地。

烟囱材质可以为碳钢、玻璃钢、砖砌、混凝土等，上述材质均有工程应用。烟囱应进行防腐及保温处理，满足大气污染物的排放要求。

烟囱上设置取样孔和取样平台等辅助设施，安装烟气在线检测系统，监视排放烟气的品质并反馈控制烟气净化系统的运行。烟气在线监测装置监测焚烧炉所排放烟气中的烟尘、二氧化硫、氯化氢、一氧化碳、氮氧化物、含氧率、二氧化碳等。

（9）出渣系统

1）残渣输送

为了保证系统的连续稳定运行，必须将危废在回转窑内焚烧时产生的残渣及时清出，在回转窑的尾部设立出渣机。

将下回式刮板出渣机设在回转窑尾部，可自动排渣、出渣，炉渣冷却采用水冷方式，出渣温度＜50℃，同时保证出渣机密封。

燃烬的灰渣掉入出渣机内，由刮板将灰渣带出，出灰机链槽底面、两侧面为钢板材质，内衬防磨铸石板，上面为敞开式。

为防止炉渣落下时卡住回链，选用下回式刮板出渣机，即返回链在出渣机外侧下部。

集灰箱内注入冷却水，并形成水封隔断炉内外空气的相互渗透，槽底端设排污阀，箱内液位通过浮球阀自动控制。下设放水阀，便于清理出渣机。在出灰坑内设集水坑，用于收集出渣机内流出的水，泵送至污水处理站处理。

2）飞灰输送

余热锅炉的飞灰通过底部螺旋输送机排出，单独灰桶收集。

急冷塔、旋风除尘器、干式反应塔底部设双翻板出灰阀，单独灰桶收集。

袋式除尘器排出的飞灰通过卸灰阀和螺旋输送机排出，单独吨袋或灰桶收集。

各处收集的飞灰定期外运处置。

4.4.6 耐火保温材料

(1) 回转窑耐火材料

焚烧炉通过高温加热使危废干燥、热解、焚烧成熔融状态，这些危废可能会对窑炉内衬造成侵蚀性破坏。所以，要求炉衬的耐火材料除具有耐高温性能外，同时具有以下特点：a. 高强度和良好的耐磨性，以抵抗固体物料的磨损和热气流的冲刷；b. 良好的化学稳定性，以抵抗炉内化学物质的侵蚀；c. 好的热稳定性，以抵抗炉温的变化对材料的破坏；d. 良好的抗 CO 侵蚀能力，以避免因 CO 侵蚀而引起炉衬崩裂等；e. 耐火及隔热、保温砖的使用寿命＞16000h。

目前，在国内外危废焚烧工程中，回转窑采用的耐火砖主要有铬刚玉砖、碳化硅砖、高铝砖、刚玉制品、莫来石刚玉砖和高强度磷酸盐耐磨砖等，其性能指标和特性见表4-13～表4-18。

表 4-13 铬刚玉砖性能指标和特性表

性 能		指 标	性 能	指 标
质量分数/%	Al_2O_3	80～85	显气孔率/%	≤20
	Cr_2O_3	3.5～5	耐压强度 CCS/MPa	90～110
	Fe_2O_3	0.8	重烧线变化(1350℃×3h)/%	0.02
体积密度 BD/(g/cm³)		2.9～3.2	热震稳定性/次	45
耐火度/℃		1790		

表 4-14 碳化硅砖性能指标和特性表

性 能	MT-90	MT-80	性 能	MT-90	MT-80
SiC/%	≥90	≥80	荷重软化温度/℃	≥1550	≥1530
显气孔率/%	≤15	≤18	热导率/[W/(m·K)]	16.6	11.0
体积密度/(g/cm³)	≥2.55	≥2.5	热震稳定性/次	≥35	≥30
耐压强度/MPa	100～120	80～85			

表 4-15 高铝砖性能指标和特性表

项 目		一级高铝		二级高铝	三级高铝
		LZ-75	LZ-65	LZ-55	LZ-48
Al_2O_3/%		≥75	≥65	≥55	≥48
耐火度/℃		≥1790		≥1770	≥1750
0.2MPa 荷重软化开始温度 $T_{0.6}$/℃		≥1520	≥1500	≥1470	≥1420
重烧线变化/%	1500℃×2h	+0.1		−0.4	−0.4
	1450℃×2h	—			+0.1 −0.4
显气孔率/%		≤23			≤22
常温耐压强度/MPa		≥53.9	≥49.0	≥44	≥40

表 4-16 刚玉制品性能指标和特性表

性 能		GY-85	GY-95
质量分数/%	Al_2O_3	≥85	≥95
	Fe_2O_3	≤0.5	≤0.3
显气孔率/%		≤21	≤20
体积密度/(g/cm³)		3.0	3.2
耐火度/℃		1790	1790
耐压强度/MPa		≥80	80~90
荷重软化开始温度/℃		≥1530	≥1550
重烧线变化(1550℃×3h)/%		0.3	0.2

表 4-17 莫来石刚玉砖性能指标和特性表

性 能		指 标	性 能	指 标
体积密度≥/(g/cm³)		2.65	耐压强度/MPa	95~100
质量分数/%	Al_2O_3	75~80	显气孔率≤/%	18
	Fe_2O_3	1.5	热震稳定性/cycles	15
耐火度≥/℃		1790	线变化率(1600℃×3h)≤/%	1.0
荷重软化开始温度≥/℃		1600		

表 4-18 高强度磷酸盐耐磨砖性能指标和特性表

性 能		P	PA
质量分数/%	Al_2O_3	≥75	≥77
	Fe_2O_3	≤3.2	≤3.2
	CaO	≤0.6	≤0.6
耐压强度/MPa		≥70	≥75
体积密度/(g/cm³)		≥2.6	≥2.6
荷重软化温度 $T_{0.6}$/℃		≥1350	≥1300
耐火度/℃		≥1780	≥1780

铬刚玉砖耐热温度高，即承受的工作温度高，密度大；耐压强度高；抗侵蚀性能、抗腐蚀性能好，即耐化学侵蚀的程度强；热震稳定性好，即承受温度变化造成的急冷急热性能好；原料纯度高，杂质少，高压成型，高温烧成致密性大，耐磨程度高。

碳化硅砖具有较高的热震稳定性，即承受温度变化造成的急冷急热性能好（见表4-14）；抗腐蚀性能好，即忍受化学侵蚀的程度强；耐工作温度也较高。但致命弱点是抗氧化性能较差，碳化硅在 $800\sim1140℃$ 之间抗氧化能力差，在有氧气存在的工作环境中使用，会被慢慢氧化，以致整体损坏。

高铝砖由于显气孔率一般在22%左右，不是很致密，其耐剥落性、耐侵蚀性一般；高铝砖因原料纯度一般，杂质较多，故承受苛刻的工作环境不够理想，使用寿命受到限制。

刚玉制品致密性、强度同铬刚玉砖相近，使用温度也较高，但其抗剥落性能较刚玉砖差，虽然同刚玉砖均为中性惰性耐火材料，一般不与其他材料发生化学反应，但刚玉砖中由于加入 Cr_2O_3，更增加了材料的惰性，其耐化学侵蚀性能更好（见表4-16）。

一般莫来石刚玉砖介于优等高铝砖和刚玉砖之间，合成原料莫莱石砖性能高于优等高铝砖，抗急冷急热性能相近于碳化硅砖和铬刚玉砖，抗氧化性能优于碳化硅砖，差于铬刚玉砖，抗化学侵蚀性差于铬刚玉砖。

由表4-18可知，高强度磷酸盐耐磨砖是一种不烧制品（烘烤温度在 $500℃$ 左右），是与工业磷酸相结合的高铝砖，低温强度较高，由于加入工业氧化铝粉或刚玉砂，其耐磨性能较好，抗侵蚀性能、抗腐蚀性能与高铝砖相近。

（2）二燃室耐火材料

二燃室一般内衬 $450mm$ 厚的耐火材料，其中最内层为 $250mm$ 厚含有 $75\%\,Al_2O_3$ 的耐火砖，中间层为 $120mm$ 厚的保温砖，外层为 $80mm$ 厚的硅酸钙板。高铝质耐火砖、高强漂珠砖、硅钙板理化指标分别见表4-19～表4-21。

表 4-19　高铝质耐火砖理化指标

项　　目		指　　标			
		LZ-75	LZ-65	LZ-55	LZ-48
Al_2O_3/%		≤75	≤65	≤55	≤48
耐火度/℃		≤1790		≤1770	≤1750
0.2MPa荷重软化开始温度/℃		1520	1500	1470	1420
重烧新型变化/%	1500℃,2h	+0.1 −0.4			
	1450℃,2h				+0.1 −0.4
显气孔率/%		≤23		≤22	
常温耐压强度/MPa		≥53.9	≥49.0	≥44.1	≥39.2

表 4-20　高强漂珠砖理化指标

项　　目	PG-0.9	PG-0.7	PG-0.5
体积密度/(g/cm³)	≤0.9	≤0.7	≤0.5
常温耐压强度/MPa	≤5	≤4	≤2.4
重烧新型变化不大于2%的实验温度/℃	1150	1100	1050
平均温度(350±25)℃时热导率/[W/(m·K)]	≤0.50	≤0.45	≤0.35

表 4-21　硅钙板理化指标

项　目	数　值	项　目	数　值
体积密度/(g/cm³)	≤0.24	热导率/[W/(m·K)]	0.065~0.136
抗压强度/MPa	0.414	线收缩率/%	2.0~2.5
抗弯强度/MPa	0.31		

(3) 余热锅炉耐火保温材料

余热锅炉进出口烟道、检查门、中间隔墙的下集箱、下部灰斗采用双层衬里结构,工作层为耐火耐磨浇注料,保温层为轻质耐火浇注料。

(4) 急冷塔、旋风除尘器、干式脱酸塔耐火材料

急冷塔本体、旋风除尘器、干式脱酸塔设备内表面喷砂除锈处理后进行耐酸胶泥施工。耐酸胶泥在养护期间严禁与水和水蒸气接触。完成浇注工作之后,浇注料表面需进行酸化处理,酸化处理液宜选用 30%~40% 稀硫酸。处理次数不应少于 4 次,每次间隔时间不少于 4h,每次处理前均应清除表面白色析出物。耐酸胶泥理化指标见表 4-22。

表 4-22　耐酸胶泥理化指标

项　目	数　值	项　目	数　值
体积密度	2.5g/cm³	最高使用温度	1100℃
常压耐压强度	2.0MPa	初凝时间	1~1.5h
耐酸度	95%	终凝时间	6~8h

(5) 烟道耐火材料

烟道根据不同部位采取不同的材料和保温防腐措施。在高温段采用外部钢板,内部用耐火浇注料保温防腐。

二燃室出口烟道、余热锅炉出口烟道采用三层衬里结构,工作层为耐火耐磨浇注料,中间保温层为轻质耐火浇注料,靠钢板粘贴硅酸铝钙板。急冷塔出口烟道、旋风除尘器出口烟道、干式脱酸塔出口烟道采用耐酸胶泥。

4.5　危废焚烧系统辅助工艺设计

4.5.1　压缩空气制备系统

焚烧系统有大量的设备和仪表需要用到压缩空气,例如除尘器脉冲清灰、废液雾化喷枪、气动隔膜泵、气动阀门、视镜冷却吹扫、工艺管线吹扫等。压缩空气站运行的稳定性、可靠性对整个焚烧系统的正常工作至关重要。

系统需配置 2 套空压站(1 用 1 备)或 3 套空压站(2 用 1 备),鉴于焚烧线内各设备的用气量及用气品质,选用双螺杆式空压机,该系列空压机采用微电脑控制,具有自我诊测及保护功能,能显示机器的运转状况,能在无人看管的情况下 24h 连续运转。其电脑盘面设计清晰,可多台连锁与远程控制。如果机器空车运转过久则会自动停车,以节省

电力。

　　空压站制气按气体用途，分为装置用空气和仪表用空气。空压机出来的压缩空气含有大量水、油，空气中的杂质将对精密气动仪表、设备造成莫大的伤害，不符合用气设备对空气品质的要求，故配备多级净化装置，以确保输出高品质的压缩空气。

　　空压机输出的压缩空气先经过贮气罐，在此贮存、降温、初级除水、稳定压力。出来的空气经过前置过滤器初级除尘，然后通过冷冻式干燥机，除去空气中的水分，含水率为压力露点 2℃。

　　冷干机出来的压缩空气通入精密过滤器，可使空气中的尘埃降至 $0.01\mu m$，油分降至 0.1×10^{-6}，再次通入储气罐稳压。稳压后的气体一路至装置用空气管路对外输出，另一路至微热再生吸附式干燥机，进一步除水。

　　微热再生吸附式干燥机是利用分子筛除水，将空气中含水率的压力露点降至 $-40℃$，达到仪表用气的品质。吸附式干燥机出来的仪表气再经过一道高精尘滤，送入仪表用气储气罐，稳压后向各用气点送仪表用气。

4.5.2　氮气制备系统

　　制氮系统产生的氮气主要用于破碎机氮气保护。制氮系统由氧氮分离单元、氮气缓冲单元、控制单元组成，同时配实时氧含量监测报警仪。

（1）氧氮分离单元

　　氧氮分离单元为制氮设备的核心单元，主要由装有专用碳分子筛的吸附塔、气动阀、压紧气缸、消声器等组成。根据在不同压力下，碳分子筛对压缩空气中氧气吸附量的差异，吸附塔升压碳分子筛吸氧产氮，降压碳分子筛脱氧再生，两塔交替工作，实现连续制取氮气。

　　装有专用碳分子筛的吸附塔共有 A、B 塔两只。当洁净的原料空气进入 A 塔，O_2、CO_2 和 H_2O 被碳分子筛吸附，氮气由出口端输出。一段时间后，A 塔内碳分子筛吸氧饱和，切换至 B 塔工作，原料空气进入 B 塔吸氧产氮，A 塔卸压，且小部分氮气进入 A 塔，脱附已被吸附的 O_2、CO_2 和 H_2O，实现碳分子筛脱氧再生。两塔交替进行吸附和再生，完成氧氮分离，上述过程由 PLC 控制器全自动控制。

　　为防止因碳分子筛间隙重组或正常损耗致使吸附塔内产生空间，而导致碳分子筛粉化，吸附塔顶部设置有压紧气缸。在压紧力的作用下，气缸活塞与碳分子筛位移同步，保证碳分子筛始终处于被压紧状态，确保碳分子筛的使用寿命。

　　氧氮分离单元富氧气体排放口设置有消声器，通过阻抗复合式消声原理，有效降低富氧气体瞬间排放产生的噪声。

（2）氮气缓冲单元

　　氮气缓冲单元主要由氮气缓冲罐、过滤器、流量计、不合格氮气排空装置组成。其作用是均衡氧氮分离单元输出的氮气纯度，缓冲及储存产品氮气，保证连续输出的氮气流量、纯度及压力稳定。氮气输出管路上设置有纯度不合格氮气排空装置，有效防止纯度不合格氮气输入至用气点。

（3）控制单元

控制单元主要由 PLC 控制器、数字或模拟量模块、触摸屏、氮气分析仪、电磁阀、控制柜等组成。

① PLC 控制器：按编制程序运行，控制电磁阀的得失电，通过仪表气通断控制气动阀的开和关，并采集和处理各种信号。

② 触摸屏：人机彩屏操作系统，用于查看制氮设备运行及故障信息，在授权的情况下可对设备的相关参数进行修改调整。

③ 氮气分析仪：监测产品氮气中的氧含量，以判断氮气纯度是否合格，氮气纯度不合格时声光报警。

4.5.3　化水系统

（1）锅炉给水水质标准

锅炉给水水质应符合《工业锅炉水质》（GB/T 1576—2018）的要求，详见表 4-23。

表 4-23　采用锅外水处理的自然循环蒸汽锅炉的给水水质

额定蒸汽压力/MPa	$P \leqslant 1.0$		$1.0 < P \leqslant 1.6$		$1.6 < P \leqslant 2.5$		$2.5 < P < 3.8$	
补给水类型	软化水	除盐水	软化水	除盐水	软化水	除盐水	软化水	除盐水
浊度/FTU	\multicolumn{8}{c}{$\leqslant 5.0$}						
硬度/(mmol/L)	\multicolumn{6}{c}{$\leqslant 0.03$}						$\leqslant 50 \times 10^{-3}$	
pH 值(25℃)	$7.0 \sim 10.5$	$8.5 \sim 10.5$	$7.0 \sim 10.5$	$8.5 \sim 10.5$	$7.0 \sim 10.5$	$8.5 \sim 10.5$	$7.5 \sim 10.5$	$8.5 \sim 10.5$
电导率(25℃)[①]/(μS/cm)	—	$\leqslant 5.5 \times 10^2$	$\leqslant 1.1 \times 10^2$	$\leqslant 5.0 \times 10^2$	$\leqslant 1.0 \times 10^2$	$\leqslant 3.5 \times 10^2$	$\leqslant 80.0$	
溶解氧[②]/(mg/L)	\multicolumn{2}{c}{$\leqslant 0.10$}		\multicolumn{6}{c}{$\leqslant 0.05$}					
油/(mg/L)	\multicolumn{8}{c}{$\leqslant 2.0$}						
铁/(mg/L)	\multicolumn{4}{c}{$\leqslant 0.30$}				\multicolumn{4}{c}{$\leqslant 0.10$}			

① 对于额定蒸发量≤4t/h，且额定蒸汽压力<1.0MPa 的锅炉，电导率可≤8.0×10³μS/cm。

② 对于供汽轮机用汽的锅炉给水溶解氧应≤0.05mg/L。

危废焚烧系统的余热锅炉蒸汽压力基本<2.5MPa，大部分对蒸汽品质要求不高，一般采用软水器制备软水即可满足使用要求，若需要蒸汽外供或蒸汽发电时，对蒸汽品质要求较高，则应采用除盐水制备系统。

（2）软水制备系统

软水装置采用逆流再生离子交换式软水器，即向下流软化，向下流再生。整套装置通过多通控制阀自动实行制造软水、反冲洗、盐水再生、缓速冲洗和快速冲洗五个不同的操作过程。所有接触水的元件均采用耐腐蚀材料，软水器采用玻璃纤维强化聚酯树脂构成，并采用高效离子交换树脂，树脂寿命不低于 3 年。盐水槽采用聚乙烯制作，允许任何时候加盐，并不产生溢流。

（3）除盐水制备系统

典型除盐水制备系统采用"预处理＋超滤＋两级反渗透＋EDI"的工艺，工艺流程如

图 4-35 所示。

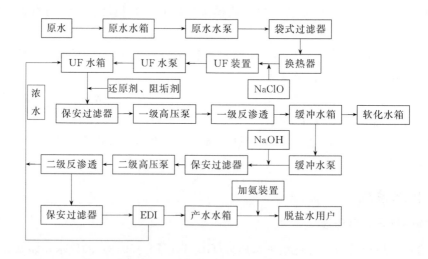

图 4-35　典型除盐水制备系统工艺流程

除盐水工艺系统可分为预处理系统、超滤系统、反渗透系统及 EDI 系统四部分。

预处理系统选用袋式过滤器＋超滤，以去除原水中的悬浮物、胶体、有机物、浊度等。超滤装置配置气动蝶阀，通过 PLC 实现设备的启动、运行、反洗、停机备用等操作的自动控制。超滤装置反洗设置杀菌装置，杀灭水中的细菌、微生物等。

反渗透系统作为系统的主要除盐设备，具有极高的脱盐能力。预处理系统出水进入反渗透处理系统，在高压泵提供的满足反渗透运行的压力作用下，大部分水分子和微量其他离子透过反渗透膜，经收集后成为产品水，通过产水管道进入后续设备；水中的大部分盐分和胶体、有机物等不能透过反渗透膜，残留在少量浓水中，由浓水管排出。

EDI 是离子交换和电渗析技术相结合的产物，具有很强的离子交换和电渗析的工作特征。EDI 利用混合离子交换树脂吸附给水中的阴阳离子，同时这些被吸附的离子又在直流电压的作用下，分别透过阴阳离子交换膜而被去除。此过程离子交换树脂不需要用酸和碱再生。EDI 装置能全自动无人操作运行，包括系统正常运行、系统的所有保护等。在系统的进水、产水、浓水和极水管道上都装有一系列的控制阀门、监控仪表及程控操作系统。

4.5.4　循环冷却水系统

冷却水为破碎机液压站、进料系统液压站、风机、取样器、出灰螺旋、空压机及需冷却的工艺设备提供冷却介质，根据工艺装置中各用户的热负荷和冷却水的进出口温度计算冷却水消耗量，并计算工艺装置冷却水平衡，得到冷却水总消耗量，冷却水系统的设计规模以冷却水总消耗量的 125％为宜。

为节约用水及保证循环水系统水质的稳定，一般采用闭式冷却塔。为避免设备及管道结垢现象，循环冷却水采用软化水。闭式冷却塔结构见图 4-36。

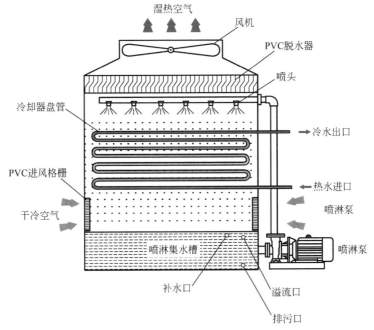

图 4-36　闭式冷却塔结构

闭式冷却塔是以水和空气作为冷却介质，利用部分冷却水的蒸发带走需要冷却水的热量。其外壳是箱体形式标准件结构组合。工作运行时，冷却水由水泵送至冷却器盘管上面的喷嘴，均匀地喷淋在冷却器盘管的外表面，形成很薄的一层水膜。经过轴流通风机的引风，空气由盘管的上方和填料的侧面进入设备内部，强化了空气流动，形成箱内负压，促使水的蒸发温度降低，促进水膜蒸发，强化了冷却器盘管的放热。高温制冷剂蒸汽从蛇形冷却器盘管的上部集管进入，被管外的冷却水冷却的液体从冷却器盘管下部集管流出。水吸收制冷剂的热量以后，一部分蒸发变成水蒸气被轴流通风机吸走排入大气，没有被蒸发的冷却水流过高效 PVC 散热片填料时被空气冷却，冷却了的水滴落在下部的集水盘内供水泵循环使用。

4.6　焚烧车间布置

（1）车间布置原则

① 平面布置将做到节约用地，功能分区明确，有利于生产、生活和管理。

② 平面布置使生产各环节具有良好的联系，避免生产流程迂回往复供水、供电及公用设施靠近负荷中心。

③ 避免人、货流交叉干扰。

④ 结合厂址周边的交通条件，方便各类车辆的通行、作业。

⑤ 平面布置将结合当地自然条件、地形条件，并为后期施工创造有利的条件。

⑥ 尽可能减少对周围环境的影响。

（2）车间布置概述

焚烧系统工艺线布置于焚烧处理区。焚烧处理区通常划分为三个功能区，即前处理区、焚烧区和辅助区。焚烧车间四周道路以环向布置，有利于满足消防、物料运输等需求。

① 前处理区主要包括废物卸料、临时贮存、预处理区等。

② 焚烧区包括危废进料装置、焚烧及烟气净化系统等。其中焚烧及烟气净化系统可布置在室外。

③ 辅助区包括控制室、软水泵房、空压机房、工具备件房等配套设施。

为减少单体数量，焚烧车间可以集约一体化布置。焚烧车间辅助用房的典型布置如下：一层布置变配电间、空压机房、软化水车间、药剂间、机修车间等；二层布置 MCC 室、控制室、办公室、会议室等；三层布置抓斗操作室。

4.7 焚烧系统调试

4.7.1 调试概述

(1) 调试目的

调试包括单机调试与联动调试两个环节。通过调试可以发现工程设计和施工等环节遗留的缺陷并及时修正完善，确保焚烧系统达到设计功能。在焚烧系统调试过程中，需要工业设计、机电安装、运行操作以及分析化验等相关岗位专业人员的共同参与、组建完整的调试队伍。

焚烧系统的调试受入炉物料条件的影响很大，在调试准备阶段，针对物料来源进行全面分析化验，按配伍原则配料。调试的目的如下：

① 检验机械、设备、仪表的选型的合理性，总结运行操作注意事项；

② 测试焚烧系统的处理能力是否达到设计值；

③ 检验各环保装置的处理效果是否满足验收要求；

④ 在焚烧装置带负荷稳定调试的基础上，打通整个工艺流程，调整各工艺段工艺参数，摸索整个系统及各处理单元转入正常运行后的最佳工艺参数。

(2) 调试内容

调试前要求所有现场操作人员都要经过理论学习、操作学习及模拟操作等培训，具备上岗操作的技术水平，要将各种技术材料（操作法、管理制度、安全操作等）全部整理、印刷成册，并下发到每位操作人员手中，作为指导调试的技术依据。

① 单机调试：包括各种设备安装后的通电通水试运转和构筑物试漏。

② 联动冷态调试对整个工艺系统进行空负荷的联动调试，打通工艺流程，检验设备、自动仪表和连接各工艺单元的管道、阀门等是否满足设计和使用要求。

③ 按升温曲线对焚烧线耐材进行烘烤，同时进行锅炉煮炉工作，为带料运行做好准备工作。

④ 整个工艺流程全部打通后，布袋除尘器安装滤袋，荧光检测合格后开始进行带负荷生产，在此阶段进一步检验设备运转的稳定性、自控系统的连续稳定运行，并检验各项环保装置是否满足设计要求。

4.7.2 单机调试

单机调试的主要内容包括设备调试和构筑物试漏。

一般来说，设备的单机调试可分为空载调试和带负荷调试。空载调试指在无负荷情况下启动设备运行，检查电路和电机的旋转方向是否正确，检查控制系统能否正常工作。下面针对一些常用设备的调试内容及注意事项进行描述。

（1）离心泵

① 检查配电柜及电机接线端子是否符合产品要求。

② 将电机进行点调试，检查转向及声音是否正常。

③ 将电机与水泵用键连接起来，手动盘车，检查水泵转动时是否有杂音。

④ 调试应在有水的情况进行，将水泵出口的管网管路阀门关闭，打开试验管道阀门。启动水泵机组，观察管道上的压力表数值，调整试验管道阀门开度，使管道压力达到水泵正常工作的压力值。

⑤ 检查各阀门及管件、焊口是否有渗漏现象。

⑥ 填写水泵单机调试单。

离心泵运转时应符合下列要求：

① 各固定连接部位不应有松动。

② 转子及各运动部件运转正常，不得有异常声响和摩擦现象，水泵振动值应符合规定的要求。

③ 附属系统的运转应正常，管道连接应牢固无渗漏。

④ 滑动轴承的温度不应大于 70℃，滚动轴承的温度不应大于 80℃，特殊轴承的温度应符合设备技术文件的规定。

⑤ 泵的安全保护和电控装置及各部分仪表均应灵敏、安装正确、可靠。

（2）鼓风机

焚烧系统应用的鼓风机一般有离心风机和罗茨风机。

罗茨风机由机壳前后墙板、齿轮箱、主轮、从轮、叶轮及双列向心球面轴承和单列向心短圆柱滚子轴承等组成。在调试前，认真检查各部位连接螺栓是否牢固，各润滑部位润滑情况是否良好，进出口阀门要灵活好用。罗茨风机调试要进行无负荷调试和带负荷调试。

无负荷调试在启动前，通过手动盘车，风机应运转灵活。

全开出口阀门和入口阀门，启动电机进行试车，使风机在无阻力情况下运转 30min。

带负荷调试是在风机空负荷试运转正常后缓慢关闭排气阀，按风机性能逐步升高压力至工作压力，每升一次压力运转 2h，总运转时间不小于 8h。

在调试过程中重点检查的项目有：a. 倾听转子运转的声音是否正常，有无杂声；b. 轴承温度应符合规定，滚动轴承不应大于 70℃；c. 轴封装置部位无泄漏；d. 出口温度、风压及电流是否符合规定。

离心风机由机壳、转子组件、轴承、密封组件、润滑装置以及其他辅助零件组成。在调试前，盘车检查传动部件与固定部分有无卡阻摩擦现象，轻重是否一致。检查润滑油油量、油质是否合乎要求。检查冷却水系统是否畅通无阻，电动机、鼓风机旋转方向是否符合要求，检查所有测量仪表的灵敏性及安装情况。

离心风机也要进行空负荷调试和带负荷调试，在全开出口阀门和入口阀门的情况下空负荷调试 30min 以上，运转正常后进行带负荷调试。

在带负荷调试时重点检查下列内容：a. 风压、风量、电流应平稳，符合要求；b. 运转过程中无异常振动、碰撞和研磨声及泄漏现象；c. 鼓风机的支承轴或止推轴承的油温不超过 65℃，轴承振动振幅值不大于 0.06mm，试运转时间应不小于 8h。

风机在调试过程中要注意安全，带负荷调试时要逐步升高压力，直至达到工作压力为止。调试时，一旦发生异常现象应立即停车处理，待达到安全无误情况下再进行调试。调试启运时，除操作人员外，其他人员应远离，并站在运转设备的轴向位置，以防转动零件飞出伤人操作人员要距风机 2m 以上。

（3）起重机

起重机主要由机械、金属结构和电气三大部分组成，其中机械部分由起升机构、小车运行机构和大车运行机构组成；金属结构部分由桥架和小车架组成；电气部分由电气设备和电气线路组成。

在调试前，应进行以下检查：

① 主体完整，零、部件齐全。电缆滑线整齐，行走灵活；

② 轨道终点有安全挡，吊钩、电动葫芦升高有限位开关、制动器，工作灵敏可靠；

③ 钢丝绳质量符合《重要用途钢丝绳》（GB 8918—2006）的要求；

④ 照明、信号和其他安全防护装置齐全完整、灵敏、准确，符合要求；

⑤ 防腐、防雨、接地等设施完善、可靠，符合要求；

⑥ 各部连接螺栓紧固、齐全，符合技术要求；

⑦ 在起重机的明显位置有清晰标牌，标牌应注明下述内容：名称、型号、额定起重能力、制造厂名、出厂日期等。

起重机运转时应符合下列要求：

① 运行平稳，无异常振动、颠簸和杂声等不正常现象；

② 各部温度、转速、电流等运行参数符合技术要求；

③ 起重能力达到铭牌出力或额定能力。

（4）调试提升机

① 空载提升吊篮做一次上下运行，查看运行是否正常，同时验证各限位器是否灵敏可靠及安全门是否灵敏完好。

② 在额定荷载下，将吊篮提升至地面 1～2m 高处停机、检查制动器的可靠性和架体的稳定性。

③ 检查卷扬机各传动部件的连接和坚固情况是否良好。

④ 检查驱动链是否涂抹润滑油，驱动链张紧度是否符合要求。

⑤ 检查吊兰翻转时是否顺畅。

（5）液压站装置

① 液压站油质化验合格，油液量不得低于液位计 1/2 处。

② 起泵：先点动一次看泵转向是否正确，再连续点动三次，排除泵中空气，使泵中充满油液后启动油泵。

③ 泵试运转：调节溢流阀阀口至最大，松开泵压力补偿器，相应的阀门按原理图开闭。启动泵装置，使其在无负荷条件下运转 10min，应无异常噪声，否则应停泵检查。

④ 耐压试验：将溢流阀阀口调至最大；电液换向阀在中位。调松泵上压力补偿器后启动油泵，逐渐关闭溢流阀开口度，直至关死。再调节泵压力补偿调节螺钉使压力升高。试验压力应逐步升高，每升高一级稳压 1～3min，达到试验压力后持压 10min 然后降至工作压力进行全面检查，以系统所有焊缝和连接处无漏油为合格。

⑤ 液压站试验合格后进行设备的单独调试。

（6）破碎机、进料装置

1）破碎机　在进料调试前应进行破碎机单机调试，检验破碎机每个轴的正反转、喂料装置能否正常运行、排料门能否正常运行、火灾报警装置能否正常报警等，空载调试完毕再进行负荷调试。

投入木条等进行破碎测试，破碎后物料尺寸应符合技术文件要求，破碎量也应满足设备额定处理量。

2）进料装置　进行连续空载调试，检查限位开关、急停按钮等是否可靠，各推进机构到位情况以及液压油缸、管路等是否存在漏油现象。

（7）出渣机

空载调试前应做如下检查。

① 电机旋转方向与设计相符；

② 清除壳体内的杂物，以及电机减速机与从动滚子链轮间的杂物；

③ 刮板链条松紧要适度；

④ 各传动部件特别是减速机内应注满机油。

检查完毕后点动开车，如无异常，可进行空载调试。

（8）出灰装置

焚烧系统出灰装置类型较多，包括螺旋输送装置、星型卸灰阀、插板阀、翻板阀等。

1）螺旋输送装置

螺旋输送装置空载运转前应做如下检查。

① 螺旋输送机应进行各部分的润滑，并检查各有油处是否有足够的油量，如果不足应加足，然后才能进行无负荷调试。

② 在无负荷调试前应特别注意检查电气接线的正确性及机壳内是否有遗留的工具、零件等。

在开机前应先用人力转动螺旋数周，确认没有阻碍，方可启动。首次启动时应用随开随停的办法做数次试验，观察各部件动作，认为正确良好后，方可正式运转。

螺旋输送机装妥以后进行连续 12h 以上的无负荷调试，无负荷调试时应注意螺旋输送机装配的正确性，即：a. 运转是否平稳可靠；b. 各轴承发热的温升不超过 20℃；c. 各紧固部分不得发生松动；d. 空转功率不得超过额定功率的 30%；e. 在无负荷调试时螺旋不得和机壳相摩擦。

2）星型卸灰阀

星型卸灰阀空载运转前应做如下检查：a. 检查电机接线正反向转动是否正确；b. 检查星型阀内部有无铁块等进入，以防启动后卡死；c. 检查减速机内部润滑油是否合适；d. 确认无误后接通电源。

3）插板阀

插板阀空载运转前应做如下检查：a. 各连接部位螺栓，要求均匀拧紧；b. 剥取阀杆防护油纸，在阀杆上重新涂润滑脂；c. 清洁内腔，去除油垢。

4）翻板阀

①空载运转前应清除阀门腔内及管道尘屑杂物，以免影响密封性能；②工作时阀杆部位要保持干净无灰尘，以免影响使用寿命。

（9）布袋除尘器

在袋式除尘器开始调试前，必须对下列各项进行检查：

① 风机的旋向、转速、轴承振动和温度；

② 管道的状况、系统的配套设备（如冷却装置、喷粉机构等）、除尘器本体是否漏气以及供水系统和供气系统等；

③ 处理风量和各点的压力与温度是否与设计相符；

④ 测试仪表的指示及记录是否正确；

⑤ 要反复校验并确认所有安全装置都正常工作；

⑥ 在带料试生产前要进行预喷涂后方可投入系统使用。

（10）阀门

阀门调试主要指直径较大的阀门，包括闸阀、蝶阀等。检查内容有：安装完成后是否加注了足量的润滑油，阀门开、关是否轻便灵活，开度指示是否正确，能否开、关到位，就地开度显示与中控系统显示是否一致。

安全阀作为压力容器和压缩设备的安全保障设施，必须保证其性能安全可靠，否则将给设备和人身造成损害。安全阀的校验由专门部门负责，且应每年进行校验。

4.7.3 联动调试

系统联动调试是在系统各机械设备安装、运行合格的基础上实施的，包括两个阶段、三个过程。

两个阶段为冷态调试阶段和热态调试阶段。

1）冷态调试阶段　冷态调试阶段包括单系统调试和联动调试。

① 单系统调试包括进料系统、锅炉系统、急冷塔系统、SNCR系统、布袋除尘器系统、一级洗涤塔系统、二级洗涤塔系统、废液喷入系统等的调试。

② 联动调试指单系统调试完毕后的系统联调，主要检查各自控回路能否正常运行、顺序启动是否符合要求、连锁保护是否符合要求等，完成后方可进入热态调试。

2）热态调试阶段　热态调试阶段包括热态调试及72h或168h性能考核。热态调试之前应完成烘窑煮炉，烘窑煮炉完成后首先要安装滤袋，并通过荧光检测后才能进入热态调试。

三个过程，包括系统检查、系统启动和系统停止。

（1）系统启动前检查

1）系统运行时阀门状态　阀门状态的几点主要说明如下：

① 调节阀组或电磁阀组，控制阀前后阀门为全开，旁路阀为常关；

② 蒸汽疏水阀前阀门为常开，疏水阀旁路阀门为常关；

③ 冷凝水排污阀为常关,只有在停炉防水时开启;

④ 所有设备(箱罐体、烟气加热器等)排污阀均为常关;

⑤ 所有水泵进口阀为常开,出口阀启动泵时为微开,逐渐开大至使用开度,而后开度不做调整;

⑥ 所有水泵前后管道排污阀均为常关,只有在冲洗或停炉时开启排污;

⑦ 所有水泵回流管道上的回流阀均为常开,开度调试时调整;

⑧ 消石灰和活性炭喷射口阀门均为常开,只有在加料装置停止使用或停炉时关闭;

⑨ 压缩空气阀均为常关。

2)药剂耗材的准备 主要药剂要求见表 4-24。

表 4-24 主要药剂要求

序号	药剂名称	要　　　求
1	工业烧碱	碱液浓度 30%～32%,纯度 98%
2	活性炭	200 目以上
3	尿素颗粒	尿素颗粒质量指标执行标准 GB 2440—2017,一级品和二级品均可
4	除盐水	具备除盐水供给条件
5	消石灰	调试时采购袋装消石灰,不建议一开始向消石灰仓加罐装消石灰

3)润滑油脂添加到位 主要润滑油位置要求见表 4-25。

表 4-25 主要润滑油位置要求

序号	需检查设备	油脂要求
1	进料装置液压站	N46 抗磨液压油
2	抓斗起重机	齿轮油和液压油
3	回转窑	润滑部位包括减速箱、轴承、轮带,采用锂基脂、齿轮油、润滑脂
4	出灰螺旋	机械润滑油
5	布袋除尘器	卸灰阀和螺旋机齿轮油、黄油
6	出渣机	齿轮油
7	破碎机	齿轮油、液压油、润滑油
8	一次风机和引风机	机油
9	其他设备	按说明书

4)启动前设备检查 启动前设备检查要求见表 4-26。

表 4-26 启动前设备检查要求

序号	设备名称	检查要求
1	抓斗起重机	(1)润滑油脂检查到位; (2)机械部件和控制正常,称重准确
2	破碎机	(1)润滑油脂检查到位; (2)机械部件和控制正常
3	进料装置	(1)润滑油脂检查到位; (2)液压站动力设备和控制正常; (3)接近开关位置准确,滑线润滑到位、滑动平稳、无卡阻; (4)液压缸动作正常; (5)系统液压油无泄露

序号	设备名称	检查要求
4	回转窑	(1)所有润滑油脂到位; (2)检查耐材是否损坏; (3)回转窑转动是否平稳,无杂声; (4)水槽内冷却水添加到水位; (5)检查托轮与轮带的相对位置,托轮应在轮带中间位置
5	二燃室和急排烟囱	(1)检查耐材是否损坏; (2)检查二燃室进出口烟道积灰情况,应保证畅通; (3)检查二次风口是否堵塞,需清理检查; (4)检查二燃室内部积灰和结焦情况,特别要检查二次风附近以及二燃室出口烟道,如有积灰或结焦,需采取措施清理; (5)检查急排烟囱水槽上水正常,水槽无腐蚀和泄漏; (6)检查急排烟囱启动气缸动作正常; (7)所有检查门孔密闭
6	出渣机	(1)检查减速机运行是否正常,应无杂音; (2)自动进水,检查进水浮球是否正常; (3)检查出渣机内存留炉渣是否影响链条运行,如影响,应清除; (4)按出渣机操作规程检查出渣机各部件(链条、刮板)是否磨损,是否需更换;应提前购置备品备件
7	助燃风	(1)一次风机、二次风机、炉排风机、冷却风机润滑油脂(如有)到位; (2)检查各风机进口风门状态; (3)风机方向准确,运行无杂音
8	空气预热器	(1)正确操作进蒸汽和冷凝水回水阀门; (2)蒸汽调节阀和温度连锁正常
9	余热锅炉	(1)按锅炉操作规程对锅炉进行启炉前准备; (2)检查锅炉本体膜式壁积灰情况; (3)检查膜式壁关键部位厚度和变形情况(各检查门部位); (4)检查锅炉本体检查门孔密封情况; (5)检查锅炉内水质,如水质超标应更换; (6)检查锅炉本体出灰螺旋油脂添加到位,运行正常; (7)检查锅筒水位处于正常工作状态; (8)检查锅筒所有压力表和仪表正常
10	锅炉汽水系统	(1)检查除盐水供水管路是否正常; (2)检查除氧水泵、锅炉给水泵正常,阀门开关正常; (3)检查炉水加药装置成套系统运行正常; (4)检查排污容器使用正常,排污阀开关正常; (5)检查除氧器本体正常,所有蒸汽阀门、供水阀门等开关正常; (6)检查凝结水箱液位,应保证均在高液位; (7)汽水系统所有仪表和控制阀门、手动阀门操作正常; (8)检查所有法兰和紧固件
11	SNCR 系统	(1)检查溶解罐、储存罐存料情况,应处于高液位; (2)应有充足的尿素颗粒准备添加; (3)系统泵组和控制运行正常; (4)检查布置在锅炉上的尿素喷枪的雾化效果
12	急冷塔	(1)检查急冷塔进出口烟道积灰情况,应保证烟道畅通; (2)检查急冷塔内浇注料情况(应完好,不能有裂纹等情况),浇注料内表面有局部积灰或薄层积灰属正常; (3)每次启炉前将急冷喷枪抽出,检查不同压缩空气压力下,不同喷水量下的雾化效果; (4)检查喷嘴情况(随着运行时间的增加,喷嘴孔径会增大,增大到一定程度后雾化颗粒度无法保证,需进行更换); (5)检查下部出灰门是否密封,喷枪观察门是否密封

序号	设备名称	检查要求
13	急冷机组	(1)检查急冷水泵全部正常； (2)检查所有仪表、控制系统和运行，以及与中控通信是否正常； (3)检查急冷水箱液位，应保证处于浮球进水高液位； (4)检查水箱内工业水无杂质
14	旋风除尘器	(1)检查旋风除尘器进出口烟道积灰情况，应保证烟道畅通； (2)检查旋风除尘器内浇注料情况(应完好，不能有裂纹等情况)，浇注料内表面有局部积灰或薄层积灰属正常； (3)检查下部出灰阀是否密封
15	干式反应塔	(1)检查干式反应塔下部积灰情况，启炉前应清理干净； (2)检查干式反应塔内部浇注料是否完好； (3)打开罗茨风机，检查消石灰喷口和活性炭喷口是否通畅，不能有局部积料的情况； (4)检查袋式除尘器进口段的积灰情况，如有积灰应清理
16	给料装置	(1)检查罗茨风机润滑油脂是否到位； (2)料仓内应存放物料，而后根据运行情况随时准备添加； (3)料仓称重模块应核实计量准确； (4)给料机应运行平稳，不能有卡料和杂声； (5)控制系统运行正常
17	袋式除尘器	(1)每次启动前对滤袋进行预喷涂，喷涂量可咨询除尘器厂家，应保证均匀喷涂到每个仓室的滤袋表面，在系统启动后的一段时间内不能进行脉冲清灰操作； (2)依次检查各进气阀、出气阀和旁通阀的开关是否正常严密； (3)检查除尘器顶盖密封和腐蚀情况，确保密封性良好； (4)打开灰斗检查门，检查灰斗处积灰情况； (5)打开灰斗检查门，检查滤袋情况以及底部滤袋是否有碰撞情况，如有应及时调整； (6)出灰螺旋运行正常； (7)控制系统正常(包括脉冲清灰控制)； (8)旁通阀始终处于常关状态，在运行时也处于常关状态。解除旁通阀门的自动连锁，旁通阀门仅在手动情况下操作
18	降温塔	(1)检查降温塔内防腐是否完好； (2)检查降温塔内喷嘴是否正常，无堵塞； (3)检查降温塔进口段烟道积灰情况
19	一级洗涤塔和洗涤循环	(1)检查洗涤塔各层喷嘴是否正常，无堵塞； (2)检查洗涤塔至循环水池的管道是否畅通，无堵塞； (3)检查循环水池是否清理干净，不能有杂质； (4)一级循环泵运行正常； (5)洗涤循环管道和阀门无泄漏； (6)应保证碱液罐和碱液箱之间的碱液输送正常； (7)pH仪表正常，碱液投加控制正常； (8)电导率仪正常，排水电磁阀控制正常
20	二级洗涤塔和洗涤循环	(1)检查洗涤塔各层喷嘴是否正常，无堵塞； (2)检查填料层完好； (3)检查除雾层完好； (4)二级循环泵运行正常； (5)洗涤循环管道和阀门无泄漏； (6)pH仪表正常，碱液投加控制正常； (7)电导率仪正常，排水电磁阀控制正常； (8)清洗水泵运行正常。清洗水泵与二级洗涤塔压差连锁正常

序号	设备名称	检查要求
21	烟气加热器	(1)打开烟气加热器进口检查门,检查积灰和积盐情况,如果有积盐,依次自上而下打开加热器本体的检查门,检查积盐情况,如果没有积盐或积盐情况较轻,可不打开下面检查门; (2)打开加热器最下面检查门,检查加热器底部的情况; (3)烟气加热器进口蝶阀开启,旁通阀关闭; (4)正确操作进蒸汽和冷凝水回水阀门; (5)蒸汽调节阀和温度连锁正常
22	引风机	(1)打开引风机进口对面的检查门,检查风机叶轮状态; (2)引风机润滑油脂到位; (3)引风机运行正常,无杂音,叶轮方向准确
23	废液系统	(1)废液罐出口管道顺畅,无堵塞; (2)废液罐至喷枪之间管道通畅、无堵塞; (3)废液泵运行正常; (4)废液喷枪正常,无堵塞,没有受热变形情况; (5)废液调节阀组运行正常

5) 启动前动力和控制系统检查　启动前动力和控制检查要求见表 4-27。

表 4-27　启动前动力和控制检查要求

序号	设备名称	检查要求
1	动力系统	确保所有动力设备的配电准确。 各设备已经完成空载调试工作,各项调试指标满足规范要求
2	控制系统	(1)所有仪表测量准确; (2)所有控制仪表连锁正常; (3)所有控制调节阀和电磁阀控制连锁正常; (4)中控操作通信正常

6) 系统密闭性检查　系统密闭性检查包括以下内容: a. 窑头面板出灰正常,无堵塞; b. 二燃室出口烟道积灰检查,保证检查门密闭; c. 锅炉灰斗积灰检查,检查门密闭; d. 锅炉出口烟道积灰检查,检查门密闭; e. 急冷塔喷枪检查门密闭; f. 急冷塔和干式反应塔下部出灰螺旋检查门全部关闭、密闭; g. 除尘器进口烟道积灰检查,检查门密闭; h. 除尘器顶盖密封检查,不能有漏风现象;下部灰斗检查门积灰检查、检查门密闭; i. 袋式除尘器出口烟道积灰检查,检查门密闭; j. 两级洗涤塔和连接烟道的检查门密闭性检查; k. 引风机进口检查门密闭性检查。

7) 工艺管道系统检查　工艺管道检查要求见表 4-28。

(2) 系统启动前准备

系统启动前准备是点火前的准备工作,准备后即可进入烘窑和煮炉以及正常运行阶段。

1) 设备上电

配电柜上电,为直接配电的动力设备（如风机、水泵等）以及就地机电一体化设备

表 4-28　工艺管道检查要求

序号	检查项目	检查内容
1	空气管道	空气管道包括一次风管、二次风管、冷却风管。 在管路系统检查时,应同时检查风机运行是否平稳、无杂音;螺栓等应紧固,不应有松动情况
2	天然气管道	检查天然气管道压力是否正常,燃烧器阀组工作正常
3	蒸汽管道	蒸汽管道包括锅炉主蒸汽管道、分汽缸至各用汽设备的蒸汽管道。应保证所有蒸汽管道的密封,不泄漏
4	凝结水管道	凝结水管道包括从各用汽设备排放的冷凝水至凝结水箱的管道。凝结水管道应保证密封性
5	洗涤水管道	应检查管道的密闭性,不能有泄漏,特别是循环泵出口至喷枪之间的连接管道管件
6	工业水管道	工业水管道包括供水管道、冷却水管道、清洗水管道。应确保各管道畅通,紧固件密闭
7	压缩空气管道	至各用气设备和仪表的压缩空气管道,应保证有足够的压力,同时可以通过调压降至用气设备使用压力
8	碱液管道	碱液管道包括从碱液罐至投加点之间的管道,检查管道通畅情况和密闭性
9	尿素管道	尿素管道包括从 SNCR 系统至尿素喷枪之间的管道,检查管道通畅情况和密闭性
10	废液管道	废液管道包括从罐区废液罐至废液喷枪之间的管道,检查管道通畅情况和密闭性
11	药剂管道	药剂管道包括消石灰和活性炭喷射管道,检查管道内特别是弯头处不能出现积料情况

(如进料装置、破碎机、炉水加药装置、SNCR 系统、急冷系统、消石灰和活性炭给料装置、袋式除尘器等)供电,保证独立供电设备可以在中控室操作,保证机电一体化设备在就地控制柜和远程可以同时操作。

2)系统进水

① 冷却塔进水至工作需要量。一级循环水池进水至指定液位。急冷水箱通过浮球开关进水至满液位。出渣机通过浮球开关进水至满液位。

② 除盐水出水向 SNCR 溶解罐进水至控制液位。

③ 锅炉系统上水:通过凝结水箱进水电磁阀控制凝结水箱内的水到指定液位;开启凝结水泵(投入自动),将凝结水箱除氧水送至除氧器,至除氧器设定液位。

④ 锅炉上水步骤:a. 锅炉上水前关闭所有排污阀、放水阀、取样阀和主蒸汽阀门,开启锅筒排空阀(在进水时排放管道内的空气);b. 全开锅炉进水阀,关闭锅炉出水阀;c. 关闭给水调节阀全部阀门;d. 开启锅炉给水泵,逐渐微开给水调节阀组的旁路阀,向锅炉供水。当水位达到水位计的 1/3 位置时,关闭锅炉给水泵,检查所有阀门、水位计和管道法兰是否有泄漏现象。如炉内水位下降必须查明原因,加以排除。进水完毕后,应对炉内水质进行化验,如化验合格则继续上水至设定液位,如果化验不合格则应换水。锅炉进水完成后保持除氧器水位达到设计液位。

3)生产资料到位

碱液已添加至碱液罐内,并保证足量;消石灰投料至料仓;活性炭加料到料仓;尿素颗粒投加到溶解罐,SNCR 溶液制备完成;炉水加药装置磷酸三钠制备完成;完成布袋除尘器的消石灰喷涂工作。

(3) 系统启动

通过启动前的检查和准备以及烘窑煮炉工作，已具备正式启动的条件。启动步骤可参照表 4-29。

表 4-29 系统启动步骤

步骤	内容	具体操作
第 1 步	启动前检查准备	见上述内容
第 2 步	控制系统	中控控制系统投入自动，连锁控制正常
第 3 步	供气系统启动	打开储气罐前面的阀门，保证系统压缩空气供应量和供应压力
第 4 步	启动冷却水循环系统	开启冷却系统设备，开启各冷却设备阀门，确保需冷却设备的冷却水正常循环和供应
第 5 步	烟气阀门切换	(1)将烟气加热器切至进入烟气加热器运行； (2)将袋式除尘器旁通阀关闭，烟气进入袋式除尘器
第 6 步	启动一级循环系统	向一级循环水池内投加碱液至设计 pH 值。 开启一级循环泵运行，确保洗涤水正常循环
第 7 步	袋式除尘器投入运行	袋式除尘器出灰螺旋运行。旁通阀手动操作。启炉初期暂不进行脉冲操作[可切换至手动，也可将自动脉冲清灰的除尘器进出口差压调高(如 2000Pa)，延迟喷吹时间，延长喷涂在滤袋表面的消石灰停留时间]
第 8 步	急冷系统投入自动运行	将急冷系统切至自动，依靠急冷塔出口烟温自动控制喷水
第 9 步	回转窑启动	启动回转窑转动，转动频率控制在 10Hz 以内
第 10 步	启动冷却风机	启动冷却风机
第 11 步	出渣系统运行	启动出渣机
第 12 步	锅炉汽水系统运行	(1)锅炉出灰机运行。 (2)除氧水系统投入运行。 (3)开启除氧水泵回路阀门 100% 开度(回水至凝结水箱)，开启除氧水泵，投入自动，此时通过除氧器液位控制调节阀开度(到设计液位后，调节阀关闭，除氧水泵出水通过回流管回至凝结水箱)。 (4)开启锅炉给水泵回路阀门 100% 开度(回水至除氧水箱)，开启锅炉给水泵，投入自动，此时通过锅筒液位控制调节阀开度(到设计液位后，调节阀关闭，锅炉给水泵出水通过回流管回至除氧水箱)。 (5)调节饱和蒸汽出口电动调节阀，控制锅筒蒸汽压力，使锅炉产生设定压力的蒸汽。 (6)通过除氧器压力控制进入除氧器的蒸汽调节阀开度，该用量和压力控制减温减压装置调节阀开度。 (7)凝结水箱的液位会逐渐降低，降至设定液位后连锁控制进水电磁阀补水，至设定高液位后停泵。 锅炉升压：锅筒排空阀有蒸汽冒出后，关闭排空阀。 为防止锅炉因热应力损坏，升压应缓慢进行，正常情况下，自点火至设定压力所需时间为 60min。 饱和压力达到 0.3MPa 时，需进行排污工作，排除沉淀物，直至水质清洁； 饱和压力达到 0.4MPa 时，应对锅炉各阀门进行热紧，并检查垫片是否有泄漏，若有泄漏应紧固； 持续升压至设计压力值

步骤	内容	具体操作
第 13 步	启动蒸汽应急排放系统	启动空气预热器、烟气加热器、除氧器用汽达到最大后,锅炉主蒸汽出口压力仍持续升高,则多余蒸汽可外排或冷凝处理
第 14 步	启动引风机	开启引风机,准备点火。引风机开度与二燃室出口负压连锁控制
第 15 步	开启主燃烧器	开启回转窑窑头部位的主燃烧器,先小火运行至 400℃ 而后大火运行至 600℃(温度均为二燃室出口温度)
第 16 步	进料	抓斗起重机向进料装置进料,通过进料装置控制完成进料操作
第 17 步	启动助燃风机	启动一次风机、二次风机,上位机控制风机进风量
第 18 步	投入辅助燃烧器	自动投入辅助燃烧器连锁运行,保证二燃室出口烟气温度在 1100℃ 以上
第 19 步	启动给料系统	开启烟道侧消石灰喷口和活性炭喷口球阀,启动给料装置自动运行
第 20 步	启动二级循环系统	向二级洗涤塔水槽内投加碱液至设计 pH 值。开启二级循环泵运行,确保洗涤水正常循环
第 21 步	清洗水泵运行	运行过程中,二级洗涤塔出口除雾器积盐增加会使二级洗涤塔差压增加,该差压与清洗水泵连锁,控制水泵启动,运行设定时间后自动停止

(4) 系统运行

1) 机电一体化设备自动运行

机电一体化设备运行操作见表 4-30。

表 4-30　机电一体化设备运行操作

机电一体化设备	具体操作
抓斗起重机运行	人工进行进料操作
进料装置自动运行	废物进入进料斗后,只要操作人员发出进料指令,系统自动进行一系列自动进料操作,直至进料操作完成
破碎机自动运行	只要操作人员将需破碎物料送至破碎机进料斗,破碎机可以独立进行工作,不需人员参与
SNCR 系统	该系统由尿素溶解罐、离心泵组、尿素储存罐、计量模块等组成。系统可以根据 NO_x 的排放浓度自动调整尿素喷入量
急冷泵站	该系统根据出口烟气温度自动控制喷水量
消石灰给料装置	自动控制消石灰的喷入量
活性炭给料装置	自动控制活性炭的喷入量
袋式除尘器	自动进行清灰和出灰操作
炉内加药装置	需要加药操作时,人工投加磷酸三钠,制备好溶液后送至锅炉锅筒

2) 仪表自动控制运行

仪表自动控制运行操作见表 4-31。

表 4-31　仪表自动控制运行操作

自动运行内容	具体操作
二燃室出口烟温	通过二燃室出口烟气温度与辅助燃烧器连锁控制
二次空气加热器热空气温度	通过热空气温度与蒸汽调节阀连锁实现自动运行
二燃室出口负压	与引风机频率连锁,自动控制二燃室出口负压在设定值运行
锅炉汽水系统自动运行	凝结水箱液位控制、除氧器液位和压力自动控制,锅炉锅筒水位控制、锅筒压力控制、分汽缸温度和压力控制等
袋式除尘器自动运行	正常运行袋式除尘器自动进行清灰运行
烟气加热器出口烟气温度	通过加热器出口烟气温度与蒸汽调节阀连锁控制
二级洗涤塔除雾层清洗	由二级洗涤塔进出口差压自动控制清洗水泵运行
一级循环池液位	通过液位控制自动补水保持循环池液位
二级洗涤塔液位	通过液位控制自动补水保持洗涤塔液位
一级循环池洗涤水排污	通过电导率仪控制电磁阀排放
二级洗涤塔洗涤水排污	通过电导率仪控制电磁阀排放
一级循环池 pH 控制	通过 pH 值自动控制向一级循环池投加碱液
二级洗涤塔 pH 控制	通过 pH 值自动控制向二级洗涤塔投加碱液

3) 人工操作

人工操作内容见表 4-32。

表 4-32　人工操作内容

操作内容	具体操作
进料和破碎操作	抓斗起重机将废物送至回转窑进料斗和破碎机进料斗
出渣操作	出渣机操作
出灰	主要是袋式除尘器吨袋出灰。另外应检查炉排出灰、急冷塔出灰、旋风除尘出灰、锅炉出灰等,需定期进行出灰操作
锅炉排污和液位计排污	锅炉排污(快速排污阀阀杆由每班班长保管,需要排污时交由专人操作,切记不可任意打开排污阀,防止造成安全事故): 串联 2 只排污阀(上下各 1 只),排污时,全开上排污阀,而后微开下排污阀,并逐渐开大。排污完毕应先缓慢关闭下排污阀,再缓慢关闭上排污阀。 应根据水质分析情况,不定期排污。 排污应在低负荷、高水位时进行。排污时应注意炉内水位,每次排污以降低锅炉水位 10～15mm 范围为宜。 确定排污井没有人时才进行排污,以免发生危险。 操作人员每次只能对一个排污点排污,严禁两个排污点同时排污。 排污时操作人员不能离开现场。 排污前要对每个排污点进行完整状态的检查。 锅炉发生异常,应立即停止排污。 排污阀若发生污物阻塞等故障时,切不可用工具敲击,应停炉检修。 锅筒液位计和除氧器液位排污:锅筒液位计每天均需进行排污,避免出现假液位
添加消石灰和活性炭	定期向料仓内投加消石灰和活性炭
添加尿素颗粒	如果 SNCR 投入运行,应定期制备尿素溶液,投加尿素颗粒
控制助燃风开度	在中控室控制一次风机、二次风机和炉排风机的开度,组织和调整风量

(5) 系统停炉

1) 正常停炉步骤

正常停炉步骤见表 4-33。

表 4-33　正常停炉步骤

步骤	内容	具体操作
第 1 步	停止进料	停止向焚烧炉内投料,需将焚烧炉内的废物焚烧完全
第 2 步	停止燃烧器	如果为保证停炉期间二燃室出口温度而开启燃烧器,在焚烧炉内废物焚烧完全后,停止燃烧器(仍保持常吹扫)
第 3 步	停止消石灰和活性炭给料系统	停止活性炭给料,停止消石灰给料
第 4 步	停止二级循环系统	停止二级循环泵,二级洗涤塔不喷淋
第 5 步	停止一次风机和二次风机	停止一次风机、二次风机
第 6 步	停止急冷系统	当锅炉出口烟气温度低于 200℃,停止急冷系统
第 7 步	停止锅炉系统	当锅炉压力降至接近常压,锅炉水位稳定不变化,停止除氧水泵和锅炉给水泵
第 8 步	停止空压机系统	停止空压机及系统设备
第 9 步	停止出渣操作	停止出渣机
第 10 步	停止一级循环系统	当进入除尘器的温度降至 80℃,停止一级循环泵
第 11 步	停止回转窑	当回转窑出口温度降至 80℃以内,停止回转窑
第 12 步	停止冷却风机	停止回转窑后停止冷却风机运行
第 13 步	停止冷却水	停止冷却水泵和冷却塔
第 14 步	停止引风机	停止引风机,至此,整个系统机械设备停留完毕
第 15 步	控制系统停止运行	控制系统停止运行并锁定,避免误操作

2) 停炉后检查

停炉后需进行的检查和操作见表 4-34。

表 4-34　停炉后检查内容

序号	检查部位	检查内容
1	回转窑	(1)砌筑材料检查; (2)燃烧器检查
2	二燃室	(1)砌筑材料检查; (2)燃烧器检查
3	锅炉系统	(1)锅炉液位检查; (2)锅炉灰斗积灰检查; (3)内部膜式壁管积灰检查; (4)所有阀门检查(状态和密封性检查)
4	急冷系统	(1)喷枪和喷嘴检查,必要时更换喷嘴(如果发现运行时降温效果不明显或底部有漏水现象); (2)急冷塔内部砌筑材料检查; (3)检查急冷塔出口烟道积灰情况

序号	检查部位	检查内容
5	旋风除尘器	(1)旋风除尘器内部砌筑材料检查； (2)检查旋风除尘器出口烟道积灰情况
6	干式反应塔	(1)干式反应塔内部砌筑材料检查； (2)检查干式塔出口烟道积灰情况
7	布袋除尘器	(1)检查灰斗积灰情况并确保清理干净； (2)检查气动阀状态和动作； (3)检查脉冲阀以及控制仪的动作情况； (4)检查除尘器顶盖、灰斗检查门、卸灰阀密封情况
8	洗涤塔	(1)检查洗涤塔内件是否完好； (2)检查洗涤塔本体完好程度； (3)检查循环泵无故障
9	引风机	(1)检查引风机油位情况； (2)检查引风机下部排水情况
10	风机类	按样本说明维护
11	水泵类	按样本说明维护

第5章 医疗废物处理设计

5.1 医疗废物处理概况

5.1.1 医疗废物产生与分类

医疗废物是指医疗卫生机构在开展医疗、预防、保健及其他相关活动过程中产生的具有感染性、毒性或其他危害性的危险废物。医疗废物可按多种方式进行分类，如按照危害和后果可分为传染性废物、损伤性废物、细胞毒性废物；按照含有的有害物质类型可分为重金属废物、化学废物、放射性废物；按照外观性质可分为病理性废物、药物性废物。按照《医疗废物分类目录》，我国医疗废物通常分为感染性废物、病理性废物、损伤性废物、药物性废物、化学性废物，见表 5-1。

表 5-1　医疗废物分类表

类别	特征	常见组分或者废物名称
感染性废物	携带病原微生物，具有引发感染性疾病传播危险的医疗废物	(1)被病人血液、体液、排泄物污染的物品，包括： ①棉球、棉签、引流棉条、纱布及其他各种敷料； ②一次性使用卫生用品、一次性使用医疗用品及一次性医疗器械； ③废弃的被服； ④其他被病人血液、体液、排泄物污染的物品。 (2)医疗机构收治的隔离传染病病人或者疑似传染病病人产生的生活废物。 (3)病原体的培养基、标本和菌种、毒种保存液。 (4)各种废弃的医学标本。 (5)废弃的血液、血清。 (6)使用后的一次性使用医疗用品及一次性医疗器械视为感染性废物
病理性废物	诊疗过程中产生的人体废弃物和医学实验动物尸体等	(1)其他诊疗过程中产生的废弃的人体组织、器官等。 (2)医学实验动物的组织、尸体。 (3)病理切片后废弃的人体组织、病理腊块等
损伤性废物	能够刺伤或者割伤人体的废弃的医用锐器	(1)医用针头、缝合针。 (2)各类医用锐器，包括解剖刀、手术刀、备皮刀、手术锯等。 (3)载玻片、玻璃试管、玻璃安瓿等
药物性废物	过期、淘汰、变质或者被污染的废弃的药品	(1)废弃的一般性药品，如抗生素、非处方类药品等。 (2)废弃的细胞毒性药物和遗传毒性药物，包括： ①致癌性药物，如硫唑嘌呤、苯丁酸氮芥、萘氮芥、环孢霉素、环磷酰胺、苯丙胺酸氮芥、司莫司汀、三苯氧胺、硫替派等； ②可疑致癌性药物，如顺铂、丝裂霉素、阿霉素、苯巴比妥等； ③免疫抑制剂。 (3)废弃的疫苗、血液制品等
化学性废物	具有毒性、腐蚀性、易燃易爆性的废弃的化学物品	(1)医学影像室、实验室废弃的化学试剂。 (2)废弃的过氧乙酸、戊二醛等化学消毒剂。 (3)废弃的汞血压计、汞温度计

注：1. 一次性使用卫生用品是指使用一次后即丢弃的，与人体直接或者间接接触的，并为达到人体生理卫生或者卫生保健目的而使用的各种日常生活用品。

2. 一次性使用医疗用品是指临床用于病人检查、诊断、治疗、护理的指套、手套、吸痰管、阴道窥镜、肛镜、印模托盘、治疗巾、皮肤清洁巾、擦手巾、压舌板、臀垫等接触完整黏膜、皮肤的各类一次性使用医疗、护理用品。

3. 一次性医疗器械指《医疗器械管理条例》及相关配套文件所规定的用于人体的一次性仪器、设备、器具、材料等物品。

5.1.2 医疗废物的危害

医疗废物中携带大量的病原体，会对水体、大气、土壤等环境造成污染，并传播疾病，危害人体健康。

（1）传染性

传染性主要来自感染性废物，可通过针刺伤、擦伤或皮肤切割伤，或者通过人体黏膜、呼吸道、消化道等途径进入人体，对人体健康和环境具有较大潜在风险。

（2）损伤性

损伤性主要来自被血液、体液等污染的皮下注射针头、外科用手术刀等锋利物，它们不仅可造成割伤或刺伤，而且还可能同时引起感染，具有极强的风险性。

（3）生物毒性

生物毒性主要来自具有毒性的废弃药物，可通过空气中的气溶胶进行传播，一些细胞毒性药物与皮肤、眼直接接触后，具有极强的刺激性和局部伤害作用。

（4）化学毒性

化学毒性主要来自卫生保健机构的化学品、消毒剂、显影液、定影液等，通常以小剂量存在于医疗废物中，通过呼吸、吞咽及与皮肤和眼接触导致黏膜损伤，最常见的伤害就是烧伤。

（5）厌恶性

厌恶性主要来自人们对医疗废物对健康的危害产生恐惧和对解剖性废弃物的视觉厌恶，使人产生厌恶性的废物主要包括手术和解剖过程中产生的器官和死胎等。

随着社会的进步和科学技术的不断发展，医疗废物的管理和处置越来越引起国际社会和各国家的广泛关注。

5.1.3 医疗废物处理原则

医疗废物主要为《国家危险废物名录》中规定的HW01医疗废物及《医疗废物分类目录》中的五类废物，其处理原则如下。

① 日产、日清、日处理原则。医疗废物焚烧厂接收的医疗废物应尽可能当天处理。处置厂对医疗废物进行贮存，贮存温度≥5℃时，贮存不得超过24h；在5℃以下冷藏，不得超过72h。

② 封闭、小包装处置的隔离原则。即在从产生到最终处理的全过程中，医疗废物应始终处于封闭的状态，确保废物自始至终保持与人和周围环境的隔离，废物应采用小包装，避免交叉污染。

③ 消毒、灭菌原则。即对医疗废物在处置过程中所涉及的设备、器具和空气环境、污水进行不同级别的消毒和灭菌，应强调消毒、灭菌处理是医疗废物处理最重要的原则，否则医疗废物对环境空气的污染将超过烟气对环境的污染。

④ 医疗废物处理应采用成熟可靠的技术、工艺和设备，做到运行稳定、维修方便、经济合理、管理科学、保护环境、安全卫生。

5.1.4 医疗废物处理目标

医疗废物属于传染性废物，其中的污染物质是附着其上的病原微生物，因此杀灭病原微生物并防止其与人群的接触就是医疗废物污染控制的主要目的。医疗废物处理的目的是使排出的医疗废物稳定化、安全化（有毒有害物质分解去除，细菌病毒杀灭消毒）和减量化。医疗废物处理具体应达到以下 4 个目标：

① 杀灭医疗废物中含有的病菌，减少传染性和生物危害性；

② 医疗废物毁型到一定尺寸以下，以消除损伤性废物的损伤性，并避免重新流入社会；

③ 消除医疗废物的厌恶性和减少医疗废物的体积；

④ 严格控制处置过程中的二次污染，满足《医疗废物处理处置污染控制标准》（GB 39707—2020）。

5.2 医疗废物收运与暂存

5.2.1 医疗废物交接

① 医疗废物运送人员在接收医疗废物时，应检查医疗卫生机构是否按规定进行包装、标识，并盛装于周转箱内，不得打开包装袋取出医疗废物。对包装破损、包装外表污染或未盛装于周转箱内的医疗废物，医疗废物运送人员应当要求医疗卫生机构重新包装、标识，并盛装于周转箱内。拒不按规定对医疗废物进行包装的，运送人员有权拒绝运送，并向当地环保部门报告。

化学性医疗废物应由医疗卫生机构委托有经营资格的危险废物处置单位处置，未取得相应许可的处置单位的医疗废物运送人员不得接收化学性医疗废物。

② 医疗卫生机构交予处置的废物采用危险废物转移联单管理。设区的市环保部门对医疗废物转移计划进行审批。转移计划批准后，医疗废物产生单位和处置单位的日常医疗废物交接可采用简化的《危险废物转移联单》（医疗废物专用）。在医疗卫生机构、处置单位及运送方式变化后，应对医疗废物转移计划进行重新办理审批。

③《危险废物转移联单》（医疗废物专用）一式两份，每月一张，由处置单位医疗废物运送人员和医疗卫生机构医疗废物管理人员交接时共同填写，医疗卫生机构和处置单位分别保存，保存时间为 5 年。

每车每次运送的医疗废物采用《医疗废物运送登记卡》管理，一车一卡，由医疗卫生机构医疗废物管理人员交接时填写并签字。当医疗废物运至处置单位时，处置厂接收人员确认该登记卡上填写的医疗废物数量真实、准确后签收。医疗废物处置单位应当填报医疗废物处置月报表，报当地环保主管部门。医疗废物产生单位和处置单位应当填报医疗废物产生和处置的年报表，并每年向当地环保主管部门报送上一年度的产生和处置情况年报表。

5.2.2 医疗废物收集运输

5.2.2.1 临时贮存

各医院、卫生院设置固定的医疗废物停放处，并每日进行定时消毒。由收运单位提供盛装容器、专用包装袋及运输工具，做到从产生到处理整个过程中医疗废物不暴露、不与外界接触。

各医疗废物产生单位按照统一规定的时间，由专人将收集了医疗废物的专用周转箱统一移运至医院按照当地规定兴建的"医疗废物存放处"临时贮存，由处置单位或第三方专业收运公司在固定时限内将其收至处置单位，进行无害化处理。每日产生的医疗废物应当日收集、运走，并在 24h 内焚毁。

临时贮存场所应满足以下要求。

① 医疗废物存放室应有可靠的防雨、防蛀咬、通风及消毒等手段。

② 应有醒目的危险警告标志。

③ 有专人管理，避免无关人员误入。

④ 便于周转箱的回取和转运车辆的通行。

⑤ 应有严密的封闭措施，设专人管理，避免非工作人员进出，以及防鼠、防蚊蝇、防蟑螂、防盗以及预防儿童接触等安全措施。

⑥ 地面和 1.0m 高的墙裙应进行防渗处理，地面有良好的排水性能，易于清洁和消毒；医疗废物暂时贮存库房每天应在废物清运之后消毒冲洗，产生的废水应采用管道直接排入医疗废水消毒、处理系统，禁止将产生的废水直接排入外环境。

⑦ 避免阳光直射库内，应有良好的照明设备和通风条件。

5.2.2.2　收集容器

医疗废物含有较多的病原体和有毒有害物质，危害性强，因此要求在产源地将这些医疗废物用塑料袋密封包扎后放置在专用容器中，以保证存放、装卸和转移的安全。收集容器一般采用专门定做的专用容器，包括包装袋、利器盒、周转箱，全部为黄色，并标有醒目的"医疗废物"标志。专用容器及其标识应满足《医疗废物专用包装袋、容器标准和警示标识规定》。

容器表面的警示标志见图 5-1。

图 5-1　容器表面带警告语的警示标志

根据国家及地方有关管理规定，医疗废物产生单位负责废物的分类收集和包装，根据采用的处理方案和医疗废物组成，医疗废物收集一般可分成两类，其中一类是手术器械等尖锐利器，收集在利器盒中；其他医疗废物（包括玻璃瓶等）全部采用塑料包装袋收集。

为了统一规格，收集容器及利器盒统一可由处理单位配置，然后根据医疗废物产生情况，由处理单位下发给各相关医疗单位，按照医院制定的管理办法，要求相关科室及时将产生的医疗废物严格分类装入专用塑料袋或利器盒中，装满后妥善密封处理（如用袋口的捆扎绳捆扎后再用胶条粘封）并放入专用周转箱中。具体数量及尺寸规格，根据规模、操作规定等实际情况确定。

专用容器中包装袋和利器盒为一次性使用，直接和废物一起加入处理装置中处理；周转箱为重复使用，每次卸出废物后应和废物转运车一起进行严格的消毒处理后再使用，发现质量有问题的周转箱将不允许使用，应和医疗废物一起进行处理或消毒后专门处理。

（1）包装袋

包装袋采用聚乙烯材质，筒状结构，袋口设有伸缩式捆扎绳，包装袋的规格（直径×长×厚）一般分为 450mm×500mm×0.15mm（低密度聚乙烯）和 450mm×500mm×0.08mm（中、高密度聚乙烯）两种。

包装袋外观标准见表 5-2。包装袋物理标准见表 5-3。

表 5-2　包装袋外观标准

项目		指标
划痕、气泡、穿孔、破裂		不允许
晶点、僵块	>2mm	不允许
	<2mm	分散度≤5 个/10×10cm^2
杂质	>0.6mm	不允许
	<0.6mm	分散度≤2 个/10×10cm^2

表 5-3　包装袋物理标准

项目	指标	
	低密度聚乙烯	中、高密度聚乙烯
拉伸强度(纵、横向)/MPa	≥20	≥25
断裂伸长率(纵、横向)/%	≥450	≥250
落膘冲击质量/g	190	270
热封强度/(N/15mm)	≥10	≥10

（2）利器盒

利器盒规格尺寸根据用户要求确定，一般采用 3mm 厚硬质聚乙烯材料制成，外形尺寸（长×宽×高）为 200mm×100mm×80mm，带密封盖结构，采用胶条粘封的密封方式，保证非破坏情况下不能打开。利器盒整体一般为黄色，在盒体侧面注明"损伤性废物"。利器盒能防刺穿，并在装满利器的状态下，从 1.2m 高度连续 3 次垂直跌落到水泥地上，不出现破裂和被刺穿等情况。

（3）周转箱

周转箱整体为硬质材料，防液体渗漏，可多次重复使用，并便于清洗消毒。具体技术性能根据用户要求确定，一般如下。

① 原料：箱体采用高密度聚乙烯为原料、注射工艺生产；箱盖采用高密度聚乙烯和聚丙烯共混料、注射工艺生产。

② 外观：箱体、箱盖设密封槽，整体装配密闭。箱体与箱盖能牢靠扣紧，扣紧后不分离。表面光滑平整，无裂损，无明显凹陷，边缘及端手无毛刺。浇口处不影响箱子平置，不允许≥2mm 杂质存在。箱底和顶部有配合牙槽，具有防滑功能。

③ 规格：长×宽×高为 600mm×500mm×400mm。

周转箱物理机械性能见表 5-4。

表 5-4　周转箱物理机械性能表

机械性能指标	性能参数
箱底承重变形量	下弯≤10mm
收缩变形率	箱体对角线变化率≤1%
跌落强度	常温下负重 20kg 的试样从 1.5m 高度垂直跌落到水泥地面，连续 3 次，不允许产生裂纹
堆码强度	空箱口部向上平置，加载平板与重物的总质量为 250kg，承压 72h，箱体高度变化率≤2.0%
悬挂强度	常温下钓钩钩住箱体端手部位，钓绳夹角为 60°±3°，箱体均匀负重 60kg，平稳吊起离开地面 10min 后放下，试样不允许产生裂纹

5.2.2.3　运输系统

按照现行有关规定，医疗废物采取各个医疗卫生机构单独分类收集、专业处理厂集中无害化处理的方式，因此，存在医疗废物由医疗卫生机构向处理厂转运环节，应制定独立的医疗废物运输方案，目前国内医疗废物运输有陆地运输及水域运输两种，以陆地运输为主，本书主要介绍陆地运输相关要求。

医疗废物的转运属于特殊行业，需组建专业运输车队，使用专用车辆，按照国家和当地有关医疗废物转运的规定进行运输。转运车辆的采购一般采用向专业生产厂家定购的方式，即委托厂家严格按照《医疗废物转运车技术要求》进行定做，并按照《保温车、冷藏车技术条件及试验方法》（QC/T 449—2010）的规定进行出厂检验，包括气密性、隔热性、防渗性、排水性能等。

车辆厢体应与驾驶室分离并密闭，车厢配备牢固的门锁，厢体应达到气密性要求，内壁光滑平整，易于清洗消毒；在明显位置固定产品标牌，标牌需符合《机动车产品标牌》（GB/T 18411—2018）的规定；车厢外部颜色为白色或银灰色，车厢的前部、后部和两侧设置警示性标识（图 5-2）；驾驶室两侧喷涂医疗废物处置单位的名称和编号；在驾驶室醒目位置注明仅用于医疗废物转运的警示说明。

转运车装载周转箱时，保证车厢内留有 1/4 的空间，以保证车厢内部空气的循环流动，便于消毒和冷藏降温。车厢内设置固定装置，以保证非满载车辆紧急启动、停车或事故情况下，周转箱不会翻转。

转运车辆应配备如下内容：a.《危险废物转移联单》（医疗废物专用）；b.《医疗废物运送登记卡》；c. 运送路线图；d. 通信设备；e. 医疗废物产生单位及其管理人员名单与电话号码；f. 事故应急预案及联络单位和人员的名单、电话号码；g. 收集医疗废物的工具、消毒器具；h. 备用的医疗废物专用袋和利器盒（所有使用过的物品均按医疗废物进

图 5-2 医疗废物转运车标志

行收集和处理）；i. 备用的人员防护用品、急救药箱。

医疗废物转运人员需严格按照收集人员的同等要求穿戴相应的防护衣具，执行相应的消毒程序。周转箱和转运车辆每次卸除医疗废物后，均需按照有关规程到冲洗消毒车间进行严格的消毒处理后才能再次使用。转运车需要维护和检修前，必须经过严格的消毒、清洗等工序。转运车停用时，必须将车厢内外进行彻底消毒、清洗、晾干，锁上车门和驾驶室，停放在通风、防潮、防暴晒、无腐蚀性气体侵害的专用停车场所，停用期间不得用于其他目的的运输。

转运车辆的数量及规格根据转运规模、周转箱的类型及具体的转运、处置方案确定，应配备足够数量的转运车辆及备用应急车辆。

医疗废物运送车如需改作其他用途，应经彻底消毒处置，并经环保部门同意，取消车辆的医疗废物运送车辆编号，按照公安交通管理规定办理车辆用途变更手续。

5.2.2.4 收运路线和频次

处置单位或第三方专业收运单位用专用转运车，按时到各医院存放点收集，装运盛有医疗垃圾的专用容器，并选用路线短、对沿路影响小的运输路线，尽量避开人口密集区域和交通拥堵道路，避免在装、运途中产生二次污染。

正常情况，处置单位或第三方专业收运单位必须每天派车上门收集，做到日产日清。特殊情况应满足《医疗废物集中处置技术规范》的要求。

5.2.2.5 应急措施

运送过程中当发生翻车、撞车（沉船、翻船）导致医疗废物大量溢出、散落时，运送人员应立即与本单位应急事故小组取得联系，请求当地公安交警、环境保护部门或城市应急联动中心的支持。同时，运送人员应采取下述应急措施。

① 立即请求公安交通警察在受污染地区设立隔离区，禁止其他车辆和行人穿过，避免污染物扩散和对行人造成伤害。

② 对溢出、散落的医疗废物迅速进行收集、清理和消毒处理。对于溢出液体采用吸附材料吸收处理。

③ 清理人员在进行清理工作时必须穿戴防护服、手套、口罩、靴等防护用品，清理

工作结束后，用具和防护用品均须进行消毒处理。

④ 如果在操作中，清理人员的身体（皮肤）不慎受到伤害，应及时采取处理措施，并到医院接受救治。

⑤ 清洁人员还须对被污染的现场地面进行消毒和清洁处理。

在对发生的事故采取上述应急措施的同时，处置单位必须向当地环保和卫生部门报告事故发生情况。事故处理完毕后，处置单位要向上述两个部门写出书面报告，报告的内容如下。

① 事故发生的时间、地点、原因及其简要经过。

② 泄露、散落医疗废物的类型和数量、受污染的原因及医疗废物产生单位名称。

③ 医疗废物泄漏、散落已造成的危害和潜在影响。

④ 已采取的应急处理措施和处理结果。

5.2.3　医疗废物冷藏库

医疗废物处置应尽量做到"日产日清"，但考虑到医疗废物的特殊性以及不可预测的突发情况，若处置厂对医疗废物进行贮存，贮存温度≥5℃时，贮存不得超过24h；在5℃以下冷藏，不得超过72h；偏远地区贮存温度<5℃，并采取消毒措施时，可适当延长贮存时间，但不得超过168h。

（1）冷库设计要求

① 以密闭空间贮存。

② 贮存废弃物以5℃以下冷藏保存，并不得超过3d。

③ 有良好的排水及冲水设备。

④ 具有防止人员、动物擅自闯入的安全设施及措施。

⑤ 具有防止蚊蝇或其他病媒孳生的设施或措施。

⑥ 据实填写每日储存/外运记录表，包括日期/时间/当日每次进出贮存量平衡表/贮存温度，管理人员签名。

⑦ 经妥善打包的废弃物运入冷藏库时，标示内容物（可燃/不可燃）、重量、贮存起始日期、贮存温度。

（2）冷藏库组成

冷藏库内医废周转箱采用叠放式存放，一般设计堆放4～5层，冷库净高为3.5～4.0m，冷库温度的设计范围为0～5℃。

冷库设备负荷计算主要包含围护结构热流量Q_1、货物热流量Q_2、操作热流量Q_3（含照明、通风换气等热流量）、电动机运转热流量Q_4等。

冷风机采用中低温型、电加热融霜方式，采用低噪声风机送风，冷库负荷在满足额定负荷的基础上，留有余量。风冷机组由压缩机、机架、储液器、吸气管、液体管及控制系统组成，压缩机一般布置于库房屋顶。

冷库保温库体由装配式库板、库门、照明、底板等附件组成，低温库墙、顶库板采用双面彩钢聚氨酯，其保温层材料为阻燃型高压聚氨酯发泡层，底板保温采用高密度挤塑泡沫板，保证承重及保温效果。库板的各项指标（如热导率、密度、强度等）应符合冷藏库要求。库门应具有良好的密封性能，无漏点，防止造成结冰，门饰面为彩钢板，中间保温层为聚氨酯泡沫，门体密封侧由压条压装内置发热丝的密封胶边，发热丝的两端接在门体侧面的接线盒上。库门的大小应便于叉车的通行，一般为 $2500mm(W) \times 3000mm(H) \times 100mm$，库门的门锁具有安全脱锁功能，同时库内设有安全呼叫报警装置。

医废冷藏库实景见图 5-3。

图 5-3　医废冷藏库实景图

5.3　医疗废物处理技术

5.3.1　医疗废物处理技术简介

医疗废物处理技术主要分为焚烧技术与非焚烧技术。

医疗废物焚烧技术是高温热处理技术，是指将医疗废物置于焚烧炉内，在一定的过量空气和温度（850～1100℃）条件下，有机组分燃烧氧化反应达到稳定化的过程，可大大减少医疗废物的体积和重量。医疗废物焚烧处置设施一般包括燃炉或炉窑、二燃室、烟道气净化装置、废水处理设备等单元。常见的焚烧炉主要有热解炉、固定床焚烧炉和回转窑等。

医疗废物非焚烧技术是指采用焚烧以外的方法对医疗废物进行消毒处理的过程，主要适用于处理感染性和损伤性医疗废物。医疗废物非焚烧处理技术主要有高温蒸汽消毒、化学消毒、微波消毒、高温蒸汽＋微波消毒、电子束辐照消毒以及高压臭氧消毒等。医疗废物非焚烧处理主要包括破碎、消毒、干燥等过程。医疗废物非焚烧处理过程产生的尾气含有 VOCs、恶臭等污染物，还可能存在一定数量的细菌病毒。

针对目前国内实际运用情况，主要介绍如下几种工艺。

（1）焚烧技术

医疗废物大多带有传染性，采用焚烧的方法处理医疗废物，是最彻底和比较简便的方法。因此，焚烧是医疗废物处理最常用的方式，它具有减容减量、杀菌灭菌，稳定等多项功能。

焚烧技术是目前国内大、中型城市医疗废物的主推处理工艺，技术成熟可靠，北京、广州、沈阳等大城市都是采用焚烧处理医疗废物。在发达国家，焚烧是医疗废物的主要处理方式。有资料表明，美国医疗单位将其超过一半的医疗废物就地焚烧。日本、德国等国家将医疗废物同可燃生活垃圾分类收集在一起，采用集中焚烧处理的方法，将医疗废物作为燃料进行焚烧并对其燃烧产生的热能回收利用。法国要求医疗废物必须由专业的医疗废物焚烧处理站处理。

焚烧技术包括回转窑焚烧炉技术和近年来发展较快的热解焚烧技术，其中前者处置效果最好，但处置费用较高；后者具备处置效果好和处置成本低等特点，但是由于尾气系统负荷频繁变化，导致了间歇性污染发生率增加。

1）常规焚烧技术

医疗废物焚烧处理技术适用于除化学性废物外所有医疗废物，且减容比、减量比明显，适用于处置规模在 10t/d 以上的情况。其主要优点是体积和重量显著减少，废物毁形明显；适合于所有类型医疗废物及大规模应用；运行稳定，消毒灭菌及污染物去除效果好；潜在热能可回收利用；技术比较成熟。但其存在投资及运行成本高，且需要配置完善的尾气净化系统等，同时其工程选址要求较高。

典型焚烧技术采用回转窑焚烧炉。医疗废物回转窑焚烧技术是一种高温热化学反应技术，其焚烧系统由回转窑和二燃室组成。回转窑呈略微倾斜状，窑头略高于窑尾，回转窑内采用富氧燃烧方式，燃烧温度控制在 850℃ 以上，医疗废物从窑头进入窑内，随着窑体的转动，医疗废物沿着回转窑内壁向下移动，从而完成干燥、焚烧、燃烬和冷却过程；冷却后的灰渣由窑尾排出，沸化的蒸汽及燃烧产生的气体进入二燃室。二燃室的温度维持在 850℃ 以上，烟气停留时间为 2s 以上，确保烟气中可燃成分达到完全燃烧状态以及二噁英高度分解。

典型焚烧处理工艺流程见图 5-4。

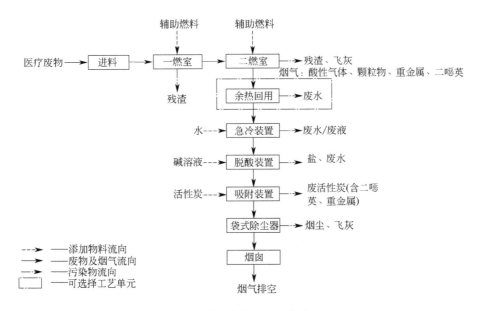

图 5-4　典型焚烧处理工艺流程

2）热解气化技术

医疗废物热解气化技术是一种热化学反应技术，其工艺主要分为两个过程：一是热解气化室内医疗废物在 $600 \sim 900℃$ 的缺氧条件下热解气化，医疗废物裂解成短链有机气体、甲烷、氢气、一氧化碳等可燃气体；二是可燃气体经二燃室 $850 \sim 1100℃$ 的高温焚烧达到完全燃烧状态。根据医疗废物进料方式的不同，医疗废物热解气化技术可分为连续热解气化技术和间歇热解气化技术。

连续热解气化技术是指废物进料系统对所处理的物料以一定的间隔周期、分批次地连续投入热解炉内，从而能够维持热解炉内连续、稳定的热解反应过程。在整个工作过程中，热解炉出口的热解产物波动较小或基本不变。

间歇热解气化技术是指废物进料系统对所处理的物料采取一次进料方式，热解炉的进料和炉内热解过程均采用分批次、间歇的工作方式。进料系统和热解炉按照进料→热解→出灰→进料→热解→出灰的循环模式运行。在整个工作过程中，热解炉内的温度和出口的热解产物呈波浪状循环波动。

医疗废物热解焚烧装置一般包括进料单元、热解炉、二燃室、余热回收单元、残渣收集单元、气体净化单元、水处理单元、自动控制单元及其他辅助单元等功能单元。医疗废物热解焚烧处置过程中会产生二次污染物，主要有烟气污染物、二噁英、SO_2、HCl、重金属等，还有废水、噪声等。

3）等离子体技术

等离子体处置技术是美国在 20 世纪 90 年代开始研发的用以处理危险废物的一种新技术，该技术将医疗废物置于一种惰性气体氛围中，通入电流施加能量使惰性气体发生电离，产生辉光放电，在 $1/1000s$ 内达到 $1200 \sim 3000℃$ 的高温，使医疗废物迅速脱水、热解和裂解，产生氢气、一氧化碳和烷烃类等可燃气体，再经过二次燃烧室进行完全燃烧，尾气经过简单的净化处理后排入大气，医疗废物变成玻璃状固体或炉渣，可直接进行最终填埋处置。等离子体处理技术的优点是低渗出、高减容、高强度，处置效率高，可处理任何形式医疗废物，无有害物质排放，潜在热能可回收利用。缺点是建设和运行成本很高，系统的稳定性易受影响，可靠性有待验证与提高。

目前国际上常见的等离子技术有美国西屋等离子技术、美国 InEnTec 等离子技术及英国 Tetronic 等离子技术等，其在国际上均有较多成功案例，其中美国西屋等离子技术成功运用于上海固体废物处置有限公司运营的医疗废物等离子气化处置线，英国 Tetronic 等离子技术也在云南贵研铂业有投入运行的案例，主要处理用于汽车尾气处理的催化剂。

（2）非焚烧技术

医疗废物非焚烧处置技术具有可间歇运行、运行费用低、适应性强、二次污染少、不产生二噁英等污染物、易于操作管理、工艺运行效果稳定等优点，适用于小规模的医疗废物处置，特别是 $3 \sim 5t/d$ 规模的处置设施。由于适合处理的医疗废物有相应的局限性，必须进行源头医疗废物分类，将化学性药物甚至病理性废物和损伤性废物单独分类，并妥善解决此类废物的后续处置工作。此外，非焚烧技术减容不减量，处理后的残余物还需按照生活垃圾进行处置。

1）高温蒸汽处理技术

　　高温蒸汽处理技术利用水蒸气释放出的潜热，使医疗废物中的致病微生物发生蛋白质变性和凝固，进而导致医疗废物中的致病微生物死亡，从而使医疗废物无害化，达到安全处置的目的。该技术主要适用于感染性和损伤性医疗废物的处理，如受污染的敷料、工作服、培养基、注射器等。

　　蒸汽在高压下具有温度高、穿透力强的优点，$0.3\sim0.6$MPa、134℃维持 20min（总处理时间不低于 45min）的蒸汽环境能杀灭一切微生物，是一种简便、可靠、经济、快速的灭菌方法，同时还兼具无酸性气体、重金属、二噁英等有毒有害物质产生的优点。蒸汽灭菌器的形式有立式和卧式等。大部分处理单位使用的是卧式蒸汽灭菌器，这种灭菌器的容积比较大，有单门式和双门式，前者污染物放入和灭菌后的物品取出经同一道门；后者的污染物是从后门放入，灭菌后的物品从前门取出，可防止交叉污染。

　　医疗废物高温蒸汽处理一般包括进料、抽真空、蒸汽供给、蒸汽灭菌、排气泄压、干燥、破碎等工艺单元，同时针对医疗废物转运箱，还包括清洗消毒工艺单元。医疗废物高温蒸汽处理工艺在抽真空过程会产生恶臭、VOCs、病菌微生物、噪声等，蒸汽灭菌过程会产生废液，排气泄压过程会产生恶臭、VOCs 等，干燥过程会产生恶臭、VOCs 和废液等，清洗消毒过程会产生废液，最终的残渣可根据废物处理规划确定出路，一般可送至生活垃圾填埋场填埋处理。高温蒸汽处理典型工艺流程见图 5-5。

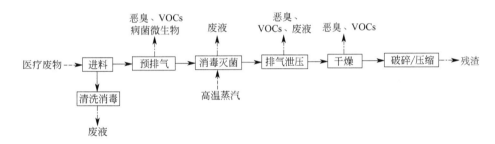

图 5-5　高温蒸汽处理典型工艺流程

高温蒸汽灭菌锅如图 5-6 所示。

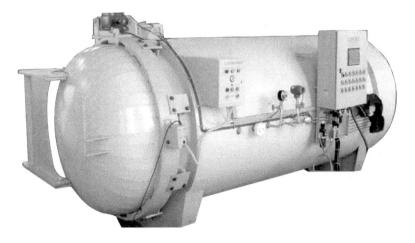

图 5-6　高温蒸汽灭菌锅示意

2）微波消毒

医疗废物微波消毒处理技术是通过微波激活医疗废物内部或表面上的水分子并引起它们振动而产生热量来实现消毒目的，同时微波还通过电磁场效应、量子效应、超电导作用等影响微生物生长与代谢。微波杀菌的原理一是热效应，一是综合效应。

微波是一种高频电磁波，消毒时使用的频率通常为915MHz和2450MHz。物体在微波作用下吸收其能量产生电磁共振效应并可加剧分子运动，微波能迅速转化为热能，使物体升温，微波加热可以穿透物体，使其内部和外部同时均匀升温，因此比一般加热方法节省能耗，速度快、效率高。含水量高的物品最容易吸收微波，升温快，消毒效果好。曾有报道用微波照射不同物品上污染的蜡伏芽孢、杆菌芽孢，获得较好消毒效果。

医疗废物微波消毒处置工艺一般包括进料、破碎、微波消毒、脱水等单元，同时针对医疗废物转运箱，还包括清洗消毒工艺单元。医疗废物破碎过程中会产生恶臭、病原微生物、粉尘以及噪声等，微波消毒过程会产生恶臭、VOCs等，周转容器的清洗消毒以及脱水过程会产生废水。微波消毒典型工艺流程如图5-7所示。

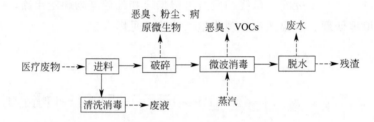

图5-7　微波消毒典型工艺流程

3）化学消毒

医疗废物化学消毒处理技术是将破碎后的医疗废物与化学消毒剂混合均匀，并停留足够的时间，在消毒过程中有机物质被分解，传染性病菌被杀灭或失活。

医疗废物化学消毒处理一般包括进料、药剂供应、化学消毒、破碎、出料等工艺单元。医疗废物化学消毒处理破碎过程中产生噪声、恶臭、粉尘等；化学消毒过程中产生的恶臭、VOCs等。化学消毒典型工艺流程见图5-8。

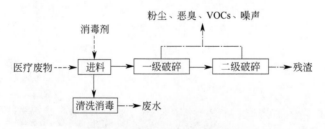

图5-8　化学消毒典型工艺流程

4）电子束辐照处理技术

电子束辐照处理技术的原理是由电子加速器产生的低能或高能电子束射线（通常电子束能量为10MeV，束流功率为数十千瓦以上），通过高能脉冲直接作用破坏活体生物细胞内DNA或通过间接作用使水和小分子物质辐解，产生·H、·OH等活性自由基，与核内物质作用，发生交联反应，以改变分子原有的生物学或化学特性，从而达到对医疗废物灭菌消毒的目的。

电子辐照处理技术具有如下优点。

① 操作安全可控性强。电子束辐照处理技术具有较好的环保性能，辐照室通过合理设计、施工和严格使用管理，作业时可以完全避免电子射线泄漏。电子束辐照的产生和消失则完全可以通过电源开关来控制，不需要辐射源，不污染环境，操作简单，对操作人员无伤害，可直接应用于连续化生产。

② 操作简单方便，可实现规模化生产。电子束由电子加速器产生，它的产生和消失完全可以通过加速器的电源开关控制，电离辐射能量的大小也可以通过加速器来调节，系统操控比较方便。电子束具有很高的能量并且对纸张、木板等有较强的穿透能力，因而对医疗废物包装可直接进行处理。电子束穿透距离较短，与被辐照物的密度有关，电子束具有较高的剂量率，采用动态的传送装置，其产品吸收剂量的不均匀度小于 5%，适用于形状规则、小厚度的产品。

③ 无有害物质残留。电子束辐照处置技术在常温下操作，不需要向医疗废物施加任何东西，也不会产生任何的有毒废液、废气、感生放射性排放，除了微量的臭氧，但辐照过程中产生的臭氧有助于除去废物的异味和辐照场所、辐照室的消毒，在排放时，应将残余的臭氧转化成 O_2。

该技术目前已广泛应用在医疗用品消毒灭菌领域，未来可在医疗废物处置领域予以应用，但目前针对医疗废物尚无成功应用案例。

5）高压臭氧处理技术

臭氧是一种强氧化剂，可以氧化大多数物质的分子结构，包括金属物质（金、铂和铱除外）。臭氧非常不稳定，易分解，易溶于水，常温下 30min 左右即可衰变为氧气（O_2）。臭氧在消毒灭菌方面有特殊价值，它能加速氧化分子结构中的碳-碳键（C═C），在生物、有机物和绝大多数药品分子结构中都有碳-碳键（C═C），因此臭氧可以有效杀灭病原体，包括细菌、病毒、真菌、衣原体等，更可以有效降解较大的药物分子结构。

臭氧处理医疗和生物有害性废弃物的关键因素是臭氧浓度水平，系统处理舱的臭氧浓度达 2000mg/L（ppm），电脑程控装置保证达到这个浓度水平，消毒时间为 10min。装配有强大的工业级粉碎装置可以快速粉碎包括感染性废物、病理性废物、损伤性废物等在内的所有医疗废物。粉碎装置配有颗粒大小感应器以保证将废物粉碎成足够小的颗粒，使其受到高浓度臭氧气体的处理。

高压臭氧技术的优点是适用范围广，可以处理感染性废物、病理废物、损伤性废物、药物性废物和化学性废物；不产生二噁英等有害气体；处理后的医疗废物可以按照一般废物进行管理和处置，但目前针对医疗废物尚无成功应用案例。

5.3.2　医疗废物处理工艺特点分析

表 5-5 列出了高温焚烧、化学消毒、蒸汽消毒、微波灭菌等方法的优缺点，表 5-6 列出了上述技术对不同种类医疗废物的适应性。

表 5-5 常见医疗废物处理方法的优缺点比较

技术	优点	缺点
高温焚烧	(1)减容(95%)及减量(90%)效果最佳; (2)操作正常时消毒彻底; (3)可处理所有种类医疗废物; (4)集中处理的规模可大型化	(1)不可燃物无法减容,例如灰、金属等; (2)若环境因素不利会使操作相当复杂; (3)需要辅助燃料
化学消毒法	(1)减容80%,但是质量微增; (2)废弃物的外观及形式将有所改变	(1)废液中含有高浓度的氯化物; (2)废液中含有高浓度的金属和有机物质; (3)无法保证完全消毒; (4)化学疗法废弃物、放射性废弃物、病理废弃物无法使用本方法
高温蒸气消毒	(1)一般而言需求的空间较小; (2)操作简单; (3)运作、维护所需成本较低; (4)减容80%,但是质量微增	(1)容量小、处理规模小; (2)有臭味和排水的问题; (3)废弃物外观不变(加破碎装置可减少尺寸); (4)病理废弃物、液态废弃物、手术切割物、挥发性化学物质不适用
微波灭菌	(1)消毒时可移动或固定; (2)减容80%,但是质量增加; (3)无法辨识的废弃物	(1)不能完全消毒,只能视为杀菌的过程; (2)增加的蒸汽会造成重量的增加; (3)病理废弃物、低放射性废弃物或化学疗法废弃物不适用

表 5-6 各种处理方法对医疗废物的适应性

技术	感染性废物	解剖废物	锐器	药品	细胞毒类废物	化学药剂废物
高温焚烧	○	○	○	○	○	○
化学消毒法	○	×	○	×	×	×
高温蒸气消毒	○	×	○	×	×	×
微波灭菌	○	×	○	×	×	×

注:○表示可以处理;×表示不可以处理。

医疗废物焚烧处理技术的主要优点是:a. 体积和重量显著减少,废物毁形明显;b. 适合于所有类型医疗废物及大规模应用;c. 运行稳定,消毒灭菌及污染物去除效果好;d. 潜在热能可回收利用;e. 技术比较成熟。但其存在投资及运行成本高,且需要配置完善的尾气净化系统等不足,同时其工程选址要求较高。

医疗废物非焚烧处置技术具有可间歇运行、运行费用低、适应性强、二次污染少、不产生二噁英等污染物、易于操作管理、工艺运行效果稳定等优点,适用于小规模的医疗废物处置。医疗废物非焚烧处置技术不适用于处理药物性废物、化学性废物和一部分病理性废物。

《医疗废物处理处置污染防治最佳可行技术指南》(征求意见稿)和《危险废物和医疗废物处置设施建设项目复核大纲》(试行)等国家法律法规对于焚烧和非焚烧技术的选择性都明确提出:"医疗废物产生量在规模 10t/d 以上的采用回转窑焚烧技术较好;规模在 5~10t/d 之间的采用热解焚烧技术,也可以采用非焚烧技术,对于产生量小(<5t/d)的城市则选择非焚烧技术作为医疗废物的处理技术较好"。

危险废物稳定化/固化处理工程

6.1 危险废物稳定化/固化概述

6.1.1 危险废物稳定化/固化定义

稳定化是指在危险废物中添加化学药剂，发生物理或化学变化，将危险废物中有害成分转变为低溶解性、低迁移性及低毒性物质的过程。固化是指在危险废物中加入水泥或石灰等物料，使其成为不可流动的固体或形成紧密固体的过程。

危险废物稳定化/固化处理是尽可能将填埋处置的危险废物与环境隔绝的重要预处理措施之一。《危险废物安全填埋处置工程建设技术要求》（环发（2004）75号）明确指出："对不能直接入场填埋的危险废物必须在填埋前进行稳定化/固化处理，并建相应设施。重金属类废物应在确定重金属的种类后，采用硫代硫酸钠、硫化钠或重金属稳定剂进行稳定化处理，并酌情加入一定比例的水泥进行固化。"

危险废物稳定化/固化处理的目的在于采取各种措施对有害成分进行稳定化，减少危险废物的体积和有害成分的浸出，使废物经过预处理后达到减轻或消除其自身危害性的作用，满足《危险废物填埋污染控制标准》（GB 18598—2019）中"允许进入柔性填埋场控制限值"后进行填埋处置，见表6-1。

表6-1 危险废物允许进入填埋区的控制限值

序号	项目	稳定化控制限值/（mg/L）
1	烷基汞	不得检出
2	汞(以总汞计)	0.12
3	铅(以总铅计)	1.2
4	镉(以总镉计)	0.6
5	总铬	15
6	六价铬	6
7	铜(以总铜计)	120
8	锌(以总锌计)	120
9	铍(以总铍计)	0.20
10	钡(以总钡计)	85
11	镍(以总镍计)	2
12	砷(以总砷计)	1.2
13	无机氟化物(不包括氟化钙)	120
14	氰化物(以 CN^- 计)	6

6.1.2 危险废物稳定化/固化的主要方法

（1）危险废物主要固化方法

国内外常用的固化方法有水泥基固化法、石灰基固化法和沥青固化法三种。

1）水泥基固化法

水泥基固化是基于水泥的水化合和水胶凝作用而对废物进行固化处理。危险废物被掺入水泥的基质中，在一定条件下经过物理化学作用，危险废物在水泥基质中胶结固定，生成坚硬的水泥固化体，失去迁移能力。水泥基固化技术已广泛用于处理含各种金属（如镉、铬、铜、铅、镍、锌等）的危险废物。

2）石灰基固化法

石灰基固化技术多用于处理含有硫酸盐或亚硫酸盐类泥渣。石灰固化体的强度比水泥固化体低，体积和重量增加较大，易被酸性介质侵蚀，要求表面进行包覆处理并放在有衬里的填埋场中处置。

3）沥青固化法

沥青通过加热将废物均匀地包容在沥青中，冷却形成固化体。用于危险废物固化的沥青有直馏沥青、氧化沥青和乳化沥青。沥青固化的优点在于固化产物空隙小，致密度高，渗透性差，同水泥固化相比，固化后有害物质浸出率是水泥固化体浸出率的 $2\% \sim 3\%$。此外，沥青固化处理后随即就能进行，不像水泥固化那样必须经过一段时间的养护，但沥青的导热性不好，加热蒸发的效率不高，废物含水率较大时会有起泡现象和雾沫夹带现象，容易排出废气发生污染。

（2）危险废物主要稳定化方法

药剂稳定化技术是通过药剂和危险废物中重金属间的化学键合力的作用，形成稳定化产物，使废物在填埋场环境下浸出性减小。药剂稳定化技术增容率较小，与固化方法联合使用可以有效增加填埋场库容。

常用的药剂稳定化技术包括 pH 值控制技术、无机硫化物沉淀技术、有机硫化物沉淀技术、有机螯合物技术、氧化还原技术。

1）pH 值控制技术

大部分金属离子的溶解度与 pH 值有关。当 pH 值较高时，许多金属离子将形成氢氧化物沉淀。大多数金属在 pH 值为 $8.0 \sim 9.7$ 范围内基本沉淀完成。但 pH 值过高时，会形成带负电荷的羟基络合物，溶解度反而升高。一般需要将含重金属废物的 pH 值调到 $8 \sim 9$。

常用的 pH 值调节剂有石灰 $[CaO$ 或 $Ca(OH)_2]$、苏打（Na_2CO_3）、氢氧化钠（$NaOH$）等。

2）无机硫化物沉淀技术

用无机硫化物沉淀重金属应用最广。大多数重金属硫化物在所有 pH 值下溶解度都大大低于其氢氧化物。为防止 H_2S 逸出和沉淀物再溶解，反应过程中 pH 值需保持在 8 以上。硫化剂在固化剂添加之前加入，以免固化剂中的钙、铁、镁与危废中的重金属争夺硫离子。

常用的无机硫化物沉淀剂有：可溶性无机硫化沉淀剂，如硫化钠、硫氢化钠、硫化钙；不可溶性无机硫沉淀剂，如硫化亚铁、单质硫。

3）有机硫化物沉淀技术

有机含硫化合物普遍具有较高分子量，与重金属形成不可溶性沉淀，易于脱水、过滤等操作，可以将废水和固体废物中的重金属浓度降到很低，而且非常稳定，适宜的 pH 值范围也较大，主要用于处理含汞废物和焚烧余灰。

常用的有机硫化物沉淀剂有二硫代氨基甲酸盐、硫脲、硫代酰胺、黄原酸盐等。

4）有机螯合物技术

高分子有机螯合剂是利用其高分子长链上的二硫代羟基官能团以离子键和共价键的形式捕集废物中的重金属离子，生成稳定的交联网状的高分子螯合物，能在更宽的 pH 值范围内保持稳定。螯合技术主要用于处理 Pb、Cd、Zn、Cr、Hg、Ni 等。

常用的高分子有机螯合剂有多胶类、聚乙烯亚胺类等。

5）氧化还原技术

利用氧化还原技术把六价铬（Cr^{6+}）还原为三价铬（Cr^{3+}）、五价砷（As^{5+}）还原为三价砷（As^{3+}）。常用的还原剂有硫酸亚铁、硫代硫酸钠、亚硫酸氢钠、二氧化硫等。

借鉴国内外危险废物处理的运行经验，应用最广泛的稳定药剂是硫化钠。

6.1.3 危险废物稳定化/固化效果的评价指标

衡量稳定华/固化处理效果的主要指标为固化体的浸出速率、增容比和抗压强度等。

（1）浸出速率

浸出速率是指固化体浸于水或其他溶液中时其中危险物质的浸出速率。它反映出固化体中污染物质的浸出快慢，一是通过对实验室或不同的研究单位间的固体难溶解性程度比较可对固化方法及工艺条件进行比较，改进或选择；二是有助于预测各类型固化体暴露在不同环境时的性能。浸出速率在满足危险废物允许进入填埋区的控制限值情况下越低越好。

（2）增容比

增容比是指危险废物在稳定化/固化处理前后的体积比，也称体积变化因数。体积变化因数是评价稳定化/固化处理方法好坏和衡量最终处置成本的一项重要指标。在满足浸出速率前提下增容比越小越好。

（3）抗压强度

危险废物固化体必须具有一定的抗压强度才能安全贮存，否则，一旦其出现破碎和散裂就会增加暴露的表面积和污染环境的可能性。

6.2 典型危险废物的稳定化/固化

6.2.1 含铅、锌、镉危险废物的固化

根据吴少林等对锌渣的固化处理及浸出毒性试验研究（《南昌航空大学学报（自然科学版）》，2007 年第 02 期，以取自某利用锌灰等含锌废物生产氯化锌过程产生的废渣进行稳定化/固化为例。锌渣含有 Pb、Zn、Cu、Cd 等重金属，其浸出液浓度见表 6-2。

表 6-2 锌渣浸出液浓度汇总表

重金属	Zn	Pb	Cd	Cr	Cu
浸出液浓度/(mg/L)	11512.50	1171.05	7.07	0.032	0.093
危险废物标准限值/(mg/L)	50	3	0.3	10	50

不同配比的水泥、锌渣和细砂经固化 7d 后对固化块取样测定浸出液中 Zn、Pb 和 Cd 的浓度，结果见表 6-3。

表 6-3　不同配比的固化体浸出液浓度汇总表　　　　单位：mg/L

序号	水泥：锌渣：细砂	Cd 浓度	Zn 浓度	Pb 浓度
1	0.7：1：0.1	0.112	0.0319	0.173
2	0.6：1：0.1	0.114	0.0322	0.132
3	0.5：1：0.1	0.117	0.0216	0.127
4	0.4：1：0.1	0.333	2.600	0.219
5	0.3：1：0.1	1.877	135.62	9.966

由表 6-3 可见，随着水泥量的减少，锌渣浸出液中 Zn、Pb 和 Cd 的浸出浓度增加，水泥对锌渣中 Zn、Pb 和 Cd 的去除率越来越低。当水泥/锌渣比由 0.5 降低到 0.4 时，浸出液中 Zn、Pb 浓度均有增加，分别从 0.0216mg/L、0.127mg/L 增加到 2.600mg/L、0.219mg/L，但仍符合标准，而 Cd 的浸出浓度从 0.117mg/L 增加到 0.333mg/L，高于标准限值 0.3mg/L。因此水泥与锌渣之比控制在 0.4：1 为宜。

6.2.2　含砷污泥的固化

不同配比的水泥、粉煤灰和含砷污泥经固化 7d 后对固化块取样测定浸出液中 As 的浓度，结果见表 6-4。水泥：粉煤灰：含砷污泥可为 2：3：5。

表 6-4　不同配比的固化体浸出液浓度汇总表

序号	水泥：粉煤灰：污泥	As 浓度/(mg/L)
1	5：0：5	1.195
2	4：1：5	0.98
3	3：2：5	0.104
4	2.5：2.5：5	0.15
5	2：3：5	0.21
6	1：4：5	0.17
7	0：5：5	0.27

6.2.3　电镀污泥的固化

根据钟玉凤等对电镀污泥的固化及浸出毒性研究（《有色冶金设计与研究》，2007 年 3 月，第 28 卷，第 2～3 期），某集中电镀废水处理车间脱水干化后的混合污泥呈灰绿色，其平均含水率为 18%，平均 pH 值为 8.81。其浸出液重金属浓度见表 6-5。

表 6-5　电镀污泥浸出液重金属浓度汇总表

重金属	Zn	Pb	Cd	总 Cr	Ni	Cu
浸出液浓度/(mg/L)	16.770	0.698	0.130	40.49	22.74	29.07
危险废物标准限值/(mg/L)	50	3	0.3	10	10	50

不同配比的水泥、污泥和细砂经固化 7d 后对固化块取样测定浸出液中 Zn、Pb 和 Cd 的浓度，结果见表 6-6。水泥:污泥:细砂可为 0.5:1:0.1。

表 6-6　不同配比的电镀污泥固化体浸出液重金属浓度汇总表

序号	水泥:污泥:细砂	Cr 浓度/(mg/L)	Ni 浓度/(mg/L)
1	0.5:1:0.1	4.969	0.085
2	1:1:0.1	4.128	0.042
3	1.5:1:0.1	3.956	0.035

加入 KS-3 螯合剂后电镀污泥固化体的浸出液中重金属浓度将大大降低，见表 6-7。

表 6-7　加入螯合剂后电镀污泥固化体浸出液中重金属浓度汇总表

序号	水泥:污泥:细砂:螯合剂	Cr 浓度/(mg/L)	Ni 浓度/(mg/L)
1	0.5:1:0.1:0.005	1.647	0.0202
2	1:1:0.1:0.005	0.864	0.0193
3	1.5:1:0.1:0.005	0.451	0.0011

6.2.4　含铜废渣的固化

根据石太宏等对印刷线路板含铜污泥固化处理工艺研究（《环境工程》，2000 年 6 月第 18 卷第 3 期），某线路板厂废水车间用石灰混凝沉淀、脱水干化后的污泥饼，其含水量为 50%～55%。污泥经烘干后其成分见表 6-8。

表 6-8　含铜污泥组成表

成分	Cu	Sn	Au	Fe	Al	Ca	Si	有机物
含量(干)/(%)	10.10	4.80	0.07	18.30	7.20	32.40	25.23	1.90

将中和混凝污泥（脱水干燥后）与固化材料按一定配比（污泥:水泥:河沙:水 = 1:1:0.10:0.5）混合、搅拌均匀，在自然条件下固化 24h，用 pH=6.8 的去离子水浸泡，测定浸泡不同时间下各金属离子的浸出浓度，结果示于表 6-9 中。

表 6-9　不同浸泡时间金属离子的浸出浓度

成分	浸泡 5d 浸出浓度/(mg/L)	浸泡 10d 浸出浓度/(mg/L)	浸泡 20d 浸出浓度/(mg/L)
Cu	0.051	0.053	0.060
Sn	0.030	0.031	0.035

水泥用量多少直接关系到金属离子固化效果、固化块的强度及固化处置的成本。不同的污泥/水泥配比时 Cu^{2+} 浸出浓度见表 6-10。

表 6-10　不同配比的固化体 Cu^{2+} 浸出浓度汇总表

序号	污泥:水泥:砂:水	Cu^{2+} 浸出浓度/(mg/L)
1	1:1:0.1:0.5	0.052
2	1:0.9:0.1:0.5	0.098
3	1:0.8:0.1:0.5	0.104
4	1:0.7:0.1:0.5	0.143
5	1:1.2:0.1:0.5	0.020
6	1:1.4:0.1:0.5	0.025

6.3　稳定化/固化处理典型工程设计

6.3.1　稳定化/固化工艺设计

（1）稳定化/固化工艺流程

危险废物稳定化/固化处理工艺流程见图 6-1。处理方法明确的危险废物可直接送入安全填埋场处置或送至固化车间进行预处理。处理方法不明确的进场危险废物进场后应先进行暂存、化验，确定性质后若满足危险废物进入填埋场的标准可送至填埋库区处置，若不能满足需采取稳定化/固化预处理措施处理达到进入填埋场标准后才能送至填埋库区处置。

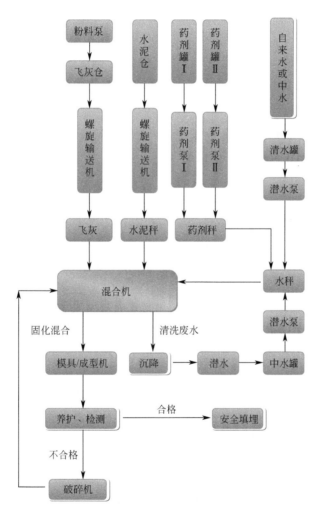

图 6-1　危险废物稳定化/固化处理工艺流程

水泥稳定化/固化工艺流程简述如下。

① 需固化物料通过运输车辆直接卸入接收料槽，通过提升装置将桶装危险废物卸入、袋装物料借助人工等多种方式将不同方式收集而来的危险废物送入配料机中。配料机的受料区域采用耐腐蚀、抗氧化的材质制作而成，并设置闸门和自动计量装置。物料经过自动

计量后，通过斗式提升机或皮带输送机等送入搅拌机料槽内。

② 根据试验所得的配比数据，通过控制系统和计量系统，将水泥、稳定药剂和水等物料按照一定的比例加入到搅拌槽内混合。水泥在储罐内密闭贮存，在罐下口设闸门，由螺旋输送机输送，再进入称重料斗，计量后落进搅拌机料槽内。固化用水可采用填埋库区产生的渗滤液及废水处理车间处理后的中水，通过输水泵计量由管道送至搅拌机料槽内；药剂通过搅拌器配置成液态，存放在储液罐，通过计量泵送入到搅拌机料槽内。搅拌时间以试验分析所得时间为准，通常为 3~5min。搅拌顺序为先干物料，然后再加水湿搅。对于采用药剂稳定化处理含重金属的物料，先进行废物与药剂的搅拌，搅拌均匀后再加水泥一起进行干搅，最后加水进行整个混合搅拌。这样可避免水泥中的 Ca^{2+}、Mg^{2+} 等离子争夺药剂中稳定化因子，从而提高处理效果，降低运行成本。

③ 物料混合搅拌以后，开启搅拌机底部闸门，混合物料卸入成型机，经养护成型后送至安全填埋场。

④ 为了方便操作和运行管理，提高物料配比的准确度，单种类型废物物料应采用单一混合搅拌，不同的时段搅拌不同的废物，不同类型废物物料不宜同时混合搅拌。

（2）主要工艺设备

稳定化/固化处理系统主要由贮料系统、上料与计量系统、混合搅拌系统、气路系统、电气仪表控制系统和出料成型设备的组成。

1）贮料系统

骨料（固态、半固态）一般贮存于无机暂存库。粉料（水泥、粉煤灰、飞灰）的贮存采用立式储仓的形式。储仓配套气动破拱装置、除尘器、安全阀、料位计、快速进料管、气动蝶阀等装置，并设置梯子、围栏、人孔等部件。水的贮存采用水箱或储水池。稳定剂贮存依据需要采用防腐材质，一般采用不锈钢或玻璃钢材质，由制备槽、储液罐、搅拌器组成。

2）上料与计量设备

骨料（固态、半固态）根据项目需求采用叉车上料或抓斗进料，计量采用称重斗或皮带秤；水泥、飞灰等粉料的上料采用螺旋输送机进行，计量配置粉料配料秤，由秤斗、秤架、称重传感器、气动蝶阀等组成；水由水泵输送至搅拌机，采用流量仪计量。

3）混合搅拌系统

搅拌系统由搅拌轴、搅拌臂、搅拌刀与缸体内衬（耐磨衬板）构成。搅拌系统依靠平行的双卧轴向相反方向转动，其方向在轴端面向头部和尾部右侧均为顺时针，左侧均为逆时针。双轴上的搅拌臂及刮刀轴向呈 90°间隔，双轴刮刀呈 45°交错运行，数量因搅拌机型号而异，其配合适当的间隙及运作可在短时间内达到完美均匀的搅拌效果。

6.3.2 危险废物稳定化/固化车间设计

（1）基本要求

危险废物稳定化/固化车间设计主要满足以下 4 个功能。

① 完成危险废物的稳定化/固化操作过程。

② 配置诸如加药设施、配电间、空压机房、管理用房等辅助稳定化/固化的配套设施。

③ 满足危险废物 2～3d 的暂存功能及提供搅拌后物料的养护场地。

④ 对整个操作过程产生的潜在污染采取控制措施。

（2）车间布置

稳定化/固化车间通常为单层建筑物。厂房采用框架结构形式，轻钢结构屋顶。水泥储罐和粉煤灰储仓设在室外，以便于设备现场制作、安装以及来料输入。车间内按项目需要设置养护区、配电间、药品存放间和实验室。

车间里的污水主要为物料渗出水、设备及地坪冲洗水，采用集液池收集后可返回稳定化/固化过程作为物料添加用水。

（3）运行过程中的粉尘控制

稳定化/固化车间在正常运行过程中的粉尘主要来自石灰粉配料机、搅拌机、搅拌机落料处、皮带输送机和出料斗，其主要组分为总汞、总镉、总铬、六价铬、总砷、总铅、总镍、总铍、氟化物、总铜、总锌等。若对粉尘不加控制，不仅将对车间工作人员的身心健康造成伤害，同时会降低周围大气环境的质量。因此，根据国家有关规范要求，必须对含尘气体收集后进行降尘处理，达标后方可排至室外。

通风除尘系统工程设计主要考虑以下 3 项：a. 重点部位重点控制；b. 阻止粉尘外溢；c. 通过管道有效收集，收集后处理达标后方可排放。

1）封闭、隔断

在配料机、搅拌机、搅拌机落料处、皮带输送机和出料斗处均采取加罩密闭措施。

2）合理的气流组织

① 配料机：在卸料口上方设置罩体，形成相对封闭的空间，同时在卸料对侧设置吸风管道。

② 搅拌机间：为保证搅拌机间工作人员的工作环境舒适安全，并防止粉尘外溢至整个车间，对其进行排风设计，以在室内形成微负压。

③ 搅拌机落料处：搅拌后的灰料落至输送机受料点时会有大量粉尘散溢，为避免其对大空间的环境产生负面影响，对落料处四周进行围挡处理。

④ 皮带输送机：搅拌后干灰料通过皮带输送机送至出料斗时，由于输送皮带震动会产生大量粉尘，为控制此处扬尘，为皮带输送机设置半圆形可拆卸式轻质罩体。

⑤ 出料斗：处理后灰料经灰料斗落至收集带，此时将产生大量扬尘，为有效避免粉尘外溢至车间，对落料斗四周进行围挡处理，运料叉车进出口侧设置透明胶质软帘，同时通过排风保持此空间内微负压状态。

3）含尘废气的处理

收集的含尘气体通过袋式除尘器处理后达标排放。袋式除尘器主要由螺旋输灰装置、过滤室、清洁室、滤袋和滤袋框架、空压机、脉冲喷吹装置和平台拉杆等部件组成。自身阻力小（≤1400Pa），清灰效果好，工作稳定可靠。

① 输灰装置：电机功率 1.5kW，与卸灰阀联动，密闭输送，保证无堵塞输送。

② 常温气体滤袋：滤袋为微孔薄膜复合滤料，保证足够高的除尘效率，出气满足颗粒物<18mg/m^3，除尘效率≥99.9%，易于更换清洁，可重复利用。

③ 脉冲喷吹装置：根据除尘器阻力自动调节喷吹周期。

第 **7** 章 危险废物安全填埋场设计

7.1　安全填埋场选址

7.1.1　安全填埋场选址要求

我国已颁布的《危险废物贮存污染控制标准》(GB 18597—2001)、《危险废物处置工程技术导则》(HJ 2042—2014)、《危险废物填埋污染控制标准》(GB 18598—2019)、《危险废物安全填埋处置工程建设技术要求》(环发〔2004〕75 号) 等均对危险废物填埋场项目的场址选择提出了具体的要求。

(1)《危险废物贮存污染控制标准》(GB 18597—2001)

① 地质结构稳定,地震烈度不超过 7 度的区域内。

② 设施底部必须高于地下水最高水位。

③ 厂界应位于居民区 800m 以外,地表水域 150m 以外。

④ 应避免建在溶洞区或易遭受严重自然灾害如洪水、滑坡、泥石流、潮汐等影响的地区。

⑤ 应建在易燃、易爆等危险品仓库、高压输电线路防护区域以外。

⑥ 应位于居民中心区常年最大风频的下风向。

⑦ 集中贮存的废物堆选址除满足以上要求外,还应满足 6.3.1 款要求〔基础必须防渗,防渗层为至少 1m 厚黏土层 (渗透系数≤10^{-7}cm/s),或 2mm 厚高密度聚乙烯,或至少 2mm 厚的其他人工材料,渗透系统≤10^{-10}cm/s〕。

(2)《危险废物处置工程技术导则》(HJ 2042—2014)

危险废物处置工程厂址选择应符合城市总体发展规划、环境保护专业规划和当地的大气污染防治、水资源保护、自然生态保护要求,还应综合考虑危险废物处置设施的服务区域、交通、土地利用现状、基础设施状况、运输距离及公众意见等因素,最终选定的厂址还应通过环境影响评价确定。

(3)《危险废物填埋污染控制标准》(GB 18598—2019)

① 填埋场选址应符合环境保护法律及相关法定规划要求。

② 填埋场厂址的位置及与周围人群的距离应依据环境评价结论确定。

③ 填埋场厂址不应选在国务院和国务院有关主管部门及省、自治区、直辖市人民政府划定的生态保护红线区域、永久基本农田和其他需要特别保护的区域内。

④ 填埋场厂址不得选在以下区域:破坏性地震及活动构造区,海啸及涌浪影响区;湿地;地应力高度集中,地面抬升或沉降速率快的地区;石灰溶洞发育带;废气矿区、塌陷区;崩塌、岩堆、滑坡区;山洪、泥石流影响地区;活动沙丘区;尚未稳定的冲积扇、冲沟地区及其他可能危及填埋场安全的区域。

⑤ 填埋场选址的标高应位于重现期不小于百年一遇的洪水位之上,并在长远规划中的水库等人工蓄水设施淹没和保护区之外。

⑥ 填埋场厂址条件应符合下列要求,刚性填埋场除外:a. 场区的区域稳定性和岩土体稳定性良好,渗透性低,没有泉水出露;b. 填埋场防渗结构底部应与地下水有记录以

来的最高水位保持 3m 以上的距离。

⑦ 填埋场场址不应选在高压缩性淤泥、泥炭及软土区域，刚性填埋场除外。

⑧ 填埋场场址天然基础层的饱和渗透系数不应大于 1.0×10^{-5} cm/s，且其厚度不应<2m，刚性填埋场除外。

⑨ 填埋场场址不能满足⑥、⑦及⑧的要求时，必须按照刚性填埋场要求建设。

(4)《危险废物安全填埋处置工程建设技术要求》(环发〔2004〕75 号)

① 填埋场场址的选择应符合国家及地方城乡建设总体规划要求，场址应处于一个相对稳定的区域，不会因自然或人为的因素而受到破坏。填埋场作为永久性的处置设施，封场后除绿化以外不能做他用。

② 填埋场场址的选择应进行环境影响评价，并经环境保护行政主管部门批准。

③ 填埋场场址不应选在城市工农业发展规划区、农业保护区、自然保护区、风景名胜区、文物（考古）保护区、生活饮用水源保护区、供水远景规划区、矿产资源远景储备区和其他需要特别保护的区域内。

④ 填埋场距飞机场、军事基地的距离应在 3000m 以上。

⑤ 填埋场场界应位于居民区 800m 以外，应保证在当地气象条件下对附近居民区大气环境不产生影响。

⑥ 填埋场场址应位于百年一遇的洪水标高线以上，并在长远规划中的水库等人工蓄水设施淹没区和保护区之外。若确难以选到百年一遇洪水标高线以上场址，则必须在填埋场周围已有或建筑可抵挡百年一遇洪水的防洪工程。

⑦ 填埋场场址距地表水域的距离应>150m。

⑧ 填埋场场址的地质条件应符合下列要求：a. 能充分满足填埋场基础层的要求；b. 现场或其附近有充足的黏土资源以满足构筑防渗层的需要；c. 位于地下水饮用水水源地主要补给区范围之外，且下游无集中供水井；d. 地下水位应在不透水层 3m 以下，如果<3m，则必须提高防渗设计要求，实施人工措施后的地下水水位必须在压实黏土层底部 1m 以下；e. 天然地层岩性相对均匀、面积广、厚度大、渗透率低；f. 地质构造相对简单、稳定，没有活动性断层。非活动性断层应进行工程安全性分析论证，并提出确保工程安全性的处理措施。

⑨ 填埋场场址选择应避开下列区域：破坏性地震及活动构造区；海啸及涌浪影响区；湿地和低洼汇水处；地应力高度集中，地面抬升或沉降速率快的地区；石灰岩溶洞发育带；废弃矿区或塌陷区；崩塌、岩堆、滑坡区；山洪、泥石流地区；活动沙丘；尚未稳定的冲积扇及冲沟地区；高压缩性淤泥、泥炭及软土区以及其他可能危及填埋场安全的区域。

⑩ 填埋场场址必须有足够大的可使用容积以保证填埋场建成后具有 10 年或更长的使用期。

⑪ 填埋场场址应选在交通方便、运输距离较短，建造和运行费用低，能保证填埋场正常运行的地区。

7.1.2 选址要点分析

通过对上述标准及规范中的选址要求进行分析，选址需求的要点主要集中在场址与环境敏感点的距离、场址地下水位的要求、场址地质条件的要求、场址标高及防洪水位要求。

各选址要点在各相关标准及规范中的要求见表 7-1。

表 7-1　选址要点对比分析表

序号	选址要点	《危险废物贮存污染控制标准》（GB 18597—2001）	《危险废物处置工程技术导则》（HJ 2042—2014）	《危险废物填埋污染控制标准》（GB 18598—2019）	《危险废物安全填埋处置工程建设技术要求》（环发〔2004〕75号）
1	场址与环境敏感点的距离	厂界应位于居民区 800m 以外，地表水域 150m 以外	场址选择应符合城市总体发展规划、环境保护专业规划和当地的大气污染防治、水资源保护、自然生态保护要求	场址的位置及与周围人群的距离应依据环境评价结论确定	填埋场场界应位于居民区 800m 以外，应保证在当地气象条件下对附近居民区大气环境不产生影响；填埋场场址距地表水域的距离应>150m
2	场址地下水位的要求	设施底部必须高于地下水最高水位		填埋场防渗结构底部应与地下水有记录以来的最高水位保持 3m 以上的距离	地下水位应在不透水层 3m 以下。如果小于 3m，则必须提高防渗设计要求，实施人工措施后的地下水位必须在压实黏土层底部 1m 以下
3	场址地质条件的要求	地质结构稳定，地震烈度不超过 7 度的区域内，应避免建在溶洞区或易遭受严重自然灾害如洪水、滑坡、泥石流、潮汐等影响的地区		填埋场场址不得选在以下区域：破坏性地震及活动构造区；海啸及涌浪影响区；湿地；地应力高度集中，地面抬升或沉降速率快的地区；石灰溶洞发育带；废弃矿区、塌陷区；崩塌、岩堆、滑坡区；山洪、泥石流影响地区；活动沙丘区；尚未稳定的冲积扇、冲沟地区及其他可能危及填埋场安全的区域。填埋场场址不应选在高压缩性淤泥、泥炭及软土区域，刚性填埋场除外。填埋场场址天然基础层的饱和渗透系数不应大于 1.0×10^{-5} cm/s，且其厚度不应小于 2m，刚性填埋场除外	填埋场场址选择应避开下列区域：破坏性地震及活动构造区；海啸及涌浪影响区；湿地和低洼汇水处；地应力高度集中，地面抬升或沉降速率快的地区；石灰岩溶洞发育带；废弃矿区或塌陷区；崩塌、岩堆、滑坡区；山洪、泥石流地区；活动沙丘区；尚未稳定的冲积扇及冲沟地区；高压缩性淤泥、泥炭及软土区以及其他可能危及填埋场安全的区域

序号	选址要点	《危险废物贮存污染控制标准》（GB 18597—2001）	《危险废物处置工程技术导则》（HJ 2042—2014）	《危险废物填埋污染控制标准》（GB 18598—2019）	《危险废物安全填埋处置工程建设技术要求》（环发〔2004〕75号）
4	场址标高及防洪水位要求	应避免建在易遭受洪水影响的地区		填埋场选址的标高应位于重现期不小于百年一遇的洪水位之上，并在长远规划中的水库等人工蓄水设施淹没和保护区之外	填埋场场址应位于百年一遇的洪水标高线以上，并在长远规划中的水库等人工蓄水设施淹没区和保护区之外。若确难以选到百年一遇洪水标高线以上场址，则必须在填埋场周围已有或建筑可抵挡百年一遇洪水的防洪工程

综上所述，场址与环境敏感点的距离根据最新相关规范及国家环保部相关修订文件及解释文件，明确危险废物处理设施与居民、学校等敏感目标的防护距离，需根据环境影响评价确定。

《危险废物填埋污染控制标准》（GB 18598—2019）中明确要求填埋场防渗结构底部应与地下水有记录以来的最高水位保持 3m 以上的距离，但是刚性填埋场可不遵循这个要求。

《危险废物填埋污染控制标准》（GB 18598—2019）中明确要求，破坏性地震及活动构造区，海啸及涌浪影响区；湿地；地应力高度集中，地面抬升或沉降速率快的地区；石灰溶洞发育带；废气矿区、塌陷区；崩塌、岩堆、滑坡区；山洪、泥石流影响地区；活动沙丘区；尚未稳定的冲积扇、冲沟地区及其他可能危及填埋场安全的区域。与老版的标准相比，新版的标准允许危废填埋场选址在软土地区，但是需采用刚性填埋场。

关于场址的标高及防洪水位的要求，《危险废物填埋污染控制标准》（GB 18598—2019）明确填埋场选址的标高应位于重现期不小于百年一遇的洪水位之上，并在长远规划中的水库等人工蓄水设施淹没和保护区之外。

7.2 安全填埋处置废物进场要求

（1）禁止入场填埋的废物

① 医疗废物。

② 与衬层具有不相容性反应的废物。

③ 液态废物。

（2）可直接入场填埋的废物

① 满足下列条件或经预处理满足下列条件的废物，可进入柔性填埋场：a. 根据 HJ/T 299 制备的浸出液中有害成分浓度不超过表 7-2 中允许填埋控制限值的废物；b. 根据 GB/T 15555.12 测得浸出液 pH 值在 7.0～12.0 之间的废物；c. 含水率低于 60% 的废物；

d. 水溶性盐总量<10%的废物，测定方法按照 NY/T 1121.16 执行，待国家发布固体废物中水溶性盐总量的测定方法后执行新的监测方法标准；e. 有机质含量<5%的废物，测定方法按照 HJ 761 执行；f. 不再具有反应性、易燃性的废物。

② 不具有反应性、易燃性或经预处理不再具有反应性、易燃性的废物，可进入刚性填埋场。

③ 砷含量>5%的废物应进入刚性填埋场处置，测定方法按照表 7-2 执行。

表 7-2　危险废物允许填埋的控制限值　　　　　单位：mg/L

序号	项目	稳定化控制限值	检测方法
1	烷基汞	不得检出	GB/T 14204
2	汞(以总汞计)	0.12	GB/T 15555.1、HJ 702
3	铅(以总铅计)	1.2	HJ 766、HJ 781、HJ 786、HJ 787
4	镉(以总镉计)	0.6	HJ 766、HJ 781、HJ 786、HJ 787
5	总铬	15	GB/T 15555.5、HJ 749、HJ 750
6	六价铬	6	GB/T 15555.4、GB/T 15555.7、HJ 687
7	铜(以总铜计)	120	HJ 751、HJ 752、HJ 766、HJ 781
8	锌(以总锌计)	120	HJ 766、HJ 781、HJ 786
9	铍(以总铍计)	0.2	HJ 752、HJ 766、HJ 781
10	钡(以总钡计)	85	HJ 766、HJ 767、HJ 781
11	镍(以总镍计)	2	GB/T 15555.10、HJ 751、HJ 752、HJ 766、HJ 781
12	砷(以总砷计)	1.2	GB/T 15555.3、HJ 702、HJ 766
13	无机氟化物(不包括氟化钙)	120	GB/T 15555.11、HJ 999
14	氰化物(以 CN⁻ 计)	6	暂时按照 GB 5085.3 附录 G 方法执行,待国家固体废物氰化物监测方法标准发布实施后,应采用国家监测方法标准

(3) 对反应性危险废物的规定

根据《危险废物填埋污染控制标准》(GB 18598—2019) 的相关规定，进入填埋库区的危险废物应不具有反应性，即根据《危险废物鉴别标准　反应性鉴别》(GB 5085.5—2007) 规定，除了符合下列条件的危险废物均不视为具有反应性。

1) 具有爆炸性质

① 常温常压下不稳定，在无引爆条件下易发生剧烈变化。

② 标准温度和压力下 (25℃，101.3kPa)，易发生爆轰或爆炸性分解反应。

③ 受强起爆剂作用或在封闭条件下加热，能发生爆轰或爆炸反应。

2) 与水或酸接触产生易燃气体或有毒气体

① 与水混合发生剧烈化学反应，并放出大量易燃气体和热量。

② 与水混合能产生足以危害人体健康或环境的有毒气体、蒸汽或烟雾。

③ 在酸性条件下，每千克含氰化物废物分解产生≥250mg 氰化氢气体，或者每千克含硫化物废物分解产生≥500mg 硫化氢气体。

3) 废弃氧化剂或有机过氧化物

① 极易引起燃烧或爆炸的废弃氧化剂。

② 对热、震动或摩擦极为敏感的含过氧基的废弃有机过氧化物。

当通过检测发现有反应性危废进场后需送至本项目焚烧线处理。

（4）对易燃性危险废物的规定

根据《危险废物填埋污染控制标准》（GB 18598—2019）的相关规定，进入填埋库区的危险废物应不具有易燃性，即根据《危险废物鉴别标准　易燃性鉴别》（GB 5085.4—2007）规定，除了符合下列条件的危险废物均不视为具有易燃性。

① 液态易燃性危险废物：闪点温度低于 60℃（闭杯试验）的液体、液体混合物或含有固体物质的液体。

② 固态易燃性危险废物：在标准温度和压力下因摩擦或自发性燃烧而起火，经点燃后能剧烈而持续地燃烧并产生危害的固态废物。

③ 气态易燃性危险废物：在 20℃、101.3kPa 状态下与空气的混合物中体积分数≤13％时可点燃的气体，或者在该状态下，不论易燃下限如何，与空气混合，易燃范围的易燃上限与易燃下限之差≥12 个百分点的气体。

7.3　柔性填埋场设计

柔性填埋场为采用双人工复合衬层作为防渗层的填埋处置设施。

7.3.1　填埋作业工艺

（1）填埋运营管理

① 在填埋场投入运行之前，要制订一个运营计划。此计划不但要满足常规运营，而且要提出应急措施，以便保证填埋场的有效利用和环境安全。

② 填埋场的运营应满足下列基本要求：a. 入场的危险废物必须符合入场要求；b. 散状废物入场后要进行分层碾压，每层厚度视填埋容量和场地情况而定；c. 填埋场运行中应进行每日覆盖，并视情况进行中间覆盖；d. 应保证在不同季节气候条件下，填埋场进出口道路通畅；e. 填埋工作面应尽可能小，使其得到及时覆盖；f. 废物堆填最大填埋坡度一般为 1:3（垂直:水平）；g. 通向填埋场的道路应设栏杆和大门加以控制；h. 必须设有醒目的标志牌，指示正确的交通路线，标志牌应满足《环境保护图形标志　固体废物贮存（处置）场》（GB 15562.2）要求；i. 每个工作日都应有填埋场运行情况的记录，应记录设备工艺控制参数，入场废物来源、种类、数量，废物填埋位置及环境监测数据等；j. 运行机械的功能要适应废物压实的要求，为了防止发生机械故障等情况，必须有备用机械；k. 危险废物安全填埋场不能在露天进行，必须有遮雨设备，以防止雨水与未进行最终覆盖的废物接触；l. 填埋场运行管理人员，应参加环保管理部门的岗位培训，合格后上岗。

③ 填埋场管理单位应建立有关填埋场的全部档案，从废物特性、废物倾倒部位、场址选择、勘察、征地、设计、施工、运营管理、封场及封场管理、监测直至验收等全过程所形成的一切文件资料，必须按国家档案管理条例进行整理与保管，保证完整无缺。

（2）日常填埋作业

危废填埋场的日常作业包括作业道路修建、运输车卸料、摊铺、压实、覆盖以及封场等，流程见图 7-1。

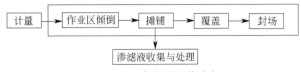

图 7-1　日常作业工艺流程

1）填埋物进场

经检测合格的废物经运输车过磅后，沿进场道路、初始进库道路运输至库区底部，在库区底部卸料后，在现场管理人员指挥下运送至当日填埋作业区域填埋。

2）填埋作业单元

废物填埋从库区底部开始，结合生产计划和气候条件分时段、分区域、分单元进行，每天一个作业单元。

3）日覆盖和中间覆盖

为了减少填埋渗滤液的产生量，避免雨水直接进入堆体，在废物堆体上采用 HDPE 膜覆盖，对填埋区表面进行全面覆盖，作业时再揭开部分覆盖膜进行填埋作业，每日填埋完成后应将膜盖好。HDPE 膜之间采用搭接扣连接，顺坡铺设，并用袋装碎石或废弃轮胎压重，以免被风刮走。

4）库底初始填埋

填埋库区开始填埋时，对摊铺于防渗系统上的废物厚度至少为 1m，通过自卸汽车运至库区坡道端部卸料，或采用吊装设备辅助吊运与卸料。

从填埋作业道路到达填埋作业面，需铺设临时作业道路。在雨季可使用土工格室碎石道路或钢板路基箱。

（3）填埋分区规划

科学的填埋分区规划对降低填埋场一次性资金投入，减少渗滤液产量，减少运营成本，提高运营管理水平具有重要意义。

填埋分区规划应遵从以下原则。

① 可以使每个填埋区在尽量短的时间内得到封闭。

② 填埋场应对不相容性废物设置不同的填埋区，每区之间应设有隔离设施。但对于面积过小难以分区的填埋场，对不相容性废物可分类用容器盛放后填埋，容器材料应与所有可能接触的物质相容，且不被腐蚀。

③ 分区的顺序应有利于废物运输和填埋。

④ 充分结合填埋场地形特点及填埋物的特点，根据填埋规模对每个填埋分区进行合理分层开发。

⑤ 平原型填埋场的分区应以水平分区为主，坡地形、山谷形填埋场的分区宜采用水平分区与垂直分区相结合的设计。

⑥ 水平分区应设置具有防渗功能的分区坝，各分区应根据使用顺序不同铺设雨污分流导排管。

⑦ 垂直分区宜结合边坡临时截洪沟进行设计，危险废物堆高达到临时截洪沟高程时可将边坡截洪沟改建成渗滤液收集盲沟。

7.3.2　库区构建设计

(1) 库区基底处理

填埋库区地基应具有承载填埋负荷的自然土层或经过地基处理的稳定土层,不得因填埋堆体的沉降而使基层失稳。对不能满足承载能力、沉降限制及稳定性等工程建设要求的地基应进行相应的地基处理。在选择地基处理方案时,应经过岩土工程勘察,结合考虑填埋库区的结构形式、填埋堆体的荷载等因素,经过技术经济比较确定。地基基础设计应本着因地制宜、就地取材、保护环境和节约资源的原则。

填埋库区基底在满足地基承载力的情况下,应尽量减少库底的平整设计标高,以减少库底的开挖深度,减少土方量。同时为了满足库区地下水、渗滤液收集导排要求,库区基底平整后纵、横线坡度不宜<2%。

(2) 库区边坡设计

填埋库区边坡设计应满足《建筑边坡工程技术规范》(GB 50330—2013)、《水利水电工程边坡设计规范》(SL 386—2007) 的要求,经稳定性初步判别有可能失稳的地基边坡以及初步判别难以确定稳定性状的边坡应进行稳定计算。对可能失稳的边坡应进行边坡支护等处理。边坡支护结构形式可根据场地地质和环境条件、边坡高度以及边坡工程安全等因素选定。

库区边坡坡度不宜大于 1:2,由于现状地形限制,局部陡坡不大于 1:1。垂直高差较大的边坡应设置缓坡平台,平台高差应结合实际地形确定,不大于 10m,平台宽度不小于 3.0m。

(3) 库区围堤/挡墙工程

为保证填埋堆体的稳定和增加填埋库容,根据现状地形和填埋库区总体布置,需在填埋库区四周构建围堤或挡墙。围堤工程还应满足库容、道路交通等功能要求。围堤/挡墙结构形式有多种方案:a. 直立或扶壁式混凝土结构;b. 加筋土围堤结构;c. 压实土围堤结构。设计过程中应从填埋作业工艺、安全填埋场防渗结构安全、工程投资等几方面比较确定。库区围堤/挡墙工程标高需满足百年一遇洪水位要求,一般参照《碾压式土石坝设计规范》(SL 274—2020)、《堤防工程设计规范》(GB 50286—2013)、《水工挡土墙设计规范》(SL 379—2007) 进行工程设计。

围堤/挡墙工程设计标准如下。

① 围堤级别:二级堤防工程。

② 抗滑稳定安全系数要求:正常运行条件 1.25;非常运行条件 1.15。

(4) 竖向设计

柔性安全填埋场竖向设计应考虑填埋区用地限制要求、地基承载力、地下水位、堆体边坡稳定等因素。为获得较大的填埋库容,库区构建时常规采用地下开挖和地上堆高相结合的方式。

库底开挖标高的确定与以下因素有关。

① 场区地下水位:根据《危险废物填埋污染控制标准》(GB 18598—2019) 规定,"填埋场防渗结构底部应与地下水有记录以来的最高水位保持 3m 以上的距离,否则按照刚性填埋场要求建设"。

② 场地地质条件：填埋场场址天然基础层的饱和渗透系数不应大于 $1.0 \times 10^{-5}\,\text{cm/s}$，且其厚度不应小于 2m，否则按照刚性填埋场要求建设。

库区竖向堆高主要受以下因素控制：a. 处理规模和使用年限要求；b. 堆体稳定；c. 填埋作业管理。

7.3.3　水平防渗系统设计

（1）水平防渗衬垫系统类型

水平防渗系统可以分为天然材料防渗衬垫系统、复合人工防渗衬垫系统、双层人工防渗衬垫系统等多种结构形式。

① 天然黏土防渗衬垫系统：采用天然压实黏土作为防渗层，防渗层上设保护层和渗滤液排水层，下设保护层及地下水收集层。

② 复合人工防渗衬垫系统：采用 HDPE 土工膜以及黏土保护层（CCL）或者钠基膨润土垫层（GCL）的复合防渗层，复合防渗层上设保护层与排水层，下设保护层及地下水收集层。

③ 双层人工衬垫防渗系统：采用两层人工 HDPE 土工膜防渗层，两层之间是渗滤液检漏层，上层 HDPE 防渗膜之上设保护层和渗滤液排水层，下层 HDPE 防渗膜之下设保护层与地下水收集层。

（2）水平防渗衬垫系统选择

危废填埋场所选用的防渗材料应与所接触的废物相容，并考虑其抗腐蚀特性。填埋场天然基础层的饱和渗透系数不应大于 $1.0 \times 10^{-5}\,\text{cm/s}$，且其厚度不应小于 2m。

① 如果天然基础层饱和渗透系数 $< 1.0 \times 10^{-7}\,\text{cm/s}$，且厚度 $> 5\text{m}$，可以选用天然材料衬层。天然材料衬层经机械压实后的饱和渗透系数不应大于 $1.0 \times 10^{-7}\,\text{cm/s}$，厚度不应小于 1m。

② 如果天然基础层饱和渗透系数 $< 1.0 \times 10^{-6}\,\text{cm/s}$，可以选用复合衬层。复合衬层必须满足下列条件：a. 天然材料衬层经机械压实后的饱和渗透系数不应大于 $1.0 \times 10^{-7}\,\text{cm/s}$，厚度应满足表 7-3 所列指标，坡面天然材料衬层厚度应比表中所列指标大 10%；b. 人工合成材料衬层可以采用高密度聚乙烯（HDPE），其渗透系数不大于 $10^{-12}\,\text{cm/s}$，厚度不小于 1.5mm。HDPE 材料必须是优质品，禁止使用再生产品。

表 7-3　复合衬层下衬层厚度设计要求

基础层条件	下衬层厚度
渗透系数 $\leqslant 1.0 \times 10^{-7}\,\text{cm/s}$，厚度 $\geqslant 3\text{m}$	厚度 $\geqslant 0.5\text{m}$
渗透系数 $\leqslant 1.0 \times 10^{-6}\,\text{cm/s}$，厚度 $\geqslant 6\text{m}$	厚度 $\geqslant 0.5\text{m}$
渗透系数 $\leqslant 1.0 \times 10^{-6}\,\text{cm/s}$，厚度 $\geqslant 3\text{m}$	厚度 $\geqslant 1.0\text{m}$

③ 如果天然基础层饱和渗透系数 $> 1.0 \times 10^{-6}\,\text{cm/s}$，则必须选用双人工衬层。双人工衬层必须满足下列条件：a. 天然材料衬层经机械压实后的渗透系数不大于 $1.0 \times 10^{-7}\,\text{cm/s}$，厚度不小于 0.5m；b. 上人工合成衬层可以采用 HDPE 材料，厚度不小于 2.0mm；c. 下人工合成衬层可以采用 HDPE 材料，厚度不小于 1.0mm。

（3）锚固沟设计

防渗材料锚固方式可采用矩形覆土锚固沟，也可以采用水平覆土锚固沟、V 形槽覆土锚固和混凝土锚固；岩石边坡、陡坡等混凝土上的锚固，可采用 HDPE 嵌钉土工膜、HDPE 型锁条、机械锚固等方式进行锚固。

锚固沟的设计应符合下列规定：a. 锚固沟距离边坡边缘不宜小于 800mm；b. 防渗材料转折处不应存在直角的刚性结构，均应做成弧形结构；c. 锚固沟断面应根据锚固形式，结合实际情况加以计算，不宜小于 800mm×800mm；d. 锚固沟中压实度不得小于 93%。

7.3.4 垂直防渗帷幕

垂直防渗帷幕是指在库区周边建造一定深度和标准的防渗结构，其底部深入天然相对不透水层一定深度，利用库区底部的天然相对不透水层作为底部防渗层，以控制库区内地下水的自然排泄和流入，从而使库区形成一个完整的、相对独立的水文地质单元，既可以加强库区渗滤液防渗体系，同时又可以有效地阻隔库区外地下水渗入库区。通过这种方式，一方面可以降低渗流水体的水力梯度，从而阻止库底土体渗透变形的发生；另一方面，可以延长渗径以降低地下水的渗流量，从而降低施工期和运营管理期间的地下水抽排费用。

（1）垂直防渗帷幕结构形式

垂直防渗帷幕通常有垂直开槽防渗膜（HDPE 膜或 PE 膜）、搅拌桩系列连续墙、置换法垂直开槽连续墙（混凝土连续墙、膨润土连续墙、水泥-膨润土塑性混凝土连续墙）、水泥帷幕灌浆、水泥搅拌桩几种形式。

各种类型垂直防渗帷幕类型特点及比较见表 7-4。

表 7-4　垂直防渗帷幕类型特点及比较

垂直防渗帷幕类型	特点
水泥-膨润土墙	强度高，压缩性低，可用于斜坡场地，渗透性低，渗透系数约为 10^{-6} cm/s
土-膨润土墙	与水泥-膨润土垂直帷幕相比，渗透性更低，渗透系数通常为 10^{-7} cm/s，有时可低至 5.0×10^{-9} cm/s
土-水泥-膨润土墙	强度与水泥-膨润土相当，渗透性与土-膨润土相当
HDPE 土工膜-膨润土墙	防渗性和耐久性较高，渗透性低，渗透系数可达 10^{-8} cm/s
注浆帷幕	可密封孔洞或不透水层裂隙
水泥搅拌桩	渗透系数一般为 10^{-6} cm/s，强度较低

垂直防渗帷幕选型应综合考虑下列因素：

① 场地隔水层条件、地形及稳定情况；

② 渗滤液水质，帷幕需达到的渗透系数、深度及刚度；

③ 材料供应，施工技术与设备等。

当垂直防渗帷幕顶部需承受上覆荷载时，宜采用水泥-膨润土墙或塑性混凝土墙；在特殊地质和环境要求非常高的场地，宜采用 HDPE 土工膜-膨润土复合墙。当垂直防渗帷幕底部岩石裂隙发育，或存在断层、破碎带等强透水性的地质条件，宜采用帷幕灌浆或高压注浆等处理措施。

（2）垂直防渗帷幕厚度的确定

垂直防渗墙的厚度不宜小于 60cm，但不宜大于 150cm。确定防渗帷幕厚度，一般需综合考虑以下因素。

1）满足抗渗及耐久性要求

防渗帷幕在渗透压力作用下，其耐久性取决于机械力侵蚀和化学溶蚀作用，由于这两种侵蚀破坏作用都与水力坡脚密切相关，因此首先应根据其破坏时的水力梯度来计算方式帷幕的厚度 T：

$$T = H / J_p \tag{7-1}$$

$$J_p = J_{max} / K \tag{7-2}$$

式中　J_p——防渗帷幕的允许水力梯度；

　　　H——防渗帷幕承受的最大水头，m；

　　　J_{max}——防渗帷幕破坏时的极限水力梯度；

　　　K——安全系数，国内一般采用 $K=5$。

按抗渗性和耐久性计算的帷幕厚度是防渗最小厚度的要求，也是初选帷幕厚度。

2）参考浙江大学软弱土与环境土工教育部重点实验室的方法计算帷幕厚度

当帷幕渗透系数不大于 1.0×10^{-7} cm/s 时，厚度可按下式计算：

$$T = F_r A H^B \tag{7-3}$$

式中　F_r——安全系数，考虑渗透稳定、机械侵蚀、化学溶蚀、施工因素等，宜取 1.5；

　　　H——垂直防渗帷幕上下游水头差，m，上游水头取与帷幕上游面接触的渗滤液水位，下游水头取与帷幕下游面接触的多年平均地下水位；

　　　A——与帷幕材料阻滞因子有关的系数，可参照图 7-2 取值；

　　　B——与帷幕材料抗散系数有关的系数，可参照图 7-3 取值。

图 7-2 与图 7-3 中，阻滞因子 R_d，重金属污染物可取 3～40；如无经验数据，宜通过试验测定。水动力弥散系数 D_h，常用取值范围是 $1.0 \times 10^{-10} \sim 1.0 \times 10^{-8}$ m²/s，如防渗帷幕两侧水头差较大时取大值，如无经验数据宜通过试验测定。

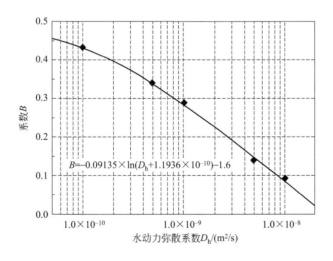

图 7-2　系数 A 取值

3）通过防渗帷幕结构计算的应力应变结果验算帷幕厚度

根据初选的防渗帷幕厚度进行结构计算，然后对输出的应力应变结果进行检查，检查

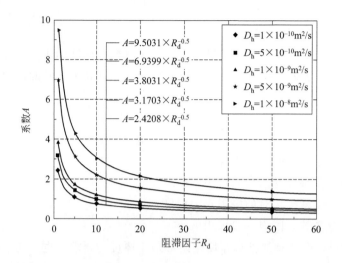

图 7-3 系数 B 取值

防渗帷幕的压应力、拉应力、剪应力和应变是否超过防渗帷幕的允许值。如果未超过，说明初选的厚度满足强度要求，否则说明强度不满足，则逐步加大帷幕厚度重新计算，直到满足为止。

4）综合考虑其他因素确定帷幕厚度

① 按照上述方法求出的帷幕厚度是最小厚度，还应综合考虑工程地质条件、施工设备的适应性、环境水质情况以及类似已建工程的经验等因素后，最终确定防渗帷幕的设计厚度。

② 覆盖层和基岩强风化厚度是决定防渗帷幕深度的主要因素，也是影响防渗帷幕厚度的因素。当覆盖层中大漂石或孤石含量较多时，薄的防渗帷幕施工很困难，帷幕厚度应适当考虑厚一些；但在软土地基中帷幕厚度可以相对薄一些，太厚容易出现槽孔坍塌。

③ 各种钻机在钻孔的过程中都会出现偏斜，并且随着孔深增大而加大，会使帷幕的有效厚度变薄。因此深度较大的防渗帷幕厚度应适当加厚。

④ 采用冲击钻造孔的施工方法，最小厚度一般不应小于 0.6m。一般帷幕厚度应以 10cm 为级差，特殊的可以 5cm 为级差。液压抓斗可建造 0.5～2.0m 厚度的防渗帷幕；岩石地基的防渗帷幕需用轮式铣槽机开槽施工。

⑤ 当环境位置对混凝土有侵蚀性且没有其他特殊措施时，防渗帷幕的厚度一般不宜小于 0.5m。另外，参考类似工程的资料进行对比分析，验证防渗帷幕的厚度是否合适。通过以上技术分析和综合考虑多种因素可以确定出安全、合理、经济的防渗帷幕厚度。

(3) 垂直防渗帷幕深度的确定

垂直防渗帷幕宜嵌入渗透系数不大于 1.0×10^{-7} cm/s 的隔水层中，嵌入深度不宜小于 1m；当隔水层埋深很大而无法嵌入时，可采用悬挂式帷幕，其深度不应小于临界插入深度。临界插入深度应通过污染物渗流-扩散模型计算确定，垂直防渗帷幕临界插入深度为污染物从帷幕顶部竖向运移达到防渗墙底部所需时间等于污染物水平扩散击穿浅部防渗墙时间所对应的深度。

7.3.5 地下水收集与导排系统

根据《危险废物填埋场污染控制标准》(GB 18598—2019)，填埋库区基坑开挖时要求地下水位位于基底面以下 1m。为消除地下水积聚时对防渗膜的上浮作用及控制下渗的渗滤液通过地下水迁移扩散，在库底防渗层下部设置地下水导流设施。

(1) 地下水渗流量计算

根据填埋场场址水文地质情况，对可能发生地下水对基础层稳定或对防渗系统破坏的潜在危害时应设置地下水收集导排系统。地下水水量的计算宜根据填埋场场址的地下水水力特征和不同埋藏条件分不用情况计算。

库区地下水量计算一般适用渗流模型，根据是否采用垂直防渗帷幕，可分为均质土层渗流和具有防渗帷幕的非均质土层渗流，前者可作为后者的特例，均参考以下原理计算。

当填埋场库区直接修建在基岩上或覆盖层厚度不是非常大时，常常将防渗墙布置到深入基岩或相对不透水层一定深度，形成封闭式防渗墙。此时，防渗墙的渗透系数比较小，一般为 $10^{-6} \sim 10^{-8}$ cm/s，渗流通过防渗墙后水头损失较大，浸润线有很大的跌落。防渗墙下的地基可视为不透水地基，渗流量可忽略，如图 7-4 所示。

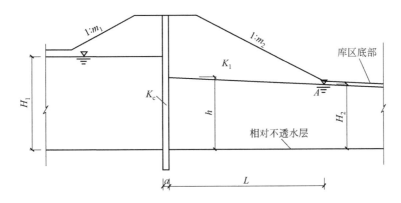

图 7-4 地下水的渗流计算简图

近似假定浸润线逸出点为库底以下，地下水水面线在库区内侧坡脚处 A 点，忽略防渗墙外侧渗流的水头损失，则通过防渗墙的渗流量为：

$$q_1 = \frac{K_c(H_1^2 - h^2)}{2a} \tag{7-4}$$

式中 K_c——混凝土防渗墙的设计渗透系数，m/s，一般取 $10^{-6} \sim 10^{-8}$ m/s；

a——混凝土防渗墙的设计厚度，m；

H_1——防渗墙外侧地下水水深，m。

防渗墙内侧的渗流量为：

$$q_2 = \frac{K_1(h^2 - H_2^2)}{2L} \tag{7-5}$$

式中 K_1——防渗墙内侧土体的渗透系数，m/s；

L——防渗墙下游面至浸润线逸出点 A 点的水平距离，m；

h——防渗墙内侧地下水水深，m；

H_2——库底地下水水深，m。

根据渗流连续条件，通过防渗墙内侧段和防渗墙的渗流量为

$$q = q_1 = q_2 \tag{7-6}$$

联立求解式(7-4)、式(7-5)、式(7-6)，可求得防渗墙渗流量 q 和防渗墙内侧浸润线高度 h，防渗墙内侧土体的平均渗透坡降为：

$$J = \frac{h - H_2}{L} \tag{7-7}$$

防渗墙所承受的水头为：

$$H = H_1 - h \tag{7-8}$$

（2）地下水导排系统计算

① 地下水提升泵流量

$$q = \frac{Q}{nt} \tag{7-9}$$

式中　q——地下水提升泵流量，m^3/s，根据地下水量计算结果并结合地质报告取值，地下水流量＝单宽流量×防渗区域周长；

　　　Q——地下水日均产量，m^3/d，根据渗流计算确定；

　　　n——相应库区地下水提升泵台数，台，一般取 1 台；

　　　t——每台泵工作时间，h/d，一般取 6～8h/d。

② 地下水提升泵扬程

$$H = \Delta h + H_j + H_c \tag{7-10}$$

式中　H——提升泵扬程；

　　　Δh——一般取地下水出水管管底与库底地下水收集坑坑底标高之差；

　　　H_j——沿程水头损失；

　　　H_c——局部水头损失，一般取沿程水头损失的 0.3 倍。

③ 地下水泵出水软管。水泵出水软管公称压力一般不小于 0.6MPa，管道设计流速应在 1.2～2m/s 之间。

④ 地下水输送干管。输送干管一般采用 HDPE 实壁管，糙率系数取 $n = 0.011$，管道设计流速宜在 0.7～1.4m/s 之间。

⑤ 地下水收集坑。地下水收集坑的尺寸（或容积）根据地下水提升泵的设计流量按照下式确定：

$$V_{min} = \frac{q \times t}{e} \tag{7-11}$$

式中　V_{min}——地下水收集坑最小容积，m^3；

　　　q——地下水提升泵设计流量，m^3/s；

　　　t——提升泵运行时间，s，一般不小于 600s；

　　　e——碎石排水棱体孔隙率，可根据实际选用碎石的级配确定，一般在 0.3～0.4 之间取值。

地下水收集坑的实际体积可按照台体公式复核，一般不得小于上述公式求出的 V_{min}。

⑥ 地下水侧管井水平段穿孔计算。地下水收集坑内蓄积的地下水通过位于地下水收集侧管井的水平管段的若干穿孔，经渗流缓慢渗入侧管井后，由地下水提升泵提升后排入周边地表明渠。所以需对侧管井水平段的穿孔数量进行复核，以满足地下水抽排的要求。

根据伯努利方程，单孔出流的过流能力计算如下：

$$Q_b = CA_b\sqrt{2g\Delta h} \tag{7-12}$$

式中　Q_b——单孔流量，m^3/s；

$\quad\quad C$——过流系数，针对地下水一般取 0.62；

$\quad\quad A_b$——单孔孔口截面面积，m^2；

$\quad\quad \Delta h$——穿孔管内外水头差，m，一般取收集坑碎石棱体顶面同水平侧管内壁管底的平均高差。

水平管段的开孔总数按下式计算：

$$N = kq/Q_b \tag{7-13}$$

式中　N——水平管段的开孔总数；

$\quad\quad k$——安全系数，一般在 2～5 之间取值，建议取 $k=3$；

$\quad\quad q$——地下水提升泵设计流量；

（3）地下水导排设计要求

根据地下水水量、水位及其他水位地质情况的不同，可采用碎石导流层、地下水导排盲沟、土工复合排水网导流层等进行地下水导排或阻断。地下水收集导排系统应具有长期的导排性能，其具体设计要求参考如下。

① 地下水导流层顶部距边坡防渗系统集成层底部不宜小于 1m。

② 地下水导流层与渗滤液导流层计算相同，详见渗滤液导排设计部分。

③ 碎石导流层厚度不应小于 300mm，同时碎石层上、下宜铺设反滤层以防止淤堵。

④ 地下水导排盲沟采用直线型或树枝型的导排防渗，应在计算地下水导排管的导排能力基础上选择导排盲沟方式。

⑤ 地下水导流管径应根据地下水水量确定，干管管径不宜小于 250mm，支管管径不宜小于 200mm。

⑥ 山谷型填埋场可在库底设置地下水导排盲沟。

⑦ 地下水水位较高的填埋场宜采用满铺地下水导排形式。

⑧ 地下水位较低，但有泉涌存在的填埋场可只考虑地下水导排盲沟防渗。

7.3.6　渗滤液收集与导排系统

（1）渗滤液产量计算

渗滤液产量计算方法包括入渗系数法、水量平衡法等。安全填埋库区填埋对象是危险废物，经过稳定化和固化后，理论上危险废物本身将不会产生渗滤液，填埋场的渗滤液将全部由外部入渗水分形成，其中主要由降雨转化形成。因此采用国内常用的入渗系数法对填埋区因降雨产生的渗滤液量进行预测。同生活垃圾类似，危废的渗滤液产生量可根据填埋规模和填埋发展规划，在确定各结构层序面积的基础上进行计算。渗滤液产量采用下面的经验公式计算，即：

$$Q = q(C_1A_1 + C_2A_2 + C_3A_3)/1000 \tag{7-14}$$

式中　Q——渗滤液产生量，m^3/d；

q——年平均降雨量，mm，取 1300mm；

A_1——正在填埋作业区面积，m^2；

C_1——正在填埋作业区降水转化为渗滤液系数；

A_2——中间覆盖区面积，m^2；

C_2——中间覆盖区降水转化为渗滤液系数；

A_3——终场覆盖区面积，m^2；

C_3——终场覆盖区降水转化为渗滤液系数。

其中入渗面一般分为开放作业面、中间覆盖面和封场覆盖面三种情形。在不同的填埋阶段，开放作业面、中间覆盖面和封场覆盖面的面积各不相同，宜按独立的水文单元，并考虑填埋作业规划及雨污分流措施，按最不利工况组合确定。其中，开放作业面一般考虑15d 的填埋处理量，按照 5m 层厚考虑所需摊铺的面积。偏于安全考虑，渗滤液日产量应按各阶段组合的最大值考虑。

入渗系数的取值和填埋场作业情况有关。开放作业面入渗系数 C_1 一般取 0.5～0.8；中间覆盖面入渗系数 C_2 根据覆盖材料的不同取 (0.4～0.6) C_1，一般用膜覆盖取 0.1，用黏土覆盖取 0.3；封场覆盖面入渗系数 C_3 根据覆盖材料的不同取 0.1～0.2，如果不是特别大的填埋场，一般可以忽略封场覆盖面产生的渗滤液，C_3 一般取 0.05。

(2) 渗滤液收集管道计算

1) 渗滤液收集管所需渗滤液量　按下式计算：

$$Q_{req} = q_{max}A_{cell} \tag{7-15}$$

式中　Q_{req}——需排出的渗滤液流量，m^3/s；

q_{max}——最大单位面积渗滤液产量，$m^3/(s \cdot m^2)$；

A_{cell}——收集管集流面积，m^2。

管径选择应根据渗滤液量计算结果，并结合表 7-5 确定。

表 7-5　HDPE 管径规格表

公称外径 DN/mm	200	250	280	315	355	400	450	500	560	630

注：管径选择取区间上限。

2) 流量核算　采用曼宁公式进行流量核算。

$$Q = \frac{1}{n}r_h^{1/6}r_h^{1/2}i^{1/2}A = \frac{1}{n}r_h^{2/3}i^{1/2} \times A \tag{7-16}$$

式中　Q——管道净流量，m^3/s；

n——曼宁粗糙系数，HDPE 管 $n \approx 0.011$；

A——管内截面积，m^2；

i——管道坡降；

r_h——水力半径，m，$r_h = A/P_W$。

3）管道布孔计算

① 单位长最大流量计算

$$Q_{in} = q_{max} \times A_{unit} \tag{7-17}$$
$$A_{unit} = (L_H)_{max} \times d_w$$

式中　Q_{in}——单位管长最大渗滤液流量，$m^3/(s \cdot m)$；

$\quad\quad q_{max}$——单位面积最大渗滤液产量，$m^3/(s \cdot m^2)$；

$\quad\quad A_{unit}$——单位管长最大集流面积，m^3/m；

$\quad(L_H)_{max}$——渗滤液最大水平距离，m；

$\quad\quad d_w$——单位宽度，m，取 1m。

注：若填埋场底部为 V 形，渗滤液收集系统位于中央，则渗滤液最大水平距离为左右两侧水平距离之和。

② 单孔过流能力计算

$$Q_b = CA_b(2g\Delta h)^{0.5} \tag{7-18}$$

式中　Q_b——单孔过流能力，m^3/s；

$\quad\quad C$——过流系数，取 0.62；

$\quad\quad A_b$——单孔孔口截面面积，m^2；

$\quad\quad g$——重力加速度，取 $9.81m/s^2$；

$\quad\quad \Delta h$——水头，m。

上述计算公式中，令 $V_{ent} = (2g\Delta h)^{0.5}$，其中，$V_{ent}$ 为渗滤液入口限定流速，m^3/s。则公式可变为：

$$Q_b = CA_b V_{ent} \tag{7-19}$$

③ 单位管长孔口数计算

$$N = Q_{in}/Q_b \tag{7-20}$$

式中，N 为单位管长孔口数；Q_{in} 为单位管长最大渗滤液流量，$m^3/(s \cdot m)$；Q_b 为单孔过流能力，m^3/s。

（3）渗滤液收集系统

填埋库区渗滤液收集系统应包括导流层、盲沟、竖向收集井、集液井（池）、泵房。

1）渗滤液导流层设计要求

① 导流层宜采用卵（砾）石或碎石铺设，厚度不宜小于 300mm，粒径宜为 20～60mm，由下至上粒径逐渐减少。

② 导流层与垃圾层之间应铺设反滤层，反滤层可采用土工滤网，质量不宜大于 $200g/m^2$。

③ 导流层内应设置盲沟和渗滤液收集导排管网。

④ 导流层下可增设土工复合排水网强化渗滤液导流层。

⑤ 边坡导流层宜采用土工复合排水网铺设。边坡导流层下部应与库底渗滤液导流层相连接。

2）盲沟设计要求

① 盲沟宜采用砾石、卵石或碎石（$CaCO_3$ 含量不应大于 10%）铺设，石料的渗透系数不应小于 1.0×10^{-3} cm/s。主盲沟石料厚度不宜小于 40cm，粒径从上至下依次为 20～

30mm、30～40mm、40～60mm。

② 盲沟可采用树枝状和网状布置形式。

③ 树枝状布置形式的主盲沟应位于库底或分区库底最低处，次盲沟宜按照 30～50m 的间距分布，次盲沟与主盲沟的夹角宜采用 60°。

④ 盲沟断面形式可采用菱形断面或梯形断面，梯形盲沟最小底宽参照表 7-6 选取。

表 7-6　梯形盲沟最小底宽度

管径 DN/mm	盲沟最小底宽 B/mm
200≤DN≤315	DN+400
400≤DN≤1000	DN+600

⑤ 主盲沟坡度应该保证渗滤液能够快速通过渗滤液 HDPE 干管进入调节池，纵、横向坡度不宜小于 2%。

⑥ 中间覆盖层次盲沟宜与导气石笼相连接，且其坡度应能保证渗滤液快速进入导气石笼。

⑦ 盲沟内应设置 HDPE 收集管，HDPE 收集管下的盲沟底部宜铺设厚度不小于 300mm 的小粒径卵（砾）石层。

3）渗滤液 HDPE 收集管设计要求

① 渗滤液 HDPE 收集管管径可参考以下要求：a. 管径宜根据所收集库区面积的渗滤液最大日流量、设计坡度等条件计算；b. HDPE 收集干管公称外径不应小于 315mm；c. 支管外径不应小于 200mm。

② HDPE 收集管的布置宜呈直线。Ⅲ类以上填埋场 HDPE 收集管宜设置高压水射流疏通、端头井等反冲洗措施。

③ HDPE 收集管打孔可参照以下要求：a. 开孔率应保证环刚度要求；b. 开孔率宜为 2%～5%，按计算的单位长度上的开孔数进行校核，单位长度所需布孔数可由伯努利方程计算；c. 环向打孔角度宜为 45°～60°，孔径宜为 12～16mm，长条孔为宜；d. 纵向打孔间距宜为 15～20cm，相邻孔之间宜按梅花状布置；e. 环向 1/3 部分可不打孔。

7.3.7　填埋气收集与导排系统

根据《危险废物安全填埋处置工程建设技术要求》，需设置填埋气体控制系统。

根据危险废物物料特性，填埋的危险废物中几乎不含有机物，因此填埋气产量可基本忽略。因此填埋气导排采用导气竖井的方式（见图 7-5），参考已经运行的类似填埋场经验，设置的导气竖井间距可按 50m 考虑。

7.3.8　调节池设计

（1）调节池容积

调节池容积宜采用逐月水量平衡法进行计算，即按照渗滤液处理规模与多年逐月渗滤液平均产生量经平衡计算得出最低调节池容积。

渗滤液调节池容积宜根据多年逐月降雨量计算逐月渗滤液产生量，扣除逐月的处理量，最后计算出最大累计余量即为最低调节池容积。

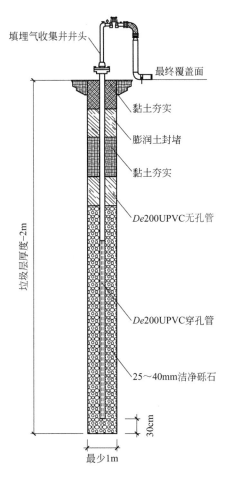

填埋气收集井井头

最终覆盖面

黏土夯实

膨润土封堵

黏土夯实

$De200$UPVC无孔管

$De200$UPVC穿孔管

25~40mm洁净砾石

垃圾层厚度~2m

30cm

最少1m

图 7-5 典型填埋气导气竖井示意

逐月渗滤液产生量可根据渗滤液产量公式计算。

逐月渗滤液余量可按下式计算。

$$C = A - B \tag{7-21}$$

式中 C——逐月渗滤液余量，m^3；

A——逐月渗滤液产量，m^3；

B——逐月渗滤液处理量，m^3。

将表 7-7 所列 1~12 月中 $C>0$ 的月渗滤液余量累计相加，即为调节池所需渗滤液总容量。

表 7-7 调节池容量计算表

月份	多年平均逐月降雨量/mm	逐月渗滤液产量/m^3	逐月渗滤液处理量/m^3	逐月渗滤液余量/m^3
1	M_1	A_1	B_1	$C_1 = A_1 - B_1$
2	M_2	A_2	B_2	$C_2 = A_2 - B_2$
3	M_3	A_3	B_3	$C_3 = A_3 - B_3$
4	M_4	A_4	B_4	$C_4 = A_4 - B_4$
5	M_5	A_5	B_5	$C_5 = A_5 - B_5$
6	M_6	A_6	B_6	$C_6 = A_6 - B_6$

月份	多年平均逐月降雨量/mm	逐月渗滤液产量/m³	逐月渗滤液处理量/m³	逐月渗滤液余量/m³
7	M_7	A_7	B_7	$C_7 = A_7 - B_7$
8	M_8	A_8	B_8	$C_8 = A_8 - B_8$
9	M_9	A_9	B_9	$C_9 = A_9 - B_9$
10	M_{10}	A_{10}	B_{10}	$C_{10} = A_{10} - B_{10}$
11	M_{11}	A_{11}	B_{11}	$C_{11} = A_{11} - B_{11}$
12	M_{12}	A_{12}	B_{12}	$C_{12} = A_{12} - B_{12}$

计算值应按历史最大日降雨量或二十年一遇连续 7d 最大降雨量进行校核，并将校核值与上述计算出来的需要调节的总容量进行比较，取其中较大者，在此基础上乘以安全系数 1.1～1.5 即为所取调节池容积。

当采用历史最大日降雨量进行校核时，可参考下式计算：

$$Q_1 = I_1 \times (C_1 A_1 + C_2 A_2 + C_3 A_3 + C_4 A_4)/1000 \tag{7-22}$$

式中　Q_1——校核容积，m_3；

I_1——历史最大日降雨量，m_3；

C_1、C_2、C_3、C_4 与 A_1、A_2、A_3、A_4 的取值同渗滤液产量公式。

（2）调节池构建

调节池构建可以根据安全填埋场用地规划总体布置。

调节池也有柔性和刚性两种模式，设计时结合调节池库容要求、用地面积限制、地形地质条件等实际情况确定。

调节池需配置渗滤液提升泵，将调节池中的渗滤液提升至处理站处理。

7.3.9　封场工程

（1）封场设计

当填埋场处置的废物数量达到填埋场设计容量时，应实行填埋场封场。填埋场的最终覆盖层应为多层结构，封场系统由下至上应依次为底层、防渗层、排水层、保护层以及植被恢复层。

① 底层（兼作导气层）：厚度不应小于 20cm，倾斜度不小于 2%，由透气性好的颗粒物质组成。

② 防渗层：天然材料防渗层厚度不应小于 50cm，渗透系数不大于 10^{-7}cm/s；若采用复合防渗层，人工合成材料层厚度不应小于 1.0mm，天然材料层厚度不应小于 30cm。

③ 排水层及排水管网：排水层和排水系统的要求同底部渗滤液导排系统相同，设计时采用的暴雨强度不应低于五十年一遇，其材质应选择小卵石或土工网格。

④ 保护层：保护层厚度不应小于 20cm，由粗砥性坚硬鹅卵石组成。

⑤ 植被恢复层：植被层厚度一般不应小于 60cm，其土质应有利于植物生长和场地恢复；同时植被层的坡度不应超过 33%。在坡度超过 10% 的地方需建造水平台阶；坡度小于 20% 时，标高每升高 3m 建造一个台阶；坡度大于 20% 时，标高每升高 2m 建造一个台阶。台阶应用足够的宽度和坡度要能经受暴雨的冲刷。

（2）生态修复

填埋场作为永久性的环境保护工程设施，封场后需对堆体表面进行绿化生态修复。

在填埋场封场覆盖层表面栽植人工植被，根植土层薄、少量可能逸出的填埋气以及伴随出现的高温是影响封场植被生长的主要制约因素。一般在封场两年时间内封场覆盖层不宜种植木本植物。乔灌木对填埋气的抗性因种类的不同而有差异，某些乔灌木根系浅，侧根发达，生长迅速，可在 2～3 年填龄的填埋场上种植。草本植物因根系浅，多为须根、匍匐茎根，分布在 10～20cm 浅土层内，受填埋气影响较小，可在一年填龄的覆盖层上生长。

一般在填埋场运行初期就对选定的植物进行试验性种植，以了解每种植物的生长情况，并最终确定环境复植所要选用的最合适的植物。

根据封场利用种植树种的不同，需要的封场土层厚度也不一样。封场覆盖的标准厚度一般可以满足种植低木的需要，但种植高大树种则需要加大土壤层厚度。

（3）封场管理

填埋场封场后直至堆体最终稳定，需要进行封场后管理，并延续到封场后 30 年。封场后维护管理工作主要包括维护最终覆盖层的完整性和有效性、维护和监测检漏系统、继续进行渗滤液的收集和处理、继续监测地下水水质的变化等。具体措施包括：a. 封场后需要继续抽排渗滤液与地下水，以保证填埋场水平防渗系统安全；b. 封场后需要继续进行环境与安全监测，包括地下水监测、地表水监测、大气监测、甲烷气体浓度监测等。

另外，为保证任何时候封顶覆盖系统的各部件都运作良好，必须对此系统作日常保养，直到该系统运行稳定。日常保养包括：a. 维护植被覆盖，包括修剪、施肥等；b. 保养表土，包括必要时应用防腐蚀织物、修整坡度等；c. 保养地表水导排明渠，包括去除障碍物、修补旧渠道等。

7.4　刚性填埋场设计

7.4.1　刚性填埋场总体布置

《危险废物填埋污染控制标准》（GB 18598—2019）中对于刚性填埋场的定义为：采用钢筋混凝土作为防渗阻隔结构的填埋处置设施。在实际工程建设中，还未出现直接或仅仅以钢筋混凝土结构作为防渗阻隔结构的刚性填埋场。混凝土是指由胶凝材料将集料胶结成整体的工程复合材料的统称。通常讲的混凝土以水泥作为胶凝材料；砂、石作为集料。因混凝土本身具有吸水性，且混凝土和其中的钢筋易受到周边环境的腐蚀，以钢筋混凝土结构作为防渗阻隔结构并使其直接接触废物和渗滤液将引起混凝土和其中钢筋的腐蚀。目前建成的刚性填埋场，混凝土结构均作为刚性填埋库防腐、防渗材料的支撑结构。

（1）设计原则

① 符合区域性环境保护规划，严格执行环境影响评价报告及其批复的要求。

② 坚持"以人为本"的思想，加强劳动安全保护，在技术可靠、经济合理、避免产生二次污染、确保生态环境不受破坏的前提下尽可能做到环境优美。

③ 应设有防雨设施，杜绝雨水进入；应能通过目视检测到填埋单元的破损情况，以便进行修补。

④ 填埋库区应该总体规划，分期建设。

（2）平面布置

刚性填埋库区的平面布置应综合考虑物流、作业方式、填埋单元的平面分组布置情况、分期建设规划等因素。原则上应选择平面为矩形的区域布置安全填埋库区，以矩形地块的长边方向作为库区分期建设的发展方向，以矩形地块的短边方向作为填埋上料的位置。

刚性填埋库区应设置库区周边环通的道路，道路的宽度可结合场区整体的物流情况进行选择，环库道路宽度仅满足单车道通行要求时，道路局部应设会车区。道路转弯位置的转弯半径应满足运输车辆的回转要求。道路内侧需留出库区周边排水系统布设所需的宽度。

在进行刚性填埋库区平面布置前，应优先确定填埋单元格的尺寸和填埋作业方式。一般可将若干填埋单元格组合成一个大的填埋区，填埋区大小根据结构设计需要确定，长度一般不宜大于 50m。

进行平面布置时，可将数个大填埋区进行组合排布，构建每期建设的刚性库区。

（3）竖向布置

刚性填埋库区进行竖向布置时应优先确定库区基础形式。以盐城某项目为例，库区建设场地的土层条件自上而下依次为：1 层素填土，2 层粉质黏土，3 层砂质粉土，4 层砂质粉土；其中 1~3 层土承载力较低，4 层土承载力较高，如将库区基础设置于 4 层土内，经深度修正后天然地基的承载力可满足设计要求。因此，最终，该项目采用了半地下的刚性填埋库。所以，刚性填埋场竖向布置应优先解决库区基础形式的问题，根据基础形式的优化设计结果确定库区整体的标高情况。

按照前述标准的要求，刚性填埋库应在填埋危废的主体结构之下设立检修夹层，而在主体结构之上，应根据作业方式的选择布置防雨设施和作业设施。因此，刚性填埋库的竖向布置自下而上依次为库区基础、检修夹层、库区主体结构、作业层（含防雨设施）。

检测夹层的净高一般需满足施工期装拆模板及运行期巡检的要求，因此建议检修夹层的高度不宜小于 1.8m。

（4）库区单元格构建

根据《危险废物填埋污染控制标准》，刚性填埋场每个填埋单元面积不得超过 50m² 且容积不得超过 250m³；基于填埋单元格总容积的控制要求，填埋单元高度与单元格尺寸的平方成反比关系。在不考虑基础设计的前提下，库区造价主要受结构钢筋混凝土用量和结构内表面防渗防腐材料覆盖面积影响。考虑库区为长宽相等的立方体结构，库区内平面净尺寸为 b，库区内净高为 h，侧壁壁厚为 t，库区底板厚为 T，以上设计尺寸参数应满足以下条件：

$$b^2 = 50$$
$$b^2 h = 250$$

单个单元格混凝土用量 $V_c = [(b+t)^2 - b^2]h + (b+t)^2 T$

单个单元格防渗防腐材料覆盖面积 $S = b^2 + 4bh$

结合结构受力计算，按照板最优配筋率 0.4%~0.6% 控制侧壁和底板厚度，表 7-8 中对各种可行的填埋单元的尺寸进行对比分析。

表 7-8　不同尺寸填埋单元设计参数对比表

平面尺寸 /m	壁厚 /m	底板厚 /m	高度 /m	侧壁混凝土用量 /m³	底板混凝土用量 /m³	池体总混凝土用量 /m³	单方池体混凝土用量 /m³	单位面积库容 /m³	单方混凝土用量降低比例 /%	单位面积库容降低比例 /%
4.00	0.45	0.6	15.6	59.4	11.9	71.3	0.29	15.6	0	0
4.10	0.45	0.6	14.9	57.9	12.4	70.3	0.28	14.9	1	5
4.20	0.45	0.6	14.2	56.4	13.0	69.4	0.28	14.2	3	9
4.30	0.45	0.6	13.5	55.1	13.5	68.6	0.27	13.5	4	13
4.40	0.45	0.6	12.9	53.8	14.1	67.9	0.27	12.9	5	17
4.50	0.45	0.6	12.3	52.5	14.7	67.2	0.27	12.3	6	21
4.60	0.45	0.6	11.8	51.3	15.3	66.6	0.27	11.8	7	24
4.70	0.45	0.6	11.3	50.2	15.9	66.1	0.26	11.3	7	28
4.80	0.45	0.6	10.9	49.1	16.5	65.6	0.26	10.9	8	31
4.90	0.45	0.6	10.4	48.0	17.2	65.2	0.26	10.4	9	33
5.00	0.40	0.6	10.0	41.6	17.5	59.1	0.24	10.0	17	36
5.10	0.40	0.6	9.6	40.8	18.2	58.9	0.24	9.6	17	38
5.20	0.40	0.6	9.2	39.9	18.8	58.8	0.24	9.2	18	41
5.30	0.40	0.6	8.9	39.2	19.5	58.7	0.23	8.9	18	43
5.40	0.40	0.6	8.6	38.4	20.2	58.6	0.23	8.6	18	45
5.50	0.40	0.6	8.3	37.7	20.9	58.6	0.23	8.3	18	47
5.60	0.40	0.6	8.0	37.0	21.6	58.6	0.23	8.0	18	49
5.70	0.40	0.6	7.7	36.3	22.3	58.6	0.23	7.7	18	51
5.80	0.40	0.6	7.4	35.7	23.1	58.7	0.23	7.4	18	52
5.90	0.40	0.6	7.2	35.0	23.8	58.9	0.24	7.2	17	54
6.00	0.40	0.6	6.9	34.4	24.6	59.0	0.24	6.9	17	56
6.10	0.40	0.6	6.7	33.9	25.4	59.2	0.24	6.7	17	57
6.20	0.40	0.6	6.5	33.3	26.1	59.4	0.24	6.5	17	58
6.30	0.40	0.6	6.3	32.8	26.9	59.7	0.24	6.3	16	60
6.40	0.40	0.6	6.1	32.2	27.7	60.0	0.24	6.1	16	61
6.50	0.40	0.6	5.9	31.7	28.6	60.3	0.24	5.9	15	62
6.60	0.40	0.6	5.7	31.2	29.4	60.6	0.24	5.7	15	63
6.70	0.40	0.6	5.6	30.7	30.2	61.0	0.24	5.6	14	64
6.80	0.40	0.6	5.4	30.3	31.1	61.4	0.25	5.4	14	65
6.90	0.40	0.6	5.3	29.8	32.0	61.8	0.25	5.3	13	66
7.00	0.40	0.6	5.1	29.4	32.9	62.2	0.25	5.1	13	67
7.05	0.40	0.6	5.0	29.2	33.3	62.5	0.25	5.0	12	68

　　单元尺寸与一个单元格混凝土用量的关系见图 7-6，单元尺寸与单位面积库容的关系见图 7-7。

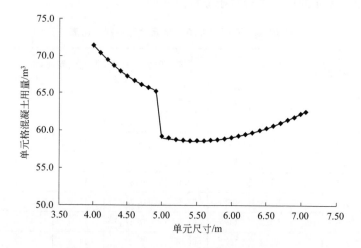

图 7-6　单元尺寸与一个单元格混凝土用量关系图

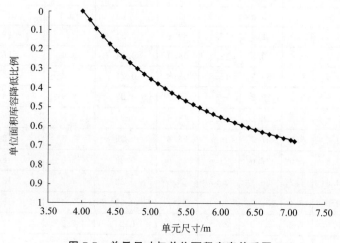

图 7-7　单元尺寸与单位面积库容关系图

填埋库区防渗防腐结构造价与填埋单元内表面积相关，图 7-8 对单元尺寸与单元内表面积的关系进行了分析。

受尺寸效应以及侧壁与底板厚度权重的影响，库区主体结构造价最为经济的库区单元尺寸为 $5.7m \times 5.7m \times 7.7m$。

以上分析未考虑库区基础造价的影响，在具体工程设计时应根据地质条件将基础形式、地基处理方式等影响因素考虑在内。

7.4.2　填埋库区工艺设计

7.4.2.1　工艺原则

① 确保填埋作业安全。

② 最大限度地减少渗滤液产生量。

③ 最大限度地提高填埋作业效率。

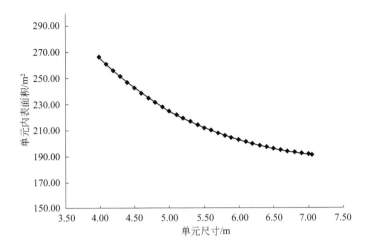

图 7-8　单元尺寸与单元内表面积关系图

7.4.2.2　作业工艺

（1）建立物料填埋档案

安全填埋场库区填埋废物的性质各异，为了跟踪填埋废物，必须明确填埋物料在填埋库中所处的位置。对填埋库区的填埋单元进行编号分类。进入库区的危险废物需填写填埋记录，并记录在电子档案内，注明其在填埋库内的填埋单元编号、深度及单元内填埋位置。

（2）危险废物预处理及检测

预处理后的危险废物需进行包括易燃性、反应性及相容性在内的检测，符合危险废物填埋场入场标准后方能填埋。

（3）场内运输

填埋物料通过收运车辆由暂存仓库运至填埋库区。

（4）卸车作业

采用起重机吊装的作业方式进行卸料填埋。随填埋作业进行和填埋物料种类的改变，选择对应的填埋单元进行作业。

（5）填埋封场

填埋场封场后需要进行后期管理。封场后期管理主要包括填埋气管理、渗滤液及地下水管理、环境与安全监测、封场覆盖系统管理等。具体措施如下：

① 封场后需要继续监测库底渗漏情况，以保证填埋场防渗系统安全。

② 封场后需要继续按照环境影响评价要求进行环境与安全监测，包括地下水监测、地表水监测、大气监测、气体浓度监测等。

7.4.3　结构设计

（1）结构设计原则

库区主体结构为架空混凝土水池结构，其计算应符合以下原则。

① 库区底板做双向受力板设计。

② 库区侧壁板按照单元尺寸的实际情况做单向/双向受力板设计。

③ 库区底板做抗弯、抗剪验算，底板四周弯矩由侧壁及相邻底板平衡，按力矩分配法分配。

④ 库区侧壁做竖向、水平向拉弯验算，深受弯构件验算，侧壁两侧为相邻侧壁提供的弹性支座，侧壁底部为库区底板提供的弹性支座，支座弯矩按力矩分配法分配。

⑤ 库区检修夹层柱根据静力计算和抗震计算结果进行设计。

库区池体在填埋作业运营过程中，每个填埋单元侧壁及底板等构件的受力情况均随填埋作业的进行而发生改变。在库区池体结构设计时对填埋作业中单个填埋单元的受力工况进行归纳如下：a. 目标填埋单元及相邻单元均为空库状态；b. 目标填埋单元满库、相邻填埋单元空库；c. 目标填埋单元满库，相邻填埋单元个别空库、个别满库；d. 目标填埋单元与相邻填埋单元均为满库状态。

从填埋作业发展的角度看，随着填埋作业的进行，各个填埋单元受力状态是一个有序的逐步加荷的过程。因此在进行库区池体设计时应考虑到这种加荷过程对池体内力和配筋的影响。

归纳池体构件内力变化的过程，总结出以下几点设计原则：

① 池体底板应按照最不利工况，即全部满库状态进行设计；

② 池体外围侧壁应按照最不利工况，即外围填埋单元满库状态进行校核设计；

③ 池体内部侧壁按填埋作业期间存在的最不利工况考虑，即侧壁两边分别为空库和满库的状态进行校核设计。

池体各个板块应考虑不同受力组合的工况，并按照影响线的包络值进行设计。

(2) 混凝土材料

根据《危险废物填埋污染控制标准》（GB 18598—2019）：5.8　刚性填埋场设计应符合以下规定：a. 刚性填埋场钢筋混凝土的设计应符合 GB 50010 的相关规定，防水等级应符合《地下工程防水技术规范》（GB 50108—2008）一级防水标准；b. 钢筋混凝土与废物接触的面上应覆有防渗、防腐材料。

根据《工业建筑防腐蚀设计标准》（GB/T 50046—2018），介质对建筑材料长期作用下的腐蚀性可分为强腐蚀、中腐蚀、弱腐蚀、微腐蚀四个等级。同一形态的多种介质同时作用于同一部位时，腐蚀性等级应取最高者；同一介质依据不同方法判定的腐蚀性等级不同时，应取最高者。

刚性填埋场所填埋的废物性质各异，针对具体工程，应根据填埋物料种类和组分，分析废物渗滤液的性质，对照《工业建筑防腐蚀设计标准》（GB/T 50046—2018）中的具体要求，选择合适的混凝土材料，以强腐蚀环境为例，库区主体结构混凝土强度等级应为 C40，根据《地下工程防水技术规范》（GB 50108—2008）防水等级为一级时构筑物表面不允许渗水，结构表面无湿渍。参考明挖法地下工程防水设防要求，混凝土抗渗等级为 P8，最大水胶比为 0.40，胶凝材料中最大氯离子质量比 0.08%，最大碱含量 $3kg/m^3$。同时，主体结构表面可涂刷水泥基渗透结晶材料，结构层厚度不小于 250mm，裂缝宽度不得大于 0.2mm，内侧池壁钢筋保护层厚度不应小于 50mm。

7.4.4　防渗防腐及渗滤液导排设计

（1）填埋单元防渗防腐做法

在填埋单元混凝土表面设置防渗防腐层的主要目的在于：a. 阻止渗滤液对外渗漏；b. 防止渗滤液对混凝土结构的腐蚀。

一般以 1.5～2.0mmHDPE 土工膜作为防渗层，土工膜与混凝土表面涂刷防腐材料作为混凝土结构防腐层。同时，在混凝土结构底板上留设防渗层渗漏观察孔，可及时发现防渗层发生的渗漏问题，并将渗出的渗滤液排出库区填埋单元以外。

以实际工程为例，某项目填埋单元设计有膜下渗漏检测孔和单元渗漏检修夹层两重渗漏检查措施。其中，膜下渗漏检测孔连通单元防渗膜与单元混凝土间的空隙，孔下设置视镜，可及时发现单元防渗膜是否发生渗漏；渗漏检修夹层可检测库区是否发生混凝土结构性裂缝的渗漏。

针对以上两种渗漏情况，分别采取以下修复措施：仅膜下渗漏检测孔发现渗漏时，将单元内填埋的废物清空，检测并修复防渗膜渗漏点；发现混凝土结构性裂缝的渗漏时，将单元内填埋的废物清空，分析混凝土结构发生裂缝的原因，检查裂缝发展的宽度、钢筋锈蚀的程度，并对库区结构进行探伤，评估库区结构是否能够继续承担结构荷载。针对细微裂缝的渗漏可对混凝土结构渗漏部位进行常规堵漏处理，并在结构表面涂刷防渗材料，同时重新铺设防渗膜。对于较为严重的结构裂缝，应根据评估结果考虑是否采取减轻填埋单元荷载或结构加固处理措施等。

（2）渗滤液收集导排措施

在刚性填埋场设计中目前有以下两种常见的渗滤液导排形式。

① 在填埋单元底部设置渗滤液导排孔，以重力引导渗滤液排出场外，这种做法的优点在于渗滤液管理简单，确保库底没有渗滤液滞留；缺点在于库底的渗滤液导排孔与防渗材料间的连接是施工的难点和防渗结构的薄弱点。

② 在填埋单元内设渗滤液抽排井，以机械强排的手段抽出库区内渗滤液，这种做法的优点在于防渗膜无垂直穿孔焊接点；缺点在于垂直抽排井的设置与运维都有一定的难度。

以上两种渗滤液抽排措施可以根据各项目的具体特点择优选取。

7.4.5　封场设计

根据《危险废物填埋污染控制标准》(GB 18598—2019)：9.3 刚性填埋单元填满后应及时对该单元进行封场，封场结构应包括 1.5mm 以上高密度聚乙烯防渗膜及抗渗混凝土。

填埋场封场覆盖系统用于防止雨水、空气和动物进入废物堆体中。封场的作用主要为防止雨水下渗，减少填埋场渗滤液产生量。对于刚性填埋场来说，封场结构层的设计应满足以下几点要求：a. 防雨；b. 导排废物中有机成分产生的废气；c. 填埋单元发生渗漏时能够打开。

刚性填埋场封场结构一般分为承载型和非承载型两类。承载型封场结构的设计自上而下可为：80mm 混凝土封层＋2.0mmHDPE 膜＋素混凝土找坡层＋钢筋混凝土盖板＋废物。非承载型封场结构的设计自上而下可为：80mm 混凝土封层＋2.0mmHDPE 膜＋粗砂找坡层＋废物。从设计案例中可见，承载型和非承载型封场结构的区别在于是否以钢筋混凝土盖板或其他结构形式的盖板支撑封场结构层的重量。这个问题需在刚性填埋场设计之初就考虑清楚，使用承载型封场结构的刚性填埋场不需在库区底板计算时增加封场结构层的荷载，但需在基础设计中考虑封场结构层的荷载；使用非承载型封场结构的刚性填埋场需在库区底板计算时增加封场结构层的荷载，同时需在基础设计中考虑封场结构层的荷载。

除了对于库区主体结构设计的影响，承载型和非承载型封场结构其他不同之处在于：a. 承载型封场结构可以作为作业车辆的行走平台；b. 承载型封场结构中的盖板可作为封场前的临时防雨设置；c. 非承载型封场结构施工较为简便；d. 承载型封场结构需考虑盖板吊装的问题。

7.5 环境监测

7.5.1 环境管理

填埋场应设置专门的环境管理机构，负责场内的环境管理和监测工作，及时监督和掌握污染情况，以便采取相应的防范措施。管理机构对库区作业、渗滤液处理、环境监测实行统一管理，特别注意以下几项工作。

① 堆体覆盖的管理：堆体及时覆盖是一项非常重要的工作。做到堆体及时覆土，能减少环境空气污染的程度和范围。

② 污染事故的预防和应急措施：根据以往填埋场的运营管理经验和教训，填埋场若管理不善，容易造成突发性的污染事故。如暴雨时，渗滤液调节池容量不够，承受不了超大量的污水冲击，造成溢出等。因此，要切实抓好污染事故的预防和应急措施。

③ 渗滤液处理设施管理：废物填埋处置场较为严重的环境影响因素就是渗滤液，而解决好渗滤液出路的关键在于对渗滤液处理设施的管理。本工程要求管理好污水处理装置，严格执行操作规程，使其能正常运转，确保达到预计处理目标。

④ 环保设施的检修：为确保各项环保设施的正常运转，必须进行各种环保设施的检修工作。除场区内的设施外，还应特别注意排污管道各级泵房等设施的维护。

7.5.2 环境监测

环境监测是填埋场设计、施工以及善后管理工作中的重要内容之一。采取正确的监测措施和方法，可以及时发现填埋场运营过程中出现的问题，一旦问题发生则可及时采取补救措施，以免污染事故、运行事故的发生。对填埋场的监督性监测的项目和频率应按照有关环境监测技术规范进行，监测结果应定期报送当地环保部门，并接受当地环保部门的监督检查。

(1) 渗滤液

① 利用填埋场的每个集水井进行水位和水质监测。

② 采样频率应根据填埋物特性、覆盖层和降水等条件加以确定，应能充分反映填埋场渗滤液变化情况。渗滤液水质和水位监测频率至少为每月一次。

③ 主要水质指标应根据填埋的危险废物主要有害成分及稳定化处理结果来确定。常规监测项目包括 pH 值、悬浮物（SS）、五日生化需氧量（BOD_5）、化学需氧量（COD_{Cr}）、氨氮（$NH_3\text{-}N$）、磷酸盐（以 P 计）。

（2）地下水

1）布点原则

应根据场地水文地质条件，以及时反映地下水水质变化为原则，布设地下水监测系统。

① 在填埋场上游应设置 1 个监测井，在填埋场两侧各布置不少于 1 个的监测井，在填埋场下游至少设置 3 个监测井；

② 填埋场设置有地下水收集导排系统的，应在填埋场地下水主管出口处至少设置取样井一眼，用以监测地下水收集导排系统的水质；

③ 监测井应设置在地下水上下游相同水力坡度上；

④ 监测井深度应足以采取具有代表性的样品。

2）监测因子

地下水监测因子应根据填埋废物特性由当地环境保护行政主管部门确定，必须具有代表性，能代表废物特性的参数。常规测定项目为浊度、pH 值、可溶性固体、氯化物和氨氮。

3）监测频率

① 填埋场运行期间，企业自行监测频率为每个月至少一次；如周边有环境敏感区应加大监测频次；

② 封场后，应继续监测地下水，频率至少一季度一次；如监测结果出现异常，应及时进行重新监测，并根据实际情况增加监测项目，间隔时间不得超过 3d。

（3）大气

采样点布设、采样及监测方法按照《大气污染物综合排放标准》（GB 16297）的规定执行，污染源下风方向应为主要监测范围。

填埋场运行期间，企业自行监测频率为每个季度至少一次。如监测结果出现异常，应及时进行重新监测，间隔时间不得超过 1 个星期。

第**8**章 危险废物物化处理设计

8.1 危废物化处理对象的基本特征

8.1.1 适于物化处理的危险废物类别

物化处理是将液态危险废物（含部分固态）经物理、化学方法处理后，降低甚至解除其毒性、腐蚀性或反应性，为危险废物的下一处理工序提供有利条件。物化处理在危险废物的集中处置过程中大都用作前处理措施，但其处理过程中产生的各类次生废物，如化学污泥、废油渣等，需采用稳定化/固化、焚烧、安全填埋等处置方式，因此物化处理很难作为危险废物的最终处置技术。

物化处理主要处理对象为液态类危险废物，《国家危险废物名录》中约有 18 大类危险废物可采用物化处理方式进行处理，但并非所有大类中各小类均可采用物化处理。这 18 大类危险废物为热处理含氰废物（HW07）、废矿物油与含矿物油废物（HW08）、油/水、烃/水混合物或乳化液（HW09）、精（蒸）馏残渣（HW11）、染料、涂料废物（HW12）、感光材料废物（HW16）、表面处理废物（HW17）、含铬废物（HW21）、含铜废物（HW22）、含锌废物（HW23）、含铅废物（HW31）、无机氟化物废物（HW32）、无机氰化物废物（HW33）、废酸（HW34）、废碱（HW35）、含有机卤化物废物（HW45）、其他废物（HW49）、废催化剂（HW50）等。适于物化处理的危险废物见表 8-1。

表 8-1 适于物化处理的危险废物

序号		废物类别	备注
1	HW07	热处理含氰废物	336-005-07
2	HW08	废矿物油与含矿物油废物	251-001-08
3	HW09	油/水、烃/水混合物或乳化液	900-005-09、900-006-09、900-007-09
4	HW11	精（蒸）馏残渣	252-013-11
5	HW12	染料、涂料废物	264-009-12、264-010-12、264-011-12、264-013-12、900-256-12
6	HW16	感光材料废物	397-001-16
7	HW17	表面处理废物	除 336-050-17、336-051-17、336-059-17、336-061-17、336-067-17、336-068-17 外
8	HW21	含铬废物	261-138-21、336-100-21
9	HW22	含铜废物	304-001-22、397-004-22、397-005-22、397-051-22
10	HW23	含锌废物	900-021-23
11	HW31	含铅废物	397-052-31、421-001-31
12	HW32	无机氟化物废物	900-026-32
13	HW33	无机氰化物废物	092-003-33、900-027-33、900-028-33、900-029-33
14	HW34	废酸	全部小类
15	HW35	废碱	全部小类
16	HW 45	含有机卤化物废物	261-078-45、261-080-45、261-084-45、900-036-45
17	HW 49	其他废物	900-042-49、900-047-49、900-999-49
18	HW 50	废催化剂	900-048-50

8.1.2 可物化处理的典型危险废物基本特征

适于物化处理的危险废物广泛来源于金属表面处理及热处理加工、石油加工、涂料油墨颜料及类似产品制造、电子元件制造、基础化学原料制造、毛皮鞣制及制品、纸浆制造等多个行业。根据危险废物产废来源典型危险废液具有如下基本特征。

（1）HW09 废乳化液

乳化液是将一种或几种液体微粒（液滴或液晶）分散在另一种不相混溶的液体中构成具有稳定性的多相分散体系，其外观呈乳状。机械加工工业在磨、切、削、轧等加工过程中，普遍使用乳化液来冷却、润滑、防锈、清洗等，以提高产品的质量，减少机床磨损，从而延长机床的使用寿命。乳化液又被称作冷却液、润滑液，品种繁多，作用各异，大致分为切削油、乳化油、水基切削液等，基本上都是水、乳化油和化学添加剂（如油性剂、乳化剂、润滑剂、防锈剂）配制而成。乳化液使用一段时间后，各种性能降低，品质劣化，需要更换。生产过程中产生的废皂液、乳化油混合物、乳化液（膏）、切削剂、冷却剂、润滑剂、拔丝剂等，在机械加工和金属表面处理过程中循环使用至腐败变质后废弃排放，形成废乳化液。废乳化液具有含油量高、有机物浓度高、色度高、成分复杂等特点，水质呈弱碱性，伴有恶臭，并含有苯并芘、多氯联苯类、多环芳烃等有毒和致癌物质，进入环境后能通过生物作用富集，危害人类健康。

（2）HW11 精（蒸）馏残渣

精（蒸）馏残渣一般指化工生产精馏或蒸馏分离过程中，残留于反应塔釜的高沸点组分，其颜色深，具有明显的刺激性气味，含有大量杂质和有毒有害物质，通常是黏稠液体或固体，大多含有芳香族化合物（苯）、烃基化合物、烃类衍生物（酚、醛、酸、醇）和焦油等成分。主要产生于纯碱工业、炼焦制造、基础化学原料制造、常用有色金属冶炼等行业。

（3）HW12 染料、涂料废物

染料、涂料废物是指从油墨、染料、颜料、油漆、真漆、罩光漆的生产配制和使用过程中产生的废物，主要包括：生产过程中产生的废弃颜料、染料、涂料和不合格产品；染料、颜料生产硝化、氧化、还原、磺化、重氮化、卤化等化学反应中产生的废母液、残渣、中间体废物；油漆、油墨生产、配制和使用过程中产生的含颜料、油墨的有机溶剂废物；使用酸、碱或有机溶剂清洗容器设备产生的污泥状剥离物；含有染料、颜料、油墨、油漆残余物的废弃物包装物等。

染料、涂料废物中常见具有危害性的主要有废酸性染料、碱性染料、媒染染料、偶氮染料、直接染料、冰染染料、还原染料、硫化染料、活性染料、醇酸树脂涂料、丙烯酸树脂涂料、聚氨酯树脂涂料、聚乙烯树脂涂料、环氧树脂涂料、双组分涂料、油墨、重金属颜料等种类。

（4）HW17 表面处理废物

表面处理废物来源于金属表面处理及热处理加工行业。主要包括镀锌、镀铜、镀铬、镀镍等电镀工艺产生的废槽液，金属和塑料表面酸洗、除油、除锈、洗涤、磷化、出光、化抛工艺产生的废腐蚀液、洗涤液和废槽液，以及镀层剥除过程产生的废液。

（5）HW34 废酸、HW35 废碱

废酸来源于钢材深加工产生的废酸性洗液，使用酸溶液进行电解除油、酸蚀、活化前表面敏化、催化、锡浸亮产生的废酸液，PCB 行业使用酸浸蚀剂进行氧化物浸蚀产生的废酸液，使用硝酸进行钝化产生的废酸液、使用硝酸剥落不合格镀层和挂架金属镀层产生的废酸液，使用酸进行电解除油、金属表面敏化产生的废酸液，使用酸清洗产生的废酸液。常接收的废酸为废盐酸、废硫酸、废硝酸、其他杂酸。

废碱来源于使用碱进行清洗除蜡、碱性除油、电解除油产生的废碱液，使用碱溶液碱性清洗、图形显影产生的废碱液，使用碱进行电镀阻挡层或抗蚀层的脱除产生的废碱液，使用碱进行氧化膜浸蚀产生的废碱液，使用氢氧化钠进行丝光处理过程中产生的废碱液等。

8.1.3　典型危险废液成分

通过对产废相关行业的相关资料进行调研，HW09 废乳化液、HW11 精（蒸）馏残渣、HW17 表面处理废液、HW34 废酸、HW35 废碱等典型危险废液的主要特征污染物见表 8-2～表 8-6。

表 8-2　废乳化液主要特征污染物

序号	来源	pH 值	COD_{Cr}/(g/L)	BOD_5/(g/L)	油/(g/L)
1	大连某轴承加工厂	8～9	90		30
2	山东某特钢帘线加工				208
3	山东某电子铝合金加工				113
4	山东某钢铁件加工				181
5	上海某废水处理厂		31.6～182.7		26.8～154.85
6	佛山某钢管厂		21		38
7	某制造厂	8～10	22.3		
8	四川德阳某企业切削废液		21～24	3.9～4.5	
9	某机械制造厂	8.8～9.1	130	17	11
10	河南某科技公司 CNC 切削废液		27.7		1.5
11	某加工企业水基废切削乳化液	6.64	35.98		

表 8-3　精（蒸）馏残渣主要特征污染物

序号	来源	pH 值	COD/(g/L)	悬浮硫/(g/L)
1	重庆地区有机化工精馏残液			
1.1	燃料乙醇精馏残液	6.78	64.089	
1.2	聚乙烯醇精馏残液	3.45	0.392	
1.3	甲烷氯化物精馏残液	5.31	132.881	
1.4	甲醇精馏残液	5.24	129.632	
1.5	乙酸精馏残液	3.01	1.365	
1.6	乙酸乙酯精馏残液	5.83	267.254	
1.7	三聚氰胺精馏残液	9.65	0.916	
1.8	乙酸乙烯酯精馏残液	3.16	1.338	

续表

序号	来源	pH 值	COD/(g/L)	悬浮硫/(g/L)
2	山西某焦化脱硫废液	8.1~8.2	38.78~50.94	0.88
3	太原某焦化厂脱硫废液	8.55	136.8	
4	武汉某焦化脱硫废液	9.87	29.172	
5	某钢铁厂脱硫废液	8		1.5

表 8-4 表面处理废液主要特征污染物

序号	来源	COD/(g/L)	Cr/(g/L)	Ni/(g/L)	Pb/(mg/L)	Cd/(mg/L)	Cu/(g/L)	Zn/(mg/L)	$H_2PO_2^-$/(g/L)	$H_2PO_3^-$/(g/L)	SO_4^{2-}/(g/L)	HF/(g/L)	HNO_3/(g/L)
1	重庆某机器厂钝化槽液		104.73				1.78						
2	某化学镀镍槽液			3.8~5.6	0.1~1.0				13.65~19.5	8.1~81	38.4~144		
3	合肥某金属材料公司镀镍废液			17.37			0.0152	0.0137					
4	大连某化学镀企业镀镍废液	68.7		4.48					15.53	57.51			
5	芜湖某材料公司镀镍废液			17.37					1.06	13.26			
6	无锡某电子生产公司镀镍老化液	19.11		9.28					10.23	41.66			
7	某电镀厂镀铜废液	34					0.8~1.0						
8	某不锈钢酸洗废液		0.016~0.029	0.022~0.023		0.8~1.0							
9	某不锈钢酸洗废液		10~11	0~5								40~45	180~200
10	某钢丝绳酸洗磷化废液				1120~7740			56.1~1620					

表 8-5　废酸主要特征污染物

序号	来源	H⁺ /(g/L)	H₂SO₄ /(g/L)	SO₄²⁻ /(g/L)	HNO₃ /(g/L)	HCl /(g/L)	Cl⁻ /(g/L)	F⁻ /(g/L)	H₃PO₄ /(g/L)	总Fe
1	广西某铝厂钛白废酸	6.06		379.84						31.6
2	某钛白粉厂废酸		20%							26.2
3	云南某钛白废酸									52.19
4	湖北某电子企业蚀刻废酸				118.5	0.3			8.9	
5	浙江丰川电子废酸		450.6		132.3					
6	某铜冶炼厂废酸		195.6				14.91			2.75
7	江苏某化工厂废氯磺酸		9.55							7
8	东营某化工厂氯乙酰生产废酸	8.76~9.32	8.8~9.3	10			228~234			1.2~1.7
9	某太阳能电池腐蚀废酸	>0.1						8~120		
10	湖北某公司冶炼含氟废酸	0.025		14.6				18.4		0.13
11	青岛某钢帘线厂酸洗废液					24				118.6
12	青岛某镀锌厂废酸					38				108.9

表 8-6　废碱主要特征污染物

序号	来源	OH⁻ /(g/L)	COD /(g/L)	油 /(g/L)	S²⁻ /(g/L)	酚 /(g/L)	NH₃-N /(g/L)
1	太原化工环己酮废碱液		289.494				
2	某炼油废碱		204.4~234.3	63.7	32.5~58.2	239~299	
3	某炼油装置洗脱碱液	0.0074					20
4	某炼油厂净化水车间废碱液		1.3~3.87	60~534	0.1~0.75	80~1350	137~280
5	某乙烯裂解废碱液	5.3	10~35	25~1000	6.12~12.24	20~50	
6	某石蜡化工炼油废碱液		2.4	0.06	0.4~0.86	75~290	
7	炼油-催化汽油碱液	21~46	300~500	2000~42000	81~260	40~100	

序号	来源	OH⁻/(g/L)	COD/(g/L)	油/(g/L)	S²⁻/(g/L)	酚/(g/L)	NH₃-N/(g/L)
8	炼油-液态烃碱液	17~46	33~300	1900~30000	2.3~120	0.012~3	
9	炼油-催化柴油碱液	0.8~5.5	200~700	10000~30000	0.06~1.5	0.23~1.68	
10	某丝光印染废碱	101.5	1.32				
11	增城某印染厂丝光印染废碱	34	5				
12	某啤酒厂洗瓶碱液	8.0~8.4	2.0~2.5				4.2~9.6

由表 8-2~表 8-6 可知，废乳化液 pH 偏碱性，COD 浓度可高达 100g/L，并含有较大量的油类物质。精（蒸）馏残渣 pH 值、COD 变化幅度均较大。表面处理废液含有高浓度的废酸，如磷酸、硝酸等，铬、镍等为表面处理废液中最常见的污染物质。废酸中的酸成分更广泛，伴随着废酸会产生高浓度的硫酸根离子、氯离子、铁等。废碱液 COD 浓度高，其 COD 很大程度来源于高浓度的 S²⁻，石油化工行业产生的废碱液富含高浓度油类物质，需采取有针对性的除油措施。

8.2 危险废物物化处理常用方法

8.2.1 化学沉淀法

化学沉淀法是指向废水中投加某种化学物质，使它和水中某些溶解物质产生反应，生成难溶于水的盐类沉淀下来，从而降低水中这些溶解物质的含量。沉淀法常用于处理含六价铬、铅、铜、铅、砷等有毒化合物的废液。

水中难溶解盐类服从溶度积原理，即在一定温度下，在含有难溶盐的饱和溶液中各种离子浓度的乘积为一常数，也就是溶度积常数。为去除废液中的某种离子，可以向水中投加能生成难溶解盐类的另一种离子，使两种离子浓度的乘积大于该难溶解盐的溶度积，形成沉淀，从而降低污水中的这种离子的含量。危险废液物化处理最常用的两种沉淀方法为氢氧化物沉淀法及硫化物沉淀法。

(1) 氢氧化物沉淀法

除了碱金属和部分碱土金属外，其他金属的氢氧化物大都是难溶的，危险废液物化处理中常见金属氢氧化物的溶度积见表 8-7。一般而言，金属离子浓度相同时，溶度积 K_{sp} 越小，则开始析出氢氧化物沉淀的 pH 值越低；同一金属离子，浓度越大，开始析出沉淀的 pH 值越低。

表 8-7 危险废液物化处理中常见金属氢氧化物的溶度积（K_{sp}）

化学式	K_{sp}	化学式	K_{sp}	化学式	K_{sp}
AgOH	1.6×10^{-8}	Cr(OH)₃	6.3×10^{-31}	Ni(OH)₂	2.0×10^{-15}
Al(OH)₃	1.3×10^{-33}	Cu(OH)₂	5.0×10^{-20}	Pb(OH)₂	1.2×10^{-15}
Ca(OH)₂	5.5×10^{-6}	Fe(OH)₃	3.2×10^{-38}	Zn(OH)₂	7.1×10^{-18}
Cd(OH)₂	2.2×10^{-14}	Hg(OH)₂	4.8×10^{-26}		

大多数重金属离子和氢氧根离子不仅可以生成氢氧化物沉淀，而且还可以生成各种可溶性的羟基络合物，这时与金属氢氧化物呈平衡的饱和溶液中，不仅有游离的金属离子，而且有配位数不同的各种羟基络合物，它们都参与沉淀-溶解平衡。例如，Cr^{3+}、Al^{3+}、Zn^{2+}、Pb^{2+}、Fe^{2+}、Ni^{2+}、Cu^{2+} 等离子，在碱性提高时都可明显地生成络合阴离子，而使氢氧化物的溶解度又增加。

当废液中存在 CN^-、NH_3 及 Cl^-、S^{2-} 等配位体时，能与重金属离子结合成可溶性络合物，增大金属氢氧化物的溶解度，对沉淀法去除重金属不利，因此需通过预处理将其除去。废液中往往有多种重金属离子共存。此时，尽管低于理论 pH 值，有时也会生成氢氧化物沉淀。这是因为在高 pH 值沉淀的重金属与在低 pH 值下生成的重金属沉淀物产生共沉现象。在有几种重金属离子共存时，由于各自生成的氢氧化物沉淀的最佳 pH 值条件不同，因此可进行分步沉淀处理。

氢氧化物沉淀法的沉淀剂为各种碱性药剂，主要有石灰、碳酸钠、苛性钠、石灰石等，最常用的沉淀剂是石灰。石灰沉淀法的优点是去除污染物范围广（不仅可沉淀去除重金属，而且可沉淀去除砷、氟、磷等）、药剂来源广、价格低、操作简便、处理可靠。但也存在明显缺点，如劳动卫生条件差、管道易结垢堵塞、泥渣体积庞大（含水率高达 $95\%\sim98\%$）、脱水困难。

（2）硫化物沉淀法

大多数过渡金属的硫化物都难溶于水，故可用硫化物沉淀法去除废水中的重金属离子。危险废液物化处理中常见金属硫化物的溶度积如表 8-8 所列，各种金属硫化物的溶度积相差悬殊，同时溶液中 S^{2-} 浓度受 H^+ 浓度的制约，所以可以通过控制酸度，用硫化物沉淀法把溶液中不同金属离子分步沉淀而分离回收。硫化物沉淀法常用的沉淀剂有 Na_2S、$NaHS$ 等。

表 8-8　危险废液物化处理中常见金属硫化物的溶度积（K_{sp}）

化学式	K_{sp}	化学式	K_{sp}	化学式	K_{sp}
Ag_2S	1.6×10^{-49}	FeS	3.7×10^{-19}	PbS	3.4×10^{-28}
CdS	3.6×10^{-29}	Hg_2S	1.0×10^{-45}	SnS	1×10^{-25}
Cu_2S	2×10^{-47}	HgS	4×10^{-53}	ZnS	1.6×10^{-24}
CuS	8.5×10^{-45}	NiS	1.4×10^{-24}		

S^{2-} 和 OH^- 一样，也能够与许多金属离子形成络阴离子，从而使金属硫化物的溶解度增大，不利于重金属的沉淀去除，故必须控制沉淀剂 S^{2-} 的浓度不要过量，其他配位体如 X^-（卤离子）、CN^-、SCN^- 等也能与重金属离子形成各种可溶性络合物，从而干扰金属的去除，应通过预处理将它们去除。

8.2.2　化学氧化还原法

（1）氯氧化法

以氯气、氯的含氧酸及其钠盐、二氧化氯等作为氧化剂的氧化反应一般称为氯氧化法，这些氧化剂称为氯系氧化剂。在危险废物物化处理中最常见的氯系氧化剂为氯的含氧酸钠盐，如次氯酸钠，特别是含氰废物的处理。

次氯酸根离子与氰化物的化学反应视氧化剂加入量而异，当控制反应条件尤其是加氯量一定时，氰化物仅被氧化成氰酸盐，称为氰化物的不完全氧化：

$$CN^- + ClO^- + H_2O \Longrightarrow CNCl + 2OH^-$$

此反应生成的氯化氰有剧毒，在酸性条件下稳定，易挥发致毒；只有在碱性条件下，容易转变为毒性极微的氰酸根（CNO^-）。生成的 CNCl 在碱性条件下水解：

$$CNCl + 2OH^- \Longrightarrow CNO^- + Cl^- + H_2O$$

当加氯量增加时，氰化物首先被氧化为氰酸盐：

$$CN^- + ClO^- \Longrightarrow CNO^- + Cl^- \text{ 或 } CN^- + Cl_2 + 2OH^- \Longrightarrow CNO^- + 2Cl^- + H_2O$$

生成的氰酸盐又被氧化为无毒的氮气和碳酸盐，称为氰化物的完全氧化，该反应是在不完全氧化的基础上完成的：

$$2CNO^- + 3ClO^- + H_2O \Longrightarrow 2HCO_3^- + N_2 + 3Cl^-$$

此阶段的氧化降解反应，在低 pH 值下可加速进行，但产物为 NH_4^+，且有重新逸出 CNCl 的危险，当 pH>12 时反应终止。通常将 pH 值控制在 7.5～9 之间为宜。生成的碳酸盐随反应 pH 值不同存在形式也不同，当 pH 值低时以 CO_2 形式逸入空气中，当 pH 值高时生成 $CaCO_3$ 沉淀。

氰化物的不完全氧化和完全氧化界限并不明显，当加氯比刚好满足氰化物不完全氧化需要时，残氰往往不能降低到 0.5mg/L，故需加入过量的氯，此时氰化物虽降低到 0.5mg/L，但氰酸盐也被氰化一部分，反应进入了完全氧化阶段。

根据反应式，可确定完全氧化 1molCN$^-$ 的理论耗药量为 2.5mol Cl_2 或 ClO^-。但实际废水的成分复杂，由于存在其他还原性物质（如 H_2S、Fe^{2+}、Mn^{2+} 及某些有机物等），使实际投药量往往比理论投药量大 2～3 倍。准确的投药量应通过试验确定，通常要求出水中保持 3～5mg/L 的余氯，以保证 CN$^-$ 含量降到 0.1mg/L 以下。

（2）臭氧氧化法

臭氧（O_3）是氧的同素异形体，在常温、常压下是一种淡蓝色气体，具有特殊的臭味，有毒性。臭氧沸点-111.9℃，相对密度是氧的 1.5 倍，在水中溶解度要比纯氧高 10 倍，比空气高 25 倍。臭氧水溶液的稳定性差，含量为 1％以下的臭氧，在常温常压的空气中分解半衰期为 20～30min。随着温度的升高，分解速度加快，温度超过 100℃时，分解非常剧烈，达到 270℃高温时可立即转化为氧气。臭氧水溶液的稳定性受水中所含杂质的影响较大，特别是有金属离子存在时臭氧可迅速分解为氧。

臭氧的氧化能力很强，在酸性溶液中其标准电极电势为 2.07V，氧化能力仅次于氟；在碱性溶液中，其标准电极电势为 1.24V，氧化能力略低于氯。在理想的反应条件下，臭氧可把水溶液中大多数单质和化合物氧化到它们的最高氧化态，对水中有机物有强烈的氧化降解作用。

由于臭氧很不稳定，故通常在现场制备，当场使用。臭氧的产生方式很多，主要包括电晕法、电解法、紫外线法、等离子体法等，工业上主要是利用干燥空气或氧气经无声放电来制取臭氧。在两电极间施以高的交流电压，由于介电体的阻碍，高压放电的电流很小，只在介电体表面和凸点处发生局部放电，形成一脉冲电子流（由于不形成电弧，故称为无声放电）。此时，如干燥的空气（或氧气）从放电间隙通过，一些氧分子与横向通过的脉冲电子流碰撞，在电子的轰击下，发生如下反应：

$$O_2 + e \longrightarrow O + O + e$$

$$O_2 + O \longrightarrow O_3$$

$$O + O + O \longrightarrow O_3$$

$$O_3 + e \longrightarrow O_2 + O + e$$

$$O_3 + O \longrightarrow 2O_2$$

无声放电法将部分氧气转变为臭氧，得到的混合气体称为臭氧化气。以空气为原料制得的臭氧化气臭氧浓度为 1%～3%（质量分数）；而以纯氧为原料制得的臭氧化气臭氧浓度可达 3%～10%。

通过臭氧氧化处理废液后，在排出的尾气中往往含有微量的臭氧，需利用自然通风或强制通风将尾气排放至安全地点，或采用活性炭吸附或通过加热促使臭氧快速分解。

（3）化学还原法

在含铬废物（HW21）的物化处理中，主要污染成分为 Cr^{6+}，一般采用化学还原法降低毒性，并为污染物的后续去除创造条件。

含铬废液中剧毒的六价铬（$Cr_2O_7^{2-}$ 或 CrO_4^{2-}）可用还原剂还原成毒性极微的三价铬。常用的还原剂有亚硫酸氢钠、二氧化硫、硫酸亚铁。还原产物 Cr^{3+} 可通过加碱至 pH＝7.5～9 使之生成难溶的氢氧化铬沉淀而从溶液中分离除去。

还原反应方程式如下（以 $FeSO_4$ 为例）：

$$6FeSO_4 + K_2Cr_2O_7 + 7H_2SO_4 \longrightarrow 3Fe_2(SO_4)_3 + K_2SO_4 + Cr_2(SO_4)_3 + 7H_2O$$

中和反应化学方程式如下：

$$Cr_2(SO_4)_3 + 6NaOH \longrightarrow 2Cr(OH)_3 \downarrow + 3Na_2SO_4$$

还原反应在酸性溶液中进行（pH＜3 为宜）。还原剂的耗用量与 pH 值有关。若用亚硫酸作还原剂，pH＝3～4 时氧化还原反应进行得最完全，投药量也最省；pH＝6 时反应不完全，投药量较大；pH＝7 时反应难以进行。采用药剂还原法去除六价铬时，还原剂和碱性药剂的选择要因地制宜，全面考虑。采用亚硫酸氢钠作为还原剂时，设备简单、沉渣最少且易于回收利用，因而应用较广。

8.2.3　芬顿氧化法

芬顿氧化法是一种典型的高级氧化技术（Advanced Oxidation Processes，AOP），是通过产生具有强氧化能力的羟基自由基（HO·）进行氧化反应去除或降解污染物的方法。芬顿氧化法主要用于将大分子难降解有机物氧化降解成低毒或无毒小分子物质的水处理场所，而这些难降解有机物采用常规氧化剂如氧气、臭氧或氯等不能氧化。除了氟以外，羟基自由基的氧化能力最强，可诱发一系列反应使溶解性有机物最终矿化。

芬顿氧化法利用芬顿试剂对水中的还原性污染物进行氧化，芬顿试剂是 1894 年由 Fenton 首次开发并应用于苹果酸的氧化，其典型组成为过氧化氢和 Fe^{2+}。其作用机理是 H_2O_2 在 Fe^{2+} 的催化作用下产生 HO·，HO·与有机物进行一系列的中间反应，并最终将其氧化为 CO_2 和 H_2O。

$$Fe^{2+} + H_2O_2 \longrightarrow Fe^{3+} + OH^- + HO\cdot$$

$$Fe^{2+} + HO\cdot \longrightarrow Fe^{3+} + OH^-$$

自由基产生：

$$H_2O_2 + HO\cdot \longrightarrow H_2O + HO_2\cdot$$
$$Fe^{2+} + HO_2\cdot \longrightarrow Fe^{3+} + HO_2^-$$
$$Fe^{3+} + HO_2\cdot \longrightarrow Fe^{2+} + H^+ + O_2$$
$$Fe^{3+} + H_2O_2 \longrightarrow Fe^{2+} + HO_2\cdot + H^+$$
$$RH + HO\cdot \longrightarrow R\cdot + H_2O$$

有机物降解：

$$R^+ + O_2 \longrightarrow ROO\cdot$$
$$ROO\cdot + RH \longrightarrow ROOH + R\cdot \longrightarrow \cdots\cdots \longrightarrow CO_2 + H_2O$$

尽管体系中存在羟基自由基、过氧羟基自由基、过氧化氢和氧等多种氧化剂，但羟基自由基具有最强的氧化能力，在氧化降解有机物过程中起主要作用。Fenton 氧化一般在 pH＝2～4 下进行，此时 HO· 生成速率最大。

Fenton 试剂可以氧化水中的大多数有机物，适合处理难以生物降解和一般物理化学方法难以处理的废水。影响该系统的因素主要有 pH 值、Fe^{2+} 浓度和 H_2O_2 浓度。由于 Fenton 法需要添加亚铁离子，残留的铁离子可能使处理后的废水带有颜色，通常可以利用化学沉淀方法去除铁离子，产生的含铁污泥从水中分离。由于铁离子兼具混凝效果，在降低水中铁离子浓度的同时也可去除部分有机物。Fenton 氧化法具有反应速度快、操作简单等特点，但普通 Fenton 氧化法的有机物矿化程度不高，运行时消耗较多的 H_2O_2 从而提高了处理成本。

8.2.4 电解法

电解质溶液在直流电流作用下，在两电极上分别发生氧化反应和还原反应的过程叫作电解。直接或间接地利用电解槽中的电化学反应，可对废液中的污染物质进行氧化处理、凝聚处理等。

(1) 电解氧化法

电解槽的阳极既可通过直接的电极反应过程，使污染物氧化破坏（如 CN^- 的阳极氧化），也可通过某些阳极反应产物（如 Cl_2、ClO^-、O_2、H_2O_2 等）间接地氧化破坏污染物（例如阳极产物 Cl_2 除氰、除色）。实际上，为了强化阳极的氧化作用，往往投加一定量的食盐，进行所谓的"电氯化"，此时阳极的直接氧化作用和间接氧化作用往往同时起作用。

电解处理含氰废液时，CN^- 可在阳极直接被氧化，其电极反应分两步进行：第一步将 CN^- 氧化为 CNO^-；第二步将 CNO^- 氧化为 N_2 和 $CO_2(HCO_3^-)$。CN^- 的阳极氧化需在碱性条件下进行，这是因为酸性条件下形成的 HCN 在阳极上放电十分困难，而碱性条件下形成的 CN^- 易于在阳极放电；同时阳极反应也需要有 OH^- 参加。但 pH 值太高，将发生 OH^- 放电析出 O_2 的副反应，与氰的氧化破坏无关，却使电流效率降低。电解氧化法除氰的作用原理类似碱性氯化法，反应在适当的碱性条件（pH 9～10）下进行，既有助于剧毒的氯化氰的水解，又不至于有太多 OH^- 发生放电析出 O_2 的副反应。

电化学氧化法除用于除氰，还可用于含酚、含硫化合物（S^{2-}、有机硫化合物）、有机磷化合物等污染物的去除。在处理这些废液时，一般均可投加一定量的食盐以增加溶液导电性，食盐的加入，还因 Cl^- 在阳极放电，可产生氯氧化剂，增强阳极的氧化作用。通过试验确定适宜的电流密度、食盐投加量及电解时间，可对废液的 COD 进行有效降解。

（2）电解絮凝法

电解絮凝是以铝、铁等金属为阳极，在直流电的作用下，阳极被溶蚀，产生 Al^{3+}、Fe^{2+} 等离子，再经一系列水解、聚合及 Fe^{2+} 的氧化过程，形成各种羟基络合物、多核羟基络合物以至氢氧化物，使废水中的胶态杂质、悬浮杂质凝聚沉淀而分离。同时，带电的污染物颗粒在电场中泳动，其部分电荷被电极中和而促使其脱稳聚沉。废液进行电解絮凝处理时，用铝电极比铁电极好，因形成 $Fe(OH)_3$ 絮凝体要先经过 $Fe(OH)_2$，故比较慢，而形成 $Al(OH)_3$ 则快得多。

废水进行电解絮凝处理时，不仅对胶态杂质及悬浮杂质有凝聚沉淀作用，而且由于阳极的氧化作用和阴极的还原作用，能去除水中多种污染物。电解絮凝比起投加凝聚剂的化学凝聚来，具有一些独特的优点：可去除的污染物广泛；反应迅速（如阳极溶蚀产生 Al^{3+} 并形成絮凝体只需约 0.5min）；适用的 pH 值范围宽；所形成的沉渣密实，澄清效果好。

8.2.5 离子交换法

离子交换法是借助于离子交换剂上的可交换离子与废液中的离子间发生交换而除去废液中有害离子的方法。离子交换剂可分为无机离子交换剂和有机离子交换剂两类，前者如天然沸石和人造沸石等；后者是一种高分子聚合物电解质，称为离子交换树脂，它是使用最广泛的离子交换剂。

离子交换树脂由骨架和活性基团两部分组成。骨架又称为母体，是形成离子交换树脂的结构主体。它是以一种线型结构的高分子有机化合物为主，加上一定数量的交联剂，通过横键架桥作用构成空间网状结构。活性基团由固定离子和活动离子组成。固定离子固定在树脂骨架上，活动离子（或称交换离子）则依靠静电引力与固定离子结合在一起，二者电性相反、电荷数相等，处于电性中和状态。

离子交换树脂可分为含有酸性基团的阳离子交换树脂、含有碱性基团的阴离子交换树脂、含有胺羧基团等的螯合树脂、含有氧化-还原基团的氧化还原树脂（或称电子交换树脂）以及两性树脂等。其中，阳、阴离子交换树脂按照活性基团电离的强弱程度，又分别分为强酸（如—SO_3H）树脂、弱酸（如—$COOH$）树脂、强碱［如—$N(CH_3)_3^+ OH^-$］树脂、弱碱（如—NH_2）树脂。

离子交换操作是在装有离子交换剂的交换柱中以过滤方式进行的，整个工艺过程一般包括过滤（工作交换）、反洗、再生和清洗 4 个阶段。这 4 个阶段依次进行，形成不断循环的工作周期。

过滤阶段是利用离子交换树脂的交换能力，从废水中分离脱除需要去除的离子的操作过程。在离子交换柱的工作过程中，整个树脂层形成上部饱和层（失效层）、中部工作层、下部新料层三个部分。运行到某一时刻，工作层的前沿达到交换柱树脂底层的下端，于是离子交换柱出水中开始出现被交换离子，这个临界点称为"穿透点"。达到穿透点时，最后一个工作层的树脂尚有一定的交换能力。若继续通入废液，仍能去除一定量的被交换离子，不过出水中的被交换离子浓度会越来越高，直到出水和进水中的被交换离子浓度相等，这时整个离子交换柱达到饱和。一般废液处理中，交换柱到穿透点时就停止工作，要进行树脂再生。但为了充分利用树脂的交换能力，可采用"串联柱全饱和工艺"。当交换柱达到穿透点时，仍继续工作，只是把该柱的出水引入另一个已再生后投入工作的交换柱，以便保证出水水质符合要求，该柱则工作到全部树脂都达到饱和后再进行再生。完成交换过滤的离子交换柱需进行反冲洗，其目的是松动树脂层，使再生液能均匀渗入层中，与交换剂颗粒充分接触，同时把过滤过程中产生的破碎粒子和截留的污物冲走。离子交换反应是可逆的，离子交换树脂的再生是离子交换的逆过程，再生时需正确掌握平衡条件。从理论上讲，再生剂的有效用量，其总当量数应该与树脂的工作交换容量总当量数相等。但实际上，为了使再生更快更彻底，使用了高浓度再生液。当再生程度达到要求后又需将其排出，并用净水将黏附在树脂上的再生剂残液和再生时可能出现的反应产物清洗掉，这样就造成再生剂用量成倍增加。

最常用的离子交换设备有固定床、移动床和流动床三种。固定床离子交换器在工作时，床层固定不变，水流由上而下流动。根据料层的组成，又分为单层床、双层床和混合床三种。单层床中只装一种树脂，可以单独使用，也可以串联使用。双层床是在同一个柱中装两种同性不同型的树脂，由于密度不同而分为两层。混合床是把阴、阳两种树脂混合装成一床使用。固定床交换柱的上部和下部设有配水和集水装置，中部装填 $1.0 \sim 1.5\,m$ 厚的交换树脂。这种交换器的优点是设备紧凑、操作简单、出水水质好；不过，再生费用较大、生产效率不够高，但目前仍然是应用比较广泛的一种设备。移动床交换设备包括交换柱和再生柱两个主要部分，工作时，定期从交换柱排出部分失效树脂，送到再生柱再生，同时补充等量的新鲜树脂参与工作。它是一种半连续式的交换设备，整个交换树脂在间断移动中完成交换和再生。移动床交换器的优点是效率较高，树脂用量较少。流动床交换设备是交换树脂在连续移动中实现交换和再生的。移动床和流动床与固定床相比，具有交换速度快、生产能力大和效率高等优点。但是由于设备复杂、操作麻烦、对水质水量变化的适应性差以及树脂磨损大等缺点，限制了它们的应用范围。

一般离子交换法主要用于含重金属废液的末端水质控制，危险废物进料浓度波动较大，若经氧化、还原、絮凝、沉淀、蒸发浓缩等处理后的重金属废液仍不能达到出水水质标准，需经离子交换法进一步去除污染物。当废液中的汞以 Hg^{2+} 或 $HgCl^+$ 或 CH_3Hg^+ 等阳离子形态存在时，含巯基（—SH）的树脂如聚硫代苯乙烯阳离子交换树脂对其有较好的分离效果。当废水中的镉以 Cd^{2+} 或者 $Cd(NH_3)_4^{2+}$ 形态存在时，采用 Na 型阴离子交换树脂处理可取得较好的去除效果。用离子交换法处理含铬废水，不论是单独使用还是在闭路循环系统中与其他单元操作组合使用，都已被广泛应用。

8.3 典型危险废物的物化处理工艺

8.3.1 典型第一类污染物废液处理工艺

依据《污水综合排放标准》（GB 8978）的相关要求，必须在危险废物处置项目物化处理车间的处理设施排放口采样监测第一类污染物，其最高允许排放浓度必须严格执行国家标准要求。一般需物化处理的危险废物中，含铬废液、含铅废液、含镍废液均含高浓度第一类污染物。

（1）含铬废液处理工艺

加碱调节废液 pH 值至 2~3，再加入亚硫酸钠至淀粉碘化钾试纸不变色，将 Cr^{6+} 还原成 Cr^{3+}；再加碱调节 pH 值至 8~9，最后加入 PAC、PAM 进行絮凝沉降，而后将混合液泵入压滤机进行固液分离；滤液进入含铬废水贮存设施，再将含铬废水送入蒸发处理单元，若蒸发冷凝液仍不能达标，需再将冷凝液经离子交换树脂装置进一步处理。含铬废液处理工艺流程见图 8-1。

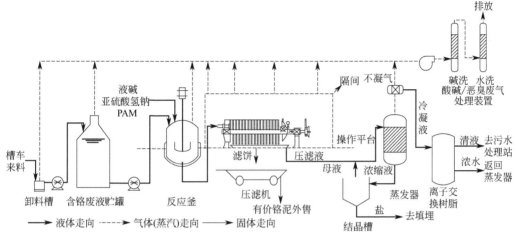

图 8-1　含铬废液处理工艺流程

（2）含铅、镍废液处理工艺

通过加入液碱对废液进行中和，再加入重金属沉淀剂除杂，控制 pH 值使金属沉淀完全，最后调整 pH 值至 8~10；加入 PAM 进行絮凝沉降，而后将混合液泵入压滤机进行固液分离，滤液进入一类污染物废水贮存设施；而后将废水送入蒸发处理单元，若蒸发冷凝液仍不能达标，需再将冷凝液经离子交换树脂装置进一步处理。

含铅、镍废液处理工艺流程见图 8-2。

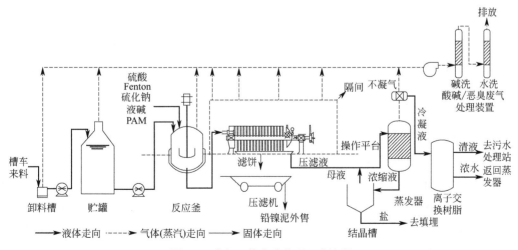

图 8-2　含铅、镍废液处理工艺流程

8.3.2　典型无机废液处理工艺

本节所述无机废液主要包括废酸、废碱、含铜废液等。

(1) 废酸、废碱处理工艺

优先考虑"以废治废"原则，采用废碱对废酸进行中和，废碱不足时用氢氧化钠或石灰乳作为中和剂。通过测试 pH 值，调节反应体系的 pH 值为 8～9，加入 PAC、PAM 进行混凝沉淀处理，废液中大部分金属离子沉淀下来，而后将混合液泵入压滤机进行固液分离，滤液进入无机废水贮存设施，后续宜将废水送入蒸发处理单元。

一般地区收集到的废碱量远小于废酸量，可与废酸处理工艺线合并，当废酸不足时用 30% 硫酸中和。废酸、废碱处理工艺流程见图 8-3。

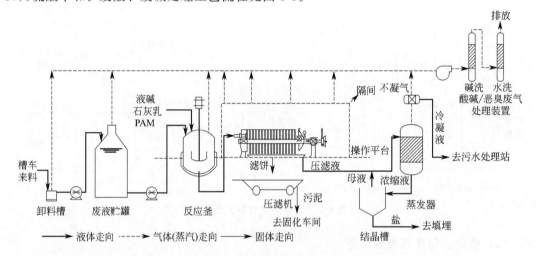

图 8-3　废酸、废碱处理工艺流程

(2) 含铜废液处理工艺

低浓度、处理量较小的含铜废液加入液碱进行中和，再加入重金属沉淀剂除杂，控制 pH 值使金属沉淀完全，而后将混合液泵入压滤机进行固液分离，滤液进入无机废水贮存设施。高浓度、处理量较大的含铜废液可进行回收，经预处理除杂后，向含铜废液中加入液碱，经中和沉淀铜离子转化为氢氧化铜和氧化铜沉淀；而后将混合液泵入压滤机进行固液分离，将生成的滤饼用硫酸溶解；而后进入多效蒸发装置精制硫酸铜，产品品质一般可达到《硫酸铜》（GB 437—2009）中非农用硫酸铜指标要求。

8.3.3　典型有机废液处理工艺

本节所述有机废液主要包染料、涂料废物、废乳化液、油/水和烃/水混合物等。

(1) 染料、涂料废物处理工艺

首先调节 pH 值，再向有机反应槽中加入 Fenton 试剂进行芬顿高级氧化处理，主要通过羟基自由基降解难降解的有机物。氧化反应彻底后，加入液碱或石灰乳调节 pH 值，加入 PAC 和 PAM 进行化学混凝处理，反应完成后泵入压滤系统进行污泥压榨处理，压滤后滤液根据 COD 浓度 [COD 浓度＞5000mg/L 的进入蒸发浓缩，＜5000mg/L、B/C

值（BOD/COD值）≥0.2的直接进入后续处理单元]，再选择泵入蒸发系统或者生化系统进行后续处理。

染料、涂料废物处理工艺见图8-4。

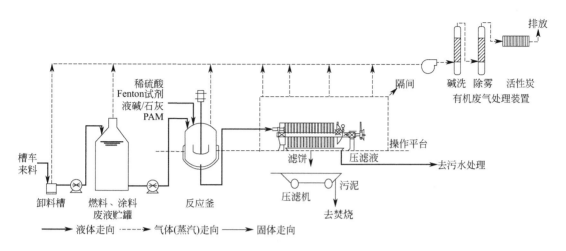

图8-4　染料、涂料废物处理工艺流程

（2）废乳化液处理工艺

废乳化液、油/水混合物在反应槽中先进行破乳处理，即采用破乳剂去除表面活性剂和双电层的抑制作用，使乳化液被凝集、吸附。而后将混合液送入沉降罐静置，静置一段时间后隔油处理，通过静置沉降罐观察液位，调节罐体上的阀门，将上层油相单独排出，下层油泥过一段时间排出，送焚烧处置，中层水相则进入压滤单元。如果滤液的COD仍较高，通过芬顿氧化法对废水进行处理，对废水中可能存在的有机高分子进行氧化降解，降低废水中的COD，同时提高废水的B/C值，以提高其可生化性，再经沉降分离不溶物，进入后续处理单元。

废乳化液处理工艺流程见图8-5。

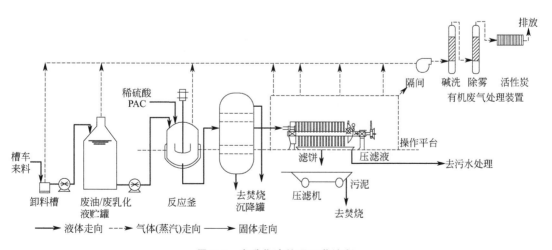

图8-5　废乳化液处理工艺流程

8.3.4 无机氟化物废液处理工艺

无机氟化物废物主要为使用氢氟酸进行蚀刻产生的废蚀刻液。采用的处理工艺为石灰沉淀，主要工艺原理如下：

$$CaO + H_2O \Longrightarrow Ca(OH)_2 \Longrightarrow Ca^{2+} + 2OH^-$$
$$2HF + Ca(OH)_2 \longrightarrow CaF_2 \downarrow + 2H_2O$$

无机氟化物处理大致可分为三个阶段，首先需对来料进行预处理，一般来料的氢氟酸浓度较高，强酸强碱直接中和会释放巨大的反应热，反应介质温度高，还可能出现暴沸现象，会存在操作上的安全隐患。为了降低生产操作的风险，中和处理前需用部分水（或处理后滤液）稀释来料，将氢氟酸含量降至 5％ 以下。而后将稀释预处理后的无机氟化物废物泵入反应罐，缓慢加入 10％ 石灰乳，控制反应温度，以避免剧烈反应，反应终点 pH 值控制 8 左右。最后对混合液进行固液分离，待废水中和反应完成后泵入压滤机压滤，滤液进入后续处理单元。

处理无机氟化物废物需消耗大量石灰乳，石灰乳一般现场配制，需消耗大量的水，一般将处理后产生的滤液回流配制石灰乳。无机氟化物废液处理工艺流程如图 8-6 所示。

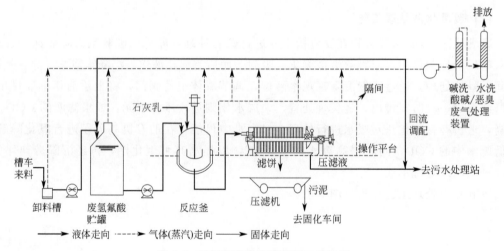

图 8-6 无机氟化物废液处理工艺流程

8.3.5 含氰废液处理工艺

含氰废水主要产生于稀有金属冶炼和电镀生产。在含氰废水中，除了含有剧毒的游离氰化物外，尚有铜氰、镉氰、银氰、锌氰等络合离子存在。含氰废液毒性较大，应尽量减少工人的作业次数和作业时间。

一般采用"电解破氰法＋碱性氯化法"处理含氰废水，若处理量小，可直接采用碱性氯化法进行处理。

将含氰废液由提升泵送入电化学破氰设备，电解破氰一般可将氰浓度降低到 100mg/L 左右，而后进入两级破氰反应器。含氰废液通过密闭管道泵送至反应釜，开动搅拌机，往含氰反应槽中加入氢氧化钠溶液，调节 pH 值至 11～12，待 pH 值稳定后，向含氰反应罐中缓慢加入次氯酸钠溶液，观察 ORP（氧化还原电位）检测仪表，控制次氯酸钠的加入量，当 ORP 值大于 300mV 时，停止加入次氯酸钠，继续反应 20～30min，并时刻观察 ORP 仪表，确保 ORP 值大于 300mV，第一阶段待氧化反应完成后，大部分 CN^- 转化为 CNO^-。第一阶段反应完成后，向含氰反应罐中加入稀硫酸，调节反应体系 pH 值为 4～6.5，等 pH 值稳定后，继续往含氰反应罐中缓慢加入次氯酸钠，当 ORP 值大于 650mV 时，停止加入次氯酸钠，继续反应 15～20min，第二阶段氧化反应完成后大部分 CNO^- 转化为 CO_2、N_2。

　　氧化反应完成后，往反应罐中加入石灰乳溶液，中和氧化反应后的废水，控制废水的 pH 值为 7～9，最后向反应槽中加入 PAM 溶液，静置分层后，用泥浆泵把处理后的废液送至压滤机进行压滤，压滤后滤液可进入后续反应单元。含氰废液处理工艺流程见图 8-7。

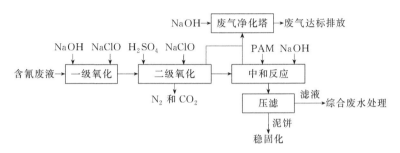

图 8-7　含氰废液处理工艺流程

8.4　危险废物物化工程设计

8.4.1　物化处理工艺设计要点

(1) 工艺设计要点

1) 污染物浓度高，进料成分复杂

物化处理对象污染物浓度高，含重金属废液中铬、铅、镍等重金属浓度高达 20000mg/L，有机类废液中 COD 浓度高达 100000mg/L，废酸中酸含量高达 50% 以上，无机氟化物废物中氟离子含量高达 10%。物化处理对象产生于多个行业、多种生产工艺过程，导致其种类繁多、性状不一。在不同地区，相同类别的危险废物的特征污染物可能存在较大差别。产废单位管理水平参差不齐，甚至可能有其他废物混入。因此，物化处理系统需通过单元化操作、设置旁路及回流管路、增加备用加药系统等途径提高处理工艺的操作弹性，以适应来料的复杂性和不确定性。

2) 腐蚀性强，需合理选材

物化处理对象基本都具有腐蚀性，物化处理工艺设备、仪表、管道及建构筑物均应具有与对象特性匹配的耐腐蚀性能。对于低温无机类危险废物，在室内环境中，UPVC、PE、PP、FRPP 等被广泛应用于物化处理贮罐、反应槽、管道。物化反应多为放热反应，反应完成后液温较高，采用塑料管道输送废液易产生糯变，应注意温度变化对材质性能产生的不利影响。对于有机类危险废物，特别是含废有机溶剂的危废，接液材质不应选用塑料材质，以金属材质为宜。物化处理系统常用的仪表有压力表、液位计、流量计、pH 检测仪、ORP 检测仪等，为满足工艺检测需求，确保系统稳定运行，应在重要设备与管道处设置坚固耐用、防护等级高、环境适应性强的检测仪表。在加药泵、输送泵出口设置隔膜压力变送器，可避免腐蚀性介质与传感器直接接触，延长仪表使用寿命。在各酸碱贮罐、加药贮罐、反应罐设置超声波、雷达液位计，或者结合经济性选用防腐型耦合性磁致伸缩液位计。常用流量计主要为电磁流量计，对于腐蚀性介质，电磁流量计的电极材料需采用哈氏合金。物化处理系统操作时难以避免敞开作业，尤其在处理高浓度废酸、无机氟化物废物时会产生酸雾，对建筑物产生腐蚀，故物化处理车间建议整体采用钢筋混凝土结构。

（2）设备性能要点

1）原料贮罐、反应槽罐主要性能要求

① 反应槽、罐结构设计合理，应保证搅拌混合均匀，避免出现死角或灰渣积聚区，上清液、沉淀灰浆均能顺利排出。

② 槽、罐直接接触料液的材质应能耐强酸、强碱、高盐腐蚀，整体选材可耐受反应放热后引起的高温。

③ 槽、罐配备搅拌机，所配备搅拌机耐高温、耐腐蚀。

④ 槽、罐应保证密封性能良好，不漏液。

⑤ 考虑运行时的维修需要，合理设置检修设施，附属平台需设栏杆和护沿，检修爬梯应能到达各层需检修和操作的作业面。

⑥ 设备支撑件的底座应考虑到地震力加速度对它的作用。

2）压滤机主要性能要求

① 压滤机整机滤室应严密，以 1.25 倍的过滤压力进行水压试验，并在该压力下保持 5min，压紧面处无喷射现象。压紧面处允许存在因过滤介质的毛细作用而产生的渗漏现象，其他密封处应无泄漏。各受压零部件在 1.25 倍的压紧压力压紧 5min，应无裂纹和明显变形，变形量不应大于设计值。

② 在工作速度下滤带跑偏量不大于 30mm。

③ 控制系统、压紧装置、滤板移动装置、滤布清洗装置、卸料装置等工作应灵活、可靠。

④ 电气控制装置应符合《机械电气安全　机械电气设备》（GB/T 5226.1）的有关规定。

⑤ 易触及的传动机构应安装安全防护装置，并用红色箭头标示运转方向，安全防护装置应符合《机械安全防护装置固定式和活动式防护装置的设计与制造一般要求》（GB/T 8196）的规定。

⑥ 整机寿命 15 年，平均无故障时间应大于 3000h。

⑦ 压滤机整机运行噪声不大于 80dB（A）。

⑧ 压滤机的外观质量应符合《分离机械 涂装通用技术条件》（JB/T 7217）的规定。

8.4.2　物化车间布置

（1）车间布置原则

① 需采用符合国家、地方有关标准、规范的防火要求、防腐措施及劳动保护措施。

② 充分考虑物化车间与其他外部条件的衔接关系，力求布置紧凑、管路短捷、投资节省。

③ 车间布置应顺从工艺流程，同时兼具运行维护、施工的便捷性。

④ 人流、车流、物流组织顺畅，尽量避免交叉，确保安全通道。

⑤ 有毒、有腐蚀性介质的设备应分别集中布置并设围堰。

⑥ 应留有一定发展余地。

（2）车间布置

物化车间一般由废液贮存区、物化处理区、废气净化区和辅助功能区等组成。废液贮存区也可设置单独的贮罐区、暂存仓库，但需尽量与物化车间就近布置。

1）废液贮存区　废液贮存区一般采用贮罐区的形式，将不同类别的废液分别贮存于不同的贮罐内，贮罐区设置围堰，确保围堰的有效容量不小于其中最大贮罐的容量。根据贮存的介质不同，贮罐可采用玻璃钢、聚乙烯或碳钢衬塑等材质。围堰需采用耐强酸、强碱及高盐度液体的防腐蚀措施，一般可采用玻璃钢防腐。废液储存区应设置桶装废液、槽车等卸料区，并设置卸料泵及管路系统。贮罐区宜设置雨棚，卸料区、泵区均应在雨棚覆盖范围内，以减少厂区初期雨水的产生量。

2）物化处理区　物化处理区可根据运营需求分区设置，也可整体集中设置，但含氰废液毒性强，为降低毒性扩散风险，宜设置独立处理隔间。物化处理区可大致分为预处理区、反应罐区、污泥压滤区、药剂制备及投加区等。

由于物化处理来料具有很大的不确定性，考虑废液浓度的波动，在工艺设计前端宜设置预处理反应器。预处理的作用是废液浓度过高时，利用物化车间处理合格水对废液进行稀释处理，也可去除废液中的杂质。不同来源的废料严禁混合，避免增加后续工艺处理的难度。物化处理常采用间歇运行，反应罐可集中合并设置，为了增加工艺适应性，也可设置多个反应罐将不同反应分开，如中和反应、絮凝沉淀反应、芬顿氧化等。污泥压滤区主要布置压滤机及其配套系统，物化处理常采用隔膜压滤机或板框压滤机，压滤机的布置需充分考虑运行维护的便利性、滤饼外运的可行性。药剂制备及投加需根据处理废液种类，充分规划用地，并预留一定量发展空间。当处理无机氟化物时石灰乳制备系统占据空间较大，应合理布局以便于石灰卸料以及确保石灰乳管路的短捷。

3）废气净化区　废液物化处理过程（投料、搅拌、压滤等）会产生废气污染物。废酸贮罐有酸雾等污染物逸散，主要污染物为 HCl、HF 等。必须将各罐（槽、釜）体进行密闭作业，并在反应釜上部设置抽风管，压滤机宜设置成密闭的压滤间，并设置抽气管道，形成负压，将废气密闭微负压收集后采用"碱洗＋水洗"处理。

有机废液在处理过程中，由于废液中带有少量的溶剂等易挥发性物质，在装卸、搅拌、反应过程中会产生废气污染物，对各罐（槽、釜）体进行密闭作业，并在反应釜上部设置相应的抽风管，压滤机设置成密闭的压滤间，并设置抽气管道，形成负压，将废气密闭微负压收集后采用"碱洗＋除雾器＋活性吸附"方式进行处理。

4）辅助功能区　辅助功能区包括配电间、控制室、药剂贮存间、空压机房、桶装废液临时堆场等。配电间、控制室的设计应满足国家相关标准、规范要求。药剂贮存间应根据药剂储存要求，一般需做到干燥、清洁、通风良好，且应采取不相容药剂的隔离措施。具有爆炸性危险的药剂应设置独立的房间，并应按照国家相关标准、规范设置防爆措施及泄压设施。

第9章 废水处理设计

9.1　废水处理概述

9.1.1　废水的来源和性质

厂区废水处理站处理的废水可以分为初期雨水、生活污水、高盐废水和一般性生产废水（低盐废水）。固体废弃物运输车的清洗废水，暂存库房、焚烧车间的地面冲洗水，试验楼生产排水以及被污染地区的初期雨水等，水质波动大，污染组分复杂，由于废水处理站预处理与物化车间工艺类似，为了提高设备的利用率，减少药剂使用量，节约设备投资及后期运行费用，可将上述废水输送至物化车间预处理后再进入废水处理站进行后续处理，其余废水如生活污水则直接进入废水处理站进行处理。

废水处理典型工艺见图 9-1。

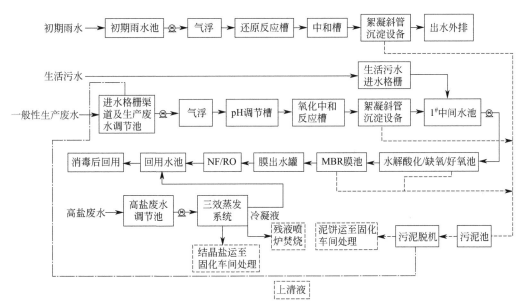

图 9-1　废水处理典型工艺

废水处理站应根据不同废水的特性，采用分质收集、分质处理原则，以提高系统运行的稳定性，确保出水水质稳定达标，同时降低运行成本。

（1）初期雨水

由于处置场内散落的危险废弃物较多，若经过雨水浇淋，废弃物中的有毒有害物质会被溶解转移到初期雨水中，因此根据国家相关规定，处置场内的初期雨水必须经过相应的处理才能进行排放。在厂区内设置收集管道和初雨收集池，雨水收集后进行集中处理。该部分废水中的主要污染物包括悬浮物、浮油以及少量的重金属离子等，可通过高效气浮系统去除浮油及部分悬浮物质，再通过投加还原剂、沉淀剂以及絮凝剂、助凝剂等，使废水中的重金属离子形成沉淀并聚合为大颗粒絮体，通过重力沉降实现泥水分离。污泥排至污泥处理设备，上清液达标后可直接外排。若厂区实际初期雨水水质情况只需一级处理即可满足外排要求，则初期雨水处理可考虑独立设置。

（2）生活污水

生活污水中的主要污染物为有机物，可生化性好，可直接进入到生化处理系统，对生活污水中的有机物质进行降解。

（3）焚烧车间高盐废水

焚烧车间化学烟气洗涤排出的高盐废水含盐量高，具有不稳定性、不均衡性。焚烧车间所产生的污染物视焚烧固体废弃物和焚烧条件而定，烟气成分主要有酸性气体（如 SO_2、NO_x、HCl、HF）、烟尘、挥发性重金属、二噁英等物质，其洗涤产生的高盐废水难以采用生化系统进行处理，可通过三效蒸发系统去除废水中的 TDS。三效蒸发系统产生的冷凝液排至回用水池回用，蒸发残液送至焚烧车间处置，结晶盐送至填埋场处置。

（4）安全填埋场渗滤液

安全填埋场渗滤液成分复杂，含有多种有毒有害的无机物和有机物，主要受垃圾堆放填埋区域的降雨情况、垃圾的性质与成分、填埋场的防渗处理情况、场地的水文地质等条件影响，考虑其中含有重金属等污染物质，应送入废水处理站处理，在厂内没有固化车间的情况下排至固化车间作为固化用水。

（5）一般性生产废水

该类废水主要来自地坪冲洗、洗车、排污水等。一般性生产废水含有一定量的浮油、悬浮物质等，可生化性较差，可采用"预处理＋生化处理＋膜深度处理"的工艺技术路线。

（6）特殊废水

进场物料包装或堆存不当时，易造成废水外溢，这部分废水水质、水量变化较大，污染物浓度较高。在半固态和液态危险废物存储区设置相应的集水池进行收集，再将收集到的废水输送至焚烧车间或物化车间进行处理。这部分废水受物料组成影响大，水质具有高毒性、高浓度、水量小的特点，是危险废物处置废水的重要组成部分。

9.1.2 废水处理排放原则

（1）排放标准

危废处理站的排放标准根据实际条件及环评要求不尽相同，主要遵循以下几类。

① 一类污染物控制，一般参考《污水综合排放标准》（GB 8978—1996）；若厂区外排水为直排地表水或海域时，则需参考国家及地方直排标准。

② 纳外部市政管排放时，一般应同时参考《污水排入城镇下水道水质标准》（GB/T 31962—2015）及下游污水处理厂进水水质要求。

③ 若危险废物处理涵盖医疗废物时，还应参考《医疗废物焚烧炉技术要求（试行）》（GB 19218—2003）。

④ 若没有危废填埋场，需参考《危险废物填埋污染控制标准》（GB 18598—2019）。

⑤ 地方其他相关水质排放要求。

⑥ 排放水质应以环评最终要求为准。

（2）运行时段

生活污水处理通常采用生化处理，按 24h 连续运行设计。

生产废水通常进行物化处理，可考虑间歇运行。在非降雨时，废水处理站仅处理生产废水,可按间歇运行设计;降雨情况下,废水处理站处理对象为生产废水及初期雨水,废水处理站按最大 24h 连续运行设计,一次初期雨水截留量的处理周期应按 3~5d,厂区道路地坪若经常性冲洗则可取上限值,反之应取下限值。废水处理站应有事故水应急处理方案,需外部援助处理的则相关援助单位应有对应的事故响应预案。

9.2 常用废水处理系统

9.2.1 废水预处理系统

危废处理过程中产生的废水,由于其来源非常广泛,水质呈现出不确定性,因此在处理过程中要先进行物化预处理,再进入后续的深度处理工艺中。常用的废水预处理系统有以下几种。

(1) 吸附法

吸附法是利用多孔性的固体(吸附剂)将水样中的一种或数种污染物(吸附质)吸附于表面,再用适宜的溶剂、加热或吹气等方法将预测组分解吸,达到分离和富集的目的。主要可用于脱除水中的微量污染物、有机物、金属离子等有毒有害物质,应用范围包括脱色、除臭、脱除重金属、脱除各种溶解性有机物及放射性元素等。

溶质从水中移向固体颗粒表面而发生吸附,是水、溶质和固体颗粒三者相互作用的结果。引起吸附的主要原因在于溶质对水的疏水特性和对固体颗粒的高度亲和力,其次是由于溶质与吸附剂之间存在静电引力、范德华力或化学键力。目前以活性炭吸附的研究最为广泛,由于煤渣资源丰富且可再生,没有二次污染,有较好的发展前景。活性炭吸附处理面临的主要问题是活性炭价格较贵,而且缺乏简单有效的再生方法,故其推广应用受到限制。目前吸附法预处理废水大多为实验室规模,还需进一步研究后才能用于实际。

(2) 吹脱法

吹脱法是将气体(载气)通入水中,充分接触后,使水中的挥发性溶解性物质穿过气液界面向气相转移,从而达到脱除污染物的目的,常用空气作为载气。其基本原理是利用废水中所含的氨氮等挥发性物质的实际浓度与平衡浓度之间的差异,在碱性条件下使用空气吹脱,由于在吹脱过程中不断排出气体,改变了气相中的氨气浓度,从而使其实际浓度始终小于该条件下的平衡浓度,最终使废水中溶解的氨不断穿过气液界面得以脱除。氨吹脱是一个传质过程,推动力来自空气中氨的分压与废水中氨浓度相当的平衡分压之间的差,气体组分在液面的分压和液体内的浓度符合亨利定理,即成正比关系。此法也叫"氨解析法",影响废水中氨氮去除率的主要因素是 pH 值、温度、气液比/吹脱水位深度、吹脱时间等。常用空气或水蒸气作为载气,前者称为空气吹脱,后者称为蒸汽吹脱。

当废水中氨氮含量较高时,采用吹脱法可以有效去除其中的氨氮。废水中的有机质,氢化氰、丙烯腈等挥发性溶解物质也可采用吹脱法除去。国内外资料显示,吹脱法结合其他方法处理垃圾渗滤液后氨氮去除率最高可达 99.5%。但是该法运行成本较高,而且产生的 NH_3 需要在吹脱塔中加酸去除,否则会造成大气污染;另外吹脱塔内还会产生碳酸盐结垢问题。

(3) 混凝沉淀法

混凝沉淀法是向废水中投加混凝剂,使废水中的悬浮物和胶体聚集形成絮凝体,再加以分离的方法。基本原理是混凝剂为电解质，在废水里形成胶团，与废水中的胶体物质发生电中和，形成绒粒沉降。混凝沉淀不但可以去除废水中粒径为 $10^{-6}\sim10^{-3}\,\mathrm{mm}$ 的细小悬浮颗粒，而且还能够去除色度、油分、微生物、氮和磷等富营养物质、重金属以及有机物等。硫酸铝、硫酸亚铁、氯化铁等是最常用的无机絮凝剂。

有研究表明单独采用铁系絮凝剂对垃圾渗滤液进行处理时，COD 去除率可达到 50％，比单独使用铝系絮凝剂的处理效果更好。混凝沉淀法是废水处理的关键技术，既可作为前处理技术，减轻后续处理工艺的负担，又可作为深度处理技术，成为整个处理工艺的保障。但其最主要的问题是氨氮去除率不高，同时产生大量化学污泥，而且投加的金属盐类混凝剂可能会造成新的污染。因此，开发安全、高效、低廉的混凝剂是提高混凝沉淀法处理效果的关键。

（4）化学氧化法

化学氧化法可以有效分解废水中的难降解有机物，提高废水的可生化性，有利于后期的生物处理，因而被广泛用于处理可生化性较差的废水。其中高级氧化技术可以产生具有强氧化性的羟基自由基（•OH），能够更有效地处理废水，主要包括 Fenton 法、臭氧氧化法等。

1）Fenton 法　是利用催化剂、光辐射、电化学作用，通过 H_2O_2 产生羟基自由基处理有机物的技术。Fenton 法在处理难降解有机废水时，具有一般化学氧化法无法比拟的优点，至今已成功运用于多种废水的预处理。但 H_2O_2 价格昂贵，单独使用往往成本太高，因而在实际应用中，通常是与其他处理方法联用，将其作为废水的预处理或最终深度处理。

2）臭氧氧化法　臭氧氧化法水处理的工艺设施主要由臭氧发生器和气水接触设备组成。大规模生产臭氧的唯一方法是无声放电法。制造臭氧的原料气是空气或氧气。原料气必须经过除油、除湿、除尘等净化处理，否则会影响臭氧产率和设备的正常使用。用空气制成臭氧的浓度一般为 10～20mg/L，用高纯氧制成臭氧的浓度为 20～40mg/L。这种含有 1％～4％（质量分数）臭氧的空气或氧气就是水处理时所使用的臭氧化气。臭氧氧化法主要优点是反应迅速，流程简单，没有二次污染问题，但臭氧制备成本较高，臭氧在水中溶解度小，易分解。当接触时间不足时，反应过程中可能会生成具有更高毒性的中间产物，增加垃圾渗滤液的毒性，需进一步研究以适应日益苛刻的环保要求，同时需要加强对气水接触方式和接触设备的研究，提高臭氧的利用率。

9.2.2　生化处理系统

物化预处理系统的出水和生活污水排至中间水池均匀水质、水量后，提升至生化处理系统。生化处理系统通常包括水解酸化池、生化反应池。

（1）MBR 膜组合工艺法

由于危废处理厂的一般性生产废水可生化性较差，BOD/COD 值较低，废水需首先经水解酸化池处理提高可生化性。水解酸化池内设置高效生物填料，利用厌氧或兼性厌氧菌在水解和酸化阶段的作用，将污水中悬浮性有机固体和难生物降解的大分子物质水解成溶解性有机物和易生物降解的小分子物质。

水解酸化池出水流入缺氧池，废水在缺氧条件下可将内回流的硝化液中的硝态氮，利用反硝化菌进行反硝化反应，达到生物脱氮的作用。

缺氧池出水流入好氧池，好氧池通常采用高孔隙率、比表面积大的高效生物填料，有利于生物膜的附着生长。水中的有机物被生物膜上的微生物吸附、氧化分解，同时利用生物的硝化及好氧微生物的降解作用，实现去除氨氮和含碳有机物的作用。

好氧池出水进入膜生物反应器（MBR）。膜生物反应器是将膜分离与生物处理技术有机结合的新型高效污水处理工艺，通过膜组件的高效分离作用使泥水彻底分离，出水水质得到提高。由于水力停留时间（HRT）与污泥停留时间（SRT）相互独立，生物反应器内可以维持很高的污泥浓度。营养物和微生物的比值（F/M）的降低减少了剩余污泥的产量，基本解决了传统活性污泥工艺的突出问题。因此，MBR 膜池可取代传统二沉池，通过膜的高效截留，使 MBR 反应系统内维持较高的微生物量，通过污泥回流泵回流高浓度的污泥，使得 MBR 系统具有耐冲击负荷、污泥龄长、大分子难降解成分在生物反应器内停留时间长的优点，大大提高了难降解有机物的降解效率。MBR 组件底部设置穿孔曝气装置用于 MBR 膜组件的表面清洗，形成内部循环流，在鼓风曝气作用下，污泥混合液高速冲刷平板膜片的表面，促使膜表面的颗粒脱落。MBR 系统底部设置管式微孔曝气器，用于供给好氧生物需氧。MBR 系统设抽吸泵，在水泵的抽吸作用下，水穿过膜而获得清澈的出水，生物絮体、悬浮物、病原体和大分子溶解性有机物等被有效截留。MBR 生化系统的出水经泵抽吸进入超滤（UF）清液罐。

（2）BAF 曝气生物滤池法

曝气生物滤池（biological aerated filter）简称 BAF，是 20 世纪 80 年代末 90 年代初在普通生物滤池的基础上，借鉴给水滤池工艺而开发的污水生物处理工艺。池内装填有高比表面积的颗粒填料，以提供微生物膜生长的载体，污水由上往下或者由下往上流过滤料层，滤料层下部设有鼓风曝气，空气与污水逆向或同向接触，使污水中的有机物与涂料表面的生物膜发生生化反应得以降解，填料同时起到物理过滤阻截的作用。该工艺不仅可用于废水的三级深度处理，而且广泛适用于各类工业废水的处理。随着不断发展，曝气生物滤池从单一的工艺逐渐发展成系列综合工艺，可有效去除 SS、COD 和 BOD_5 等，并起到脱氮除磷的作用。曝气生物滤池工艺如图 9-2 所示。

曝气生物滤池具有如下特点：a. 一次性投资比传统方法低 1/4；b. 占用面积为常规工艺的 1/10～1/5，运行费低 1/5；c. 进水要求悬浮物含量为 50～60mg/L，最好与一级强化处理相结合，如采用水解酸化池；d. 填料多为页岩陶粒，直径 5mm，层高 1.5～2m；e. 水往下、气往上的逆向流可不设二沉池。

曝气生物滤池常由池体、滤料层、承托层、布水系统、布气系统、反冲洗系统、出水系统等组成。池体的作用是容纳被处理水量和围挡滤料，并承托滤料和曝气装置的重量，主要有圆形、正方形和矩形三种形状，当处理水量较少、池体容积较小并为单座池时，采用圆形钢结构较多；当处理水量和池容较大，选用的池体数量较多并考虑实体共壁时，选用矩形和方形钢筋混凝土结构较为经济。滤料的选择是曝气生物滤池技术成功与否的关键之一，它决定了反应器能否高效运行。在选择滤料时，应统筹考虑滤料的硬度、可磨损性、多孔性、可粒化性和高度等。目前应用较多的填料主要是轻质球形陶粒，如黏土陶粒和页岩陶粒。布水系统主要包括滤池最下部的配水室和滤板上的配水滤头。配水室的功能是在滤池正常运行时和反冲洗时使水在整个滤池截面上均匀分布。布气系统包括正常运行时供氧所需的曝气系统和进行水气联合反冲洗时的供气系统两部分。曝气系统的设计必须根据工艺计算所需供气量，保持池中足够的溶解氧是维持曝气生物滤池内生物膜高活性、对有机物和氨氮高去除率的必备条件。反冲洗系统由反冲洗供水系统和反冲洗供气系统组成。反冲洗方式与给水处理中的 V 形滤池类似，采用气水联合反冲洗目的是除去滤池运行过程中截留的各种颗粒、胶体污染物以及老化脱落的微生物膜,通过滤板及固定其上的长柄滤头实现。

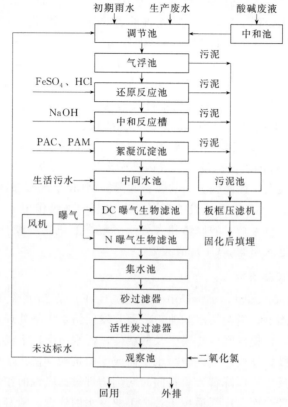

图 9-2　曝气生物滤池工艺

(3) 生物接触氧化法

生物接触氧化法是从生物膜法派生出来的一种废水生物处理方法,在该工艺中污水与生物膜相接触,在膜上微生物的作用下,污水得到净化,因此又称"淹没式生物滤池"。在生物接触氧化塔内设置一定密度的填料,在充氧的条件下微生物在填料的表面形成生物膜,污水浸没全部填料并与填料上的生物膜广泛接触,通过微生物的新陈代谢作用,将污水中的有机物转化为无机离子和 CO_2,污水因此得以净化。生物接触氧化工艺见图 9-3。

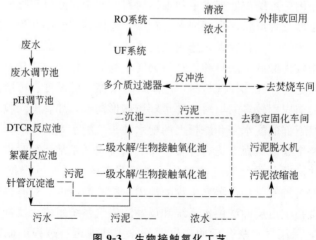

图 9-3　生物接触氧化工艺

运行维护时应注意：

① 调节好原污水的水质与水量，尽量去除原水中的各种悬浮物质，特别是纤维状悬浮物，以防止填料堵塞。

② 要仔细地观察氧化池内的颜色、气泡、臭气、悬浮物污泥和曝气状况，一旦发现不正常应立即采取相应措施。

③ 填料反冲洗时，曝气量要缓慢增大，以防止曝气量瞬时增大使生物膜大量脱离填料。

④ 仔细观察斜管沉淀池工况，如发现沉淀池水面的色度大、悬浮物含量多、浊度高等情况应立即采取措施调整。

9.2.3　深度处理系统

深度处理系统可以进一步去除水中难降解的有机物、SS、浊度和细菌等，使污水最终达到排放要求或者回用标准。深度处理系统通常采用膜法，包括超滤膜、纳滤膜和反渗透膜。

超滤是利用压差推动力实现的筛孔分离，膜孔径在 1nm～0.055m 范围内，起初使用的超滤膜为动物脏器薄膜，后经过工业应用发展，现可使用非对称膜，表皮层更薄，操作压力更小，普遍在 0.1～0.5MPa 之间，膜的水透通量（内置式）约为 8～20L/(m² · h)。实际废水处理时，超滤膜的性能实现并不仅仅为筛分理论，其材料的表面化学特性也起到了重要作用，所以可认为超滤膜分离特性是化学性质与膜孔径共同决定的。纳滤膜分离并不会对生物活性造成破坏，也没有化学反应和相变，能够有效截留分子量大于 200 的有机小分子和高价离子，并分离蛋白质和同类氨基酸，实现低分子量和高分子量的有效分离，成本相对较低，能够广泛运用于冶金、生化、环保、医药和化工等领域。反渗透膜分离过程可有效去除有机小分子杂质和无机盐，操作便捷，装备简单，更容易实现自动化，由于其分离过程是在高压状态下进行，所以应配置耐高压管路和高压泵，与此同时，反渗透分离膜装置也有着较高的进水指标，应预处理原水，随后进行分离。为了避免发生膜污染，可定期对膜进行清洗。膜深度处理工艺见图 9-4。

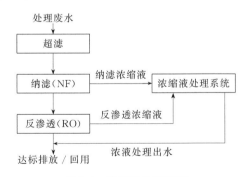

图 9-4　膜深度处理工艺

超滤（UF）清液罐的生化处理出水经泵提升，并投加阻垢剂、还原剂和非氧化性杀菌剂后进入保安过滤器，除去污水中可能损坏纳滤膜的物质。保安过滤器的出水经高压泵加压进入纳滤（NF）系统，NF 系统作为反渗透系统的预处理，可有效去除废水中的COD，以防止反渗透系统的频繁清洗，保证其稳定运行。

NF 系统出水经投加阻垢剂、还原剂和非氧化杀菌剂，对废水进行还原、杀菌处理之后经泵提升进入保安过滤器，进一步过滤处理后经泵加压进入反渗透（RO）系统。反渗透膜能有效地将水中的各种离子、无机物及小分子有机物等截留在浓水侧，反渗透系统浓水与纳滤系统浓水排至浓水罐。部分浓水可送至固化车固化工艺用水，多余部分送至高盐废水调节池，与焚烧车间废水、物化车间废水一起进行处理，产水则可达标进入回用水池，经回用水泵提升至厂区各回用水点进行回用。

NF 系统和 RO 系统经过一定的运行时间，纳滤膜和反渗透膜容易受到污堵，产水量逐渐下降。为控制膜污染，恢复膜系统的产水量，需要定期（通常周期为 3～6 个月）采用酸、碱等药剂对膜元件进行化学清洗。清洗后的废水经收集后重新进行处理。

RO 系统出水经过 ClO_2 消毒系统消毒处理后，达到设计回用水水质标准，可回用于各个回用水点。

9.2.4 蒸发系统

焚烧线湿法洗涤产生的废水往往含盐量较高，难以采用普通的水处理方法，通常可以采用蒸发技术进行处理，这里以常用的三效蒸发系统为例进行介绍。

三效蒸发器主要由蒸发器、冷凝器、盐分离器和辅助设备组成。三效蒸发器以串联的形式运行，一次蒸汽能多次利用。三效蒸发器设备紧凑，占地面积小，对高盐废水有很好的处理效果。

高盐废水经过压力管道输送至高盐废水调节池，通过高盐废水提升泵提升至三效蒸发系统进行脱盐处理，三效蒸发单元处理后产生的废水可视情况进入后续处理工段；三效蒸发单元处理后产生的浓缩母液可送至焚烧系统焚烧处置；三效蒸发单元处理后的残渣在有条件的情况下可送至厂内固化车间进行固化稳定化处理后最终送至安全填埋场处置。

三效蒸发系统工艺流程如图 9-5 所示。

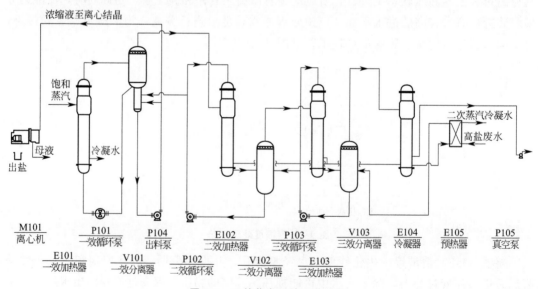

图 9-5 三效蒸发系统工艺流程

（1）进料、预热和出水

物料贮存在进料罐中，由进料泵送入预热系统。首先可通过冷凝水预热器（板式换热器），在板式换热器内物料与加热器冷凝水进行热交换，回收冷凝水余热，然后物料在脱气塔里面脱碳后进入到循环泵入口，与循环液混合后进入列管加热器换热。通过阀协同流量传感器进行进料控制，可以保持蒸发浓缩系统进料流量的持续和稳定。

蒸发出水：来自加热器的冷凝水首先收集到冷凝水罐中，通过冷凝水泵送入到预热器中，与原液进行换热回收热量，排出低温冷凝水，出水温度根据来料温度会有浮动。

（2）物料蒸发结晶

物料由强制循环泵进入加热器内加热升温，然后进入分离器闪蒸，料液和二次蒸汽气液分离，浓缩后（可带结晶）的物料通过检测测定，达到设定的浓度后，由出料泵排出到振动筛（根据工艺可选稠厚器、双级活塞推料离心机）中，在振动筛中经过固液分离，固体入吨袋中运出，母液自流进入母液罐，经过母液泵回流到蒸发系统或排出系统外。

（3）热能循环

二次蒸汽通过除雾器除雾后进入压缩机，通过压缩机后饱和温度可升高 $18\,^{\circ}\mathrm{C}$，压缩后的蒸汽再送入加热器壳程加热物料，在加热物料的过程中产生的蒸汽冷凝水由冷凝水泵排至换热器回收热量。

（4）不凝气排出

加热器壳程产生的不凝气通过设置的专用排出口排出，然后进入到脱气塔，不凝气中的水蒸气冷凝，其余气体经过附属臭气处理装置处理后由排气筒排出。

（5）附属设施

附属设施包括：

① 消泡装置，分离器上设有泡沫检测仪，可检测系统中的泡沫，由时间控制阀控制加入消泡剂，将沸腾液面的泡沫除掉；

② 除沫器和结晶罐内传感器清洗设施，通过定时阀冲洗分离器内的传感器和除沫器；

③ 臭气处理装置，净化排入空气的不凝气。

（6）盐分离和母液处置装置

根据结晶出的固体情况，针对渗滤液废水，配置振动筛或离心分离设备（根据盐量），并配置母液回流泵和外排接口。母液和混盐贮存量通常可按照 3d 的存放量设计。

三效蒸发工艺中采用多级预热器预热原料，充分利用了蒸汽的显热、潜热，最大限度地降低生蒸汽的消耗，降低了设备的运行成本。污水处理站中高盐废水的蒸发既具有无机盐蒸发的共性，又有其特殊性，因此工艺中一般采用高温的冷凝水作为冲堵水或煮效水，确保不降低进料温度，以降低生蒸汽耗量；结晶管路设计考虑冲洗水和吹扫，防止管路的堵塞，优先采用直管道，减少弯头或尽量采用大曲率半径弯头。在设备布置中，尽量缩短带晶物料管道，稠厚器到离心机选取短而粗的管路。对含固流体的管道，在设计上采用适宜的流速。

第**10**章 恶臭（异味）控制设计

10.1　恶臭（异味）控制概述

10.1.1　恶臭（异味）来源、性质及危害

(1) 恶臭（异味）的来源和性质

恶臭（异味）污染物定义：一切刺激嗅觉器官引起人们不愉快及损害生活环境的气体物质。

恶臭（异味）来源：在危废物料运输、装卸、存储、处理过程中散发产生。

恶臭（异味）性质：主要源于危废物料自然散发产生的混合污染物，根据危废物料的不同，其恶臭（异味）污染物的成分也有所不同，通常主要污染物成分有硫化氢、烃类、醇类、酮类、醚类、酚类、酯类、醛类、少量氯化氢和氟化氢、挥发性有机化合物（VOCs）等，其废气浓度较高，通常温度为常温。

(2) 恶臭（异味）的危害

恶臭（异味）对环境的危害主要包括物理特征发生不良变化、化学特征发生不良变化、生物特征发生不良变化。

1) 物理特征发生不良变化　主要表现在雾霾日益增多、能见度低。从各类污染源排入大气的颗粒物对太阳光具有一定的吸收和散射作用，颗粒物又可作为成雾的凝结核，因此它可以减少太阳直接辐射到地表的辐射强度。当污染严重时，太阳辐射到地表的能量可减少 40% 以上。又常因雾霾的存在，使大气变得非常浑浊，能见度有时只有几米。

2) 化学特征发生不良变化　大气化学组成和化学物质含量水平的变化可引起环境化学特征的不良变化。工业生产过程中产生的危险废物、副产物会散发很多的有机污染物和无机污染物，对其不加以控制处理排入大气，会使大气环境中污染物的含量水平增大，特别是污染物地面浓度增大，必然会造成城市大气污染，使环境化学特征发生不良变化。因这种不良变化会危害人体健康，导致癌症、呼吸系统疾病、心脑血管病等发病率呈不断上升趋势，并可使建筑物、文物古迹、艺术品、暴露在空气中的金属制品及皮革、纺织品等物品发生质的不良变化，造成直接和间接的经济损失。此外，其对城市的绿化植物也有不良影响。

3) 生物特征发生不良变化　大气环境生物特征的不良变化主要是指城市大气生物污染。当前有些城市已把 $1m^3$ 空气中的细菌总数列为监测和控制指标。

(3) 恶臭（异味）控制意义

通过恶臭（异味）控制，减少恶臭（异味）污染物无组织扩散对周边环境的污染，减少恶臭（异味）污染物有组织排放的排放浓度和排放总量，改善危险废物处理工厂内部的环境空气品质。

从整体出发，确定合适的恶臭（异味）控制、排放水平，对恶臭（异味）控制设计起指导作用。通过不同设计方案的比选，经综合分析选择具有经济效益、社会效益与环境效益的合理方案。

10.1.2 恶臭（异味）控制措施

（1）臭源控制

应对恶臭（异味）污染物的污染源进行控制，缩小污染范围。由于恶臭（异味）的产生一定是有源头的，为了尽可能地缩小污染范围，应该从源头加以控制，减少恶臭（异味）扩散，从而降低末端收集处理风量，降低投资成本。应尽可能使用密封性好的危废物料卸料、输送、转运、处理设施或是进行整体加罩密封，例如：危废卸料坑采用自带密封盖（罩），平时关闭密封，仅作业时打开；危废暂存时采用密封箱体或隔出专用隔间放置恶臭（异味）较重的物料，物料输送车辆、输送设备采用密封设施，以减少输送作业时恶臭（异味）散发。应尽可能缩短物料暂存和处理区域的运输线路，并可对连通通道采取土建密封。应对相应的处理区域进行负压控制，将恶臭（异味）污染物收集后集中处理，避免其无组织扩散。对不同使用功能的处理厂房进行土建隔断，无法土建或轻质隔断的不同功能区则采用风幕机送风使气流相对隔断，以减少恶臭（异味）外逸。可对无法完全密封的作业区或需要人员经常进入的作业区采用适当的前端预处理，如采用植物液或生物制剂雾化喷淋，采用离子氧新风送风，降低恶臭（异味）污染物浓度。

（2）气流控制

合理的气流控制，可以提高恶臭（异味）污染物的捕集效率，有效降低厂房的恶臭（异味）污染物浓度，改善厂房内工作环境的空气品质。应根据厂房的使用功能，将厂房划分为重点污染区域、一般污染区域和保护区域。重点污染区域，如物料卸料、输送、转运、破碎、处理设施，多为臭源散发位，应优先通过管道局部排风收集控制，减少恶臭（异味）污染物扩散到其他区域；一般污染区域，如物料运输通道、车辆回转通道，适当采用机械送风为主，有组织地将气流引向重点污染区域，该区域考虑部分恶臭（异味）净化排风或不单独排风［以重点污染区域的恶臭（异味）净化排风代替］；保护区域，主要为各功能用房，如控制室、休息室、设备间，宜考虑适当补充机械送新风，避免厂房恶臭（异味）污染物扩散到各功能用房。应尽量减少收集系统阻力，控制局部阻力和沿程阻力。适当多设置收集系统可控的风量调节阀，便于气流定量收集控制。

（3）净化设施

环境工程常用的用于减少恶臭（异味）污染物向空气中排放的净化设施有焚烧装置、催化装置、吸收装置、吸附装置、冷凝装置、生物处理设施、等离子体装置、光解装置、光催化装置等。

鉴于危险废物处理项目收集物料种类的不确定性和广泛性，导致了其在暂存和预处理过程中产生的排放恶臭（异味）污染物种类的不确定性，应充分考虑不利因素，在投资条件和占地面积允许的情况下宜采用组合式恶臭（异味）净化工艺，使其具有运行费用较低、对各种污染物的广谱性好、处理效率高、系统稳定、抗冲击负荷能力强的特性。可去除影响净化率的杂质（粉尘、颗粒物等），减轻后续处理的压力，例如可以增加除杂降尘的过滤装置，保证后端处理设备的净化效果。有条件时，应优先采用不产生二次污染的环境友好型恶臭（异味）净化方式，确保恶臭（异味）净化处理后的排放气体优于国家和地方规范要求。

净化处理后恶臭（异味）排放应满足项目环境影响评价及环境影响评价批复、国家和地方规范要求。应在末端净化设施前管道入口和末端排放口预留检测采样口，定期对排放气体浓度指标进行监测，确保净化设备的处理效果。对于控制要求较高的项目，可设置在线检测设备，实时上传数据，根据上传数据的达标情况及时对设备的运行情况做出一定的调整。必要时，应根据环境保护主管部门的要求对周边环境的影响开展监测。安装污染物排放自动监测设备时，应按有关法律和《污染源自动监控管理办法》及国家或地方的相关规定要求执行。排气筒按照环境监测管理规定和技术规范的要求，设计、建设、维护永久性采样口、采样测试平台和排污口标志。采样应选择在气味最大的时段进行。

一般项目应优先满足现行国家规范《恶臭污染物排放标准》（GB 14554—93）中"恶臭污染物厂界标准值（新扩改建二级）"（表 10-1）和"15m 高排气筒恶臭污染物排放标准值"（表 10-2）排放要求，如有地方标准或环境影响评价要求则应从严执行，部分项目环境影响评价及环境影响评价批复会对非甲烷总烃、颗粒物等参数的排放作限制性要求。

表 10-1　恶臭污染物厂界标准值（新扩改建二级）

控制项目	硫化氢	甲硫醇	甲硫醚	二甲二硫醚	二硫化碳	氨	三甲胺	苯乙烯	臭气浓度
厂界浓度限值/（mg/m³）	0.06	0.007	0.07	0.06	3.0	1.5	0.08	5.0	20(无量纲)

表 10-2　15m 高排气筒恶臭污染物排放标准值

控制项目	硫化氢	甲硫醇	甲硫醚	二甲二硫醚	二硫化碳	氨	三甲胺	苯乙烯	臭气浓度
排放量/（kg/h）	0.33	0.04	0.33	0.43	1.5	4.9	0.54	6.5	2000(无量纲)

10.2　恶臭（异味）净化机理和净化工艺介绍

10.2.1　恶臭（异味）净化机理

(1) 气-液吸收

1）气液相平衡

在一定的温度和压力下，当吸收剂与混合气体接触时，气体中的可吸收组分溶解于液体中，形成一定的浓度。但溶液中已被吸收的组分也可能由液相重新逸回到气相，形成解吸。气液相开始接触时，组分的溶解即吸收是主要的，随着时间的延长及溶液中吸收质浓度的不断增大，吸收速度会不断减慢，而解吸速度却不断增加。到某一时刻，吸收速度和解吸速度相等，气液相间的传递达到平衡——相平衡。达到相平衡时表观溶解过程停止，此时组分在液相中的溶解度称为平衡溶解度，是吸收过程进行的极限。气相中吸收质的分压称为平衡分压。了解吸收系统的气液平衡关系，可以判断吸收的可能性，了解吸收过程进行的限度并有助于进行吸收过程的计算。

亨利定律表示在一定温度下，当气相总压不太高时稀溶液体系的气液平衡关系，即在此条件下溶质在气相中的平衡分压与它在溶液中的浓度成正比。由于气相与液相中吸收质组分浓度所用单位不同，亨利定律可用不同的形式表达。

$$p = Hc$$

或

$$p = mx$$

式中 p——气体组分分压，Pa；

   H——相平衡常数，$m^3 \cdot Pa/kmol$；

   m——亨利常数，Pa；

   c——溶质在液相中的浓度，$kmol/m^3$；

   x——溶质在液相中的摩尔分数。

2）吸收机理模型

气体吸收过程是一个比较复杂的过程，已提出多种对吸收机理的理论解释，其中以双膜理论最简明、直观、易懂。双膜吸收理论模型见图 10-1，其要点如下。

① 气液两相接触时存在一个相界面，界面两侧分别为呈层流流动的气膜和液膜。吸收质是以分子扩散方式从气相主体连续通过此两层膜进入液相主体。此两层膜在任何情况下均呈层流状态，两相流动情况的改变仅能对膜的厚度产生影响。

② 在相界面上，气液两相的浓度总是相互平衡，即界面上不存在吸收阻力。

③ 气、液相主体中不存在浓度梯度，浓度梯度全部集中于两个膜层内，即通过气膜的浓度降为 $p-p_i$，通过液膜的浓度降为 c_i-c，因此吸收过程的全部阻力仅存于两层层流膜中。

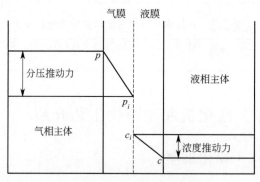

图 10-1　双膜吸收理论模型

根据气-液吸收净化机理，我们通常采用的工艺有洗涤法和生物法。洗涤法又分为水洗涤、化学洗涤和植物液洗涤，或是根据工况将不同的洗涤方式进行串联，其作用机理是利用气体溶于液体并在不同酸碱性溶液中进行反应，经过水解、吸附、中和的作用将废气中的污染因子转化成无毒无味的分子，当溶液吸收反应到其平衡饱和点时排放到指定点处理，此工艺适用于高、中高浓度组分复杂的恶臭（异味）净化。生物法主要是利用微生物降解气体中的污染因子，当然前提是需要用湿法喷淋将可溶于水的污染因子溶解掉，另外通过微生物滤层，利用细菌分解其他污染因子，产生无害的小分子和水等；此工艺适用于中低浓度组分单一的恶臭（异味）净化。

（2）气体吸附

1）吸附过程

在用多孔性固体物质处理流体混合物时，流体中的某一组分或某些组分可被吸引到固体表面而集聚，此现象称为吸附。在气态污染物治理中被处理的流体为气体，因此属于气-固吸附。被吸附的气体组分称为吸附质，多孔固体物质称为吸附剂。

固体表面吸附了吸附质后，一部分被吸附的吸附质可从吸附剂表面脱离，此现象称为脱附。而当吸附剂进行一段时间的吸附后，由于表面吸附质的富集，使其吸附能力明显下降，而不能满足吸附净化的要求，此时需要采用一定的措施使吸附剂上已吸附的吸附质脱附，以恢复吸附剂的吸附能力，这个过程称为吸附剂的再生。因此在实际吸附工程中，正是利用吸附剂的吸附-再生-再吸附的循环过程，达到除去废气中污染物质并回收废气中有用组分的目的。

2）吸附平衡

从上面叙述可知，吸附与脱附互为可逆过程。当用新鲜的吸附剂吸附气体中的吸附质时，由于吸附剂表面没有吸附质，因此也就没有吸附质的脱附。但随着吸附的进行，吸附剂表面上的吸附质逐渐增多，也就出现了吸附质的脱附，且随时间的推移，脱附速度不断增大。但从宏观上看，同一时间内，吸附质的吸附量仍大于脱附量，所以过程的总趋势仍为吸附。但当吸附到某一时刻，当同一时间内吸附质的吸附量与脱附量相等，吸附和脱附达到了动态平衡。达到平衡时，吸附质在流体中的浓度和在吸附剂表面上的浓度都不再发生变化，从宏观上看吸附过程停止。达到平衡时，吸附质在流体中的浓度称为平衡浓度，在吸附剂中的浓度称为平衡吸附量。

吸附等温线是在吸附温度不变的情况下，达到平衡时，吸附剂上的吸附量随气相中组分压力的不同而变化的情况，图 10-2 表示的是 NH_3 在活性炭上的吸附等温线。

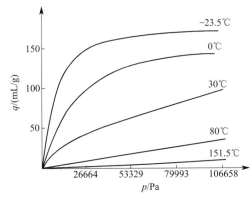

图 10-2　NH_3 在活性炭上的吸附等温线

根据气体吸附机理我们通常采用的是活性炭吸附净化工艺，活性炭是一种多孔炭材料，具有孔隙结构高度发达、比表面积较大、吸附能力强、化学稳定性好、机械强度高等特点。利用活性炭的吸附作用，可对废气中大量有机污染组分（尤其是苯类、酮类污染物）进行吸收和富集。整个吸附过程极快，通常只需要几秒的停留时间即可以吸附大量废气污染物组分。并且，此方法具有投资费用省、操作简便、占地节约等特点，通常适用于净化装置的末端作强化处理，确保恶臭（异味）净化后达标排放。

（3）气体电解

我们通常采用的是氧离子净化工艺。

1）作用过程

在高电压的作用下，带电高能颗粒碰撞到中性的氧分子时，使氧分子中的氧原子失去了电子，变成正极基本离子，而释放的电子在瞬间与另一中性分子结合，形成负氧离子。结果是氧离子的两极分化，并且各吸附 10～20 个分子形成离子群，如图 10-3 所示。

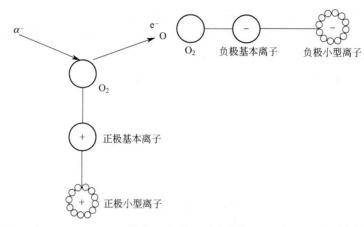

图 10-3　离子作用机理

正、负氧离子发生器的运作机理就是利用正、负离子来模拟大自然的自净修复功能，达到治理空气污染（异、臭味）的目的。氧离子发射系统的正、负氧离子的数量都是可测量和可控制的，这些活性的氧分子以 10～60 个分子的群或者串呈现。这些离子与污染物分子可以互相作用并能打破污染物原分子结构。当空气吹过离子设备时，一般来说每升空气会形成 100 万～200 万个活性氧分子群和集成串。离子净化的过程不凭借紫外线、化学添加剂或者是臭氧，只需要洁净的空气作为净化介质，而且此方法设备不与异味分子直接接触，不仅增加了其使用寿命，也保证了操作的安全性。

2）作用机理

① 氧化分解异味气体中的污染因子。新生态的正、负氧离子具有很强的氧化性，不但能有效氧化分解 H_2S、NH_3、CH_3SH 等常见的异味气体，还能对挥发性有机化合物（VOCs）进行有效分解，从而去除空气中的异味。

② 吸附污染空气中的细微颗粒和悬浮物。带电离子可以吸附大于自身重量的悬浮颗粒，使其靠自重沉降下来，从而清除空气中的悬浮胶体，达到净化空气的目的。

③ 有效抑制污染空气中细菌的繁殖。高能量的正、负氧离子能破坏细菌生长的环境，抑制细菌的繁殖，减少微生物对人的危害。

（4）气体燃烧

当废气成分中含有氧和可燃组分时，即为混合气体的燃烧提供了条件。当混合气体中的氧和可燃组分的浓度处在某一范围内，在某一点点火后所产生的热量可以继续引燃周围的混合气体，燃烧才能继续，这样的混合气体称为可燃的混合气体。可燃的混合气体，在某一点点燃后在有控制的条件下维持燃烧就形成了火焰。

用燃烧方法可以销毁可燃的有害气体或烟尘，在销毁过程中所发生的化学作用主要是燃烧氧化作用及高温下的热分解。

当混合气中可燃的有害组分浓度较高或燃烧热值较高时，由于在燃烧时放出的热量能够补偿散向环境中的热量，能够保持燃烧区的温度不变，维持燃烧的继续，因此可以把混合气中的可燃组分当作燃料直接烧掉，即采用直接燃烧的方法销毁混合气中有害的可燃组分。

当混合气中可燃的有害组分浓度较低或燃烧热值较低，经燃烧氧化后放出的热量不足以维持燃烧，则不可能将可燃组分作为燃料直接燃烧销毁，此时可以将混合气加热到有害可燃组分的氧化分解温度，使其进行氧化分解，即采用热力燃烧的方法销毁混合气中有害的可燃组分。

在采用催化转化的方法对混合气中的可燃有害组分进行反应时，同样是借助催化剂的作用将其进行氧化，因此也可将其看作是一种燃烧反应，即用催化氧化（燃烧）的方法销毁混合气中的有害可燃组分。

此方法是把有害气体的温度提高到足以进行氧化分解反应温度的净化方法。目前常用的设备是燃烧炉、烟气加热器等，其适用范围是处理中低浓度、小风量的可燃性气体，优点是净化效率高、恶臭物质被彻底氧化分解；缺点是消耗燃料、处理成本高、易形成二次污染。

（5）高空排放

在上面的论述中主要涉及 4 种不同的恶臭（异味）净化机理，但其共同点是都需净化处理后高空排放，根据《大气污染物综合排放标准》（GB 16297—1996）和《恶臭污染物排放标准》（GB 14554—93）中相关规定，有组织排放烟囱的最低高度需为 15m，通过高烟囱将净化后的废气排向一定高度的高空，利用大气的扩散稀释和自净能力，使污染物向更广泛的范围内扩散，可以减轻对局部地区和对地面的污染。一般讲，在源强不变的情况下，接近地面的大气中污染物浓度与烟囱的有效高度的平方成反比，因此烟囱的有效高度越高，这种作用越明显，在使用集合式高烟囱时效果会更好。

10.2.2 恶臭（异味）净化工艺介绍

（1）生物法

生物法恶臭（异味）净化是利用固相和固液相反应器中微生物的生命活动降解气流中所携带的恶臭成分，将其转化为恶臭气体浓度比较低或无臭的简单无机物质（如二氧化碳、水和无机盐等）和生物质。生物恶臭（异味）净化系统与自然过程较为相似，通常在常温常压下进行，运行时仅需消耗使恶臭物质和微生物相接触的动力费用和少量的调整营养环境的药剂费用，属于资源节约和环境友好型净化技术，总体能耗较低，运行维护费用较少，较少出现二次污染和跨介质污染转移的问题。

就恶臭物质的降解过程而言，气体中的恶臭物质不能够直接地被微生物所利用，必须先溶解于水才能被微生物所吸附和吸收，再通过其代谢活动被降解。因此，生物恶臭（异味）净化必须在有水的条件下进行，恶臭气体首先与水或其他液体接触，气态的恶臭物质溶解于液相之中，再被微生物所降解。一般说来，生物法恶臭（异味）净化包括了气体溶解和生物降解两个过程，生物恶臭（异味）净化效率与气体的溶解度密切相关。就生物膜法来说填料上长满了生物膜，膜内栖息着大量的微生物，微生物在其生命活动中可以将恶臭气体中的有机成分转化为简单的无机物，同时也组成自身细胞繁衍生命。生物化学反应的过程不是简单的相界转移，是将污染物摧毁，转化为无害的物质，其环境效益显而易见。

一般认为生物法恶臭（异味）净化可以概括为如下 3 个步骤：

① 臭气首先同水接触并溶于水中（即由气膜扩散进入液膜）；

② 溶解于液膜中的恶臭成分在浓度差的推动下进一步扩散至生物膜，进而被其中的微生物吸附并吸收；

③ 进入微生物体内的恶臭污染物在其自身的代谢过程中被作为能源和营养物质分解，经生物化学反应最终转化为无害的化合物（如 CO_2 和 H_2O）。

该恶臭（异味）净化工艺目前广泛应用于污水处理，污泥和垃圾堆肥项目，好氧工艺渗沥液处理项目，餐厨垃圾处理、渗滤液处理等。其优点是：能处理多种不同的恶臭污染物，技术成熟稳定，处理效果有保障，运行费用低，无二次污染，恶臭（异味）净化后尾气嗅觉感官好。缺点是：对有机胺类大分子有机恶臭污染物去除效果取决于是否能驯化出合适的菌种，有一定的恶臭（异味）净化效率极限，占地面积大，适合于长期连续运行工况，抗冲击能力差。

（2）离子氧法

离子氧法利用氧离子等物质的强氧化性，氧化分解空气中的污染因子，从而达到恶臭（异味）净化目的。由离子发生器通过低高压界面放电，使空气中部分氧分子离子化，形成有较高活性的正、负离子氧群和强氧化性自由基·O、·OH、H_2O·等。恶臭污染物分子与离子氧群混合，离子氧群将有机污染物、氨、硫化氢等致臭污染物降解，以降低恶臭浓度，达到恶臭气体净化目的。

离子氧法的空气净化过程原理包括物理和化学过程，涉及预荷电集尘、催化净化及正、负离子发生作用。

1）预荷电集尘过程

利用不均匀的电场形成电晕放电，产生正、负离子体。再通过通风机的输送，使离子体中的电子及正、负离子在电场作用下与空气中的尘粒碰撞而附于尘粒上，带电的尘粒在电场的作用下向电极迁移，沉积在电极上，由此吸附了污染空气中带不同电荷的细微颗粒和悬浮物，形成较大分子团沉降，进而从空气中有效分离。

2）催化净化机理

包括两个过程：一是在与产生的正、负离子体的接触过程中，一定数量的有害气体分子受高能作用，本身分解成单质或转化为无害物质；二是正、负离子体中具有大量高能粒子和高活性的自由基，这些活性粒子与有害气体分子作用，打开了其分子内部的化学键并产生了大量的自由基和强氧化性的 O_3，它们与有害气体发生反应而转化为无害的物质（氧化分解空气中的污染因子）。

3）正、负离子发生作用

活跃的正离子可减少那些化学性能不受负离子作用和控制的不稳定气体有机化合物，很多挥发性有机化合物（VOCs）不受负离子发生器作用而被正离子分解。同样，分子失去电子时释放的电子瞬间与另一中性分子结合，使空气中有害物质分子带有负电荷，而带负电荷的微粒与带正电荷的微粒不断结合，最终降落下沉。另外，氧离子在有效地氧化分解化学物质的同时，高能量的离子和分子能即刻对空气消毒（氧化、杀灭细菌），中和、去除异臭味。

该恶臭（异味）净化工艺作为末端恶臭（异味）净化工艺目前广泛应用于垃圾中转、污水处理、粪便处理等。该恶臭（异味）净化工艺非常适合和车间送风系统结合作为离子氧送风净化系统，提供高能正负离子氧，有效去除车间内空气中的微粒和异味，改善室内工作环境空气品质，作为前端送风恶臭（异味）净化工艺。其优点是恶臭（异味）净化效果较好、使用方便、处理成本较低、占地面积较小；缺点是只适用于低浓度、相对湿度≤80％的恶臭气体处理，对较高浓度恶臭气体处理效率有限。

（3）臭氧氧化法

臭氧氧化法是利用臭氧是强氧化剂的特点，使恶臭污染物中的化学成分氧化，达到恶臭（异味）净化的目的。臭氧氧化法有气相和液相之分，由于臭氧产生的化学反应较慢，对氨的处理能力有限，一般先通过其他恶臭（异味）净化方法去除大部分恶臭物质，然后再进行臭氧氧化。为提高臭氧的化学反应速率，常用臭氧和紫外光辐射结合的处理工艺，故又称"（紫外）光催化氧化法"，即利用两种不同波长的高能级紫外辐射相互协同作用和臭氧与紫外辐射相互协同作用，产生羟基自由基（·OH），对恶臭污染物进行除味净化、消毒、灭菌，使臭氧净化更具优势，速度更快，净化气体范围更广。

特定波长的真空紫外辐射激活氧分子后生成一定浓度的 O_3。O_3 在另外一种波长的紫外线照射下与水（H_2O）发生链式反应，产生高能中间物——·OH、H_2O_2 等。

其反应方程式为

$$O_3 + h\nu \longrightarrow O_2 + \cdot O,\ \cdot O + H_2O_2 \longrightarrow \cdot OH + \cdot OH$$

或

$$O_3 + H_2O + h\nu \longrightarrow O_2 + H_2O_2,\ H_2O_2 + h\nu \longrightarrow 2 \cdot OH$$

由上述两种化学方程式得出：1mol 的 O_3 可以生成 2mol·OH，它能与无机物和有机物发生氧化反应使其分解。

臭氧氧化法具有一定的抑制细菌作用，且能分解有机恶臭污染物，但因臭氧过量会增加环境污染，对人体健康有一定危害（臭氧被吸入呼吸道时，会与呼吸道中的细胞、流体和组织很快反应，导致肺功能减弱和组织损伤），故必须对臭氧产生量加以控制。

该恶臭（异味）净化工艺目前广泛应用于化工污染物处理、危废处理等。其优点是恶臭（异味）净化效果较好、使用方便；缺点是对氨的去除率较低，臭氧过量会造成环境污染，浓度应控制在 $0.16mg/m^3$ 以下。

（4）吸附法

吸附法是采用比表面积大、吸附能力强、化学稳定性好、机械强度高的吸附材料，对收集恶臭气体中大量有机污染组分进行吸收和浓集，达到恶臭（异味）净化目的。为了有效地净化恶臭（异味），通常在吸附塔内布置不同性质的吸附材料，如吸附酸性物质的吸附材料、吸附碱性物质的吸附材料和吸附中性物质的吸附材料，恶臭气体和各种吸附材料接触后，污染组分被吸附。整个吸附过程极快，只需要很短的停留时间即可以吸附大量恶臭污染物组分。吸附法与化学酸碱洗涤法相比较，具有较高的效率，常用于低浓度恶臭气体或恶臭（异味）净化装置的后续处理。为保证系统有效运行，需定期更换吸附材料及对吸附材料进行再生处理，此方法如单独使用成本较高。结合经济运行要求，常用于环境空气品质控制要求高的项目，串联于其他恶臭（异味）净化工艺之后。

目前国内外最广泛应用的吸附剂是活性炭。因为活性炭有很高的比表面积，对恶臭物质有较大的平衡吸附量，当待处理气体的相对湿度超过 50% 时，气体中的水分将大大降低活性炭对恶臭气体的吸附能力，而且由于有竞争性吸附现象，对混合恶臭气体的吸附效果不彻底。为了克服传统活性炭吸附在进气湿度和吸附容量方面的缺陷，研究者利用化学吸附作用或通过加注微量其他气体的途径来提高去除效率。前者的特点是再生性能好，容量大，可以根据应用场合的特点与要求生产出合适的吸附剂，例如浸渍碱（NaOH）可提高 H_2S 和甲硫醇的吸附能力；浸渍磷酸可提高氨和三甲胺的净化性能和吸附效果。注加氨气可提高活性炭床对 H_2S 和甲硫醇的吸附能力，而 CO_2 则可以提高对三甲胺等氨类的去除效果。采用碱液浸渍活性炭曾出现过着火燃烧的情况，原因是新鲜浸渍活性炭的活性很高，在某些情况下会发出很大的吸附和反应热，造成局部温度过高。活性炭纤维由于其微孔直接面向气流，表现出良好的吸附性能，因而可采用较短的吸附-脱附周期。

吸附法是依据多孔固体吸附剂的化学特性和物理特性，使恶臭物质积聚或凝缩在其表面上而达到分离目的的一种恶臭（异味）净化方法。

该恶臭（异味）净化工艺目前广泛应用于危废处理、焚烧处理、垃圾中转、化工污染物处理等，常串联于其他工艺后作强化处理。其优点是对进气流量和浓度的变化适应性强，设备简单，维护管理方便，恶臭（异味）净化效果好，且投资不高；缺点是需定期更换吸附材料或进行吸附材料的再生，如不作为强化处理则吸附材料易饱和，处理成本较高，对被处理恶臭污染物的相对湿度要求较高。

（5）燃烧法

燃烧法分为直接燃烧法和催化燃烧法。

1）直接燃烧法

一般将燃料气与恶臭气体充分混合，在 $600\sim1000{}^{\circ}\!C$ 下实现完全燃烧，使最终产物均为 CO_2 和水蒸气，使用本法时要保证完全燃烧，部分氧化可能会增加臭味。进行直接燃烧必须具备以下 3 个条件：

① 恶臭物质与高温燃料气在瞬间内进行充分的混合；

② 保持恶臭气体所必需的燃烧温度，一般为 $700\sim800{}^{\circ}\!C$；

③ 保证恶臭气体全部分解所需的停留时间，一般为 $0.3\sim0.5s$。

直接燃烧法适于处理气量不太大、浓度高、温度高的恶臭气体，其处理效果比较理想，同时燃烧时产生的大量热还可通过热交换器进行废热的有效利用。它的不足就是要消耗一定的燃料。

2）催化燃烧法

又叫触媒燃烧法，使用催化剂，恶臭气体与燃烧气的混合气体在 $200\sim400{}^{\circ}\!C$ 发生氧化反应以去除恶臭气体，催化燃烧法的特点是装置容积小，装置材料和热膨胀问题容易解决，操作温度低，节约燃料，不会引起二次污染等。缺点是催化剂易中毒和老化等。

该恶臭（异味）净化工艺目前广泛应用于主体工艺采用焚烧处理或可燃物浓度较高的项目。燃烧法对于初投资、运行管理、尾气排放要求较高，最适用于小风量、高浓度恶臭（异味）的净化。

（6）化学酸碱洗涤法

化学酸碱洗涤法是利用恶臭污染物中的某些物质与药液产生中和反应的特性，如利用呈碱性的苛性钠和次氯酸钠溶液去除恶臭污染物中的硫化氢等酸性物质。

化学酸碱洗涤法的原理是通过气液接触，使气相中的污染物成分转移到液相中，传质效率主要由气液两相之间的亨利常数和两者间的接触时间而定，使用洗涤法去除气体中的含硫污染物（如 H_2S、CH_3SH）时，可在水中加入碱性物质以提高洗涤液的 pH 值或加入氧化剂以增加污染物在液相中的溶解度。洗涤过程通常在填充塔中进行，以增加气液接触机会，化学洗涤器的主要设计是通过气、水和化学物（视需要）的接触对恶臭气体物质进行氧化或截获。主要的形式有单级反向流填料塔、反向流喷射吸收器、交叉流洗脱器。

部分反应如下。

与硫化氢的反应：$H_2S + 4NaOCl + 2NaOH \longrightarrow Na_2SO_4 + 2H_2O + 4NaCl$

$\qquad H_2S + 2NaOH \longrightarrow Na_2S + 2H_2O$；$H_2S + NaOCl \longrightarrow NaCl + H_2O + S$

与氨的反应：$\qquad\qquad 2NH_3 + H_2SO_4 \longrightarrow (NH_4)_2SO_4$

与甲硫醇的反应：$\qquad CH_3SH + NaOH \longrightarrow CH_3SNa + H_2O$

该恶臭（异味）净化工艺目前广泛应用于危废处理、焚烧处理、化工污染物处理等，常串联于其他工艺后作强化处理。其优点是对成分单一、选用药剂合适的恶臭污染物恶臭（异味）净化效果好；缺点是反应机理单一，与药液不反应的恶臭污染物较难去除，通常需要串联其他恶臭（异味）净化工艺一起使用，恶臭（异味）净化后所产生的废液仍需专门污水处理，否则将造成二次污染。

（7）植物液法

植物液是以植物为原料，按照对提取的最终产品的用途的需要，经过物理化学提取分离过程，定向获取和浓集植物中的某一种或多种有效成分而不改变其有效结构形成的产品，其在医药、保健食品、食品添加剂、着色剂、护肤品以及异（臭）味控制等行业中广泛应用。

按照植物液的成分不同，可形成醇、生物酸、生物碱、醛、酮、多酚、多糖、萜类等产品。凭借特定的官能团，这些物质对恶臭物质具有很好的物理化学活性。可根据恶臭气体源的特性，针对性地选择不同作用的植物液产品进行复配并做到"对症下药"，以达到良好的异（臭）味控制效果。

植物液化学、物理性质稳定，无毒性，对皮肤无刺激性，二次污染小，可适用于各种工作场所，运输、储存和使用安全方便。

常见的植物液恶臭（异味）净化法主要有本源喷洒恶臭（异味）净化、空间雾化恶臭（异味）净化和植物液洗涤恶臭（异味）净化三种方式。

本源喷洒恶臭（异味）净化，是将植物液按照一定的使用比例稀释后，通过喷洒设备将其直接喷洒在臭源表面，以达到恶臭（异味）净化的目的。

空间雾化恶臭（异味）净化，是将植物液按照一定的使用比例稀释后，通过雾化设备将其直接雾化在无组织臭源排放的区域或空间内部，以达到恶臭（异味）净化的目的。

植物液洗涤恶臭（异味）净化，是将化学酸碱洗涤法中的化学药剂替换成针对恶臭气体源特性配制的植物液产品（不同的植物液产品配方不同），由植物液参与恶臭气体净化过程中的洗涤（传质吸收），恶臭气体在植物液洗涤设备中经过溶解、有机酸碱中和反应、酯化反应、氧化还原反应等，转化为无毒无害物质，从而达到恶臭（异味）净化的目的。

植物液恶臭（异味）净化主要为传质吸收，包括物理吸收和化学吸收。

1）物理吸收

污染物在水中有一定的溶解度，植物液中的醇类等物质能提高有机污染物在水中的溶解度，实现污染物从气相转移到液相的传质过程。

2）化学吸收

通过植物液中的活性成分与污染物之间的化学反应，实现化学吸收，提高传质效率和速度，从而提高污染物去除效率。

典型的化学反应包括（但不限于）以下几种类型。

① （有机）酸碱中和反应。植物液中含有的生物酸和生物碱可以与硫化氢、氨、有机胺等恶臭气体分子反应。

例如：植物液中含柠檬酸等有机酸成分，可与氨气等碱性气体发生中和反应；胺等有机碱可与乙酸等酸性气体发生中和反应；海鲜加上柠檬，可以去除腥味；利用醋可明显去除厕所的臭味（氨）；采用醋、柠檬酸等有机酸可以去除肉类中产生腥臭的物质（碱性物质）；等等。

与一般酸碱反应不同的是，一般的碱是有毒的，不可食用，不能生物降解，植物液却能生物降解，并且无毒；常见的植物中的有机酸有脂肪族的一元、二元、多元羧酸，如柠檬酸、酒石酸、草酸、苹果酸、枸橼酸、抗坏血酸（即维生素 C）等，芳香族有机酸如苯甲酸、水杨酸、咖啡酸等。已知生物碱种类很多，有一万多种，主要类型包括有机胺类、吡咯烷类、吡啶类、异喹啉类、吲哚类、莨菪烷类、嘌呤类等。

② 氧化还原。植物液中醛、酮类成分可与氨和硫醇等还原性的物质等发生氧化还原反应，植物液中的还原性物质亦可跟恶臭气体中的氧化性物质发生氧化还原反应。

③ 酯化反应。植物液中的醇类物质可与有机酸发生酯化反应；植物液中的单宁类物质亦可以同异味分子发生酯化或酯交换反应，从而去除异味或生成具有芳香的物质。植物单宁又称植物多酚，是植物体内的复杂酚类次生代谢产物，具有多元酚结构，主要存在于植物体的皮、根、叶、壳和果肉中。植物多酚在自然界中的储量非常丰富。

该恶臭（异味）净化工艺目前广泛应用于垃圾填埋、垃圾中转、餐厨垃圾处理、渗滤液处理、污水处理、动物无害化处理等。其优点是恶臭（异味）净化效果好、抗冲击负荷能力较强、运行启动较快并可迅速完成恶臭（异味）净化过程；由于液剂原料取自无毒、无害的植物，其处理过程无二次污染。缺点是植物液属消耗品，有效的恶臭（异味）净化用植物液成本较高。

（8）除尘法

用于危险废物处理的常用除尘法有布袋除尘工艺和自动卷帘式过滤器除尘工艺，粉尘浓度较高且环境影响评价有严格控制要求时采用布袋除尘工艺，粉尘浓度较低时可采用自动卷帘式过滤器除尘工艺。

布袋除尘是利用多孔的袋状过滤元件从含尘气体中捕集粉尘的一种除尘方法，其设备主要由过滤装置和清灰装置两部分组成；前者的作用是捕集粉尘，后者则用于不断清除滤袋上的积尘，保持除尘器的处理能力。通常还设有控制装置（使除尘器按一定程序清灰）、贮存灰装置等。含较细粒径粉尘的废气在去除恶臭组分前，需先通过布袋除尘器除尘。

自动卷帘式过滤器，在滤料箱装有一卷滤料，当大风量含尘空气经外力引入，通过卷帘式过滤器时，滤料会将空气中的细小灰尘吸附，过滤器初始阻力随滤尘增加而逐步上升，当过滤器阻力上升至设计终值时压差开关动作，其开关信号输入控制程序，自动启动电机，电机运转带动滤料卷轴转动，从而将脏的滤料卷起来；同时过滤面上更换成干净的滤料，直至整卷滤料用完时，更换新一卷滤料。

10.2.3　恶臭（异味）净化工艺特点分析

（1）生物法

生物法对中低浓度各类恶臭污染物的综合处理效果较好，恶臭（异味）净化效率稳定，对恶臭（异味）的净化效率较高，但对于较复杂的有机恶臭污染处理效率有一定限值，投资成本较高、占地面积非常大，一般适用于连续运行的恶臭（异味）净化对象。危险废物处理项目，通常留给恶臭（异味）净化设施的用地较少，较多被净化处理区域为非连续运行工况，故很少使用生物法恶臭（异味）净化工艺。

（2）离子氧法

离子氧法具有一定的抑制细菌作用，且能分解有机恶臭污染物，在运行使用方面较便捷，仅需要定期清洗过滤装置和更换离子发生管。但投资成本较高，目前危险废物处理项目很少采用此种恶臭（异味）净化工艺，随着未来对车间室内作业环境空气品质要求的提升，离子氧法可用于车间室内送风预处理使用。

（3）臭氧氧化法

臭氧氧化法中的光催化氧化法，可将大分子恶臭（异味）气体的分子链打断，将致臭物质转化成无臭味或低臭味的小分子化合物；在裂解气体的同时设备内会产生高浓度的臭氧和羟基自由基，对被裂解的分子进一步氧化，达到净化目的。臭氧氧化法目前在危险废物处理工程中已有应用。

（4）吸附法

常用活性炭作为吸附材料，对危险废物处理过程中产生的各类浓度恶臭（异味）均有一定的净化效果，也是危险废物处理项目中较常用的恶臭（异味）净化工艺。可以单独使用，也可以和其他恶臭（异味）净化组合使用：单独使用时，为保证系统有效运行，更换吸附材料的频率较高；组合使用时，作为最后一级恶臭（异味）净化工艺，吸附材料更换频率较低，使用较经济。

（5）燃烧法

处理效果好，但如需额外配置处理设备，则处理成本和投资均较高。当危险废物主体处理工艺为焚烧时，可根据主体焚烧工艺的处理规模，将恶臭（异味）作为一次风、二次风引入焚烧系统焚烧处理，既可满足恶臭（异味）净化要求，又可节省运行成本。但必须注意以下 2 点：

① 应为焚烧法净化处理配置合理的备用恶臭（异味）净化设备，当焚烧线停车时可应急使用；

② 通常危险废物焚烧所需气量有限，不足以满足整个危险废物项目的恶臭（异味）净化规模，应选来源中恶臭（异味）浓度较高、成分较复杂的部分优先引入焚烧系统焚烧处理。

（6）化学酸碱洗涤法

具有抗负荷冲击能力强、运行启停灵活等优点，能有针对性地去除规范所要求的主要恶臭污染物。危险废物处理项目中，除污水处理车间和调节池外一般常用"化学碱洗涤"工艺，其恶臭（异味）净化处理后所产生的排污废液仍需送至废水处理系统处理，否则将造成二次污染。如采用全自动加药控制，用 pH 计和 ORP 计通过其 pH 值和氧化还原电位的变化来控制系统的加药量，简化了操作，可实现稳定的全自动管理控制。当化学洗涤法作为串联净化工艺组合使用时，如后级采用光催化氧化法或吸附法，则应在洗涤设备的出口处增加除雾器，捕集未被洗涤塔除雾层完全去除的废气中夹带的雾粒、浆液滴，以保证经洗涤法处理过的气体进入后级设备前的干燥性，以免影响后级净化设施的净化效果和使用寿命。此净化工艺目前在危险废物处理工程中有较多案例。

（7）植物液法

作为末端恶臭（异味）净化工艺，尽管其具有处理效果较好、处理后排污废液污染物浓度较低等特点，但能有效净化恶臭（异味）的植物液通常使用成本较高，因此此种工艺目前较少用于危险废物处理项目。作为车间室内的辅助恶臭（异味）净化工艺，由于当前危险废物项目的恶臭（异味）控制未达到垃圾中转、餐厨处理、污泥处理等项目的控制要求，因此目前采用车间室内植物液雾化喷淋的案例也较少，但随着未来对车间室内作业环境空气品质要求的提升，植物液雾化喷淋将可用作危险废物处理项目卸料大厅、预处理车间、暂存仓库车间内部的辅助恶臭（异味）净化工艺。

（8）除尘法

由于含尘废气中大量的恶臭（异味）会附着在粉尘表面，故将含尘浓度较高的废气优先进行除尘处理，不仅可以减少恶臭（异味）污染物的重量，也可降低粉尘对后级净化设施的影响，增加后级净化设施的使用寿命。通常来自稳定化/固化车间的废气应采用除尘工艺，来自暂存仓库和焚烧车间料坑的废气可根据被收集废气的粉尘浓度决定是否需要进行除尘预处理。

10.3 恶臭（异味）净化设计

10.3.1 恶臭（异味）净化收集气量确定

恶臭（异味）净化收集气量根据收集要求和收集方式确定。当收集气量太少，低于恶臭扩散速率或达不到收集空间内部的合理流态，会导致恶臭气体外逸；当收集气量太大，会增加投资和运行费用，若超出恶臭扩散速率太多，有可能满足不了处理设备的负荷要求，导致处理效率的下降。具体的收集气量一般应通过试验确定，条件不具备时可参考以往工程经验确定。

（1）暂存仓库

暂存仓库正常工况作业时，按空间容积×(3～8)次/h，即单位空间容积每小时需换气3～8次；不作业时，按空间容积×(1～4)次/h。

剧毒暂存仓库、甲乙类暂存仓库，当剧毒物检测浓度、可燃物检测浓度超过规定值时，按大于等于空间容积×12次/h。

（2）预处理车间

进料区、包装区、存储区作业时，按空间容积×(4～8)次/h；不作业时，按空间容积×(1.5～4)次/h。

（3）焚烧车间

卸料大厅作业时，按空间容积×(4～10)次/h；不作业时，按空间容积×(1.5～4)次/h。

卸料坑区作业时，按空间容积×(3～5)次/h；不作业时，按空间容积×(1.5～3)次/h。

（4）物化车间、固化车间

按工艺、环境影响评价要求的数值。

（5）医废车间

通道、周转箱堆放区、周转箱清洗间、周转箱暂存间作业时，按空间容积×(4～8)次/h；不作业时，按空间容积×(1.5～4)次/h。

（6）调节池

调节池的收集气量可根据多种方式确定。

① 池上加盖密封，按局部空间容积×(3～6)次/h。

② 池上加盖密封，按单位水面积 $3～5m^3/(m^2 \cdot h)$。

一般取上述计算方法中计算出的较大值作为设计集气量。

（7）脱水机房

脱水机房的收集气量可根据多种方式确定。

① 空间容积×(4～8)次/h。

② 带式压滤机（包括带检修走道的隔离室）按 7 次/h 换风量计算。

收集气量 $Q(m^3/h)=0.5×$隔离室容积 $R(m^3)×7$ 次/h（每一机室上最好设 4 个吸气口）。

③ 离心脱水机、带式压滤机（仅在机械本体加机罩的场合）

收集气量 $Q(m^3/h)=0.5×$机罩容积 $R(m^3)×2$ 次/h（每一机罩上最好设 4 个吸气口）。

④ 加压过滤机、真空过滤机

设置机罩时，以收集气量 $Q(m^3/h)=0.5×$机罩容积 $R(m^3)×7$ 次/h（每一机罩上最好设 4 个吸气口）。

设置集气罩时，收集气量按 7 次/h 并 3 倍于集气罩投影面积的空间容积进行换气。

10.3.2　恶臭浓度确定

恶臭浓度的确定是合理选择处理技术的基础，恶臭浓度由臭源特性所决定，一般来说每一臭源都有其特定的恶臭排放速率，为了确定恶臭排放速率，必须知道气体的流量和浓度，然后计算出恶臭排放速率。恶臭的扩散速率是恶臭浓度和气体流速的乘积。恶臭排放源可分为点源、面源和体源，其恶臭扩散速率可分别根据不同方法确定。

（1）点源

具有代表性的点源是已知流速的烟囱。点源的采样是在烟囱截面的不同点上通过洁净的聚四氟乙烯管来采样，采样点的数目由烟囱的直径来确定。

（2）面源

一个面源是一个水面或者是一个固体表面。一个便携式风洞系统能用来确定具体的恶臭扩散速率。风洞系统的原理是被活性炭过滤的空气，在风洞中形成层流的流动状态，在传质表面上方致臭物质挥发到一个标准的气体扩散区域，经混合均匀后，经聚四氟乙烯导管进入一个采样袋内。流过风洞的风速是 0.3m/s。

风洞外形如图 10-4 所示。

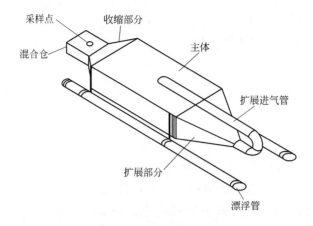

采样点　收缩部分
混合仓
主体
扩展进气管
扩展部分
漂浮管

图 10-4　便携式风洞外形

(3) 体源

体源就是一个建筑物或构筑物，如脱水机房。恶臭的浓度与空气通风量有关。恶臭样品通常是取同一个棚内的几个点。最近的研究结果表明，一个混合样品能充分反映一个棚的情况。但是，恶臭的扩散速率与风速和风向的变化有直接的关系。

浓度可以根据下式确定：

$$C = \frac{A}{Q} \times 3600$$

式中　C——设备进口恶臭气体污染物浓度，mg/m^3；

A——某种恶臭气体污染物的扩散速率，mg/s；

Q——选用的收集气量，m^3/h。

对于新建建（构）筑物，无法实测恶臭扩散速率，可以参照类似建（构）筑物的统计值、经验值或文献资料确定。

10.3.3　恶臭（异味）净化工艺配置

危险废物处理工程中常需要恶臭（异味）净化的区域有焚烧车间的卸料大厅和料坑、物化车间、稳定化/固化车间、调节池、污（废）水处理车间、废液罐区、暂存仓库或暂存车间、废包装桶回收车间、废矿物油回收车间、污泥干化车间、预处理车间的泵送区、重新包装区、样品贮存区、特殊包装区、洗桶区、小实验室、卸料区等。结合已实施危险废物项目恶臭（异味）净化情况，建议针对不同对象采取合适的净化工艺，并满足环评需求。

焚烧车间的卸料大厅和料坑收集恶臭（异味）建议优先作为一次风、二次风引入焚烧系统焚烧处理，如焚烧系统规模无法满足恶臭（异味）净化要求，则再配置化学碱洗涤＋除雾器＋光催化氧化＋活性炭吸附净化工艺，最低配置为单级活性炭吸附净化工艺。

物化车间收集恶臭（异味）建议采用化学碱洗涤净化工艺处理。

稳定化/固化车间的破碎、筛分/配料斗、混合搅拌、飞灰固化储仓、水泥料仓、石灰贮仓等产生粉尘废气区域，收集恶臭（异味）建议采用除尘法＋活性炭吸附净化工艺处理。

调节池、污（废）水处理车间收集恶臭（异味）建议采用化学酸碱洗涤净化工艺处理。

废液罐区收集恶臭（异味）建议采用活性炭吸附净化工艺处理。

暂存仓库或暂存车间、废包装桶回收车间、废矿物油回收车间、污泥干化车间、预处理车间的泵送区、重新包装区、样品贮存区、特殊包装区、洗桶区、小实验室、卸料区收集恶臭（异味）建议采用化学碱洗涤＋除雾器＋光催化氧化＋活性炭吸附净化工艺，最低配置为单级活性炭吸附净化工艺，如暂存仓库或暂存车间、污泥干化车间收集废气粉尘含量较高，则应先设除尘净化工艺。暂存仓库或暂存车间如为甲乙类仓库或甲乙类车间，则收集系统应采用金属管道，且应做好防静电接地，净化设施和废气接触的部分应做好防爆处理。

第**11**章 公用工程设计

11. 1　电气设计
11. 2　仪控设计
11. 3　给排水消防设计
11. 4　暖通设计

11.1 电气设计

11.1.1 配电系统

11.1.1.1 负荷计算

负荷计算是危废焚烧厂供配电系统设计的基础。在进行负荷计算时，根据工艺专业提交的设备功率和负荷分级，并为各设备选取适当的需要系数。

危废焚烧用电设备的负荷计算取值见表 11-1。

表 11-1 危废焚烧用电设备的负荷计算取值

序号	设备名称	负荷等级	需要系数	功率因素
1	抓斗起重机	3 级负荷	0.25～0.35	0.5
2	破碎机	3 级负荷	0.3～0.5	0.7
3	冷却风机、助燃风机	3 级负荷	0.7～0.8	0.8
4	出渣机	3 级负荷	0.6～0.7	0.8
5	布袋除尘系统	3 级负荷	0.6～0.8	0.8
6	一级循环泵、二级循环泵	3 级负荷	0.6～0.8	0.8
7	空压机	3 级负荷	0.6～0.8	0.8
8	进料系统	3 级负荷	0.4～0.6	0.8
9	SNCR 系统	3 级负荷	0.5～0.7	0.8
10	回转窑	2 级负荷	0.2～0.4	0.9
11	急冷系统	2 级负荷	0.5～0.7	0.8
12	锅炉给水泵	2 级负荷	0.6～0.8	0.8
13	燃烧器	2 级负荷	0.6～0.8	0.8
14	引风机	2 级负荷	0.3～0.5	0.9
15	一次风机、二次风机	2 级负荷	0.5～0.7	0.9

11.1.1.2 供配电系统设计

（1）变电所布置

根据用电负荷的计算及总平面布置，在厂区合适的位置设置变电所。为了减少输电线路损耗，变电所宜靠近负荷中心布置。一般来讲，在项目前期阶段，单条危废焚烧线的焚烧车间用电负荷计算功率（含空压机、破碎机）可用表 11-2 中数据进行估算。辅房是危废焚烧厂最主要的用电区域，宜在焚烧车间辅房区域设置变电所。为了便于动力电缆的敷设，在条件允许的情况下变电所宜与 MCC 室、空压机房上下相通或左右相邻。

表 11-2 单条焚烧线处理规模与计算功率对照表

处理规模/(t/d)	30	50	80
计算功率/kW	400～450	550～600	750～800

（2）结线方式

由于危废焚烧厂区二级负荷的数量较多，消防水泵等二级负荷的单机功率较大，需要供电系统能够提供较大的启动容量，所以危废焚烧厂的外线电源优先采用 2 路不同来源的 10kV 电源作为厂区的进线电源。当上级供电部门无法满足 2 路电源要求时，应设置柴油发电机作为二级负荷的备用电源。柴油发电机的选型必须满足二级负荷最大单机启动电流的启动容量校验，以保障事故状态下的二级负荷供电可靠性。在进行启动校验时，需注意消防设备应采用直接启动或者 Y/△ 降压启动方式。

10kV 系统采用单母接线。当采用 2 路 10kV 电源进线时，可根据设备可靠性的需要以及当地供电部门的要求，按需设置高压母联开关。

380V 低压母排采用单母分段的接线方式。当厂区采用 2 路电源进线时，两段低压母排分别接至两台变压器，两侧低压进线开关与中间母联短路器采用"三锁两钥匙"的运行方式，防止两路市电并列运行；当厂区采用 1 路电源进线＋柴油发电机时，一段低压母排（常用母排）接至变压器，另一段低压母排（应急母排）通过双电源转换开关分别接至常用母排和柴油发电机。

（3）电能质量

针对危废焚烧厂用电设备的特点，低压负荷在变电所低压母线上集中进行自动补偿，补偿后全厂的功率因数应达到 0.9 以上。

随着 LED 照明、变频电机、电力电子设备的数量越来越多，危废焚烧厂需关注谐波的污染情况。由于电网谐波难以在设计阶段计算确定，可在变电所设计时预留有源滤波装置的安装位置，待项目投运后根据实测结果决定是否增设滤波装置。

（4）电力计量

厂区总用电量的计量采用高供高计方式，在 10kV 侧设总表计量，建（构）筑物动力、照明合一计量，计量表计安装在高配间计量屏上。

为了便于厂区生产管理，应在厂区 380V 侧对各工艺系统分别进行电能计量，计量表计宜采用多功能电力表计，安装在低压配电柜上。

（5）电气保护

1）高压电器、变压器保护

危废焚烧厂变电所应采用微机继电保护，对配电系统实行保护和监控。

① 10kV 进线柜采用速断保护、延时速断保护、过负荷保护。当 1 路 10kV 电源仅挂载 1 台变压器时，可不设进线开关，此时应采用隔离柜作为进线电源的隔离器。

② 10kV 变压器采用短路速断保护、过负荷保护、高温保护、超温保护、零序保护。

③ 高压操作电源宜采用 DC110V 直流电源。因厂区直流负荷基本上均为控制负荷，每个回路电流较小，且供电距离不长，采用 110V 电压等级更有利于直流系统的安全运行。

2）低压电器保护

① 低压进线总开关采用短路速断保护、过负荷保护、单相接地保护。

② 低压馈线回路及用电设备设置短路保护、过负荷保护、间接接触防护。

③ 在爆炸危险区域内，电动机均应装设断相保护；当电动机过负荷保护自动断电可能引起比引燃更大的危险时应采用报警代替自动断电。

④ 在爆炸危险区域内，所选导体的允许载流量不应小于断路器长延时过电流脱扣器整定电流的 1.25 倍；引向 1kV 以下笼型电机的，不应小于电动机额定电流的 1.25 倍。

⑤ 在爆炸危险环境 1 区内，配电线路的相线及中性线均应装设短路保护，并采用适当开关同时断开相线和中性线。

11.1.1.3　电机控制

根据工艺专业要求，引风机、回转窑等部分设备采用变频控制启动，其余设备电动机均优先采用全电压直接启动方式，电机启动的母线压降控制在 10% 以内；当全压启动的电动机启动母线压降大于 10% 时可采取降压启动方式。

厂内主要用电设备操作采用自动及手动两种方式控制，自动方式时由 DCS 控制，手动方式时可在机旁控制箱或机旁按钮箱上操作。

11.1.2　照明与防雷接地系统

（1）灯具设置

厂区室外照明地面水平照度≥20lx；室内办公室、会议室等建筑物 0.75m 水平面照度≥300lx；泵房、风机房等构筑物内地面水平照度≥100lx；变电所内 0.75m 水平面照度≥200lx，控制室内 0.75m 水平面照度≥300lx。

危废焚烧线、污水处理装置、三效蒸发装置等多层钢平台结构，应在每层钢平台上设置工业照明灯具，每层的地面水平照度≥100lx。

若焚烧线采用地下式出渣机，应在出渣坑内设置局部照明。由于坑内湿度较高，且灯具处于人员的伸臂范围内，应采用安全型 24V 防潮灯具。

若锅炉汽包采用开放式摄像头进行双色水位计水位监控，应在摄像头附近设置辅助照明，为视频监控摄像头提供夜间补光，使摄像机能够清晰地录制双色水位计的图像。

变电所、中央控制室、行车抓斗间、多层钢平台、消防泵房内均应装设备用照明。备用照明采用双电源供电方式，与正常照明照度保持一致。

在厂区所有发生火灾时可能有人员滞留的建筑物内，均应设置应急照明与疏散指示标志。厂区应急疏散照明应采用集中控制型灯具，控制主机设于消防控制室内。

在危废储料坑、柴油储油间、活性炭仓库、危废罐区、危废暂存库等具有爆炸危险区域，应选用满足环境要求的防爆型灯具。

（2）检修电源

为满足厂区投运后的局部改造、检修需求，应在各个车间、水池、钢平台设置检修电源的插接点。

危废焚烧厂常见的检修用电设备有电焊机（9～11kW）、角磨机（<1kW）、移动式潜污泵（6～15kW）、移动式清洗机（0.8～1.2kW）、移动风机（1.1～3kW）、移动照明（<1kW）。在项目设计时，应核实厂区检修设备用量，检修电源箱的配电线路及保护开关应能满足检修设备的需要；若无特殊需求，检修电源箱的进线开关可按 32A 进行配置。

检修电源箱的进线开关应配置剩余电流保护，以防止人身触电事故的发生。在回转窑、二燃室等受限空间内作业时需配备安全电压照明。随着越来越多的检修照明设备自带电压变换模块，检修电源箱内可不设变压模块，使得各检修电源箱的接线形式一致。

常规的检修电源移动插盘的绕线长度最长为 50m，车间内两个检修电源箱间的距离宜＜80m。在焚烧线锅炉和烟气处理区域的每层钢平台均应设置检修电源箱；在焚烧线烟气取样平台上需设置检修电源箱。

(3) 防雷接地

各构筑物需计算落雷次数并按规范确定防雷级别。防雷装置的冲击接地电阻不大于 10Ω。

10kV 电源进线侧装设避雷器作雷电侵入波过电压保护。在变电所低压进线开关柜、各建筑物总进线配电箱设置电涌保护器。

厂区接地系统采用 TN 制，室外路灯采用局部 TT 制。变配电间设置集中接地装置，采用联合接地形式（防雷与工作接地合一），接地电阻≤1Ω，低压馈线距离超过 50m 时在下级进线的配电盘柜内实施重复接地。各建构筑物分别实施总等电位联结，工作接地、保护共用一套接地装置，接地电阻≤1Ω。

在爆炸危险区域内，必须采用 TN-S 制接地形式。爆炸危险区域内的所有设备及 I 类灯具，应采用专用的接地导体；不得利用输送可燃物质的管道作为辅助接地导体。接地干线在爆炸危险区域不同的方向不少于两处与接地导体连接。

(4) 电气节能

在设计过程中采取以下措施：

① 10/0.4kV 变电所的选址深入负荷中心，减少配电线路的损耗。

② 选用节能型干式变压器，空载损耗低，减少了变压器能耗。

③ 在变电所 380V 侧采用无功功率自动补偿装置集中补偿，补偿后计量功率因数达 0.9 以上。功率因数提高可以减少线路损耗，达到节能目的。电容器组串联 7% 电抗器，减小谐波影响，提高电能质量，减少附加损耗。

④ 各建筑物的照明功率密度值执行《建筑照明设计标准》（GB 50034—2013）规定，减少能耗。

⑤ 照明灯具选用高效的 LED 灯。

⑥ 照明回路三相配电干线的各项负荷分配平衡，减少零点移位，减少电压偏差。

⑦ 采用铜芯电线电缆，有利于用电安全，提高可靠性，同时降低线路电能损耗。

11.1.3 弱电系统

(1) 综合布线系统

为了实现厂级电信网络的通畅，厂区电话网络系统应采用综合布线的形式。

综合布线系统的主机设置于电信设备间内，电信设备间应位于厂区电信用户集中的位置，一般位于综合楼内。电信设备间应设置电信设备使用的 UPS 电源，并考虑办公自动化系统（OA 系统）、管理信息系统（MIS 系统）等 IT 系统预留机柜位置和电源容量，建议至少预留 3 个机柜的位置。

楼宇间布线系统和楼宇内垂直布线系统均采用多芯光缆与大对数电缆，分别传输网络和电话信号。

楼层水平布线系统宜采用超五类八芯四对双绞线（UTP）传输网络和电话信号。电话系统采用的标准插头是 RJ11 插头，可直接插入 RJ45 插座；通过在机柜端的跳线，将 UTP 线缆中与电话插座对应的两芯接至电话电缆配线架上。若后期在办公终端无电话座机需求，仅需更改跳线即可将电话插座变换成网络插座。

（2）火灾自动报警系统

危废焚烧厂存在较多消防联动设备，需设置集中型火灾自动报警系统，报警主机设于消防控制室内。

消防控制室必须有人 24 小时值班，消防控制室宜与门卫或控制室合建。因消防规范规定，消防控制室与其他房间合建时需有直通室外的消防通道，一般危废焚烧厂的控制室位于焚烧车间二层或三层，较难满足消防控制室的土建要求，所以消防控制室和门卫合建更为简便。

在危废焚烧厂的一般性火灾危险场合，需设置智能型感烟探测器、智能型感温探测器。因为危废物料的成分复杂，不同物料的燃烧特性差异较大，所以在料坑、危废暂存库等危废物料堆积的场所内，还需设置复合红紫外火焰探测器。为了防止废液贮罐的罐内火灾，可在废液罐的罐体上缠设感温电缆。

所有火灾报警区域内的出入口设置手报、警铃、消防铭牌。

（3）门禁与周界报警系统

危废焚烧厂周界安装电子围栏系统，与门卫主机相连，与视频监控系统进行联动，留有对外报警接口，可与公安区域报警系统联系。一旦周界发生入侵，门卫能实时显示报警防区和报警时间，并自动记录、贮存报警信息。同时，视频监控系统将自动调用报警防区的情况，并进行实时录像。

在厂区四周围墙上方设置电子围栏，大门两侧安装红外对射探测器 24 小时监控围墙状态，遇非正常进入人员立即给予报警。

在厂区内化验室、甲乙类仓库等需严格管理人员出入的地方，设置门禁系统。门禁主机和发卡器设于管理办公室内，由专职人员对厂区人员权限进行管理。随着技术的发展，可采用指纹识别、人脸识别等新型门禁技术代替读卡器。

（4）视频监控系统

根据厂区生产管理及安全的需要，在车间的关键部位、各建构筑物主要出入口、厂区道路交叉口等处设置视频监控摄像机。

在危废暂存仓库内，摄像机的布置应与货架布置相协调，能够监控到每一条货架间的通道。为了避免叉车在移动过程中的机械撞击，摄像机的安装位置不宜低于 2.8m。

在焚烧车间料坑、废液罐区、储油间、活性炭仓库、甲乙类仓库等爆炸危险区域处，应采用防爆型摄像机。

在焚烧线钢平台上，至少应在锅炉汽包双色水位计、除氧器双色水位计、出渣机下料口、观火口处设置视频监控摄像机，并在中控室监控画面上对这些图像进行实时显示。其中，双色水位计的视频监控可采用专用暗箱型视频监控设备，观火孔处视频监控可采用专用内窥式火焰摄像头，以取得良好的监控画面。

由于危废焚烧厂总的视频点位较多，视频监控网络应采用独立的网络布线。视频监控主机可设于电信设备间或 DCS 机柜间内，通过网络将视频信号送至中控室、抓斗控制室、门卫间内，分别显示生产、料坑、安防的视频图像。

11.2 仪控设计

11.2.1 仪表选型

（1）仪表选型原则

仪表在工业生产过程中起着对工艺参数进行检测、显示、记录或控制的重要作用，正确的仪表选型可以更准确地了解工艺过程的全貌，提高生产效率。

仪表的选型主要需要考虑如下几个方面。

1）工艺过程的条件

工艺过程的温度、压力、流量、黏度、腐蚀性、毒性、脉动等因素是决定仪表选型的主要条件，它关系到仪表选用的合理性、仪表的使用寿命。

危废焚烧厂涉及的介质及其主要特性有：a. 公用工程介质，主要包括循环水、冷却水、蒸汽、蒸汽凝液、软化水、空气、压缩空气等无毒、无可燃性的一般介质；b. 高温、低温烟气，高温烟气 300～1200℃，低温烟气 60～250℃；c. 腐蚀性介质，如 30% NaOH、洗涤水、高盐废水；d. 带颗粒介质，带有细微颗粒的可燃废液。

2）经济性和统一性

仪表的选型也取决于投资的规模，应在满足工艺和自控要求的前提下，进行必要的经济核算，取得适宜的性价比。为便于仪表的维修和管理，在选型时也要注意到仪表的统一性，尽量选用同一系列、同一规格型号及同一生产厂家的产品。

3）仪表的使用和供应情况

仪表应是经现场使用证明性能可靠的较为成熟的产品；同时要注意到选用的仪表应当货源供应充沛，安装方便，不会影响工程的施工进度。

（2）温度测量仪表选型

温度测量仪表可按表 11-3 进行选择。

表 11-3 温度测量仪表选择表

测点	测量范围 /℃	仪表选择			
		S 型热电偶	K 型热电偶	热电阻	双金属温度计
燃烧段	800～1300	▲	△	×	×
余热锅炉段	300～1000	△	▲	×	×
烟气处理段	60～250	×	×	▲	△
公用工程段	0～100	×	×	▲	▲

注：▲表示推荐选用；△表示可用（但需经使用条件校验）；×表示不推荐。

（3）压力测量仪表选型

压力测量仪表可按表 11-4 选择。压力仪表主要根据测量范围进行选型，搭配不同材质的附件（如隔离膜片、导压管、冷凝容器等）以满足测量要求。

| 表 11-4 | 压力测量仪表选择表 |

测点	测量范围	仪表选择				
		压力变送器	差压变送器	一般压力表	隔膜压力表	膜盒压力表
焚烧线	−3.5~5.0kPa	×	▲	×	△	×
腐蚀性介质管道	0.2~0.6MPa	▲	△	×	▲	×
蒸汽管道	1.2~1.5MPa	▲	△	▲	△	×
清水管道	0.2~0.5MPa	▲	△	▲	△	×
压缩空气管道	0.5~1.0MPa	▲	△	▲	△	×
负压管道	−100~0kPa	×	▲	▲	×	×
微压环境	0~100kPa	×	▲	×	×	▲

注：▲表示推荐选用；△表示可用（但需经使用条件校验）；×表示不推荐。

（4）流量测量仪表选型

流量测量仪表可按表 11-5 选择。值得注意的是，在对蒸汽及气体测量时，由于其流量受介质本身的温度、压力而影响，在流量计内需内置温度补偿模块，并与同管线上的压力测量值在中控系统内进行温-压补偿。

| 表 11-5 | 流量测量仪表选择表 |

测点	测量范围	仪表选择					
		电磁流量计	涡街流量计	孔板流量计	超声波流量计	热式质量流量计	涡轮流量计
蒸汽	—	×	▲	▲	×	×	×
废液	—	▲	×	×	×	×	×
柴油	—	×	△	×	×	×	▲
脱盐水	—	×	▲	×	▲	×	×
生产水/药剂	—	▲	△	×	×	×	×
压缩空气/废气	—	×	×	×	×	▲	×

注：▲表示推荐选用；△表示可用（但需经使用条件校验）；×表示不推荐。

（5）液位/物位测量仪表选型

液位/物位测量仪表可按表 11-6 选择。除表中所列仪表型式外，尚有较多其他检测原理的液位计/液位开关，可根据实际工况进行选用。

| 表 11-6 | 液位/物位测量仪表选择表 |

测点	测量范围/m	仪表选择							
		超声波液位计	雷达液位计	压力式液位计	磁翻板液位计	电接点液位计	平衡容器	浮球开关	阻旋开关
水池	0~8	▲	△	△	×	×	×	▲	×
粉料仓	0~8	△	▲	×	×	×	×	×	▲
锅炉汽包	0~2	×	×	×	△	▲	▲	×	×
除氧器	0~2	×	×	×	△	▲	▲	×	×
水箱/罐	0~5	▲	△	△	▲	×	×	▲	×
废液储罐	0~10	△	▲	△	×	×	×	×	×

注：▲表示推荐选用；△表示可用（但需经使用条件校验）；×表示不推荐。

（6）分析仪表选型

1）氧分析仪

危废焚烧线中氧分析仪一般设置于锅炉出口，介质温度为 500～600℃，微负压工况，应选用氧化锆氧分析仪进行氧分测量。

2）水分析仪

危废焚烧线中水分析仪主要有 pH 计和电导率分析仪。pH 宜选用玻璃电极进行测量，由于其受温度影响比较大，因此选型时要对其进行温度补偿，消除温度对 pH 测量的影响。电导率值测量范围为 0～300mS/cm，宜选用电感式传感器。

3）烟气分析仪

危废焚烧线中烟气分析一般采用傅里叶红外 CEMS 分析仪，对高温烟气进行在线采样和组分分析。

11.2.2 控制系统

（1）控制系统设计原则

① 各工程都采用集中操作方式，设置一个中央控制室，在中控室内对各车间及附属设备进行集中监控，并根据需要设置就地操作站。

② 整个系统采用模块化设计，分层分布式结构，控制、保护、测量之间既互相独立又互相联系。

③ 系统的配置设计以实现集中操作、控制和管理为目的。设备装置的启、停、联动运转及回路控制均由中央控制室集中远程操纵与调度。

④ 系统具有较高的性价比，控制设备选用已在危废焚烧行业成熟应用而且反映良好的产品，提高运行可靠性。控制设备的选型要做到尽可能统一，如果无法完全统一则要尽可能地减少控制系统设备的数量或者采取同一家公司不同规格型号的控制设备，便于运行维护及设备后期的售后服务。

⑤ 系统配置设计多个控制层面，既考虑正常工作时的全自动化运行，同时又考虑多种非正常运行状态下的灵活配合策略。

⑥ 主要工艺设备的控制采用现场控制、就地控制、中央控制的三层控制模式。

（2）控制系统设计

自控系统按分散控制、集中操作的原则设置。根据厂区平面布置，设置 1 个中央控制站及若干个现场控制站。由现场控制站对厂区各工艺过程进行分散控制；再由通信系统和监控计算机组成的中央控制系统，对全厂实行集中管理和调度。

设备控制分三级实现，即中央手动控制、控制器自动控制和就地电气控制。控制等级由高到低依次为就地电气控制、控制器自动控制、中央手动控制。

1）中央控制室

危废焚烧厂一般在焚烧车间内设置中央控制室，对危废焚烧线、大部分公用系统、辅助设施进行过程控制和检测。

中央控制站由操作员站、工程师站、历史数据站、网络设备、工厂网络接口和应用服务器等设备组成，并设打印机等外设。运营人员通过操作员站进行控制系统的监视与控制；仪控工程师通过工程师站进行控制系统的工艺组态和程序维护；控制系统的相关运行数据，通过网络设备和网络接口与应用服务器上传至上级管理系统。

2）控制器

按照控制器的类型不同，现场控制器可分为 DCS 控制器和 PLC 控制器。由于其原理不同，两种控制器分别具有不同的特性。DCS 控制器具备强大的模拟量处理及 PID 控制能力，DCS 组态软件有丰富的模块库可以进行灵活组态，系统稳定性较好，但其系统扫描周期较长（一般＞100ms）。PLC 控制器具有强大的开关量处理能力，能很好地完成顺序逻辑控制，系统拓展能力较强，但其模拟量处理能力较弱，缺少高级 PID 控制功能。

在实际项目中，两种控制器在危废焚烧厂均有采用，且都取得了良好的控制效果。

3）通信网络

根据焚烧线控制器的选择不同，采取不同的厂区通信网络。若焚烧线采用 DCS 控制器，其他公辅系统的成套 PLC 站宜作为 DCS 的子站，采用通信总线（Profibus-DP/Modbus）接入 DCS 控制器，通过 DCS 的组态画面实现数据的上传和监控；若焚烧线采用 PLC 控制器，宜采用光纤环网的方式，与其他公辅系统的成套 PLC 站一起，通过光纤网络将数据传输至上位 SCADA 系统，实现工艺的监控。

4）大屏展示系统

信息显示系统采用工业以太网通信方式将中控系统的运行信息、视频监控系统的监控信号、车辆物流信息等采集到检查调度中心控制室进行集中显示。控制室内显示大屏可选用小间距 LED 屏、LCD 拼接屏、DLP 拼接屏等图形显示设备。在室外需设置公众 LED 屏，实时显示厂内的烟气排放数据供社会监督。

11.3　给排水消防设计

11.3.1　给水设计

危废处理厂生活、生产给水系统一般可分为生活给水系统、生产给水系统、再生水给水系统。其中生活、生产给水系统设计一般遵行现行相关规范标准《建筑给水排水设计标准》（GB 50015—2019）、《室外给水设计标准》（GB 50014—2018）；再生水给水系统设计一般遵行现行相关规范标准《城市污水再生利用　城市杂用水水质》（GB/T 18920—2020）、《城市污水再生利用　工业用水水质》（GB/T 19923—2005）。

给水系统设计需满足厂区用水对水量、水压、水质的要求，优先考虑利用现有市政管网水压直接供水，当直接供水水压不能满足需求时，常设置加压供水装置进行增压供水。

（1）生活给水系统

生活给水系统主要供给厂区淋浴、餐厅、卫生间、喷淋洗眼器等生活饮用和盥洗用以及实验室用水。根据《工业企业设计卫生标准》（GB Z1—2010）相关规定，厂区倒班休息室、各车间卫生用室需设淋浴系统，其热水供应优先考虑废热回收和太阳能等绿色热源。

因危废处理厂区涉及较多有毒、有害物质，按照《中华人民共和国职业病防治法》相关规定，需在焚烧车间、物化车间、暂存仓库、污水处理站等可能发生急性职业病损伤的场所安装喷淋洗眼器，其安装位置一般位于室外通畅的通道或靠近出口处，北方寒冷区域可视实际情况安装于室内易取用处。喷淋洗眼器要求服务半径＜15m，且进水管线上需设置防水质倒流污染的措施。

考虑节能节水原则，厂区卫生间卫生器具应选用节水型：大便器采用大、小便分档的冲洗水箱式的节水型坐便器，小便器应配套采用延时自闭式冲洗阀。

（2）生产给水系统

生产给水系统主要供给焚烧工艺装置生产用水、循环水系统补充水、脱盐水系统制备用水、化学药剂配制用水、车间厂房地面冲洗用水、洗车用水等。生产给水系统应根据危险废物焚烧以及烟气处理生产工艺用水的需求来设计，应有合适、可靠的原水水源和水质分析资料，合理确定生产给水系统的形式。考虑到生产给水系统的倒流污染情况，即使市政管网给水水压能满足厂区生产要求，一般仍推荐单独设置生产用清水池与配套泵房，将生产、生活给水系统完全独立开来。生产用水的水压根据工艺要求来确定，一般水泵扬程取 0.3～0.5MPa。

（3）再生水给水系统

为响应国家推广再生水的使用和厂区污水"零排放"的政策，实现危废处理厂污水全部回用的目标，需考虑采取以下节水措施：

① 脱盐水制备车间反渗透、EDI 装置浓水可用作焚烧回转窑出渣机冷却水。

② 锅炉排污水、循环冷却水排污水经处理达到回用指标后回用于生产。

③ 污、废水深度处理系统采用反渗透膜处理装置或三效蒸发装置的，其膜后出水及蒸发后的冷凝水可回用于生产。

④ 烟气湿法处理系统排放的废水经过处理后，一部分可用作焚烧车间急冷塔、炉渣冷却等用水，一部分可回用于焚烧系统或固化系统使用。

⑤ 安全填埋场渗滤液考虑其中含有重金属等污染物质，可排至固化车间，用于稳定化/固化工艺用水。

11.3.2 消防系统设计

消防给水系统设计遵行现行相关规范《建筑设计防火规范》（GB 50016—2016）（2018 年版）、《消防给水及消火栓系统技术规范》（GB 50974—2014）、《建筑灭火器配置设计规范》（GB 50140—2005）、《自动喷水灭火系统设计规范》（GB 50084—2017）、《固定消防炮灭火系统设计规范》（GB 50338—2016）、《泡沫灭火系统设计规范》（GB 50151—2010）。

根据《建筑设计防火规范》（GB 50016—2014）（2018 年版）规定，消防给水和消防设施的设置应根据建筑的用途及其重要性、火灾危险性、火灾特性和环境条件等因素综合考虑。

11.3.2.1 消防水源

市政给水、消防水池、天然水源等可作为消防水源。消防水源水质应满足水灭火设施的功能要求，应符合《城市污水再生利用 城市杂用水水质》（GB 18920）中表 1 城市杂用水水质标准中的消防用水标准。危废处理厂一般都设置消防水池。

11.3.2.2 消防用水量

根据《消防给水及消火栓系统技术规范》（GB 50974—2014），消防用水量应按同一时间内的火灾起数和一起火灾灭火所需室外消防用水量确定。一般危废处理厂占地面积都小于 $100hm^2$，且附近居住区人数都小于 1.5 万人，同一时间内的火灾起数应按 1 起确定，一起火灾灭火所需消防用水的设计流量应由建筑的室外消火栓系统、室内消火栓系统、自动喷水灭火系统、泡沫灭火系统、固定消防炮灭火系统、固定冷却水系统等需要同时作用的各种水灭火系统的设计流量组成，应按需要同时作用的各种水灭火系统最大设计流量之和确定；两座及以上建筑合用消防给水系统时，应按其中一座设计流量最大者确定。

$$V = V_1 + V_2$$

$$V_1 = 3.6 \sum_{i=1}^{n} q_{1i} t_{1i}$$

$$V_2 = 3.6 \sum_{i=1}^{m} q_{2i} t_{2i}$$

式中　V——建筑消防给水一起火灾灭火用水总量，m^3；

$\quad\quad V_1$——室外消防给水一起火灾灭火用水量，m^3；

$\quad\quad V_2$——室内消防给水一起火灾灭火用水量，m^3；

$\quad\quad q_{1i}$——室外第 i 种水灭火系统的设计流量，L/s；

$\quad\quad q_{2i}$——室内第 i 种水灭火系统的设计流量，L/s；

$\quad\quad n$——建筑需要同时作用的室外水灭火系统数量；

$\quad\quad m$——建筑需要同时作用的室内水灭火系统数量。

11.3.2.3　消火栓系统

根据《建筑设计防火规范》（GB 50016—2014）（2018 年版），与危废处理厂有关的下列单体需设置室内消火栓：

① 建筑占地面积大于 $300m^2$ 的厂房和仓库，其中耐火等级为一、二级且可燃物较少的单、多层丁类、戊类厂房或仓库，耐火等级为三、四级且建筑体积分别不大于 $3000m^3$ 或 $5000m^3$ 的丁类、戊类厂房或仓库可不设置，但宜设置消防软管卷盘或轻便消防水龙。

② 建筑高度大于 15m 或体积大于 $10000m^3$ 的办公建筑。

（1）消火栓系统水量

当市政给水管网能保证室外消防给水设计流量时，消防水池的有效容积应满足在火灾延续时间内室内消防用水量的要求。

当市政给水管网不能保证室外消防给水设计流量时，消防水池的有效容积应满足火灾延续时间内室内消防用水量和室外消防用水量不足部分之和的要求。

（2）消火栓系统供水设施

危废处理厂的消防供水系统一般采用临时高压消防给水系统，即平时不能满足水灭火设施所需要的工作压力和流量，火灾时能自动启动消防水泵以满足水灭火设施所需要的工作压力和流量。临时高压系统应设消防泵。消防水泵的选用应满足《消防给水及消火栓系统技术规范》（GB 50974—2014）的要求。

采用临时高压消防给水系统时，建议设置高位消防水箱，但当设置确有困难，且采用安全可靠的消防给水形式时，可不设高位消防水箱，但应设稳压泵。

高位消防水箱的有效容积根据消防给水设计流量确定，当水量≤25L/s时，不应小于12m³；当水量＞25L/s时，不应小于18 m³。

高位消防水箱的设置位置应高于其所服务的水灭火设施，且最低有效水位应满足水灭火设施最不利点处的静水压力，并应按下列规定确定：危废处理厂不应低于0.10MPa，当厂内建筑体积小于20000m³时，不宜低于0.07MPa；自动喷水系统根据喷头灭火需求压力确定，但最小不应小于0.10MPa。当高位消防水箱不能满足上述静压要求时，应设稳压设备。

稳压设备一般由稳压泵、隔膜式气压罐、管道附件及控制装置等组成。稳压泵通常选用小流量、高扬程的水泵。稳压泵的选择应满足《消防给水及消火栓系统技术规范》（GB 50974—2014）的要求。

危废处理厂一般需设置水泵接合器为预留接口，供火灾时消防车从室外取水通过水泵接合器将水送到室内消防给水管网。水泵接合器的设置应满足《消防给水及消火栓系统技术规范》（GB 50974—2014）的要求。

（3）消火栓系统供水管网

1）室外消防给水管网

室外消防给水采用两路消防供水时应采用环状管网，采用一路消防供水时可采用支状管网。管径应根据流量、流速和压力的要求经计算确定，但不应小于$DN100$。阀门的设置应确保每段内室外消火栓的数量不超过5个。

建筑室外消火栓的数量应根据室外消火栓设计流量和保护半径经计算确定，保护半径不应超过150m，间距不应大于120m，每个室外消火栓的出流量宜按10～15L/s计算。

2）室内消防给水管网

室内消火栓设计流量不大于20L/s且室内消火栓不超过10个时可布置成支状管网。

室内消火栓的布置应满足同一平面有2支消防水枪的2股充实水柱同时达到任何部位的要求，但建筑高度≤24m且体积≤5000m³的单、多层仓库可采用1支消防水枪的1股充实水柱到达室内任何部位。

3）消火栓系统管道管材

埋地管道宜采用球墨铸铁管、钢丝网骨架塑料复合管和加强腐蚀的钢管等管材，室内外架空管道应采用热浸锌镀锌钢管等金属管材。相关管道管材选型及管道连接方式详见表11-7和表11-8。

表 11-7　管道管材选型表

管道类型	系统工作压力 P/MPa	管材选择
埋地管道	$P \leqslant 1.20$	球墨铸铁管、钢丝网骨架塑料复合管
	$1.20 < P < 1.60$	钢丝网骨架塑料复合管、加厚钢管、无缝钢管
	$P \geqslant 1.60$	无缝钢管
架空管道	$P \leqslant 1.20$	热浸锌镀锌钢管
	$1.20 < P < 1.60$	热浸锌加厚钢管、热浸锌无缝钢管
	$P \geqslant 1.60$	热浸锌无缝钢管

表 11-8 管道连接方式表

管道类型	管材	连接方式
埋地管道	球墨铸铁管	(1)柔性接口； (2)梯形橡胶圈接口
	钢丝网骨架 塑料复合管	(1)电熔连接； (2)机械连接
	加厚钢管	(1)卡箍连接(DN≤250,系统工作压力≤2.50MPa;DN>250,系统工作压力≤1.60MPa)；
	无缝钢管	(2)法兰连接
架空管道	热浸锌镀锌钢管 热浸锌加厚钢管 热浸锌无缝钢管	(1)DN≤50 时,采用卡压、螺纹连接； (2)DN>50 时,采用法兰、卡箍连接

11.3.2.4 自动喷水灭火系统

(1) 设置区域

根据《建筑设计防火规范》（GB 50016—2014）（2018 年版），与危废处理厂相关的，需设置自动喷水灭火系统的有以下几类：a. 高层乙丙类厂房；b. 建筑面积＞500m² 的地下或半地下丙类厂房；c. 每座占地面积＞1500m² 或总建筑面积＞3000m² 的其他单层或多层丙类物品仓库。

下列场所宜设置泡沫-水喷淋系统：a. 具有非水溶性液体泄漏火灾危险的室内场所；b. 存放量不超过 25L/m² 或超过 25L/m² 但缓冲物的水溶性液体室内场所。

下列场所宜设置泡沫-水雨淋系统：a. 液体火灾蔓延速度比较快，流淌面积较大，闭式泡沫-水喷淋系统作用面积不足保护的甲、乙、丙类液体场所；b. 靠泡沫混合液或水稀释不能有效灭火的水溶性液体场所。

自动喷水系统应设有洒水喷头、报警阀组、水流报警装置等组件和末端试水装置以及管道、供水设施等。

(2) 系统设计流量

系统设计流量应按最不利点处作用面积内喷头同时喷水的总流量确定，且应按下式计算：

$$Q = \frac{1}{60} \sum_{i=1}^{n} q_i$$

式中 Q——系统设计流量，L/s；

q_i——最不利点处作用面积各喷头节点的流量，L/min；

n——最不利点处作用面积内的洒水喷头数。

系统最不利点处喷头的工作压力应按下式计算：

$$q = K \sqrt{10P}$$

式中 q——喷头流量，L/min；

P——喷头工作压力，MPa；

K——喷头流量系数。

系统设计流量的计算，应保证任意作用面积内的平均喷水强度不低于《自动喷水灭火系统设计规范》（GB 50084—2017）的规定值；最不利点处作用面积内任意 4 只喷头围合范围内的平均喷水强度不应低于《自动喷水灭火系统设计规范》（GB 50084—2017）的规定值。

（3）自动喷水系统设施

1）自动喷水泵

采用临时高压给水系统的自动喷水灭火系统，宜设置独立的消防水泵，并应按一用一备或二用一备及最大一台消防水泵的工作性能设置备用泵。

2）高位消防水箱

采用临时高压给水系统的自动喷水灭火系统，应设置高位消防水箱。自动喷水灭火系统可与消火栓系统合用高位消防水箱，其设置应符合现行国家标准《消防给水及消火栓系统技术规范》（GB 50974—2014）的要求。

3）气压供水设备

采用临时高压给水系统的自动喷水灭火系统，按现行国家标准《消防给水及消火栓系统技术规范》（GB 50974—2014）可不设高位消防水箱时，系统应设气压供水设备。气压供水设备的有效容积，应按系统最不利处 4 只喷头在最低工作压力下的 5min 用水量确定。干式系统、预作用系统设置的气压供水设备，应同时满足配水管道的冲水要求。

4）消防水泵接合器

同消火栓系统消防水泵接合器章节。

（4）自动喷水系统管网

自动喷水灭火系统是由洒水喷头、报警阀组、水流报警装置（水流指示器或压力开关）等组件以及管道、供水设施组成，并能在发生火灾时喷水的自动灭火系统。

当自动喷水灭火系统中设有 2 个及以上报警阀组时，报警阀组应设环状供水管道。环状供水管道上设置的控制阀应采用信号阀；当不采用信号阀时应设锁定阀位的锁具。

（5）自动喷水系统管道管材

配水管道的工作压力不应大于 1.20MPa，并不应设置其他用水设施；配水管道可采用内外壁热镀锌钢管、涂覆铜管、铜管、不锈钢管和氧化聚氯乙烯（PVC-C）管。当报警阀入口前管道采用不防腐的铜管时应在报警阀前设置过滤器。

11.3.2.5 固定消防炮灭火系统

（1）设置区域

在危废处理厂中，对于难以设置自动喷水灭火系统的焚烧车间料坑等高大空间场所，无法设置室内消火栓或自动喷水灭火系统时，应设置固定消防炮等灭火系统。据工程经验，当料坑发生火灾时浓烟较大，人员难以进入，消防水炮应能够实现自动或远距离遥控操作。

消防炮按介质分可分为水炮、泡沫炮和干粉炮 3 种基本类型：水炮系统适用于一般固体可燃物火灾场所；泡沫炮适用于甲、乙、丙类液体火灾、固体可燃物火灾；干粉炮使用于液化石油气、天然气等可燃气体火灾。建筑面积＞5000m² 且无法采用自动喷水灭火系统的丙类厂房，宜设置固定消防炮等灭火系统。

（2）固定消防炮系统设计水量

水炮系统的计算总流量应为系统中需要同时开启的水炮设计流量的总和，且不得小于灭火用水设计总流量及冷却用水计算总流量之和。

扑救室内一般固体物质火灾的供给强度应符合国家有关标准的规定，其用水量应按两门水炮的水射流同时到达防护区任意部位的要求计算，危废处理厂的用水量不小于 60L/s。室内火灾灭火用水连续供给时间不应小于 1h，室外火灾灭火用水连续供给时间不应小于 2h。

当消防炮设计压力与产品额定工作压力不同时，应在产品规定的工作压力范围内选用，其设计压力和设计流量按下式计算：

$$Q_s = q_{s0}\sqrt{\frac{P_e}{P_0}}$$

式中　Q_s——水炮设计流量，L/s；

　　　q_{s0}——水炮的额定流量，L/s；

　　　P_e——水炮的设计工作压力，MPa；

　　　P_0——水炮的额定工作压力，MPa。

水炮的设计射程可按下式确定：

$$D_s = D_{s0}\sqrt{\frac{P_e}{P_0}}$$

式中　D_s——水炮设计射程，m；

　　　D_{s0}——水炮在额定工作压力时的射程，m。

（3）固定消防炮系统供水设施

1）消防水炮泵

消防泵站应设置备用泵组，其工作能力不应小于其中工作能力最大的一台工作泵组。

2）消防水泵接合器

同消火栓系统消防水泵接合器章节。

（4）固定消防炮系统供水管网

消防炮给水系统的管网应为环状管网。泡沫液管道应采用不锈钢管，且管道外壁应进行防腐处理。

11.3.2.6　泡沫灭火系统

（1）设置区域

针对危废处理厂的废液罐区消防，考虑到来料的不确定性，建议设置泡沫灭火系统，该系统适用于甲、乙、丙类液体火灾的消防。

根据《建筑设计防火规范》（GB 50016—2014）（2018 年版），甲、乙、丙类液体贮罐的灭火系统设置应符合下列规定：a. 单罐容量＞1000m³ 的固定顶管应设置固定式泡沫灭火系统；b. 壁高＜7m 或容量≤200m³ 的贮罐可采用移动式泡沫灭火系统；c. 其他贮罐宜采用半固定式泡沫灭火系统。

泡沫灭火系统组成：a. 火灾探测与启动控制装置、控制阀门及管道；b. 泡沫液压力贮罐、泡沫液、泡沫比例混合器（装置）、泡沫产生装置；c. 泡沫液泵、泡沫混合液泵、泡沫消防水泵。

（2）泡沫灭火系统设计流量

针对乙、丙类废液贮罐，在贮罐容量不大于 200m³ 时，应设置移动式泡沫灭火系统。根据贮存的液体的水溶性、非水溶性能，可参照《泡沫灭火系统设计规范》（GB 50151）

第 3.2.1、3.2.2、3.2.3 条选择泡沫液，喷水强度及连续供给时间参考第 4.5.2、4.5.3 条确定，即可确定灭火时泡沫混合液用量。根据选用的泡沫比例混合装置的混合比（可配置 3% 或 6% 的混合比），计算泡沫液原液量及消防水量。

(3) 泡沫灭火系统设施

移动式泡沫灭火系统一般设置半固定式泡沫灭火装置（泡沫推车），主要由泡沫液贮罐、泡沫枪、比例混合器、水带及推车底盘等构成。

11.3.2.7 危废处理厂常见建构筑物消防参数表

危废处理厂涉及的主要建、构筑物的相关消防系统设计参数见表 11-9，具体需根据实际处理废物种类而定。

表 11-9　主要建、构筑物相关消防系统设计参数一览表

序号	单项（建筑）名称	火灾种类及危险级别	火灾危险性类别	火灾持续时间/h
1	甲类暂存库	严重危险级 A 类	甲类仓库	3
2	乙类暂存库	严重危险级 A 类	乙类仓库	3
3	丙类暂存库	中危险级 A 类	丙类仓库	3
4	剧毒废物暂存库	严重危险级 A 类、B 类	丁类仓库	2
5	可燃废液贮存区（直径＜20m/直径＞20m）	严重危险级 B 类	甲类、乙类、丙类可燃液体贮罐	4/6
6	焚烧车间	中危险级 A 类、B 类、E 类	丁类厂房	2
7	烟气小屋	轻危险级 A 类	丁类厂房	2
8	固化车间	中危险级 A 类	丁类厂房	3
9	物化车间	中危险级 A 类	丁类厂房	3
10	污水处理站	轻危险级 A 类	戊类厂房	2
11	机修间及备品库	中危险级 A 类	丁类厂房	2
12	洗车间	轻危险级 A 类	丁类厂房	2
13	门卫及取样室	轻危险级 A 类	丁类厂房	2
14	传达室	轻危险级 A 类	民用建筑	2
15	检测调度中心	中危险级 A 类、E 类	民用建筑	2
16	倒班宿舍	中危险级 A 类	民用建筑	2
17	给水泵房及清水池	轻危险级 E 类	戊类厂房	2

11.3.3　排水设计

危废处理厂厂区的污、废水统称工业废水，厂区的工业废水排放系统根据水质、来源可分为生活污水排水系统、生产污水及废水排水系统和雨水排放系统。

生产废水指较为洁净的生产设施排水，一般仅指冷却塔循环排水、软化水及除盐水排水（软化、除盐水排水是否可归为生产废水，还需根据软化、除盐工艺确定）。生产废水根据环境影响评价规定，或直接外排，或接入厂区废水处理系统，但不宜直接接入雨水外排系统。除生产废水、生活污水外的其他工业废水，均统称为生产污水。

一般厂区排水采用雨、污分流制，便于对雨水收集利用和集中管理排放，降低水量对污水处理设施的冲击，保证污水处理站的处理效率；生活污水独立收集；生产污、废水因各工艺产生的污、废水品质不同，宜采取分流、分质收集处理，一般可分为高盐废水、化验室废水、一般性生产废水（低盐废水）、初期雨水。

11.3.3.1　生活及生产污、废水排水系统设计

（1）生活污水排水系统

与普通民用建筑排水相同，工业企业卫生间、办公楼、综合楼、化验楼的生活污水经化粪池，厂区食堂的污水经隔油沉淀池初步处理后，排入厂区生活污水管网收集系统，最终排至厂区污、废水处理站或接入化工园区市政污水管网。生活污水主要污染物为有机污染物，该部分污水适合生化处理。

（2）生产污、废水排水系统

主要包括焚烧工艺排水、物化系统排水、填埋场渗滤液、生产车间及暂存仓库地面冲洗水、化验室排水、脱盐水制备车间废水、冷却塔排污水、初期雨水等。

1）焚烧工艺排水

焚烧工艺排水主要有湿法洗涤废水、余热锅炉排水和冷却塔循环水排水。湿法洗涤废水中含部分 COD、BOD，并含有一定量的盐分，并且 pH 呈酸性，按水质特点属于高盐废水。该废水一般处理方法有两种，分别为物化处理工艺、蒸发结晶处理工艺，其中物化处理工艺是基于 pH 值调节和沉淀，但处理后产生的废水 Cl^- 去除不完善，仍含有一定的溶解性盐。如果厂区不允许排放含可溶解性盐的废水，则湿法洗涤废水需要采用蒸发结晶处理，蒸发处理后的冷凝水可回用至污水处理站生产回用水，结晶盐运至危废填埋场处置。

焚烧余热锅炉排污水、循环冷却塔排污水均属低浓度污水，可合并处理，可通过降硬、中和、脱盐等方法使污水达到回用水质要求或排放水质要求。

2）物化系统排水和填埋场渗滤液

物化系统排出的废水按照水质特点的不同主要可分为两种：一部分废水水质含有一定量的盐分，该部分废水可直接回用作为固化车间工艺用水；另一部分废水的 COD 浓度较高，该部分废水需排至污水处理站进行生化处理及膜深度处理。

3）一般性生产废水

主要包括车间地面冲洗废水、化验室排水、收集容器冲洗废水等低盐类废水，一般采用"物化预处理＋生化处理＋深度处理"的工艺路线，出水根据厂区实际情况选择纳管排放或回用，不同的排水出路对水质要求不同，因此需选择相应的深度处理工艺来实现。

4）初期雨水

主要是生产污染作业区域初期污染雨水。初期雨水经化验测定，检测不合格则泵送至污水处理站与生产废水合并处理，检测合格则泵送至洁净雨水管网。

11.3.3.2　雨水系统设计

（1）雨水系统划分

根据污染情况的不同，可划分为洁净雨水系统、潜在污染区域雨水收集系统。

洁净雨水主要为管理区的屋面及地面雨水、道路雨水、部分生产区的屋面雨水（需依照环境影响评价要求）。主厂房大屋面雨水排水可采用虹吸式压力流排水系统，小厂房屋

面及综合楼、生活楼、化验楼、泵房等构筑物一般采用重力流排水系统。洁净雨水可设置洁净雨水收集利用系统（如屋面雨水收集、绿化中设浅沟、人造透水地面等技术）对洁净雨水进行合理收集，收集的洁净雨水经过简单处理后回用于生产；若实际情况不允许洁净雨水回收利用，可经雨水埋地管收集后直接排至雨水外排井，最终外排至附近的受纳水体或市政雨水管网。

潜在污染区域雨水收集系统主要作用于生产作业区域的道路。由于厂区内车辆跑、冒、滴、漏等原因导致地面污染，其初期径流雨水（一般为 15min 以内）污染较重，需单独进行收集及处理。根据《石油化工给水排水系统设计规范》（SH/T 3015—2019）要求，一次降雨污染雨水总量宜按污染区面积与其 15～30mm 降水深度的乘积计算。考虑到危废处置场的特点，一般操作场所经常进行清扫，因此卫生条件相对比较好，降水深度可以取较小的值（15mm）。

（2）初期雨水收集及处理

初期雨水收集系统末端设置有初期雨水截流装置，生产作业区的初期雨水由雨水明沟或管道收集后，经截流装置流入初期雨水池。在初期雨水池达到预定水位或者收集 15min 后，截留装置自动切换阀门，将后期洁净雨水排至洁净雨水收集系统或厂外受纳水体。初期雨水需经化验检测，若水质不合格则由池内潜污泵送至污水处理系统进行处理，检测合格则可外排。

初期雨水的计算主要包括初期雨水量的计算和初期雨水收集池容积计算两部分内容。

初期雨水量可采用的计算方法有如下两种。第一种是按照《石油化工给水排水系统设计规范》（SH/T 3015—2019），采用降雨量为 15～30mm 来计算一次初期雨水的总量：

$$Q = 10i\Psi F$$

式中　Q——一次初期雨水的总量，m^3；

　　　i——降雨强度，mm；

　　　Ψ——污染区的径流系数，无量纲；

　　　F——污染区的汇水面积，hm^2。

第二种计算方式是按照《室外排水设计规范》（GB 50014）的暴雨强度公式计算，初期雨水量为：

$$Q_s = 0.06Qt_1$$

式中　Q_s——一次初期雨水的总量，m^3；

　　　Q——雨水设计流量，L/s；

　　　t_1——初期雨水收集时间，min。

其中雨水设计流量 $Q = \Psi qF$，与当地的暴雨强度 q、污染区域径流系数 Ψ 和污染区域雨水回流面积 F 有关；t_1 的确定根据企业管理水平、设备维护程度和跑、冒、滴、漏情况来选取，管理程度高，设备维护好，跑、冒、滴、漏少的可取 8～10min，否则取 15min。同时，初期雨水截留量应预留一次地坪冲洗排水量及其他需处理的压力转输雨水量的贮存容积，最终设计容积应以上述计算结果及环境影响评价规定容积的大者确定。上述部分初期雨水量对应有效容积的水位线，应在重力流进水管内顶标高以下，且较结构构件最低点低≥500mm。若厂区设置因外排雨水不达标而回流的设置，则初期雨水池还应考虑该部分回流量，可按重现期 5 年、流行时间 20～30min、持续时间 15～30min 考虑该部分水量，该部分水量对应水位线可在初期雨水池重力流进水管内顶标高以上，但不得浸没池顶结构构件。

初期雨水收集池的有效容积可根据以下公式计算：

$$V = kQ$$

式中　V——收集池有效容积，m^3；

　　　k——安全系数，考虑初期雨水收集池可能残留有上期污泥沉淀及未抽走雨水导致收集池实际容积的减小，一般取 1.1～1.3。

初期雨水池宜设置在生产区中心区域，以使生产区各部分汇流时间相当。若场地条件受限，则初期雨水截留雨量应根据实际最远端汇流时间对应增加。焚烧线、部分进料堆场若为露天设置，应在其周边独立设置集水渠及提升泵井，单独泵送至初期雨水池，相关排水区及提升泵井宜按重现期≥10 年进行设计。初期雨水池宜配套设置污泥泵以及时排除废水和污泥，同时池顶应设覆面盖板及呼吸管，呼吸管口应设防虫罩及定期更换的活性炭吸附包。一般初期雨水池在晴天时也应能收集截留到厂区地坪冲洗流入雨水收集系统的水量。

11.3.3.3 排水管道、检查井设计

（1）排水管道

室内污水收集管可采用硬聚氯乙烯管 PVC-U。室外雨水、污水重力流管道采用 HDPE 实壁管或混凝土管：对于厂区经常来往重型车辆的路段，车行道下覆土较浅的管道（如雨水连接管、覆土≤1.0m 的管道），宜按钢筋混凝土管设计，若采用塑料管道，则其环刚度应根据实际路面车辆载重进行复核，且应≥10kN/m^2。采用钢筋混凝土管道的，宜采用刚性基础。无腐蚀性压力流管道宜采用钢管。高盐废水压力管道宜采用衬塑钢管。雨水也可采用明沟收集。

（2）检查井

雨水检查井、污水检查井、化粪池为保证密封性，宜采用钢筋混凝土井或 HDPE 塑料井；给水阀门井、给水水表井可采用砖砌。

（3）应急事故排水

危废处理工程焚烧装置、废液贮罐区在发生火灾事故时，排放的消防用水如果不及时收集将会给环境造成大的危害，为确保环境不被污染，需在厂内设一座应急事故池，若非贮罐泄露或火灾事故时则不得占用事故水池。事故水池常采用地下式钢筋混凝土结构，并应配套流淌火、液面火等防止设施。同初期雨水池一样，事故水池应配套设置污泥泵，池顶设覆面盖板及呼吸管（呼吸管口配套防虫罩及定期更换的活性炭吸附包）。

事故水池容积计算根据《水体污染防控紧急措施设计导则》（中石化建标［2016］43 号）相关规定，其有效容积对应水位线应低于重力流进水管内顶标高，且不宜扣减管道部分存储水量。事故水池容积最大量的计算公式为：

$$V_{事故池} = (V_1 + V_2 + V_雨) - V_3$$

式中　V_1——容量最大的设备（装置）或贮罐的物料贮存量，m^3；

　　　V_2——在装置区或贮罐区一旦发生火灾爆炸及泄露时的最大消防用水量，m^3；

$V_{雨}$——发生事故时可能进入该废水收集系统的当地最大降雨量，m^3；

V_3——事故废水收集系统的装置或罐区围堰、防火堤内净空容量与事故废水导排
管道容量之和，m^3。

事故消防水通常通过生产区路面径流雨水系统收集，并通过管网末端设置的初期雨水
截流井排至厂区应急事故水池。对排入应急事故水池的废水应进行必要的检测分析，并应
采取下列处置措施：a. 符合回用标准的废水应回用；b. 对不符合回用要求，但符合排放
标准的废水，可直接排放；c. 对不符合排放标准，但符合污水处理站进水要求的废水，
应限流进入污水处理站进行处理；d. 对不符合污水处理站进水要求的废水，应采取处理
措施或外送处理。

因应急事故池通常和初期雨水池合建，故存在初期雨水、事故水等多种污、废水共用
雨水（部分）管网的情况，应根据项目生产时初期雨水、洁净雨水、事故水排水的去向，
合理设置排水切换阀门。

11.4 暖通设计

11.4.1 设计依据

暖通设计主要依据如下（若标准、规范更新，应按最新版）：
① 《工业建筑供暖通风与空气调节设计规范》（GB 50019—2015）；
② 《民用建筑供暖通风与空气调节设计规范》（GB 50736—2012）；
③ 《建筑设计防火规范》（GB 50016—2014）（2018 年版）；
④ 《建筑防烟排烟系统技术标准》（GB 51251—2017）；
⑤ 《工业企业设计卫生标准》（GBZ 1—2010）；
⑥ 《工业建筑节能设计统一标准》（GB 51245—2017）；
⑦ 《公共建筑节能设计标准》（GB 50189—2015）；
⑧ 《绿色建筑评价标准》（GB/T 50378—2019）；
⑨ 《工业企业厂界环境噪声排放标准》（GB 12348—2008）；
⑩ 《环境空气质量标准》（GB 3095—2012）；
⑪ 《通风与空调工程施工规范》（GB 50738—2011）；
⑫ 《通风与空调工程施工质量验收规范》（GB 50243—2016）；
⑬ 工艺、建筑专业提供的相关要求、数据资料、图纸。

11.4.2 设计范围

厂房、仓库、消防泵房、变电所、综合管理楼、门卫等需要进行通风、空调、防排烟
设计（不包含需废气收集净化相关的设计）。

11.4.3 室外空气计算参数

室外空气计算参数按《工业建筑供暖通风与空气调节设计规范》（GB 50019—2015）、
《民用建筑供暖通风与空气调节设计规范》（GB 50736—2012）中所列城市或相近城市数
据选取。

11.4.4　通风系统设计

各工艺生产车间及配套功能用房需通风换气，保证室内空气质量。

各房间或区域通风换气次数见表 11-10。

表 11-10　各房间或区域通风换气次数

序号	房间或区域名称	换气次数	备注
1	工艺生产车间	4~12 次/h	机械排风，自然补风
2	更衣间、淋浴间、洗衣房	5~6 次/h	机械排风，自然补风
3	消防泵房	6 次/h	机械排风，自然补风
4	卫生间	10 次/h	机械排风，自然补风
5	柴油发电机房、厨房	12 次/h	事故排风，自然补风
6	厨房	40 次/h	机械排风，自然补风
7	(变)配电间、空压机房	按发热量计算	机械排风，自然补风

11.4.5　防排烟系统设计

(1) 防烟设计

各封闭楼梯间、防烟楼梯间均采用自然通风方式防烟，在最高部位设置面积不小于 $1.0m^2$ 的可开启外窗或开口；当建筑高度大于 10m 时，尚在楼梯间的外墙上每 5 层内设置总面积不小于 $2.0m^2$ 的可开启外窗或开口，且布置间隔不大于 3 层。

敞开楼梯穿越楼板的口部设挡烟垂壁。

采用自然通风方式防烟的可开启外窗应方便直接开启，设置在高处不便于直接开启的可开启外窗应在距地面高度 1.3~1.5m 的位置设置手动开启装置。

(2) 排烟设计

厂房或仓库的下列场所或部位应设置排烟设施：a. 丙类厂房内隔间建筑面积＞$300m^2$ 且经常有人停留或可燃物较多的地上房间；b. 占地面积＞$1000m^2$ 的丙类仓库；c. 丁类厂房内隔间建筑面积＞$5000m^2$ 的丁类生产车间；d. 高度＞32m 的高层厂房（仓库）内长度＞20m 的疏散走道，其他厂房（仓库）内长度＞40m 的疏散走道。

民用建筑的下列场所或部位应设置排烟设施：a. 中庭；b. 公共建筑内建筑面积＞$100m^2$ 且经常有人停留的地上房间；c. 公共建筑内建筑面积＞$300m^2$ 且可燃物较多的地上房间；d. 建筑内长度＞20m 的疏散走道。

地下、半地下、无窗房间应设置排烟设施：地下或半地下建筑（室）、地上建筑内的无窗房间，当总建筑面积＞$200m^2$ 或一个房间建筑面积＞$50m^2$，且经常有人停留或可燃物较多时。

需要设置排烟设施的场所或部位，根据《建筑防烟排烟系统技术标准》（GB 51251—2017）要求划分防烟分区，优先采用自然通风的方式排烟；当自然排烟无法满足现行规范要求时，采用机械排烟。

采用自然通风方式排烟的自然排烟窗（口）应设置手动开启装置，设置在高位不便于直接开启的自然排烟窗（口），应设置距地面高度 1.3~1.5m 的手动开启装置。

11.4.6　空调系统设计

部分工艺有特殊要求或人员长期停留的房间或区域，应根据需要选用分体空调或多联式空调，改善房间或区域室内温度。

厂房一般采用分体空调，综合管理楼可根据项目需要选用分体空调或多联式空调。配电间设分体空调，用于夏季极端高温天气室内降温。

设分体空调的房间或区域，新风主要依靠门窗渗透，满足人员所需新风量。设多联式空调的房间或区域，新风采用新风空气处理机组或全热交换器送风，满足新风换气要求。

各空调房间或区域室内温度及新风要求，应满足《工业建筑供暖通风与空气调节设计规范》（GB 50019—2015）、《民用建筑供暖通风与空气调节设计规范》（GB 50736—2012）要求。

11.4.7　供暖设计

部分严寒、寒冷地区冬季应考虑供暖，供暖方式应根据建筑物规模，所在地区气象条件、能源状况及政策、节能环保要求、生活习惯等确定，按《工业建筑供暖通风与空气调节设计规范》（GB 50019—2015）、《民用建筑供暖通风与空气调节设计规范》（GB 50736—2012）要求设计。

11.4.8　暖通节能、绿色建筑设计

暖通节能设计应满足《工业建筑节能设计统一标准》（GB 51245—2017）、《公共建筑节能设计标准》（GB 50189—2015）及项目所在地地方节能规范要求。

暖通绿色建筑设计应满足《绿色建筑评价标准》（GB/T 50378—2019）及项目所在地地方绿色建筑设计标准规范要求。

第12章 安全与卫生专项设计

12.1 安全设施设计专篇

12.1.1 设计依据

为贯彻执行建设项目中安全设施应与主体工程同时设计、同时施工、同时投产的三同时制度，考虑到危险废物处理工程的特殊性，必须进行安全设施专项设计工作。

安全设施设计专篇应根据《危险化学品建设项目安全设施设计专篇编制导则》及各项目所在地的具体安监要求编制。

12.1.2 主要编制大纲

第一章 概述

1.1 设计依据

1.1.1 法律、法规、规章

1.1.2 规范、标准

1.1.3 基础依据

依据内容中应包含建设项目的前期阶段各项审查文件及相关批复、建设项目的安全预评价报告及批复文件等。

1.2 设计范围与内容

1.2.1 设计范围

1.2.2 设计内容

第二章 建设项目概况及工程分析

2.1 建设项目基本情况

2.1.1 建设项目概况

2.1.2 建设单位基本情况

2.1.3 安全设施三同时落实情况说明

2.1.4 与预评价的一致性

2.1.5 项目建设地点

2.1.6 自然环境状况

自然环境主要包括建设地点的气候特征、水文条件、地质条件等。

2.1.7 周边环境概况

周边环境主要包括建设项目的配套交通、给水、排水、供电、供气等条件以及外部依托如消防站、医院等应急设施条件。

2.1.8 规划控制条件说明

根据项目实际情况补充规划控制条件及批复内容。

2.1.9 项目组成及主要工程内容

2.1.10 主要技术经济指标

2.2 工程分析

2.2.1 总平面布置及竖向布置

2.2.2　主要技术方案及生产工艺流程

2.2.3　公用及辅助系统、设施

2.2.3　主要原辅材料情况

应包括原料、辅料、中间产品、副产品、产品以及添加剂、废弃物等的名称、成分、物态、来源或去向、用量或产量、包装方式、贮存方式及贮存地点等；

2.2.4　主要设备表

2.2.5　工艺设备布局及先进性

2.2.6　生产制度及劳动定员

第三章　危险源及危险和有害因素分析

可参考《化工建设项目安全设计管理导则》（AQ/T 3033）推荐的过程危险源分析方法或其他适用的方法，开展建设项目过程危险源及危险和有害因素分析。

3.1　生产原辅材料危害因素分析

3.1.1　危险废物的危险、有害特性

根据物料主体的不同可以是危险废物，也可以是医疗废物等。

3.1.2　其他物料分析

其他物料一般主要包括轻质柴油、氢氧化钠、天然气、盐酸、活性炭、二噁英、双氧水、硫酸等过程配套或产生的物料。

3.1.3　危险化学品危险特性汇总

通过对各种物料危险特性分析的汇总，定义本项目的重点关注物料，如易致毒化学品、监控化学品、高毒物品、易致爆化学品、重点监管的危险化学品等。

3.2　生产过程的主要危险、有害因素分析

应根据生产规程的各个工段分析存在的危险及有害因素。

3.3　设备危险、有害因素分析

设备主要分两部分分析：

① 从设备设计、制造、运输、安装、使用等多个方面分析可能的危险、有害因素；

② 针对项目的特种设备分析可能的危险、有害因素，特种设备一般包括压力容器、压力管道、叉车、起重设备等。

3.4　电气系统危险、有害因素分析

电气系统是危险废物焚烧项目中极为重要的环节，电气设施如发生设计失误、线路老化、绝缘老化、线路短路等将导致火灾、触电的危险。故应重点关注和分析电气系统相关的危险、有害因素。

3.5　生产过程和设备的危险性综合分析

综合分析主要针对可能产生的危险类型来开展因素分析。主要类型有火灾、中毒或窒息、爆炸、触电、车辆伤害、机械伤害、起重伤害、高处坠落、物体打击、高温灼烫、粉尘、噪声、腐蚀、淹溺、振动等。

3.6　物料贮存过程中的危险、有害因素分析

物料贮存可根据物料储存的地点、方式等不同来分析，危险废物焚烧项目的贮存方式一般有预处理车间的临时储存、暂存仓库、料坑、罐区等。

3.7　选址环境、平面布置及自然条件危险、有害因素分析

应结合安全预评价及本项目的实际设计情况，针对选址及周边环境、自然条件、平面布置各单体的安全防护距离来分析。

3.8 安全管理方面的危险、有害因素分析

安全管理主要包含设计管理、施工组织和管理、调试运行组织和管理。

3.9 危险化学品重大危险源辨识

根据国家标准《危险化学品重大危险源辨识》（GB 18218）及项目所在地的要求来分析本项目的危险化学品重大危险源辨识情况。

3.10 危险化工工艺、高危贮存设施辨识

应根据《国家安全监管总局关于公布首批重点监管的危险化工工艺目录的通知》（安监总管三〔2009〕116 号）、《国家安全监管总局关于公布第二批重点监管危险化工工艺目录和调整首批重点监管危险化工工艺中部分典型工艺的通知》（安监总管三〔2013〕3 号）以及项目所在地的要求开展分析。

3.11 公用工程的危险、有害因素分析

公用工程主要包含给排水、供配电、配气、通风除臭、除尘等。

3.12 危险、有害因素分析汇总

应通过分析汇总并结合安全预评价，说明分析结果，同时提出该项目针对性的监管对象及措施。

第四章 安全设施设计采取的防范措施

4.1 工艺方面采取的防范措施

工艺方面应按照《工业废物焚烧厂运行维护与安全技术规程》和该项目相关设备技术要求编制本单位运行维护与安全操作规程，并以此提出防范措施。危险废物焚烧工艺方面的措施主要包含焚烧烟气控制措施、臭气控制措施、污水处理措施、固体废物管理措施、噪声控制措施、防渗管理措施、针对医疗废物的防疫措施等。

4.2 总平面布置方面的措施

总平面布置方面的措施主要包含建筑设计防火安全要求、厂区标高设置、厂内交通运输安全等，同时应通过安全设施的设置反映总平面布置的合理性。

4.3 设备管道布置方面的措施

主要针对压力容器、压力管道、叉车等特种设备以及涉及安全的普通设备开展分析，如锅炉、压缩空气系统、氮气系统等。

4.4 电气设计中采取的防范措施

4.5 自控仪表设计参数控制及报警连锁组态

主要针对焚烧系统及配套系统的安全设计开展分析，如正常运行的联锁自控、安全冗余设计等。

4.6 建筑及装置布置方面的措施

4.7 消防方面的措施

主要包含总平面消防、建筑消防、消防给水、灭火设施、消防用电及自控、消防安全培训等。

4.8 危险废物运输方面的防范措施

厂内运输应包含运输、中转、装卸等全过程的安全分析。

4.9　危险废物贮存方面的防范措施

贮存包含临时存储、料坑存储、仓库存储、储罐存储等。

4.10　安全管理方面对策措施

4.11　安全防范方案

可包含其他如防洪、防风、防地质灾害、抗震等专项方案措施。

4.12　事故应急救援预案

应根据《生产安全事故应急预案管理办法》（安监总局第 17 号令）、《生产经营单位安全生产事故应急预案编制导则》（GB/T 29639）及建设项目所在地的地方相关要求，结合项目特点制定应急方案。

4.13　项目施工过程方面的安全对策措施

4.14　粉尘作业方面的安全对策措施

4.15　设备安全运行应急处理措施

4.16　职业卫生方面的应急措施

4.17　劳动安全卫生管理机构设置及人员配备

4.18　预评价报告建议采纳说明

应说明与工程设计有关的安全对策与建议的采纳情况，说明工程设计未采纳安全对策与建议的理由。

第五章　结论与建议

5.1　结论

重点说明以下方面：

① 工程设计阶段的安全条件与项目前期安全条件审查阶段相关内容的符合性以及处理结果。

② 建设项目选用的工艺技术安全可靠性。

③ 设计符合现行国家相关标准规范情况。

④ 安全设施设计的预期效果及结论。

5.2　建议

可根据国内或国外同类装置（设施）的建设和生产运行经验，提出在试生产和操作运行中需重点关注的安全问题及建议。

附件

附件应包含：建设项目安全条件审查意见书（安全预评价批复）；建设项目区域位置图；总平面布置图；装置平面布置图；工艺流程简图；爆炸危险区域划分图；火灾报警系统图；可燃及有毒气体检测报警仪平面布置图；主要安全设施一览表，包括安全阀、爆破片、可燃气体与有毒气体检测器、个体防护装备等；其他需补充的文件。

12.2　职业病防护设施设计专篇

12.2.1　设计依据

为贯彻执行建设项目中职业病防护设施应与主体工程同时设计、同时施工、同时投产的三同时制度，考虑到危险废物处理工程的特殊性，必须进行职业病防护设施专项设计工作。

职业病防护设施设计专篇应根据《建设项目职业病防护设施设计专篇编制导则》（AQ/T 4233—2013）、《建设项目职业病防护设施设计专篇编制要求》（ZW-JB-2014-002）及各项目所在地的地方安监要求编制。

12.2.2 主要编制大纲

第一章 概述

1.1 设计依据

1.1.1 法律、法规、规章

1.1.2 规范、标准

1.1.3 基础依据

应包含建设项目审批、核准、备案等立项文件，项目申请报告或可行性研究报告，职业病危害预评价报告及其审核（备案）批复，初步设计等。

1.2 设计范围与内容

1.2.1 设计范围

1.2.2 设计内容

包括设计范围内产生或者可能产生的职业病危害因素所应采取的防尘、防毒、防暑、防寒、防噪、减振、防非电离辐射与电离辐射等防护设施的类型、设备选型、设置场所和相关技术参数的设计方案，总体布局、厂房及设备布局、建筑卫生学的设计方案，配套的辅助卫生设施、应急救援设施设计方案，以及职业病防护设施投资预算，并对职业病防护设施的预期效果进行评价。

第二章 建设项目概况及工程分析

2.1 建设项目基本情况

2.1.1 建设项目概况

应包括主要工艺路线及规模、主要建构筑物情况、项目投资情况。

2.1.2 建设单位基本情况

2.1.3 职业病防护设施三同时落实情况说明

2.1.4 与预评价的一致性

2.1.5 项目建设地点

2.1.6 生产制度及劳动定员

主要包含生产制度、岗位设置、人员分配等。

2.1.7 自然环境状况

自然环境主要包括建设地点的地形地貌、气候特征、水文条件、地质条件等。

2.1.8 周边环境概况

周边环境主要包括建设项目的选址说明、配套交通、给水、排水、供电、供气等条件以及外部依托如消防站、医院等应急设施条件。

2.1.9 项目组成及主要工程内容

2.1.10 主要技术经济指标

2.1.11 建筑施工工艺

主要包括建筑施工工程类型（如房屋建筑工程、市政基础设施工程、交通工程、通信工程、水利工程、铁道工程、冶金工程、电力工程、港湾工程等）、施工地点（如高原、海洋、水下、室外、室内、箱体、城市、农村、荒原、疫区，小范围的作业点、长距离的施工线等）和作业方式（如挖方、掘进、爆破、砌筑、电焊、抹灰、油漆、喷砂除锈、拆除和翻修等）等。

2.2 工程分析

2.2.1 总平面布置及竖向布置

2.2.2 主要技术方案及生产工艺流程

应包含废物接收、鉴定和化验，废物卸料和暂存，废物处理（焚烧、蒸煮、化学消毒等）、辅助设施（除臭、废水处理等）、公用工程等。

2.2.3 主要原辅材料情况

应包括原料、辅料、中间产品、副产品、产品以及添加剂、废弃物等的名称、成分、物态、来源或去向、用量或产量、包装方式、储存方式及储存地点等；

2.2.4 工艺设备布局及先进性

2.2.5 建筑卫生学

主要包括建筑物的间距、朝向、采光与照明、采暖与通风及主要建筑物（单元）的内部布局等。

第三章 职业病危害因素分析及接触水平预测

职业病危害因素来源主要有生产过程中产生的危害因素、劳动过程中产生的危害因素、施工和设备安装期间的危害因素、生产环境中存在的危害因素四个方面。

3.1 职业病危害因素分析

3.1.1 生产过程中产生的职业病危害因素

依次从废物进厂、鉴定、卸料、暂存、处理、处置等各个生产步骤展开分析。

3.1.2 施工和设备安装期间存在的职业病危害因素

主要从土建施工、安装施工、装修施工、设备安装等方面展开分析。

3.1.3 生产环境中存在的职业病危害因素

针对危险废物焚烧项目类型，生产环境中存在的主要职业病危害因素有高温操作环境、厂区工作环境差、控制室操作员职业病、轮班工作制的健康影响等。

3.1.4 劳动过程中存在的职业病危害因素

主要包含生产各项流程中接触物料的危害因素分析。

3.2 主要职业病危害因素及作业人员分析

3.3 职业病危害因素对人体健康的影响

3.4 类比项目分析

3.4.1 类比企业的选择

类比项目的选择主要应考虑工艺流程、生产设备规模等信息。

3.4.2 类比企业职业病危害因素检测

根据项目情况可包括工业废料类比检测情况、医疗废物类比检测情况分析。

3.4.3 类比企业职业危害防护设施

3.5 危险因素接触水平预测

第四章 职业病危害防护措施及控制性能

4.1 构（建）筑物设计

4.1.1 总平面布置及竖向布置

总平面布置应在考虑减少相互影响的基础上，重点对功能分区和存在职业病危害因素工作场所的布置进行设计。

竖向布置重点对放散大量热量或有害物质的厂房布置、噪声与振动较大的生产设备安装布置和含有挥发性气体、蒸气的各类管道合理布置等进行设计。

4.1.2 生产工艺及设备布置

4.1.3 建筑设计卫生要求

主要包括建筑设计、通道设计、空间设计、生活卫生设计（休息室、食堂、厕所）、生产卫生设计（存衣室、盥洗室、洗衣房）、防火设计、暖通设计、除臭设计、采光照明设计等。

4.2 防护设施设计及其控制性能

4.2.1 防尘、防毒设施

4.2.2 防噪声、振动设施

4.2.3 防暑降温设施

4.2.4 配置的个人防护用品

4.2.5 卫生管理措施

4.2.6 健康检查及监护

4.2.7 现场施工职业病防护技术要求

对拟采取的防尘、防毒、防暑、防寒、防噪、减振、防非电离辐射与电离辐射等职业病防护设施的名称、规格、型号、数量、分布及控制性能进行分析和设计，并提出保证职业病防护设施控制性能的管理措施和建议。

应按种类详细列出建设项目设计中所采用的全部职业病防护设施，并对每个防护设施说明符合或者高于国家现行有关法律、法规和部门规章及标准的具体条款，或者借鉴国内外同类建设项目所采取的防护设施。

4.3 应急救援设施及措施

4.3.1 应急救援预案

4.3.2 应急救援设施

4.3.3 应急救援措施

4.3.4 厂内内部救援

对建设项目建设期和建成投入生产或使用后可能发生的急性职业病危害事故进行分析，对建设项目应配备的事故通风装置、应急救援装置、急救用品、急救场所、冲洗设备、泄险区、撤离通道、报警装置等进行设计。

4.4 职业病危害警示标识

应集合《工作场所职业病危害警示标识》（GBZ 158—2003）的要求，针对危险废物焚烧项目类型特点设置警示标识。对存在或者产生职业病危害的工作场所、作业岗位、设备、设施设置警示图形、警示线、警示语句等警示标识和中文警示说明，并对存在或产生高毒物品的作业岗位设置高毒物品告知卡的数量和位置进行设计。

4.5　辅助卫生用室

根据职业病预评价的卫生分级及要求对应设置卫生用室，并标明各项卫生器具的设置情况。

4.6　建设项目施工过程职业病危害防护措施

4.7　职业卫生防护设施分布

4.8　预评价报告及变更说明建议采纳说明

对职业病危害预评价报告中职业病危害控制措施、防治对策及建议的采纳情况进行说明，对于未采纳的措施、对策和建议，应当说明理由。

4.9　职业卫生防护措施投资概算

依据建设单位提供的有关数据资料，对建设项目为实施职业病危害治理所需的装置、设备、工程设施、应急救援用品、个体防护用品等费用进行估算。

第五章　结论及预期效果

结合现有同类生产的检测数据、运行管理经验，对所提出的各项防护措施的预期效果进行评价，预测建设项目建设投产后作业场所中各项职业病危害因素的浓度（强度）能否满足相关法律、法规和标准的要求。

第**13**章　典型危废处理工程设计案例

13.1 案例 1：攀枝花市危险废物处理中心工程

13.1.1 项目概述

(1) 项目概况

攀枝花市危险废物处理中心工程 2003 年 12 月 19 日被列为国务院规划的全国 31 个省级城市环境保护基础设施建设项目之一，其服务范围包括该市的工业危险废物、医疗废物以及周边地区的工业危险废物。

该项目是西南地区典型沟谷地貌的危险废物综合性处理基地。

(2) 场址概况

攀枝花市危险废物处理中心一期工程场地位于攀枝花市仁和区大龙潭乡迤资村华卖社磨槽湾沟，场地距离攀枝花市区约 23km，东侧距离金沙江 0.72km，距离迤资村 1.5km，成昆铁路迤资段隧道自场地南侧约 400m 处通过，与会理隔江相望。场地距离迤资村水泥公路约 4km，有乡村道路与迤资村水泥公路相通，交通较方便。

场地位于山顶，属于中低山构造剥蚀地貌、侵蚀堆积地貌，沟谷斜坡地形，局部地段由于农业耕种呈平台状，场地总体为西高东低，南北两侧低，中间地段高。地形坡度一般为 15°～30°，局部为陡坎，陡坎高度一般为 3～4m，小山脊地段地形平缓，坡度一般为 5°～10°。

勘察场地主要发育一条冲沟，延伸总长约 900m，沟口到达金沙江，总体呈南北方向。场地高程在 1187～1263m，高差为 76m。

场地属南亚热带为基调的干热河谷气候，具有夏季长、温度日变化大、四季不分明、气候干燥、降雨集中、日照多、太阳辐射强、气候垂直差异显著以及高温、干旱等特点。根据水文气象资料统计结果，主要气候特点具体表现如下。

年平均气温 20.9℃，最热月份为 5 月，日最高气温的月平均值为 33.2℃，极端最高气温 41.0℃（出现在 1987 年 6 月 22 日），极端最低气温 −1.0℃（出现在 1983 年 12 月 28 日）。

降雨主要集中在 5～10 月，雨季中的降雨量平均占全年降雨量的 95.5% 左右，10 月下旬至次年 5 月为旱季。降雨多在夜间，多雷阵雨，年平均降雨量 801.6mm，年最大降雨量 1006.9mm。

年平均相对湿度为 56%，在一年或一个月中相对湿度差异较大，最大相对湿度可高达 100%，最小相对湿度可低至 0%。旱季，特别是 3、4 月份湿度很小，空气异常干燥，进入雨季后，湿度逐渐增大。

风季一般出现在 2～4 月，风向多为偏南风，风力不等，风速小者为 1～2m/s，大者常达到大风标准。年平均风速 1.50m/s，年最大风速 18.30m/s，年平均大风日数为 27d。

13.1.2 处理对象、规模与工艺

(1) 处理对象

根据当地的危险废物调查资料及前期论证，确定处理 31 类危险废物，具体见表 13-1。

表 13-1 危险废物类别及采用的处理方式

序号	类别码	危废名称	拟采用的处理方法	序号	类别码	危废名称	拟采用的处理方法
1	HW01	医疗废物	焚烧	17	HW23	含锌废物	稳定化/固化
2	HW02	医药废物	焚烧	18	HW24	含砷废物	稳定化/固化
3	HW03	废药物药品	焚烧	19	HW26	含镉废物	稳定化/固化
4	HW04	农药废物	焚烧	20	HW27	含锑废物	稳定化/固化
5	HW06	有机溶剂废物	焚烧	21	HW29	含汞废物	稳定化/固化
6	HW08	废矿物油	焚烧	22	HW31	含铅废物	稳定化/固化
7	HW09	废乳化液	焚烧	23	HW33	无机氰化物废物	稳定化/固化
8	HW11	精(蒸)馏残渣	焚烧	24	HW34	废酸	物化
9	HW12	染料涂料废物	焚烧	25	HW35	废碱	物化
10	HW13	有机树脂类废物	焚烧	26	HW36	石棉废物	稳定化/固化
11	HW16	感光材料废物	稳定化/固化	27	HW39	含酚废物	安全填埋
12	HW17	表面处理废物	稳定化/固化	28	HW40	含醚废物	焚烧
13	HW18	焚烧处置残渣	稳定化/固化	29	HW41	废卤化有机溶剂	焚烧
14	HW20	含铍废物	稳定化/固化	30	HW42	废有机溶剂	焚烧
15	HW21	含铬废物	稳定化/固化	31	HW46	含镍废物	稳定化/固化
16	HW22	含铜废物	稳定化/固化				

(2) 工艺分类

根据各危险废物的特性,拟分别采取焚烧、物化、稳定化/固化后安全填埋等处理处置工艺。

(3) 处理规模

根据危险废物产量调查和分析,确定原生危险废物总处理规模为 21000t/a,其中:焚烧处理 5000t/a;物化处理 1000t/a;稳定化/固化及安全填埋 15000t/a。

根据物料类别和物流平衡分析,主要设施处理规模为:焚烧设施 5000t/a(折合 15t/d);物化设施(酸碱中和工艺) 1000t/a(废酸 200t/a,废碱 800t/a);稳定化/固化设施 15400t/a(含入厂废物 15000t/a,焚烧后飞灰 330t/a,物化处理残渣 50t/a,废水处理站污泥 20t/a)。

填埋处置:21750t/a(含固化处理后废物 21250t/a,焚烧炉渣 500t/a),填埋场一期库区容量 18 万立方米,服务年限 10 年。

(4) 主体工艺概要

1) 主体工艺路线

根据各危险废物的特性,分别采取焚烧、物化、稳定化/固化后安全填埋等处理处置工艺。全厂总体工艺路线见图 13-1。

2) 焚烧处理系统

① 物料特性。本工程配伍后进炉物料的低位热值范围为 3000～4000kcal/kg,设计基准值为 3500kcal/kg。焚烧处理的辅助燃料采用 0$^{\#}$ 轻柴油。

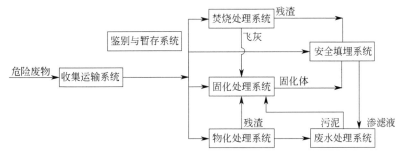

图 13-1 全厂总体工艺路线

② 焚烧炉选择。废物焚烧最具有代表性的焚烧炉炉型有层燃型焚烧炉、回转窑型焚烧炉、流化床式焚烧炉三大类。

流化床式焚烧炉因其对废物形态要求严格,在焚烧系统中不适用;回转窑型焚烧炉和层燃型焚烧炉几乎可处理各种废物,对废物适应性较广,设备运行稳定可靠,通过后设二燃室可保证废物的完全燃烧。但层燃型焚烧炉对物性复杂的工业危废难以适应,易存在物料沾粘炉排、熔化下漏等危害,在本系统中也不适用;而回转窑式焚烧炉因其对废物受热、搅动的条件更为有利,对规模较大的焚烧处理系统适应性更强,故本设计确定采用回转窑焚烧炉。

3)稳定化/固化系统

采用稳定化/固化技术将重金属和其他危险废物固定在一种惰性不透水的基质中,达到改善废物的物理特性和结构组成,减少污染物发生物质迁移的表面积,限制废物中污染物的溶解性,从而使固化产物的渗透性和溶出性大大降低,使其有害成分呈现化学惰性或被包容起来且浸出率小于国家标准,便于最终安全填埋处置。

常规的稳定化/固化方法有水泥基稳定化/固化法、石灰基稳定化/固化法、沥青稳定化/固化法。因本项目危险废物种类繁多,特性复杂,借鉴国内外危险废物处理的运行经验,采用水泥固化的措施。

13.1.3 总图布局

(1) 功能分区

工程拟建场地呈南北向狭长形,总用地面积 $89482m^2$。根据场地现有情况、当地主导风向频率及危险废物处理处置生产工艺的特点,将厂区分为生产区、填埋库区、生活管理区三个分区。厂区中部地形较高,拟在场地平整后布置生产区,该区东侧现状道路改造后作为物流主通道。厂区北侧的天然山沟在下游筑坝拦蓄后作为填埋库区。厂区南侧目前为居民区,搬迁后可以作为生活管理区。

为便于管理,生活管理区和生产区之间由厂内人行道路连通。

① 生产区。主要设施包括焚烧车间、物化车间、稳定化/固化车间、废水处理站、暂存仓库、废液贮存区、计量站、机修间、配电间、净水站、消防泵房等。

② 填埋区。主要包括填埋库区、垃圾挡坝、调节池等。

③ 生活管理区。主要包括综合楼、生活楼、门卫等。

主要建构筑物一览表见表 13-2。

表 13-2 主要建构筑物一览表

序号		单体名称	占地面积/m²	建筑面积/m²	备注
生产区	101	焚烧车间	3360	1934	占地含室外设备
	102	物化车间	565	565	
	103	稳定化/固化车间	679	679	
	104	暂存仓库	2362	2362	
	105	废液罐区	180		
	106	废水处理站	615	317	占地含水池
	107	计量门卫间	44	44	
	108	机修间	321	321	
	109	净水站	105	105	
	110	清水池、消防水池与泵房	210		
	111	加油站	60	60	
	112	变电所	236	236	
填埋区	201	填埋库区	22000		一期
	202	渗滤液调节池	260		
管理区	301	综合楼	726	1302	
	302	生活楼	451	1153	
	303	门卫	44	44	

（2）竖向设计

本工程各功能分区之间地势高差起伏较大，生产区现状标高在 1230～1263m 之间，区域高差大。各设施之间物流功能关系密切，为便于布置，进行开挖和回填处理，平整至1244m 标高。

填埋库区边坡经适当修整，原状坡度基本维持不变。库底沿中脊线场地平整坡度10%，垂直于中脊线场地平整坡度 2%，库底标高最高取 1205m，最低取 1196m。

生活管理区相对较平整，现状标高为 1222～1228m，为便于对生产区的管理及充分利用填埋库区和生产区富余的土方，将生活管理区平整至 1237m 标高。

13.1.4 主体工程设计

作为综合性的危险废物处理中心，全厂工艺系统齐备，包括危险废物收集运输系统、鉴别与暂存系统、焚烧处理系统、物化处理系统、稳定化/固化处理系统、安全填埋场、废水处理系统及其他配套系统。

（1）收集运输系统

危险废物的运输采取公路运输的方式。危险废物处理中心采用专用转运车，按时到各危险废物存放点收集、装运盛有危险废物（医疗垃圾）的专用容器，并选用路线短、对沿路影响小的运输路线，避免装运、运输环节产生二次污染。医疗废物专用转运车满足《医疗废物转运车技术要求》。

（2）鉴别与暂存系统

危废入场后，首先进行称重计量。若需要分析化验，抽样后进入化验室化验。本工程将化验室布置在综合楼一层，配置针对危险废物的分析化验设备，总面积约 $200m^2$。

本工程设置危险废物暂存仓库 1 座。暂存仓库布置于生产区的中部，邻近焚烧车间、固化车间、物化车间，废物转移均较方便。危险废物暂存仓库内配置两辆叉车，用于危险废物的搬运。

危险废物在暂存仓库内分区存放。根据废物是否经过检测和鉴定以及废物的去向，把废物暂存仓库分为若干个存放区。各分区采用 2m 高隔墙分隔。根据危险废物的类别，大部分考虑暂存丁类物料，同时考虑暂存少量的丙类物料，设置防火墙隔离。

（3）焚烧处理系统

经过配伍后，确保进炉物料热值范围 3000～4000kcal/kg（12560～16747kJ/kg），设计工况点 3500kcal/kg（14654kJ/kg）。

危险废物焚烧工艺主要包括以下主要单元。

① 废物卸料和贮存系统：含医疗废物、固体危险废物、液体危险废物的卸料和贮存。

② 焚烧系统：含料斗、回转窑、二次燃烧室及助燃和风机等辅助设备。

③ 余热回收系统：含余热锅炉以及锅炉辅助系统设备。

④ 烟气净化系统：冷却焚烧炉内的烟气并除去有害的物质，并且达到排放要求后排放，含急冷塔、除尘器、洗涤塔、烟气加热器、活性炭供给系统、除灰渣系统等。

⑤ 烟气排放系统：含引风机、烟囱等。

焚烧车间工艺流程如图 13-2 所示。

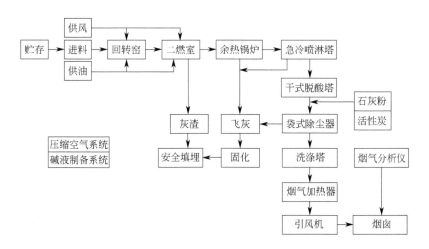

图 13-2　焚烧车间工艺流程简图

危险废物由专用运输车辆运至焚烧车间，医疗废物卸料后通过皮带输送机输送至进料斗，周转箱则进行消毒处理。可焚烧的固体、半固体危险废物则送入固体废物贮坑。需要破碎等预处理的固体废物可临时贮存在废物破碎区，经破碎后从破碎机出口卸入废物贮坑。可焚烧的废液则泵至废液贮存区的废液贮槽内存储，并经多级过滤后通过废液喷嘴喷入回转窑焚烧炉内进行焚烧处理。其中低热值废液送入回转窑，高热值废液送入二燃室进行焚烧。

在废物贮坑上方设有废物抓斗起重机，起重机的抓斗可将废物贮坑内需要焚烧的固体、半固体废物抓至焚烧炉的进料斗。焚烧炉的进料斗为斜口溜槽式，并设有双重锁风设施。进料槽与窑头罩结合处，设有一个垂直闸门（挡火门），确保回转窑的负压操作。回转窑分为低温段和增温段两段燃烧区域，废物在回转窑低温段内与空气接触，在可调节氧含量环境中完成加热、干燥、燃烧过程，在增温段完成挥发及燃烬过程。废物在挥发分挥发气化的同时进行燃烧，挥发产生大量的可燃气体在回转窑内未燃烧完全的情况下进入二燃室，在过量燃烧空气的作用下完成完全燃烧。废物燃烬后产生的灰渣由专用出渣装置排出，出灰方式采用水淬刮板出渣或出渣小车出灰。回转窑高温段焚烧温度控制在850℃左右，废物在窑内停留时间＞1h。二燃室燃烧温度则可达1100℃，且烟气在高温区停留时间＞2s，以保证有害物质在高温下充分分解。当温度低于1100℃时，二燃室的燃烧器可调节喷入的燃料量，确保炉温在1100℃以上。

辅助燃料采用0#轻柴油。回转窑和二燃室燃烧所用的空气通过一次风机和二次风机供给，采用变频调节，以使废物的燃烧处于较佳状态。同时在烟气沉降室预留 De-NO$_x$ 装置接口位置，通过尿素泵喷射尿素溶液，以热力脱硝工艺去除炉内部分 NO$_x$。

从二燃室出来的1100℃烟气进入与余热锅炉一体式的沉降室，脱除部分烟尘和碱性金属后，烟气降温至950℃左右，之后再进入余热锅炉内降温至550℃，同时利用烟气热量产生高温蒸汽，部分蒸汽用于厂区日常生活。

从余热锅炉出来的烟气进入急冷塔，通过急冷塔水泵将清水送入急冷塔内，将烟气在1s之内迅速降温至200℃左右。同时一旦出现 SO$_2$ 和 HCl 的进口浓度阶段性超设计值时，可改喷石灰浆液。

经急冷塔降温后的烟气再进入干式脱酸塔，烟气温度由200℃降到160℃。投加干石灰粉的主要目的一方面是可降低烟气的湿度，另一方面是充分利用湿润的石灰在塔内的中和反应以及部分石灰粉随烟气附着在布袋表面所起到的进一步脱酸作用。

在脱酸塔和袋式除尘器之间还设置了文丘里活性炭喷射装置，将活性炭喷射到烟道内与烟气混合，进一步吸附重金属、二噁英等有害物质。活性炭反应产物随后进入袋式除尘器被捕获后以干态形式排出。经过初步净化后的烟气经洗涤塔和烟气加热器进行脱酸和加热处理后，经引风机通过烟囱排入大气。

（4）物化处理系统

物化处理主要为废酸碱的中和处理。本项目需处置的废酸量远大于废碱量，因此废碱液可以通过加入废酸而完全中和掉，多余的废酸需投加另外的碱性物质。酸碱废水中和主要采用如下方法：将酸碱废水混合，使 pH 接近中性；将石灰乳与酸性废水混合。

中和系统可设计成一级或多级的。一般地说，如原废水的 pH 值在4～10范围内可用一级中和；如废水 pH 值低于2或高于10，用二级中和；对 pH 值大大低于2或大大高于12的废水，宜采用多级中和。待处理的酸碱腐蚀性都较大，故考虑设计两级中和。

废酸、废碱由槽车运输至卸料区，取样化验后卸至指定卸料槽。格栅可除去大部分粗杂质（>5mm）。废液在卸料槽中可做短时暂存，然后通过废液输送泵输送至贮槽贮存。废液贮槽分类贮存各种废液，总贮存量为 $50m^3$（贮存 10d 量）。

在中和反应槽中，通过 pH 计控制碱量，在一级中和反应槽中添加的碱液以废碱为主，在二级中和反应槽中，碱液的添加以石灰乳为主，以调节 pH 值在合适形成金属氢氧化物沉淀区，使废液中的重金属离子沉淀分离出来，处理过程中还辅以聚丙烯酰胺絮凝剂，以提高沉淀效率，反应完全后进入沉降槽进行沉淀，上清液再次经过石英砂过滤器过滤后泵送至污水处理站，沉降槽的沉砂（污泥）泵入板框压滤机进行压滤，滤饼送稳定化/固化车间处理。

处理过程中产生的酸性气体经吸收塔吸收后排放，吸收液送至二级中和反应槽处理。

(5) 稳定化/固化系统

固态的需固化物料通过叉车机械运送到车间配料机上料区域，到配料机的受料斗，通过皮带输送机输送入搅拌机槽内；半固态的桶装物料借助翻桶机送入料斗，然后通过螺旋输送机送到搅拌机。配料机的受料区域采用耐腐蚀、抗氧化的材料，并设置闸门和自动计量装置。

物料混合搅拌以后，开启搅拌机底部闸门，混合物料卸入到搅拌机下设的集装箱，通过拉臂车运输至安全填埋区，在填埋区内养护。

(6) 安全填埋系统

根据总体布局，利用北侧的天然山沟作为填埋库区。为充分利用现状地形构建填埋库区，增加填埋库容，延长服务年限，需在填埋库区的北侧设置挡坝，挡坝与东侧、西侧、南侧的现状边坡组合形成填埋库区。挡坝北侧设置渗滤液调节池。

填埋场的建设宜一次规划分期建设，根据场区总体工艺布置要求，垃圾坝体的平面位置位于库区北侧，调节池位于垃圾坝体下游红线以内。一期填埋场占地面积约为 $1.9\times10^4m^2$，总规划填埋场占地约 $4\times10^4m^2$。一期填埋场垃圾体填埋至 1230m 标高左右，库容可达 $18.0\times10^4m^3$，满足 10 年以上使用年限，向上可继续发展，最大堆高至标高1251m，总有效库容 $68.0\times10^4m^3$，可满足 25 年使用年限。

库区基底和边坡的防渗衬垫系统由上而下结构如下。

1) 基底防渗设计　初始填埋层采用精选后的废物堆体；过滤层采用 $190g/m^2$ 轻质有纺土工布；主渗沥液收集层采用 300mm 厚卵石；主防渗膜保护层采用 $2\times600g/m^2$ 无纺土工布；主防渗层采用 2.0mm 厚光面 HDPE 土工膜；渗滤液检漏层（次级收集层）采用5.2mm 厚土工复合排水网；次防渗层采用 1.0mm 厚光面 HDPE 土工膜；膜下保护层采用 6mmGCL 土工聚合黏土衬垫；黏土保护层采用 500mm 厚压实黏土；地下水排水层采用主次盲沟＋5.2mm 厚土工复合排水网；基础层采用平整基底。

2) 边坡防渗设计　初始填埋层采用精选后的废物堆体；主渗滤液收集层采用 5.2mm厚土工复合排水网；主防渗层采用 2.0mm 厚双毛面 HDPE 土工膜；渗滤液检漏层（次级收集层）采用 5.2mm 厚土工复合排水网；次防渗层采用 1.0mm 厚双毛面 HDPE 土工膜；地下水排水层采用 5.2mm 厚土工复合排水网；基底层采用修整边坡。

库区内的渗滤液和次渗滤液均重力流至挡坝北侧的渗滤液调节池。设计日输送渗滤液量为 $12m^3$。调节池设计有效容量为 $1200m^3$。

由于该区域沟谷狭小，采用钢筋混凝土调节池方案。其平面尺寸为 16m×16m，池深

5.9m，池顶比周围地面高出 1.0m，池体内部铺设 1.5mmHDPE 防渗膜。

（7）废水处理系统

本工程将采用物化和生化组合工艺。

生产废水依次进入还原槽、氧化中和槽、絮凝槽和斜板沉淀池，去除余氯和重金属后，出水进入 SBR 进水池。

初期雨水从雨水调节池依次进入还原槽、氧化中和槽、絮凝槽和斜管沉淀池，去除重金属后，出水进入 SBR 进水池。

来自场区生活污水收集系统的生活污水则直接进入 SBR 进水池。

3 种废水及生化污泥脱水上清液在 SBR 进水池完成混合匀质。在 SBR 进水池完成均质后，混合废水进入 SBR 池进行生化处理。SBR 池可以通过调整进水、反应、沉淀和滗水的时间来适应不同进水水质的处理要求。由于本工程废水可生化性较差，碳源及磷元素较为缺乏，需考虑在 SBR 池内投加碳源（如甲醇）和磷，以满足废水生化处理的要求。

SBR 出水进入砂滤系统进行深度处理。如果 SBR 出水已经达标，可以超越砂滤系统直接排放或者回用。

SBR 池所产生的生化系统剩余污泥进入储泥池。出泥进入脱水机房浓缩脱水后，泥饼入库区填埋。污泥脱水上清液则重新进入 SBR 进水池。斜管沉淀池产生的污泥由于含有重金属，因此不宜与生化污泥混合，单独收集进入污泥贮罐，最终进入固化车间。上清液回到还原槽。

13.1.5　设计特点

（1）首批国家规划 31 个省级危险废物综合处理中心之一

本工程是国家规划的 31 个省级危险废物综合处理中心之一，从规模论证、项目选址历经多年，最终项目可行性研究报告得到国家环保部专家的认可。

（2）危险废物综合性处理典型案例

项目处理对象众多，且涵盖焚烧、填埋、物化、固化等多个工艺，是综合性危险废物处理典型案例。焚烧系统采用回转窑＋二燃室焚烧，设置废液喷烧和医疗废物单独进料装置；余热锅炉回收能源，设置干法＋湿法的烟气处理工艺，该工艺具备多种物料焚烧、物料特性适应性强、能源回收较佳、排放标准优于国家标准等优点。物化采用酸碱中和，固化采用水泥固化为主，辅以药剂稳定化，废水经处理后达到工艺循环利用，安全填埋采用双层水平防渗系统，安全可靠。

（3）山区危险废物处理典型案例

危险废物处理项目的选址难度较大，本项目进行了十余个拟选厂址的现场踏勘，经过厂址选择综合论证，确定了项目选址于山顶区域。该选址地形高差大，给项目设计带来众多挑战，是山区危险废物处理典型案例。总图布置中充分结合项目特点和实际地形，将管理区、生产区设置不同的高程和不同的出入口，并利用天然山沟在下游筑挡坝后作为填埋库区，有效解决了功能分区、土方平衡和人员物流分离问题，同时填埋库进行了竖向近远期分期，为以后远期工程的实施创造了便利的条件。

攀枝花市危险废物处理中心工程总图见图 13-3，图 13-4～图 13-6 分别为生产区、管理区和填埋区照片。

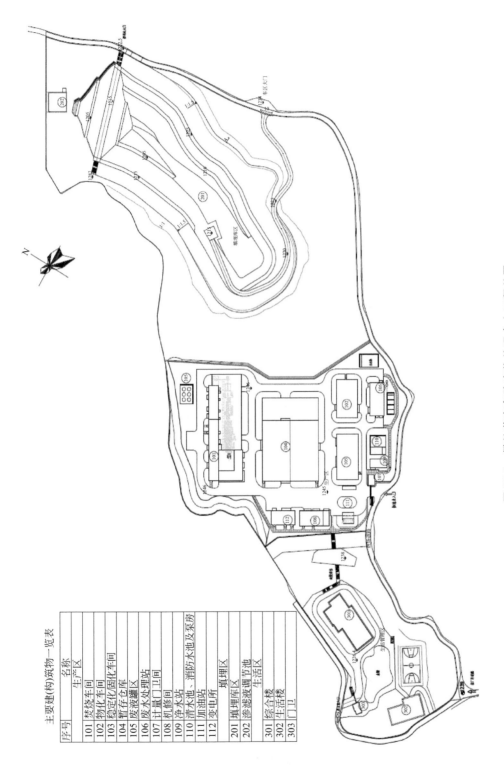

主要建(构)筑物一览表	
序号	名称
	生产区
101	焚烧车间
102	物化车间
103	稳定化固化车间
104	暂存仓库
105	废液罐区
106	废水处理站
107	计量门卫间
108	机修间
109	净水站
110	清水池-消防水池及泵房
111	加油站
112	变电所
	填埋区
201	填埋库区
202	渗滤液调节池
	生活区
301	综合楼
302	生活楼
303	门卫

图 13-3　攀枝花市危险废物处理中心工程总图

图 13-4　生产区照片

图 13-5　管理区照片

图 13-6　填埋区照片

13.2　案例 2：临沂市危险废物集中处置中心项目

13.2.1　项目概述

(1) 项目概况

临沂市危险废物集中处置中心项目由山东某环境服务有限公司建设并运营，建设场址位于临港经济开发区化工园区壮岗镇黄海九路以北，占地面积约 100 亩（1 亩≈666.7m²，下同），采用焚烧＋填埋的方式处理临沂市域内的危险废物，兼顾处理菏泽、枣庄及济宁三市的部分危险废物。

主体生产设施包括废物接收、化验、暂存车间、焚烧线、稳定化/固化车间、废液罐区及安全填埋库区等。配套生产生活管理设施包括废水处理车间、综合楼、机修、计量、洗车、配电等。

临沂市危险废物集中处置中心项目于 2016 年 2 月开工建设，2017 年 6 月投入试运行。

(2) 厂址概况

本项目位于临沂市临港经济开发区壮岗镇黄海九路以北，污水厂西路以东。在地貌单元上属山前冲积平原，微地貌形态为低平地。地面绝对标高最大值 45.86m，最小值 34.57m，地表高差 11.29m。场地地形东北高西南低，起伏较大。详勘各岩层主要参数如表 13-3 所列。

表 13-3　详勘各岩层主要参数表

地层	1	2	3	4	5
岩性	素填土	粉质黏土	全风化闪长岩	强风化闪长岩	中风化闪长岩
厚度/m	0.43	0.63	8.27	3.80	20.5m 孔深未穿透
渗透系数/(cm/s)	—	2.37×10^{-6}	1.7×10^{-3}	2.5×10^{-3}	2.0×10^{-8}
地基承载力/kPa	—	150	260	450	3000

13.2.2　处理对象、规模与工艺

(1) 项目处理对象

项目除不处置 HW01 医疗废物、HW10 多氯（溴）联苯类、HW15 爆炸性废物这三类危险废物外，对《国家危险废物名录》其他 43 类危险废物均能处置。

(2) 项目规模

项目总建设规模 30000t/a，其中送至焚烧车间处理的可焚烧类危险废物量为 16550t/a，稳定化/固化处理后送至安全填埋场处置的无机类危险废物量为 13450t/a。

(3) 主体工艺概要

危险废物进场后先经过计量，若危险废物性质明确，可焚烧的有机类危险废物送至焚烧车间进行处理，可填埋处置的无机类危险废物先送至稳定化/固化车间预处理后再送至安全填埋场处置。若危险废物性质不明确或进场危险废物量大于设计处理能力时送至暂存

车间暂时存放，待对危险废物进行分析化验确定其性质和处理方法后送至相应的处理车间。焚烧车间处理过程中产生的残渣和飞灰送至稳定化/固化车间处理后外送至安全填埋场处置。

安全填埋场运行过程中产生的渗滤液与焚烧、稳定化/固化等生产过程中产生的废水一起送至废水处理车间处理。处理过程中产生的污泥送至稳定化/固化车间处理后外送至安全填埋场处置。处置中心总体工艺流程如图 13-7 所示。

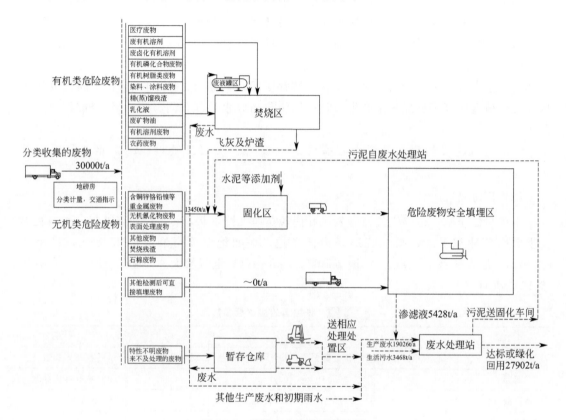

图 13-7　处置中心总体工艺流程

13.2.3　总图布局

(1) 总平面布置

本工程建场地呈长方形，根据场地现有情况、当地主导风向频率及危险废物处理处置生产工艺的特点，将厂区分为生产区、安全填埋库区、管理区三个分区。厂区东部地形较高，在场地平整后布置生产区及管理区；西部地形较低，因地制宜开挖后建为安全填埋库区。

1）生产区

主要设施包括计量房、1#暂存车间、2#暂存车间、焚烧车间、稳定化/固化车间、储罐区、废水处理车间、机修车间、配电间、初期雨水池、洗车台与停车场等。

2）安全填埋库区

主要包括渗滤液收集系统、水平防渗系统、地下水导排系统、进场道路、雨污分流系统、围堤等。

3）管理区

在处置中心东北侧设置综合楼，主要用于办公、化验及管理等。建、构筑物一览表见表 13-4。

表 13-4　建、构筑物一览表

序号	单体名称	建筑面积/m²	占地面积/m²	层数	建筑高度/m	火灾危险性类别
1	综合楼	2626	688	4	15.75	丁类
2	1# 暂存车间(含机修/配电)	2244	2510	1	7.8	丁类
3	焚烧车间	5417.8	4370	主体1层 局部3层	22.2	丁类
4	管理区门卫	47	47	1	3.6	丁类
5	稳定化/固化车间	903	965	1	13.3	丁类
6	废液罐区	—	154			丙类
7	调节池	—	706			—
8	废水处理站	298	445	1	8.7	丁类
9	初期雨水收集池		77			
10	换热站	276	276	1	11.4	丁类
11	三效蒸发调节池		103			
12	洗车台		78			
13	消防水池及泵房	182	556	1	6.9	丁类
14	实验楼	980	327	3	11.4	丁类
15	计量房	70	70	1	3.6	丁类
16	辅助用房	310	155	1		丁类
17	停车场		168			
18	2号暂存车间	2065	2065	1	7.4	丙类
19	废气处理设施	238	626	1	6.95	丁类
20	应急事故池(1# 暂存车间)		20			
21	应急事故池(2# 暂存车间)		20			

（2）竖向设计

用地范围内地势高差起伏较小，生产区、管理区现状标高在 40.40～46.17m 之间，由于生产区面积较小、物料在各车间流动频繁，为满足全厂物流的顺畅，经土石方衡算，整个生产区平整至 42.0～43.0m 标高。

（3）物流设计

1）出入口设置

厂区实行人流、物流分流。经由厂外道路进场后，人流车辆向东进入管理区，物流车辆向南进入生产区和填埋库区。

2）交通路线

危险废物及生产辅料通过生产区出入口进入厂区，按物料特性分别进入各车间贮存、处理或处置，主要物料的交通路线描述如下。

① 可焚烧危险废物：包括固态废物、半固态废物和液态废物三种。计量后固态废物、半固态废物进入焚烧车间卸料至废物贮坑；液态废物进入废液罐区卸料。焚烧处理后炉渣及飞灰运输至稳定化/固化车间。

② 需稳定化/固化危险废物：计量后进入稳定化/固化车间卸料。固化后废物再运输至安全填埋场填埋。

③ 可直接安全填埋的危险废物：计量后进入安全填埋场填埋。

④ 性状不明或来不及处理的危险废物：计量后进入暂存车间暂时储存，然后通过叉车或卡车运输至各车间处理或填埋处理。

13.2.4 主体工程设计

(1) 分析与暂存

考虑危险废物来料的不均匀、焚烧物料配伍的需要以及检验和工艺参数的确定需要一定的时间，按相关规范和标准，本工程焚烧车间设置废物储坑；另外，在生产区设置危险废物暂存车间和贮罐区。无机类危险废物送至 1# 暂存车间，有机类危险废物送至 2# 暂存车间及焚烧车间储坑，废液送至贮罐区。

处置中心内设置危险废物暂存车间 2 座，1# 暂存车间主要贮存无机类危险废物，贮存时间为 40d。2# 暂存车间主要贮存有机类危险废物，贮存时间为 60 天。暂存车间布置于生产区中部，周边紧靠焚烧车间、稳定化/固化车间及填埋库区，废物转移均较方便。危险废物暂存车间内配置两辆叉车用于危险废物的搬运。

根据危险废物处理处置中心的任务要求，其分析能力必须同时满足焚烧、填埋的项目分析要求，故需设置分析实验室一座，位于 1# 暂存车间西侧。

实验室主要监测工作任务：a. 检验进场废物的成分，验证"废物转移联单"；b. 检验各种辅助材料、各处理处置车间的中间产物组成；c. 对环境监测化验（主要是安全填埋场渗滤液、生产区各车间废水、大气等污染源监测，环境质量监测委托当地的环境监测站承担）所采样品进行室内分析；配合试验研究课题所需的试样分析。

实验室主要研究工作任务有：a. 稳定化/固化工艺中处理不同危险废物所选稳定剂、固化剂及其配比的研究；b. 废物处理处置工艺条件的筛选和优化方面的研究；c. 对新增类别废物处理处置工艺的开发及工艺参数控制的研究；d. 检测稳定化/固化车间搅拌混合料的抗折、抗压强度，凝结时间、流动性、标准稠度、用水量及重金属浸出浓度等参数。

(2) 焚烧系统

1) 烟气排放指标

焚烧炉外排烟气指标执行《危险废物焚烧污染控制标准》（GB 18484）表 3 中焚烧容量为 300～2500kg/h 的浓度限值要求，同时 GB 18484 发布了征求意见稿，2015 年 7 月 1 日起，新建危险废物焚烧设施排放烟气中污染物浓度执行征求意见稿中表 2 规定的限值。本工程焚烧炉烟气排放执行 GB 18484 征求意见稿的限值。

2) 焚烧工艺流程

本工程焚烧工艺采用回转窑＋二燃室焚烧炉＋余热锅炉＋急冷塔＋旋风除尘器＋干式

脱酸塔＋布袋除尘器＋烟气预冷＋湿式洗涤塔＋烟气再加热后烟囱排放。

　　3）焚烧处理线基本组成

　　危险废物焚烧处理线包括以下主要系统单元：a. 进料系统（含固体、废液暂存及进料系统）；b. 焚烧系统（炉窑系统、助燃空气系统、辅助燃烧系统、废液喷烧系统）；c. 余热利用系统（余热锅炉及附属水处理设施、蒸汽冷凝系统）；d. 烟气净化及排放系统（含急冷、除尘、脱酸等系统）；e. 炉渣及飞灰收集系统；f. 辅助系统（如软水制备、压缩空气等）；g. 电气和自动控制系统（含在线监测）。

（3）稳定化/固化系统

　　本工程处置对象大都为无机的重金属类危险废物，以硫化钠作为主要稳定药剂，以有机螯合剂等其他药剂作为辅助药剂，采用水泥固化措施。

　　固化车间混合搅拌区布置的设备主要有配料机、单斗提升机、带式输送机、搅拌机等。四个配料斗呈一字形连接，受料区域与倒车区域对应。混合搅拌后满足固化要求的物料由自卸汽车送至填埋库区处置，保证整个系统的物流通畅。水泥储仓和粉煤灰储仓设置在室外，以便于设备现场制作、安装以及来料输入。车间内还设置了配电室及操作室。

（4）安全填埋库区

　　根据库区总体布置原则，填埋库区分为填埋一区和填埋二区两个库区。库区之间利用卸料平台和隔堤进行分隔。填埋库区总占地面积为 $38721m^2$，其中填埋一区面积为 $19360m^2$，填埋二区面积为 $19361m^2$。填埋库区总库容为 $27.78 \times 10^4 m^3$，使用年限为 12.8 年。

　　因场地现状标高变化不大，库区构建时沿四周构筑围堤，并根据库区分期及分区计划，布置库区间隔堤。填埋作业设备和车辆从安全填埋库区南侧围堤进入库区，最终到达指定作业位置。

　　库区工程主要内容包括填埋库区水平防渗系统、垂直防渗系统、渗滤液收集系统、地下水收集系统、地表水收集系统、围堤、隔堤、提升泵房等设施。

（5）废水处理系统

　　处置中心出水满足《城镇污水处理厂污染物排放标准》（GB 18918—2002）。主要包括调节池、化学处置单元、生化处置单元、MBR、污泥处理单元以及纳滤处置、活性炭吸附、紫外处置、次氯酸钠消毒等设备。厂区污水按源头分为有机废水、无机废水和高含盐量废水。有机废水采用水解酸化和缺氧/好氧处置氮、磷和 COD、BOD，无机废水采用化学还原、中和混凝沉降处置重金属，高盐废水经过三效蒸发去除盐分，三股处理好的废水再经过深度处理后排放。

13.2.5　设计特点

　　本项目设计特点主要体现在以下 3 个方面。

（1）紧凑型布置的典范

　　项目用地面积仅为 100 亩，而处理规模为 30000t/a，且包含填埋和焚烧两个主要功能，故在总体布置时充分满足生产工艺流程的要求，布置尽量集中、紧凑，节约用地。经过合理布局，实际运行过程物流通畅，且在有限用地面积内设置了 $4000m^2$ 左右的暂存仓库。

（2）填埋库区挖潜

填埋库区占地面积为 $38700m^2$，有效库区面积仅为 $23200m^2$，设计时采取在库区四周建设围堤，并对场地底部进行深开挖，围堤底部增设垂直防渗的措施。经过合理确定库区开挖深度，一方面尽可能增加了填埋库区库容，另一方面做到土石方平衡，节省了工程造价。

（3）严格执行标准，运行良好

项目设计时严格按照相关标准及规范、环评报告、环评批复的要求，对处置中心运行过程中的废水、废气、焚烧烟气、固体废弃物等二次污染物进行处理。

总体而言，临沂危险废物集中处置中心项目严格按照国家相关标准及规范进行设计、建设及运营。项目从 2017 年 6 月起运行至今已经超过 4 年，各项运行指标及污染物排放标准均满足危险废物处置相关的标准规范，切实有效地解决了临沂市危险废物的出路，为临沂市社会经济的健康可持续发展提供了坚实的环境支撑平台。

临沂市危险废物集中处置中心项目总平面布置如图 13-8 所示，项目全景见图 13-9。

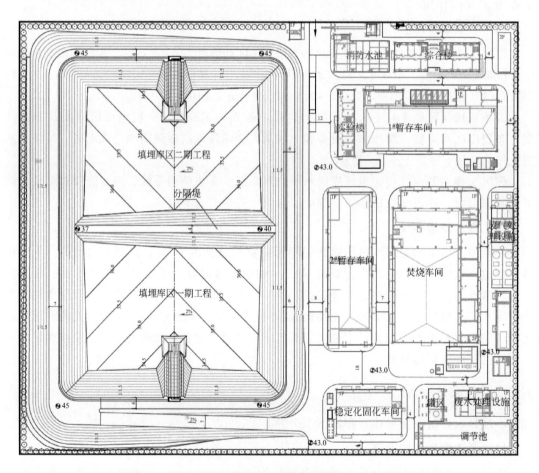

图 13-8 临沂市危险废物集中处置中心项目总平面布置图

图 13-9　临沂市危险废物集中处置中心项目全景图

13.3　案例 3：南通市开发区固体废物综合处理工程

13.3.1　项目概述

（1）项目概况

南通市开发区固体废物综合处理工程项目处理对象为以南通市经济技术开发区为主，面向南通大市范围内的众多工业企业的危险废物和医疗废物。处理规模 33300t/a，其中危险废物焚烧 30000t/a，医疗废物蒸汽灭菌 3300t/a。本工程用地约 100 亩。

本项目是当时国内焚烧线规模最大的处理厂，建设标准高，属国内首座在大型危废焚烧线采用单一破碎-混合-泵送进料系统，在危废安全管理、烟气排放及消防措施等方面执行欧洲现行标准，配置完备的危险废物综合处理系统。主体生产设施包括废物接受化验、废物预处理车间、暂存仓库、破碎间、焚烧线、医疗废物处理车间、废液罐区及卸料站等。配套生产生活管理设施包括水处理站、公用设施楼、机修间、计量、洗车、行政楼等。

项目于 2014 年 3 月现场奠基，2015 年底建成。

（2）厂址概况

项目位于南通开发区内，距市区约 24km。

场地属第四纪全新世长江下游冲层，成陆时间较晚，自然地面向下 0.4～0.8m，承载力为 11t/m²，地下 20m 左右为粉砂夹亚黏土，承载力为 11t/m²，深层岩基（55m 以下）稳定，属工程地址良好地区。

场地地震频度低，强度弱，地震烈度在 6 度以下，为浅源构造地震，震源深度多在 10～20km，基本发生在花岗岩层中，属弱震区。根据《中国地震动参数区划图》（GB 18306—2015），勘区地震动峰值加速度为 0.05g，地震动参数对应的地震基本烈度为Ⅵ度。

场地地处长江下游冲积平原，海洋性气候明显，气候温和，冬夏较长，春秋较短，日照充足，四季分明，雨水充沛，冬无严寒，夏无酷暑，气候宜人，其主要气候特征如下。年平均气温 15.1℃，极端最高气温 38.2℃，极端最低气温 −10.8℃。降雨主要集中在5～10 月，年平均降雨量 1066.8mm，年最大降雨量 1465.2mm。年平均相对湿度为79％。年主导风向为东南风，风力不等，年平均风速约 3m/s，年最大风速 25m/s。

13.3.2　处理对象、规模与工艺

（1）处理对象

服务范围：以开发区为主、面向全市的工业危险废物、医疗废物。

根据当地的危险废物调查资料，确定处理 23 类危险废物，具体见表 13-5。

表 13-5　危险废物类别及采用的处理方式

序号	名称	类别	处理工艺
1	医疗废物	HW01	蒸汽灭菌
2	医药废物	HW02	焚烧
3	废药物、药品	HW03	焚烧
4	农药废物	HW04	焚烧
5	木材防腐剂废物	HW05	焚烧
6	有机溶剂废物	HW06	焚烧
7	热处理含氰废物	HW07	焚烧
8	废矿物油	HW08	焚烧
9	油/水、烃/水混合物或乳化液	HW09	焚烧
10	精(蒸)馏残渣	HW11	焚烧
11	染料、涂料废物	HW12	焚烧
12	有机树脂类废物	HW13	焚烧
13	新化学药品废物	HW14	焚烧
14	感光材料废物	HW16	焚烧
15	表面处理废物	HW17	焚烧
16	有机磷化合物废物	HW37	焚烧
17	有机氰化物废物	HW38	焚烧
18	含酚废物	HW39	焚烧
19	含醚废物	HW40	焚烧
20	废卤化有机溶剂	HW41	焚烧
21	废有机溶剂	HW42	焚烧
22	含有机卤化物废物	HW45	焚烧
23	其他废物	HW49	焚烧

（2）工艺分类

根据各危险废物的特性，拟分别采取蒸汽灭菌、焚烧等处理工艺。

（3）处理规模

项目建设规模 33300t/a，其中危险废弃物焚烧设计处理能力为 30000t/a，医疗废物高温蒸煮处置规模为 3300t/a。

（4）主体工艺概要

1）总体工艺路线

针对工业危险废物和医疗废物分别采取预处理后焚烧和高温蒸汽灭菌的工艺路线。总

体工艺路线见图 13-10。

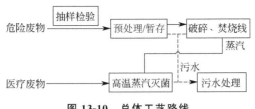

图 13-10　总体工艺路线

2）焚烧处理系统

① 物料特性。该工程配伍后进炉物料的低位热值设计基准值为 2500kcal/kg。焚烧处理的辅助燃料采用 0$^#$ 轻柴油。

② 焚烧处理要求。焚烧炉炉型为回转窑。其主要技术参数如下：a. 焚烧炉温度≥850℃，二燃室温度为 1100～1200℃，并保证在 1100℃ 以上停留时间≥2s；b. 焚烧炉出口烟气中氧含量 6%～10%（干气）；c. 燃烧效率≥99.99%；d. 焚毁去除率≥99.99%；e. 焚烧残渣的热灼减率<5%。

③ 烟气处理要求。该工程烟气净化标准按照优于《危险废物焚烧污染控制标准》（GB 18484）的要求执行，烟气排放满足欧盟标准。

3）医废处理系统

医疗废物 HW01 采用高温蒸汽灭菌工艺，经厂内处理后送至厂外填埋场填埋处置。

13.3.3　总图布局

（1）总平面布置

项目用地呈三角形，设计中合理规划功能分区，将项目分成管理区、生产区和预留用地，其中生产区包含危废处理区和医废处理区两部分。功能区之间均采用隔离围栏分离，并采用门禁系统管理。设计中突出节省用地，并尽可能预留发展用地，预留焚烧线二期和仓库二期用地。

① 危废处理区。主要针对危险废物进行接收、分析化验、暂存、破碎、焚烧处理，包括废物预处理车间、暂存仓库、破碎间、焚烧线、卸料站、废液罐区、水处理区、实验室、机修间、公用设施楼等。区域内设置危废物流出入口，并预留远期发展用地。

② 医废处理区。主要针对医疗废物进行接收、冷藏、蒸汽灭菌等处理。包括医废处理车间等。区域内设置医废物流出入口。

③ 管理区。单独设置管理区域，主要为行政楼。区域内设置人员出入口。

④ 物化处理区（远期）。远期考虑设置物化处理区。

上述 4 个区域之间通过隔离围栏进行分隔，有效进行厂区的安全生产管理。

建、构筑物一览表见表 13-6，主要经济技术指标见表 13-7。

表 13-6　建、构筑物一览表

序号	名称	建筑面积/m^2	占地面积/m^2
1	危废暂存库	3401	3401
2	危废预处理间	3024	2640
3	废物破碎间	623.4	165.4

序号	名称	建筑面积/m²	占地面积/m²
4	焚烧线		3310
5	卸料站	618	862.5
6	废液罐区		1310
7	医废处理车间	1998	1998
8	水处理站	397	397
9	安全池		450
10	冷却系统		200
11	灰渣暂存库	207.4	207.4
12	消防泵房及水池	331.4	885
13	初雨截留池		85
14	公用设施楼	1248.2	837.2
15	机修间	1496.4	958.7
16	取样区	238	238
17	实验室	319	319
18	地衡		150
19	洗轮机		60
20	内部停车场		400
21	临时停车场		480
22	隔离区		520
23	行政楼	886.5	455.7
24	门卫间1	41.4	41.4
25	门卫间2	31.3	31.3
26	岗亭		4
27	管廊		654
28	连廊	260	260
29	蒸汽冷凝系统		50
30	冷冻水系统		40
31	公用设施楼	180	90

表 13-7 主要经济技术指标

序号	名称	单位	数量
1	总用地面积	m²	66742
2	建、构筑物占地面积	m²	21410.6
3	总建筑面积	m²	15119.5
4	道路、场地面积	m²	36345.6
5	厂区绿化用地	m²	9170
6	建筑系数	%	31.8
7	容积率(远期)	%	0.7
8	绿化率	%	13.7

（2）竖向布置

该工程用地范围内地势高差起伏较小，现状标高在 2.1～3.6m 之间。现状北侧道路标高在 2.3～3.6m 之间，南侧道路（即三角形地块的斜边）标高在 4.6～5.5m 之间。考虑到便于与周边道路的连通，雨水系统导排的衔接，以及场地土方的平衡因素，拟将医废生产区和危废生产区场地平整至 3.8m 标高，管理区场地平整至 5.2m 标高，出入口均和厂外道路接顺。

（3）物流组织

合理设置出入口，人物分流，危险废物和医疗废物清污分流，外部物流和内部物流分流有序。

1）出入口设置

厂区共设置 3 个出入口，包括 2 个物流出入口，1 个人员出入口，实现人流物流合理分流。危废物流出入口位于厂区东南侧，连接南侧厂外道路和危废生产区。医废物流出入口位于厂区西北侧，连接北侧厂外道路、医废生产区。人员出入口位于厂区南侧，连接南侧厂外道路和管理区。

2）交通组织

根据厂外交通条件和出入口布置，厂内交通实现了人流车辆和物流车辆分流的要求，同时沿厂区主要建筑物周边和厂区周边形成环通的交通路网，主要道路为 7m 宽双车道布置，进一步满足了厂区运输和消防安全要求，确保交通组织有序顺畅。

危险废物及各种生产辅料通过生产区出入口进入厂区，按物料特性分别进入各车间鉴定、贮存或处理，主要物料的交通路线描述如下。

① 固态半固态危险废物：经危废出入口进入厂区，至危废预处理车间卸料，于暂存仓库贮存，并进一步通过叉车转运至破碎间进行破碎焚烧处理。

② 液态危险废物及助燃油：经危废出入口进入厂区，至卸料站卸料至废液罐区。

③ 医疗废物：经医废出入口进入厂区，至医废处理车间卸料、计量并处理。

④ 焚烧残渣：从焚烧线运输至灰渣暂存库暂存，进一步通过危废出入口外运处置。

⑤ 石灰、活性炭、尿素等辅料：均由危废出入口进入厂区，进入焚烧线或公用设施楼卸料，其中石灰、活性炭存储于化学品仓库。

13.3.4　主体工程设计

作为综合性的危险废物处理中心，全厂工艺系统包括危险废物鉴别与暂存系统、预处理系统、焚烧处理系统、医疗废物处理系统、废水处理系统、总平面布置及其他配套系统。

（1）危险废物鉴别与暂存系统

危险废物入场后先进行放射性检测及称重计量，同时设置取样区抽样后进入化验室化验。化验室配置针对危险废物的分析化验设备。

项目设置暂存仓库 1 座，位于焚烧线与预处理车间之间，集物料收储、备料及配伍于一体，方便废物转移。暂存仓库按照货架存储方式布设，根据存储物料性质分为 4 个存储区，存储区各自独立，按照化学性质及登记标识分类。暂存仓库内配置叉车、上料机用于危险废物的搬运及存储。暂存仓库同时设置进料缓冲区，操作人员按照配伍清单，从存储区取出托盘转移至缓冲区以备生产需要。

项目设置卸料站及罐区供废液卸料及缓存，并根据进料的废液性质分区卸料和存储。卸料站设置四个卸料位，分别为高热值废液、中/低热值废液、特殊废液和反应性废液服务区。其中高热值废液、中/低热值废液卸料至罐区贮存，特殊废液和反应性废液直接卸料至焚烧线焚烧处理。罐区设置 4 个贮罐以满足不同热值的废液存储需求，同时设置 1 个柴油贮罐（存储柴油）和 1 套氮气贮存系统。罐区分区、分组布置，罐区的布置除满足生产的要求以外，还需满足消防、维修、劳动安全等要求。

项目设置危险废物预处理车间 1 座，作为废料接收区及存储前的预处理区。危险废物预处理车间主要用于散装固废、桶装固废、桶装液废及散装垃圾的接收及预处理。车间设置了卸料区、散装垃圾接收及包装区、缓冲区、样品存储区、再包装区、泵送区及干净包装物接收存放区。

（2）焚烧处理系统

危险废物焚烧处理线包括以下主要系统单元。

① 预处理及进料系统：含提升机、破碎机、搅拌器、柱塞泵、进料斜槽等。

② 焚烧系统：含回转窑、二次燃烧室、助燃油及废液喷入系统。

③ 余热回收系统：含余热锅炉以及锅炉辅助系统设备。

④ 烟气净化系统：冷却焚烧炉内的烟气并除去有害的物质，并且达到排放要求后排放。含 SNCR 脱氮系统、急冷脱酸系统、循环流化床脱酸塔除尘系统、袋式除尘系统、洗涤塔、湿式脱酸系统、活性炭供给系统、除灰渣系统等。

⑤ 烟气排放系统：含引风机、烟囱等。

焚烧车间工艺流程简图如图 13-11 所示。

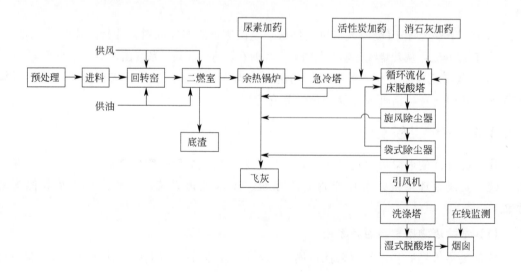

图 13-11　焚烧车间工艺流程简图

危险废物由专用运输车辆运至厂区暂存库，可焚烧的固体、半固体危险废物经破碎间预处理后，由柱塞泵送入回转窑焚烧炉。可焚烧的废液泵送至废液罐区的贮罐内存储，并经多级过滤后通过废液喷嘴喷入回转窑焚烧炉或二燃室进行焚烧处理。破碎混合泵送（SMP）照片见图 13-12。

图 13-12 破碎混合泵送（SMP）照片

回转窑及整个焚烧系统均在负压状态下运行，回转窑分为低温段和增温段两段燃烧区域，废物在回转窑低温段内与空气接触，在可调节氧含量环境中完成加热、干燥、燃烧过程，在增温段完成挥发及燃烬过程。废物在挥发分挥发气化的同时进行燃烧，挥发产生大量的可燃气体在回转窑内未完全燃烧的情况下进入二燃室，在过量燃烧空气的作用下完成完全燃烧。废物燃烬后产生的灰渣掉进水封刮板出渣机，经水淬冷却后排出。回转窑高温段焚烧温度控制在 1000℃ 左右，废物在窑内停留时间＞1h。二燃室燃烧温度则可达 1100℃，且烟气在高温区停留时间＞2s，以保证有害物质在高温下充分分解。当温度＜1100℃ 时，增加二燃室燃烧器喷入辅助燃料的量，确保炉温在 1100℃ 以上。

辅助燃料采用 0# 轻柴油。回转窑和二燃室燃烧所用的空气通过助燃风机供给，采用变频调节，以使废物的燃烧处于较佳状态。同时在余热锅炉烟气温度为 900～1050℃ 温度区间的水冷壁上均匀喷入尿素溶液，以热力脱硝方式去除炉内部分 NO_x。

从二燃室出来的 1100℃烟气进入与余热锅炉一体的沉降室，脱除部分烟尘和碱性金属后，烟气降温至 950℃左右，之后再进入余热锅炉内降温至 500℃，同时利用烟气热量产生过热蒸汽供内部及厂区使用。

从余热锅炉出来的烟气进入急冷脱酸塔，将清水、氢氧化钠溶液、湿式脱酸排污回用水送入急冷塔内将烟气在 1s 之内迅速降温至 195℃左右，以减少二噁英再合成，并进行初步脱酸。

经急冷降温后的烟气进入循环流化床脱酸塔，在循环流化床脱酸塔入口管道上喷入活性炭，吸附重金属、二噁英等有害物质。脱酸塔内烟气经增湿后与喷入塔中的消石灰、活性炭和飞灰的混合粉充分接触，反应形成粉尘状钙盐。旋风除尘器和袋式除尘器收集下来的粉尘，回送到循环流化床脱酸塔中，与新鲜的石灰粉和活性炭共同作用，进一步进行脱酸。

脱酸处理后的烟气随后进入袋式除尘器，飞灰被捕获后以干态形式排出。除尘后的烟气经引风机进入洗涤塔初步降温至 75℃，并脱除部分 HCl、SO_2、HF，脱酸后的烟气向下切向进入湿法脱酸塔，在湿法脱酸塔中喷入 NaOH 稀溶液与烟气中的 HCl、HF、SO_2 进行反应后，烟气降至 68℃，经除雾器除雾后进入烟囱排入大气。

(3) 医废蒸煮系统

蒸汽处理单元的流程描述如下：

① 医疗废弃物通过自动进料系统投加到高压灭菌锅中。

② 高压灭菌锅进料后，进行初次抽真空，将灭菌锅内的空气抽出至负压，使导入的饱和蒸汽与医疗垃圾能够充分混合接触。

③ 准备就绪后，饱和蒸汽就注入高压灭菌锅进行消毒。消毒持续时间需满足《医疗废物高温蒸汽集中处理工程技术规范》（HJ/T 276）的相关规定，医疗废物蒸汽处理过程要求在杀菌室内处理温度不低于134℃、压力不小于220kPa（表压）的条件下进行，相应处理时间不应少于45min。

④ 灭菌完成后，自动排气阀开启，使高压灭菌锅蒸汽导入冷凝器冷却。并进行二次抽真空，将灭菌锅内的水蒸气抽尽，排放至废水处理系统。

⑤ 消毒好的医疗废弃物经带式输送机传送到破碎单元，然后进入压实单元。经压实单元处理后的医疗废弃物运输至填埋场进行处理。

蒸汽处理流程简图见图 13-13。

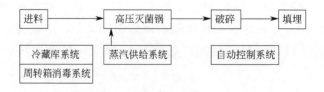

图 13-13 蒸汽处理流程简图

（4）废水预处理系统

厂内废水预处理站采取缓冲罐＋溶气气浮池＋pH调节罐的组合处理工艺。

洗车废水、医废车间清洗废水、医废车间高温蒸煮冷凝液经收集进入缓冲罐，经流量调节后进入溶气气浮池，气浮主要是絮凝、吸附废水中的SS、油类，形成浮渣后撇除，同时去除水中的部分COD，对于SS、油类的去除效率为60%～70%，对其他有机物的去除率约为40%。气浮池上设置一台刮泥机，泥收集后进入回转窑焚烧，气浮池出水进入pH调节罐，锅炉排污水直接进入pH调节罐，出水经检测符合接管标准后排入开发区区污水管网。

废水预处理工艺流程见图13-14。

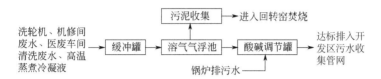

图 13-14 废水预处理工艺流程

13.3.5 设计特点

（1）项目影响力大

本项目作为国内焚烧线规模最大的处理厂，单条焚烧线处理能力达到100t/d。同时该项目作为国内有影响的首次取消抓斗进料的危险废物处理项目，其成功建设运营有助于破碎—混合—泵送系统在危险废物处理领域的推广应用。

（2）本项目建设标准高，工艺系统达国际先进水平

工艺设计符合化工标准，烟气排放满足欧盟标准。

注重废物管理和分析化验，首次采用条形码数据库管理和配伍；取消常规的废物料坑和抓斗进料，改用破碎、混合、泵送一体化进料系统，全过程防止臭气外溢，国内尚属首次；焚烧采用回转窑工艺，设置余热锅炉回收能源，蒸汽外供园区；烟气系统采用干法加湿法的处理工艺，满足最新欧盟排放标准；医疗废物采用高温灭菌、破碎、打包系统。

（3）非常注重安全消防设计

消防采用欧洲标准，采用中倍数泡沫雨淋系统。

率先在危险废物处理领域进行全厂危险性与可操作性研究（HAZOP研究），设置完备的安全及控制系统。

（4）设计手段创新，全厂采用PDMS三维设计

建立三维设计提升设计效率，并采用三维设计出配管图，指导现场安装。

综上所述，本工程建设标准高，工艺先进，注重安全、环保、节能，是危险废物处理设施的良好示范。

总平面布置见图13-15。实景航拍图见图13-16。

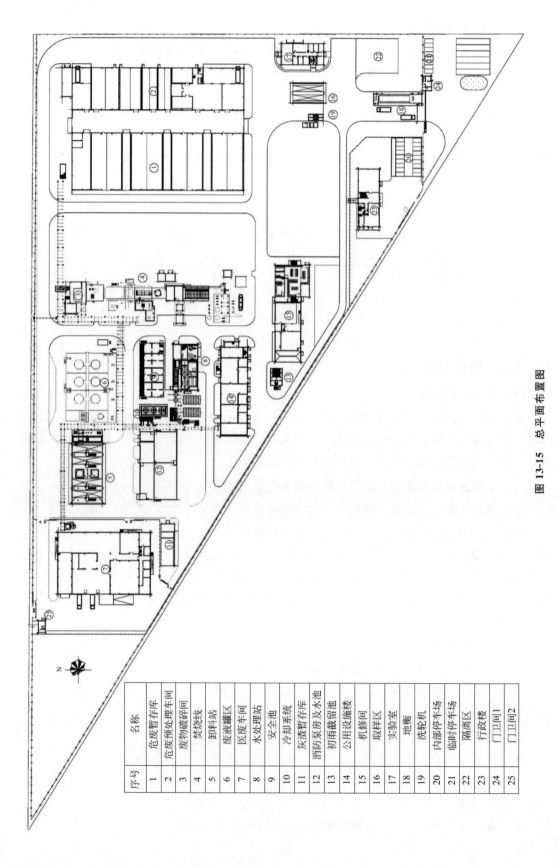

序号	名称
1	危废暂存库
2	危废预处理车间
3	废物破碎间
4	焚烧线
5	卸料站
6	废液罐区
7	医废车间
8	水处理站
9	安全池
10	冷却系统
11	灰渣暂存库
12	消防泵房及水池
13	初雨截留池
14	公用设施楼
15	机修间
16	取样区
17	实验室
18	地衡
19	洗轮机
20	内部停车场
21	临时停车场
22	隔离区
23	行政楼
24	门卫间1
25	门卫间2

图 13-15　总平面布置图

图 13-16 实景航拍图

13.4 案例 4：启东市危废处置中心项目

13.4.1 项目概述

（1）项目概况

启东市危废处置中心项目由苏伊士集团投资建设，主要处理启东、海门地区的工业危险废物和医疗废物，以及南通市其他地区的危险废物。设计处理规模为危险废物焚烧25000t/a，医废蒸煮 800 t/a。本工程按国际先进标准建设，包括预处理车间、暂存仓库、废液罐区、焚烧车间、辅助用房、医废车间等主体功能设施，以及综合楼、废水处理站等辅助功能设施。项目于 2016 年建成。

（2）厂址概况

项目位于启东市滨江精细化工园区内，距市区约 7km。项目用地约 80 亩。

场地所属地貌类型属长江下游冲积平原区新三角洲平原，地貌单一，场地现为闲置地，地势较平坦，相对高差较小。

该区地震动峰加速度 0.05g，地震基本烈度 6 度。该工程设计抗震设防烈度为 7 度，设计基本地震加速度为 0.10g，设计地震分组为第二组。

属于亚热带海洋性气候区，季风影响显著，冬冷夏热，春暖秋凉，四季分明，气候湿润，光照充足，雨量充沛，无霜期长。但因地处中纬度沿海，受冷暖气流影响，气候变化多，灾害性气候频繁，春季常遇阴雨；夏季多发台风、暴雨，间有伏旱、高温、秋雨，局部地区还会出现龙卷风和冰雹；冬季时有强寒潮侵袭。年平均气温 15.4℃，极端最高气温 40.9℃，极端最低气温 −15.5℃。

降雨主要集中在 5～10 月,"梅雨"季节,一般从 6 月中旬至 7 月中旬。年平均降雨量 1060.0mm,年最大降雨量 1815.6mm。

年平均相对湿度为 77%,最热月平均相对湿度 82%。年主导风向为东南风,风力不等,年平均风速约 2.9m/s,年最大风速 20.3m/s。

13.4.2 处理对象、规模与工艺

(1) 处理对象

服务范围:以该市及其周边范围为主的工业危险废物、医疗废物。

根据当地的危险废物调查资料,确定处理 23 类危险废物,具体见表 13-8。

表 13-8　危险废物类别及采用的处理方式

序号	废物类别	编号	拟采用的处置方式
1	医疗废物	HW01	蒸汽灭菌
2	医药废物	HW02	焚烧
3	废药品、药物	HW03	焚烧
4	农药废物	HW04	焚烧
5	木材防腐剂废物	HW05	焚烧
6	有机溶剂废物	HW06	焚烧
7	热处理含氰废物	HW07	焚烧
8	废矿物油	HW08	焚烧
9	废乳化液	HW09	焚烧
10	精蒸馏残渣	HW11	焚烧
11	涂料废物	HW12	焚烧
12	有机树脂废物	HW13	焚烧
13	新化学药品废物	HW14	焚烧
14	感光材料废物	HW16	焚烧
15	表面处理废物	HW17	仅 346-064-17、346-065-17 焚烧处置
16	有机磷化合物废物	HW37	焚烧
17	有机氰化物废物	HW38	焚烧
18	含酚废物	HW39	焚烧
19	含醚废物	HW40	焚烧
20	废卤化有机溶剂	HW41	焚烧
21	废有机溶剂	HW42	焚烧
22	含有机卤化物废物	HW45	焚烧
23	其他废物	HW49	焚烧

(2) 工艺分类

根据各危险废物的特性,拟分别采取焚烧、高温蒸汽灭菌等处理处置工艺。

(3) 处理规模

该项目危险废物焚烧处理规模 25000t/a,医疗废物高温蒸煮处理规模 800t/a。

(4) 总体工艺概要

总体工艺路线同南通开发区固体废物综合处理项目,均为危险废物焚烧及医疗废物高温蒸煮。不同之处是本项目焚烧进料采用料坑+抓斗操作进料方式,同时实现了蒸汽发电自用。

13.4.3　总图布局

(1) 总平面布置

遵循集约化用地原则，根据功能需求，总平面布置划分为综合管理区、生产区和预留发展区 3 个分区。

1) 综合管理区

综合管理区布置在厂区东北侧区域，与生产区之间通过隔离围栏分隔，设置专用人行通道，便于工作人员进出生产区，实现管理区的封闭式管理。综合管理区为厂区工作人员的生活办公区域，单独设置综合楼，此外将化验室、消防设施等无污染区域也布置在管理区。

2) 生产区

生产区位于综合管理区西侧及南侧，根据各工艺系统功能，利用场内道路把各个工艺系统实施分块，让各子工艺单元既相对独立又能形成有机的联系，确保工艺物流顺畅。本工程生产区可划分为 3 个功能区，具体如下所述。

① 危废处理区：厂区南侧设置物流出入口，破碎及焚烧线集中布置在厂区中部。预处理车间及暂存仓库、卸料站及废液罐区、冷却系统、公用设施楼等围绕焚烧线就近布置。在物流出入口处，布置地衡、洗车、停车场等辅助设施。

② 医废处理区：主要为医废处理车间，车间内集合医疗废物接收、冷藏库、蒸汽灭菌区、清洗消毒区、出料区、辅助管理等功能。

③ 辅助生产区：位于主体生产设施四周，主要包括辅助用房、冷却水池、卸料站及废液罐区、公用设施楼、灰渣暂存库、废水处理站、综合水池等。辅助设施紧密环绕焚烧设施及医废车间设置，以利于物料的运输。

3) 预留发展区

考虑远期发展，焚烧线北侧预留焚烧设施扩建用地，管理区西侧与公用设施楼东侧预留远期综合利用设施扩建用地，预留发展区共用物流出入口。

建、构筑物一览表见表 13-9，主要经济技术指标见表 13-10。

表 13-9　建、构筑物一览表

序号	名称	建筑面积/m²	占地面积/m²	生产类别及耐火等级	备注
1	暂存仓库	3429.6	3679.6	乙类，一级	含除臭设备
2	预处理车间	2716.8	2716.8	丙类、一级	
3	焚烧车间	1151.5	737.6	丙类、一级	
	辅助用房	2108.6	1009.3	丁类、二级	
	冷却塔		228.8		
4	焚烧线		2396.1	丙类、一级	
5	卸料站	123.7	123.7	甲类、一级	
6	废液罐区		1114	甲类、一级	含泵区
7	医废处理车间	847.9	958.8	丙类、二级	含除臭设备
8	灰渣暂存库	717.5	717.5	丁类、二级	
9	公用设施楼	718.9	718.9	丙类、二级	
10	综合水池		941		

序号	名称	建筑面积 /m²	占地面积 /m²	生产类别及耐火等级	备注
11	废水处理站	215.7	697.8	戊类、二级	
12	消防水池及泵房	463.4	880	戊类、二级	
13	计量间	61.8	61.8	戊类、二级	
14	门卫	65.5	65.5		
15	综合楼	2339.4	922.5		
16	实验室	335.7	335.7		
17	取样区		171.9		
18	在线监测小屋	20.2	20.2		
19	冷冻水系统		43.2		
20	蒸汽冷凝系统		79.1		
21	活性炭仓库	41	41		
22	过程分析室	23	23		
23	预留	4277.7	5802.2		

表 13-10　主要经济技术指标

序号	名称	单位	数量
1	总用地面积	m²	53333.33(80 亩)
2	建、构筑物占地面积	m²	24510.1
3	总建筑面积	m²	19567.9
4	道路、场地面积	m²	18994.9
5	厂区绿化用地	m²	9828.1
6	建筑系数	%	46
7	容积率	%	0.68
8	绿化率	%	18.4

(2) 竖向布置

工程用地范围内地势高差起伏较小，现状标高在 2.13～3.98m 之间。厂区东侧规划路道路标高在 2.63～2.65m 之间，考虑到便于与周边道路的连通，雨水系统导排的衔接，以及场地土方平衡的因素，拟将厂区室外地坪平整至 2.8m 标高，出入口均和厂外道路接顺。

(3) 物流组织

① 出入口：厂区共设置 2 个出入口，分别为物流出入口和人流出入口，实现人流物流合理分流。

② 厂内交通：根据厂外交通条件和出入口布置，厂内交通实现了人流车辆和物流车辆分流的要求，同时沿厂区主要建筑物周边和厂区周边形成环通的交通路网，主要道路为 6～9m 宽双车道布置，进一步满足了厂区运输和消防安全要求，确保交通组织有序顺畅。

13.4.4　主体工程设计

作为综合性的危险废物处理中心，全厂工艺系统包括危险废物鉴别与暂存系统、预处理系统、焚烧处理系统、医疗废物处理系统、废水处理系统及其他配套系统。

(1) 危险废物鉴别与暂存系统

入场后，先进行放射性检测及称重计量，通过取样区抽样后进入化验室化验。该工程设置独立的化验室，配置针对危险废物分析化验的专业设备。

该项目设置暂存仓库 1 座，危废暂存库与预处理车间合建，中间设置走廊用于物料的转移。危废暂存库主要用于焚烧线年检期间的废物存储的缓冲，以及日常接受废物的分类存储。存储的废物由叉车转移至进料准备区，通过输送装置送入焚烧车间，经破碎预处理后，由抓斗抓入进料系统。废物暂存库采用货架存储方式，设置 3 层货架。

项目设置危险废物预处理车间 1 座，主要用于散装危废、桶装及包装危废的接收及预处理。该车间设置卸料区、散装废物卸料堆放区、桶装及包装废物卸料码放区、样品存储区、缓冲存储区、泵送区。

项目设置卸料站及罐区供废液卸料及缓存，并根据进料的废液性质设置分区卸料和存储。卸料站设置 2 个卸料位，分别为高热值废液、中/低热值废液、特殊废液服务。其中高热值废液、中/低热值废液卸料至罐区贮存，特殊废液直接卸料至焚烧线焚烧处理。罐区设置 4 个贮罐以满足不同热值的废液存储需求，同时设置 1 个柴油贮罐存储柴油及 1 套氮气贮存系统。

（2）焚烧处理系统

焚烧处理能力为 25000t/a，考虑设备检修，设计年正常运行时间为 7500h，即每天处理规模 80t/d。

危险废物焚烧处理线包括以下主要系统单元。

① 进料系统：含提升机、破碎机、固废抓斗，推料机等。

② 焚烧系统：含回转窑、二次燃烧室、天然气及废液喷入系统。

③ 余热回收系统：含余热锅炉以及锅炉辅助系统设备。

④ 烟气净化系统：冷却焚烧炉内的烟气并除去有害的物质，并且达到排放要求后排放。含 SNCR 脱氮系统、急冷塔、干式脱酸系统、袋式除尘系统、一级洗涤塔、二级洗涤塔、活性炭供给系统、除灰渣系统等。

⑤ 烟气排放系统：含引风机、烟囱等。

焚烧车间工艺流程简图见图 13-17。

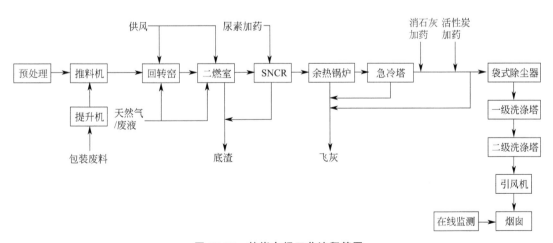

图 13-17　焚烧车间工艺流程简图

危险废物由专用运输车辆运至厂区暂存库，散装固体、包装固体危险废物经破碎预处理后，由推料机送入回转窑焚烧炉。可焚烧的废液泵送至废液罐区的储罐内存储，低热值废液及反应性废液通过废液喷嘴喷入回转窑焚烧炉处理，高热值、中热值废液通过废液喷嘴喷入二燃室进行焚烧处理。

回转窑及整个焚烧系统均在负压状态下运行，回转窑分为低温段和增温段两段燃烧区域，废物在回转窑低温段内与空气接触，在可调节氧含量环境中完成加热、干燥、燃烧过程，在增温段完成挥发及燃烬过程。废物在挥发分挥发气化的同时进行燃烧，挥发产生大量的可燃气体在回转窑内未完全燃烧的情况下进入二燃室，在过量燃烧空气的作用下完成完全燃烧。

废物燃烬后产生的灰渣掉进水封刮板出渣机，经水淬冷却后排出。回转窑高温段焚烧温度控制在1100℃左右，废物在窑内停留时间约1h。二燃室燃烧温度则可达1100℃，且烟气在高温区停留时间大于2s，以保证有害物质在高温下充分分解。当温度低于1100℃时，增加二燃室燃烧器喷入辅助燃料的量，确保炉温在1100℃以上。

辅助燃料采用天然气。回转窑和二燃室燃烧所用的空气通过助燃风机供给，采用变频调节，以使废物的燃烧处于较佳状态。二燃室和余热锅炉之间设置SNCR段，喷入尿素溶液，并通过喷水控制最佳的反应温度以达到最高的NO_x脱除效率。

从SNCR段出来的1000℃烟气进入余热锅炉回收余热，余热锅炉出口烟气温度约为500℃，同时利用烟气热量产生饱和蒸汽。

从余热锅炉出来的烟气进入急冷塔，通过喷入工业水将烟气在1s之内迅速降温至180℃，以减少二噁英再合成。经急冷降温后的烟气进入干式脱酸系统，袋式除尘器入口烟道上喷入消石灰和活性炭，吸附烟气中的酸性气体、重金属、二噁英等有害物质。脱酸处理后的烟气随后进入袋式除尘器，飞灰被捕获后以干态形式排出。除尘后的烟气经一级洗涤塔初步降温至70℃，并脱除部分HCl、HF，在一级洗涤塔中加入HCl稀溶液，脱除SNCR脱硝装置逃逸的NH_3；一级洗涤后的烟气经除雾后向下切向进入二级洗涤塔，在二级洗涤塔中喷入NaOH稀溶液与烟气中的HCl、HF、SO_2进行反应后，经除雾器除雾后经引风机通过烟囱排入大气。

（3）医废蒸煮系统

高温蒸汽处理系统由进料单元、蒸汽处理单元、破碎单元、废气处理单元、废液处理单元、自动控制单元、蒸汽供给单元及其他辅助单元构成。高温蒸汽处理工艺流程如下。

1）进料

将盛放医疗废物的周转箱放入上料机的料斗，由其将医疗废物倒入灭菌器专门配备的灭菌车，然后将灭菌车由灭菌器前门推入内室并将前门关闭，等待灭菌处理。

2）灭菌处理

当前门关闭后PLC给灭菌器指令开始运行灭菌已预先设定好的灭菌程序，进行灭菌处理。

3）出料

灭菌处理结束后，打开后门，将灭菌车推出至卸料机料斗内，由其将废物倒入破碎机进行破碎处理。

4）破碎处理

其目的是将灭菌后的废物进行毁形处理。医疗废物在破碎机刀片的撕扯作用下，达到破碎要求的粒度，一般粒径不大于 50mm。

5）传送收集

医疗废物由密闭传送机输送到垃圾运输车内，最后送往厂外处理。

6）周转箱自动清洗

在废物进行灭菌处理的同时，盛放废物的周转箱进行清洗消毒处理后再投入循环使用。

（4）废水预处理系统

该工程生活污水使用无动力生活污水处理装置处理后排入尾水外排池。碱性废水首先进入加酸反应槽，后与初期雨水、高浓度有机废水进入碱性废水均质池，泵送至污水混合槽，经气浮装置处理后送入尾水排放池外排。

酸性废水与废水站地沟排水处理工艺为酸性废水均质池＋pH 调节池＋CaCl$_2$ 反应槽＋混凝槽＋絮凝槽＋斜板沉淀池，送至污水混合槽，经气浮装置处理后送入尾水排放池外排。

一般生产废水送至一般生产废水均质箱后，经过还原槽和污水混合槽经气浮装置处理后送入尾水排放池外排。

污水外排口安装流量计、COD 在线监测仪，并确保与环保部门联网。

废水预处理工艺流程见图 13-18。

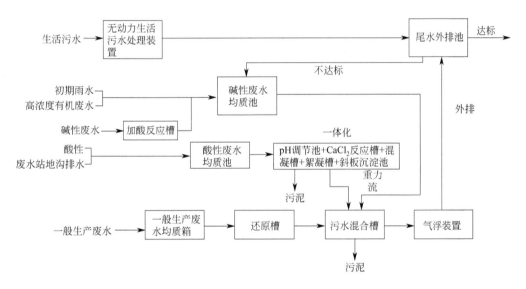

图 13-18　废水预处理工艺流程

13.4.5　设计特点

本项目和南通市危废项目一样，按化工标准设计设置了可靠的安全和消防系统等，相比而言有以下两个特点更加突出。

（1）精细化管理和当地特性相结合

注重废物管理，采用条形码数据库管理和配伍。采用料坑＋双抓斗进料及密封推杆进料结合方式，提升配伍精细化水平，保证进料的可靠稳定，也更加适应当地的危险废物特性。

（2）注重节能环保

本项目将焚烧产生的蒸汽用于医疗废物的蒸煮工艺及采用螺杆发电装置回收能源发电自用，是余热发电自用的典型案例。

项目生产区鸟瞰实景见图 13-19。

图 13-19　项目生产区鸟瞰实景

13.5　案例 5：海安市老坝港滨海新区危废处置项目

13.5.1　项目概述

（1）项目概况

海安市老坝港滨海新区危废处置项目由上海电气南通国海环保科技有限公司投资建设，总占地面积 14.66hm²。本项目处理对象为进入处置中心的原生危险废物，总处理规模为 2.3 万吨/年，各设施实际处理能力为 4.6 万吨/年，其中焚烧处理规模 10000t/a，稳定化/固化规模 15000t/a，安全填埋规模 21000t/a（填埋库区分三期实施）。

本项目是海安市唯一一个综合性危险废物处理项目，大大提升了当地的危险废物处理水平，全面实现海安市及周边区域的危险废物资源化利用和无害化处置。

（2）厂址概况

本项目位于海安市老坝港滨海新区内，金港大道以北，定海河以西，用地呈矩形，东侧紧邻海安市老坝港滨海新区污水处理厂工程，北侧为飞灰填埋库区。

项目地处北亚热带海洋季风性湿润气候区。日照充足，雨水充沛，无霜期长。春季天气多变，夏天高温多雨，秋季天高气爽，冬天寒冷干燥。年平均气温 15.6～17.4℃，极端最高气温 38℃，极端最低气温接近 −10℃。

夏季降水最多，占全年的 47%，冬季最少，占 9%。年平均降水量 775.6～1252.1mm，降雨强度最高值达 50mm/h。年平均相对湿度为 72%～79%。

年平均风速 2.4～2.6m/s。全年主导风向为东风，夏季受台风侵袭机会较多。海洋性气候特征有利于环境空气中污染物的稀释和扩散。全年最小频率风向为 WSW。

厂址勘察资料显示，分为 9 个工程地质层，从上至下依次如下。

①层填充土：灰色，很湿，填材以海砂为主，局部混淤泥团块，新进吹填。

②层粉土夹粉砂：灰黄、灰色，稍密，湿，以粉土为主，局部以粉砂为主，干强度低，低韧性，无规则，具水平层理，欠均匀，属早期吹填堆积物。

③-1 层粉砂夹粉土：灰、青灰色，稍密，饱和，以粉砂为主，局部夹少量粉土，矿物成分以石英、云母类碎片为主，具水平层理，欠均匀。

③-2 层粉砂夹粉土：青灰色，中密，饱和，以粉砂为主，局部夹少量粉土，矿物成分以石英、云母类碎片为主，具水平层理，欠均匀。

③-3 层粉砂：青灰色，中密，饱和，以粉砂为主，局部夹少量粉土，矿物成分以石英、云母类碎片为主，具水平层理，尚均匀。

③-4 层粉砂夹粉土：青灰色，中密，饱和，以粉砂为主，局部夹少量粉土，矿物成分以石英、云母类碎片为主，具水平层理，欠均匀。

④层粉质黏土夹粉土：灰色，软塑，以粉质黏土为主，局部夹少量粉土，干强度中等，中等韧性，稍有光泽，具水平层理，欠均匀。

⑤层粉砂夹粉土：青灰色，中密，饱和，以粉砂为主，局部夹少量粉土，矿物成分以石英、云母类碎片为主，具水平层理，欠均匀。

⑥层粉砂：青灰色，密实，饱和，以粉砂为主，局部偶夹少量粉土，矿物成分以石英、云母类碎片为主，具水平层理，尚均匀。

13.5.2　处理对象与规模

(1) 处理对象

海安市老坝港滨海新区危废处置项目的主要处理对象为海安县域内的危险废物，兼顾南通市其他地区的危险废物。

根据前期研究成果，本工程处置不具有放射性和易爆类的危险废物，按照《国家危险废物名录》，确定处理 31 类危险废物，处理危险废物类别见表 13-11。

表 13-11　危险废物类别及处理方式

序号	废物类别	类别码	拟采用的处理方法	处理量/(t/a)
1	医药废物	HW02	焚烧	20
2	废药物、药品	HW03	焚烧	15
3	农药废物	HW04	焚烧	2000
4	废有机溶剂与含有机溶剂的废物	HW06	焚烧	800
5	废矿物油与含矿物油废物	HW08	焚烧	1000
6	油/水、烃/水混合物或乳化液	HW09	焚烧	20
7	精(蒸)馏残渣	HW11	焚烧	5000
8	染料、涂料废物	HW12	焚烧	345
9	有机树脂废物	HW13	焚烧	500
10	感光材料废物	HW16	焚烧/稳定化/固化	25
11	表面处理废物	HW17	稳定化/固化	1800
12	焚烧处置残渣	HW18	稳定化/固化	8000
13	含铍废物	HW20	稳定化/固化	2
14	含铬废物	HW21	稳定化/固化	50

序号	废物类别	类别码	拟采用的处理方法	处理量/（t/a）
15	含铜废物	HW22	稳定化/固化	50
16	含锌废物	HW23	稳定化/固化	7
17	含砷废物	HW24	稳定化/固化	2
18	含镉废物	HW26	稳定化/固化	2
19	含锑废物	HW27	稳定化/固化	5
20	含汞废物	HW29	稳定化/固化	5
21	含铅废物	HW31	稳定化/固化	50
22	无机氰化物废物	HW33	稳定化/固化	20
23	石棉废物	HW36	稳定化/固化	100
24	有机磷化合物废物	HW37	焚烧	100
25	含酚废物	HW39	焚烧	5
26	含醚废物	HW40	焚烧	5
27	含有机卤化物废物	HW45	焚烧	50
28	含镍废物	HW46	稳定化/固化	20
29	含钡废物	HW47	稳定化/固化	2
30	其他废物	HW49	焚烧/稳定化/固化	2915
31	废催化剂	HW50	焚烧	85

（2）工艺分类

根据各危险废物的特性，拟分别采取焚烧、物化、稳定化/固化后安全填埋等处理处置工艺。

（3）处理规模

根据危险废物产量调查和分析，确定原生危险废物总处理规模为 2.5 万吨/年，其中焚烧系统设计处理 1 万吨/年；稳定化/固化系统设计处理 1.5 万吨/年。根据物料类别和物流平衡分析，主要设施处理规模为：安全填埋场总库容 76 万立方米，有效库容 70 万立方米，使用年限为 43.3 年。其中，一期工程总库容为 16 万立方米，有效库容为 15 万立方米，服务年限 9.3 年。

13.5.3　总图布局

（1）总平面布置

工程拟建场地呈矩形，根据场地现有情况、当地主导风向频率及危险废物处理处置生产工艺的特点，将厂区分为生产区、填埋库区、生活管理区三个分区。厂区东南侧布置生活管理区，西侧布置填埋库区，厂区东北侧布置生产区。

总平面布置如图 13-20 所示。

1）综合管理区

主要包括综合楼、化验室、消防水池及泵房等。管理区坚持"以人为本"的设计理念，结合海安当地的建筑特色，创造整洁、美观、人性化的建筑环境，与周围环境和谐统一。管理区与生产区之间设置绿化隔离带，确保管理人员获得良好的环境条件。

2）生产区

生产区内各个工艺系统通过场内道路的划分，既相对独立又能形成有机的联系，保证了工艺流线的顺畅。根据各工艺系统，本工程生产区可划分为 2 个功能区，具体如下。

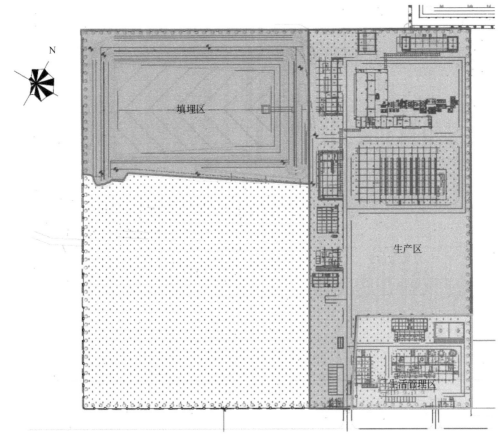

图 13-20　总平面布置图

① 焚烧处理区：为方便危险废物焚烧处理要求，将焚烧车间集中布置在生产区东北侧。考虑到配套设施便捷性，将暂存仓库、废液罐区、冷却系统等围绕焚烧线就近布置。考虑到进厂物流管理方便，在物流出入口处布置地衡、洗车台、停车区等辅助设施。

② 辅助生产区：位于主体生产设施四周，主要包括固化车间、废水处理站、组合水池等。辅助设施环绕焚烧车间设置，以利于物料的运输。

废水处理站东侧、暂存仓库南侧预留二期发展用地。

3）填埋库区

主要包括填埋库区及其围堤道路等，填埋库区分为三个分区，本次工程实施范围为填埋一区。

主要建、构筑物一览表见表 13-12，主要经济技术指标见表 13-13。

表 13-12　主要建、构筑物一览表

序号	名称	建筑面积/m²	占地面积/m²	备注
1	暂存仓库	4060	4280	含除臭设备占地面积
2	焚烧车间	4129.3	2266	
3	焚烧线		3317	
4	卸料站	322.2	322.2	
5	废液罐区		877.2	含泵区、油罐、碱液罐、氮气储罐
6	管廊		416.3	

序号	名称	建筑面积/m²	占地面积/m²	备注
7	公用设施房	660.2	660.2	
8	化验室	358	358	
9	固化车间	940	940	
10	消防水池及泵房	429.1	640	
11	废水处理站	212.8	564	含组合水池占地面积
12	综合水池		556	
13	门卫1	61.8	61.8	
14	门卫2	65.6	65.6	
15	综合楼	2339.4	922.5	三层
16	除臭系统		854.5	
17	填埋场		85470.4	

表 13-13　主要经济技术指标

序号	名称	单位	数值	备注
1	用地面积	m²	61168.8	约合91.8亩,不含填埋库区用地
2	建筑面积	m²	13333	不含预留用地
3	建、构筑物占地面积	m²	16877.8	
4	道路场地铺砌面积	m²	11400	
5	绿化面积	m²	32891	含预留用地面积
6	容积率		0.253	近期工程总计容积15490.4m³
7	建筑系数	%	25.3	
8	绿化率	%	53.7	
9	围墙	m	1660	

注：容积率、建筑系数、绿化率计算不计填埋库区面积。

（2）竖向布置

厂址地势相对平坦，为便于全厂物流顺接，整个生产区平整至4.5m标高。

（3）物流组织

人流通过管理区大门进入管理区，物流通过生产区大门进入生产区，依据处理对象不同分别进入暂存仓库、焚烧车间、稳定化/固化车间、安全填埋场等功能设施，确保项目物流组织顺畅合理。

13.5.4　主体工程设计

（1）总体工艺流程

作为综合性的危险废物处理中心，全厂工艺系统齐备。包括危险废物收集运输系统、鉴别与暂存系统、焚烧处理系统、稳定化/固化处理系统、安全填埋场、废水处理系统、总平面布置及其他配套系统。

危险废物进场后首先经过计量，若危险废物性质明确，可焚烧类危险废物送至焚烧车间进行处理，可填埋处理的无机类危险废物先送至稳定化/固化车间预处理后再送至安全填埋场处理；若危险废物接受量大于处理量时，送至暂存车间暂时存放，进一步转移至相应车间处置。焚烧车间处理过程中产生的残渣和飞灰经收集后送至稳定化/固化车间处理后，运至安全填埋场处置。

安全填埋场运行过程中产生的渗沥液与焚烧、稳定化/固化等生产过程中产生的废水一起送至废水处理车间处理。处理过程中产生的污泥送至稳定化/固化车间处理后送至安全填埋场处置。

厂区总体工艺流程见图 13-21。

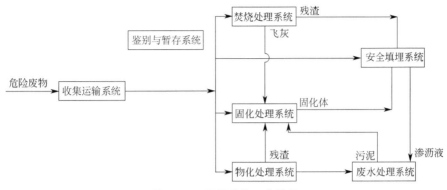

图 13-21　厂区总体工艺流程
（注：物化处理系统为远期预留）

（2）收集运输系统

建设项目拟不设危险废物转运站，采用公路直运的方式收运各地的危险废物。危险废物要根据其成分用符合国家标准的专门容器分类收集。危险废物的转运属于特殊行业，处置中心组建专业运输车队，选用专用转运车，对危险废物的运输要求安全可靠，选用路线短、对沿路影响小的运输路线，避免在装、运过程中的二次污染和可能造成的环境风险，严格按照国家和当地有关危险废物转运的规定进行运输。

（3）鉴别与暂存系统

危险废物通过电话或信息网预约接收，产生的危险废物通过专用的收集车辆运送至本处置中心。接收的废物经称重计量后在废物计量站或暂存仓库的接收区进行取样，用于快速定量或定性分析，验证"废物转移联单"和确定废物在本场区内的去向（如暂存仓库、焚烧车间等）。定性分析部分可在暂存仓库的接收区完成，如 pH 检测，部分需在分析化验室完成，如化学成分；定量分析全部在分析化验室完成。本工程在厂区入口处设置化验室，从事废物鉴定与化验工作，化验室总面积约 $358m^2$。

本工程设置危险废物暂存仓库 1 座，布置于生产区中部，北侧紧靠焚烧车间，废物转移均较方便。暂存仓库内配置两辆叉车用于危险废物的搬运。

危险废物暂存仓库内部进行分区布置。根据废物是否经过检测和鉴定以及废物的去向可以把废物暂存仓库分隔成 3 个独立的贮存区域，废物暂存库采用堆垛存储和货架存储方式，满足 35d 存储量要求。

（4）焚烧处理系统

焚烧对象进入焚烧车间料坑配伍。经过配伍后，确保入炉物料均质化以达到中热值等级范围、元素组成尤其是酸性成分在设计范围之内。

危险废物焚烧工艺主要包括以下主要单元：a. 进料系统（含固体、废液暂存及进料系统）；b. 焚烧系统（炉窑系统、助燃空气系统、辅助燃烧系统、废液喷烧系统）；c. 余热利用系统（余热锅炉及附属水处理设施、蒸汽冷凝系统）；d. 烟气净化及排放系统（含急冷、除尘、脱酸等系统）；e. 炉渣及飞灰收集；f. 辅助系统（如水、压缩空气等）；g. 电气和自动控制系统（含在线监测）。

焚烧车间工艺流程简图如图 13-22 所示。

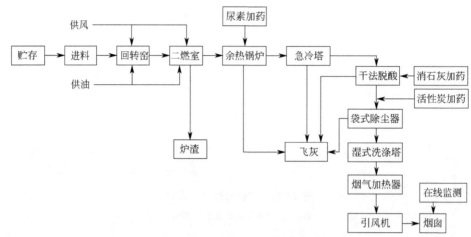

图 13-22　焚烧车间工艺流程简图

焚烧系统工艺流程简述如下。

① 固体废物由运输车卸至废物贮坑中贮存，对于尺寸超过回转窑进料斗规定的固体废物，需经破碎系统破碎后通过破碎机出料口的斜溜槽卸入废物贮坑内，而后通过焚烧车间贮坑上方的桥式抓斗起重机提升至进料斗上方，桶装废物由垂直提升机翻转倒入进料斗，经进料系统设备进入回转窑前端；废液经贮存和输送，喷入回转窑前端焚烧处理，高热值废液喷枪布置在燃烧器上作为辅助燃料喷入炉内，其余低热值废液及废水通过独立喷枪喷入炉内。

② 回转窑采用顺流式，在回转窑中，废物依次经历着火段、燃烧段和燃烬段，燃烧产生的高温烟气进入二燃室继续燃烧，产生的炉渣经排渣机排出系统。回转窑运行温度为850～1000℃，回转窑转速在 0.1～1.0r/min 间可调，废物在温度≥850℃的环境下停留30～120min，确保热灼减率<5%。二燃室的温度控制在 1100～1200℃之间，烟气在二燃室内停留时间将>2s，在此条件下烟气中的二噁英和其他有害成分的 99.99% 以上将被分解掉。回转窑本体内少量没有完全燃烧的气体在二燃室内得到充分燃烧，并提高二燃室温度，在二燃室内温度始终维持在1100℃以上。

③ 二燃室出口烟气依次进入余热锅炉和急冷塔降温。1100℃的高温烟气在余热锅炉冷却室中通过辐射传热冷却，使熔融状态的高温烟尘凝固，并将较重的尘粒在转向时从烟气中分离出来。为了保证更好的冷却和分离效果，设置了两个回程的光管冷却室，使烟气温度降到 600～500℃后由出口烟道引出进入急冷塔，水与烟气直接接触并瞬间急剧降温，出口烟气温度<200℃，烟气冷却时间≤1s。

④ 急冷塔出口烟气进入干法脱酸，烟气中的酸性气体与消石灰发生中和作用，烟气中的重金属等与活性炭发生吸附作用，均得到一定程度的去除，而后进入袋式除尘器降低烟气中粉尘浓度。

⑤ 袋式除尘出口烟气在湿式洗涤塔内被净化，酸性气体、颗粒物、重金属及二噁英类物质均得到了有效的控制和去除。经过湿式洗涤塔后烟气的湿度较大，可能会出现"白烟"。利用余热锅炉产生的蒸汽，将排入烟囱的烟气加热到露点以上，可以防止以上情况

的出现。蒸汽凝结水回收再利用。

⑥ 烟气加热器出口烟气在引风机的作用下通过烟囱排至大气。

（5）稳定化/固化系统

项目设置稳定化/固化系统一套。将需固化的废料及其它辅助用料采样送入化验室进行试验分析，在化验室进行配比实验，检测实验固化体的抗压强度、凝结时间、重金属浸出浓度以及最佳配比等参数提供给固化车间，包括稳定剂品种、配方、消耗指标及工艺操作控制参数等。

固态的需固化物料通过叉车机械运送到车间配料机上料区域，到配料机的受料斗，通过皮带输送机输送入搅拌机料槽内。半固态的桶装物料借助翻桶机送入料斗，然后通过螺旋输送机送到搅拌机。配料机的受料区域采用耐腐蚀、抗氧化的材质制作而成，并设置闸门和自动计量装置。

根据试验所得的配比数据，通过控制系统和计量系统，将水泥、稳定药剂和水等物料按照一定的比例加入到搅拌槽内混合。水泥和飞灰在贮罐内密闭贮存，在贮罐下口设闸门，由螺旋输送机输送，再进入称重料斗，计量后落进搅拌机料槽内。固化用水采用废水处理站处理后的出水，通过输水泵计量由管道送至搅拌机料槽内。药剂通过搅拌器配置成液态，存放在贮液罐，通过计量泵送入到搅拌机料槽内。搅拌时间以试验分析所得时间为准，通常为 $3\sim5\min$。搅拌顺序为先干搅物料，然后再加水湿搅。对于采用药剂稳定化处理的物料，先进行废物与药剂的搅拌，搅拌均匀后再加水泥一起进行干搅，最后加水进行整个混合搅拌，这样可避免水泥中的 Ca^{2+}、Mg^{2+} 等离子争夺药剂中稳定化因子（S^{2-}），从而提高处理效果，降低运行成本。

物料混合搅拌以后开启搅拌机底部闸门，混合物料卸入到搅拌机下设的集装箱，通过拉臂车运输至安全填埋区，在填埋区内养护。

为了方便操作和运行管理，提高物料配比的准确度。单种类型废物物料应采用单一混合搅拌，不同的时段搅拌不同的废物，不同类型废物物料不宜同时混合搅拌。此外，混合搅拌机应进行定时清洗，尤其是在不同物料搅拌间隙时段更应进行对设备的清洗。

（6）安全填埋库区

根据厂区总体工艺布置要求，填埋库区位于场地北侧。为节约用地和便于后续水处理，调节池位于生产区中部。因场地现状标高变化不大，库区构建时沿四周构筑围堤，并结合场地水文地质条件，沿围堤轴线设置垂直防渗帷幕，以减小进入库区的地下水量，同时控制地下水位以符合安全填埋场技术标准。

填埋库区填埋规模 2.1×10^4 t/a、远期服务年限 43.3 年规划，需要总的有效库容 70×10^4 m^3。

库区总面积约为 8.15×10^4 m^2（含围堤道路），整个库区一次规划分为三期建设，一期为近期建设，二期、三期库区为远期建设。

库区基底和边坡的防渗系统设计由上而下逐一分析如下。

① 基底防渗设计：初始填埋层，采用危险废物；过滤层，采用 $200g/m^2$ 轻质有纺土工布；主渗滤液收集层，采用 $400mm$ 厚卵石；主防渗膜保护层，采用 $800g/m^2$ 无纺土工布；主防渗层，采用 $2.0mm$ 厚 HDPE 土工膜；主防渗下垫层，采用 $4800g/m^2$ GCL；渗滤液检漏层，采用 $6.3mm$ 厚复合土工排水网；次防渗层，采用 $1.5mm$ 厚光面 HDPE 土工膜；黏土保护层，采用 $750mm$ 厚压实黏土；地下水排水保护层，采用 $200g/m^2$ 轻质有纺土工布；地下水排水层，

采用 300mm 碎石；支撑层，采用 200g/m² 轻质有纺土工布；基础层，采用平整基底。

② 边坡防渗设计：初始填埋层，采用危险废物；主防渗膜保护层，采用 800g/m² 长丝无纺土工布；主防渗层，采用 2.0mm 厚双糙面 HDPE 土工膜；主防渗层下垫层，采用 4800g/m²GCL；渗沥液检漏层，采用 6.3mm 厚复合土工排水网；次防渗层，采用 1.5mm 厚双糙面 HDPE 土工膜，600g/m² 无纺土工布；基底层，采用修整边坡。

在主防渗层与次防渗层之间设置渗滤液收集层和盲沟，用于收集导排从主防渗层渗漏出来的渗滤液。次收集层采用复合土工排水网，在主盲沟处设置 De200 HDPE 穿孔管。经主、次渗滤液收集层和收集盲沟收集的渗滤液汇集到收集井中，经渗滤液斜管提升泵提升至渗滤液调节池，最终输送至污水处理站进行处理。

项目进入调节池的污水为库区渗滤液及焚烧生产区的生产废水，其中填埋库区渗滤液平均产量为 8.1m³/d，生产区废水产量约 71m³/d，废水处理站规模按照 80m³/d 考虑，根据每月降雨量数据，计算出需要调节的容量为 383m³，考虑 1.2 的安全系数，需要的调节池容积不小于 500m³。

调节池采用半地下式的钢筋混凝土矩形水池结构。调节池地上部分高 2.0m，地下部分高 3.5m。设计安全超高 0.5m，平均有效水深约 3m。调节池高水位时有效容积约为 500m³，满足工艺要求。

(7) 废水处理系统

根据进出水水质要求，废水处理工程的处理重点是重金属等无机污染物，故拟采用物化预处理去除重金属污染物。

建设项目废水处理工艺流程如图 13-23 所示。

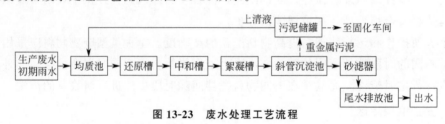

图 13-23 废水处理工艺流程

废水调节池内污水经提升泵提升后依次进入还原反应槽—中和反应槽—絮凝槽—斜管沉淀池进行物化处理，去除掉污水中重金属和部分悬浮物。通过斜管沉淀池的废水进入砂滤器，进一步去除废水中的悬浮物，处理后的废水作为砂滤器冲洗用或达标纳管排放。该部分流程运行环境的控制通过在线 pH 监测仪提取数据至 PLC 系统，PLC 控制逻辑通过提取的数据控制加药泵的启停，自动调节各反应单元的反应环境。选用高质量高性能的计量泵进行投药，精确的药剂投加可以有效节省运行成本。

物化处理系统在去除掉污水中的余氯、六价铬及大部分重金属物质后排入厂区污水管网，通过外排泵房排入附近污水处理厂处理。

产生的化学污泥由于含重金属等有毒有害物质，属危险废物，送入固化车间处理。

13.5.5 设计特点

(1) 典型综合性处置项目

本工程包含暂存仓库、焚烧车间、固化车间、废水处理、安全填埋库区等多个工艺单元，是一个综合性的危废处置项目。

（2）平原型安全填埋

库区构建时采用地下开挖和地上筑堤相结合的方式。库区构建时沿四周构筑围堤，沿围堤轴线设置垂直防渗帷幕，以减小进入库区的地下水量，便于控制地下水位以符合安全填埋场技术标准。

图 13-24～图 13-27 分别为生产区、填埋场、焚烧车间和焚烧线照片。

图 13-24　生产区照片

图 13-25　填埋场照片

图 13-26　焚烧车间照片

图 13-27　焚烧线照片

13.6　案例 6：济宁市工业废物处置中心工程

13.6.1　项目概述

(1) 项目概况

济宁市工业废物处置中心工程由雅居乐环保集团投资建设。主要处理对象为梁山县域内各园区及经济开发区产生的危险废物。工程设计危险废弃物焚烧处理规模为 20000t/a，物化处理规模为 40000t/a，稳定化/固化处理规模为 30000t/a。本工程按国际先进标准建设，包括危险废物贮存库、物化车间、资源化车间、固化车间、焚烧车间、废液罐区、废水处理站等，同时布置有除臭装置区、洗轮机、地衡等辅助设施。项目于 2019 年 8 月建成。

(2) 厂址概况

济宁市工业固废处理中心位于梁山县杨营镇南部梁山县涂料产业园区内，距梁山火车站 6km，距离梁山城区约 12km。

场区地处冲洪积平原区，地势平坦，浅部地层以粉土为主，渗透性较好，浅层孔隙淡水水位动态变化受气象、水文、农灌、开采等因素的影响，地下水的补给主要是靠大气降水入渗、引黄灌溉水的回渗，一般 3～4 月份引黄灌溉，地下水水位升高；7～8 月份又接受降水的集中补给，地下水位再次上升；其余时段，地下水在蒸发作用下水位缓慢下降。

场地属暖温带季风型大陆性气候，四季分明，雨热同期，旱涝频繁。春季天气干燥，蒸发量大，降水偏少，易形成干旱；夏季天气酷热，降水集中，为降水入渗补给地下水的主要季节，同时又易形成洪涝灾害；秋季气温逐渐下降，降水渐少，常形成晚秋旱；冬季天气寒冷，雨雪稀少。

全区年平均气温 13.5℃，7 月份气温最高，平均气温 26.8～27.1℃；1 月份气温最低，平均气温 −1.9～0.8℃。当地全年最大风频风向为东南偏南。

场地地形较为平坦，除东南角处有一沟塘外，其余地面标高为 41.0～41.4m，设计地面标高为 41.50m。场区地层为第四系松散堆积物，地层分布比较均匀，依据钻探揭露、野外鉴别、原位测试及室内土工试验资料，可将场区土层划分为 14 大层，现按自上而下的阐述顺序分述如下。

1）素填土（土层代号①，成因 Q_4^{ml}）

杂色，稍密，稍湿，成分以粉土、粉质黏土为主，含少量砖块及动植物残体，该层主要为场地内原沟渠、坑塘经填埋形成，其土质不均，厚薄不一。本层厚度 0.80～3.30m，平均厚度 2.05m；层底标高 38.16～40.75m，平均厚度 39.45m；层底埋深 0.80～3.30m，平均厚度2.05m。本层在场区内局部分布，仅个别钻孔有揭露。根据调查，该层填土堆积年限大于5年。

2）粉土（土层代号②，成因 Q_4^{al+pl}）

黄褐色或灰黄色，中密-密实，湿-很湿，含少量铁锰质氧化物及云母碎片，切面无光泽反应，干强度及韧性低，摇震反应迅速。该层表层为耕植土，厚度 0.30～0.50m，表层及局部夹薄层黏性土。本层厚度 0.90～2.90m，平均厚度 2.11m；层底标高 37.88～39.54m，平均厚度 38.50m；层底埋深 1.30～3.20m，平均厚度 2.58m。本层在场区均有分布。

在本层中揭露一黏土夹层（土层代号②-1，成因 Q_4^{al+pl}）。黄色、黄褐色，可塑，含少量铁质氧化物。切面有光泽，干强度及韧性高，无摇振反应。夹粉土薄层。本层厚度 0.10～1.30m，平均厚度 0.42m；层底标高 39.17～40.81m，平均厚度 40.05m；层底埋深 0.40～1.90m，平均厚度 1.03m。

在本层中还揭露另一黏土夹层（土层代号②-2，成因 Q_4^{al+pl}）。黄色、黄褐色，可塑，含少量铁质氧化物。切面有光泽，干强度及韧性高，无摇振反应。夹粉土薄层。本层厚度 0.20～0.80m，平均厚度 0.35m；层底标高 38.82～39.38m，平均厚度 39.14m；层底埋深 1.50～2.20m，平均厚度 1.90m。

3）粉质黏土（土层代号③，成因 Q_4^{al+pl}）

灰黄色、灰褐色或浅灰色，可塑，上部偏软，含少量铁锰质氧化物及钙核，切面稍有光泽反应，干强度及韧性中等，无摇震反应，该层场区局部夹黏土薄层。本层厚度 0.20～1.70m，平均厚度 0.79m；层底标高 36.84～38.41m，平均厚度 37.70m；层底埋深 2.50～4.50m，平均厚度 3.38m。本层在场区均有分布。

4）粉土（土层代号④，成因 Q_4^{al+pl}）

黄褐色或灰黄色，中密-密实，很湿，含少量铁锰质氧化物及云母碎片，切面无光泽反应，干强度及韧性低，摇震反应迅速，该层局部夹薄层黏性土。本层厚度 0.40～3.20m，平均厚度 1.66m；层底标高 35.04～36.87m，平均厚度 35.83m；层底埋深 4.00～6.10m，平均厚度 5.26m。本层在场区均有分布。

在本层中揭露一黏土夹层（土层代号④-1，成因 Q_4^{al+pl}）。黄色、黄褐色，可塑，含少量铁质氧化物。切面有光泽，干强度及韧性高，无摇振反应。夹粉土薄层。本层厚度 0.20～1.10m，平均厚度 0.44m；层底标高 35.68～37.10m，平均厚度 36.38m；层底埋深 3.80～5.40m，平均厚度 4.69m。

5）黏土（土层代号⑤，成因 Q_4^{al+pl}）

棕灰色、灰褐色或浅灰色，可塑，含少量铁锰质氧化物，切面有光泽反应，干强度及韧性较高，无摇震反应，夹粉土或粉质黏土薄层。本层厚度 0.20～1.80m，平均厚度 0.80m；层底标高 34.02～36.35m，平均厚度 35.03m；层底埋深 5.10～7.20m，平均厚度 6.06m。

6）粉土（土层代号⑥，成因 Q_4^{al+pl}）

灰黄色或灰色，中密-密实，很湿，含少量铁锰质氧化物及云母碎片，切面无光泽反应，干强度及韧性低，摇震反应迅速，局部夹薄层黏性土。本层厚度 0.50～3.00m，平均厚度 1.54m；层底标高 32.03～34.69m，平均厚度 33.49m；层底埋深 6.60～9.00m，平均厚度 7.59m。本层在场区均有分布。

在本层中揭露一黏土夹层（土层代号⑥-1，成因 Q_4^{al+pl}）。灰褐色或浅灰色，可塑，含少量铁锰质氧化物，切面有光泽反应，干强度及韧性较高，无摇震反应，夹粉土或粉质黏土薄层。本层厚度 0.20～3.10m，平均厚度 0.96m；层底标高 31.05～33.68m，平均厚度 32.53m；层底埋深 7.50～10.20m，平均厚度 8.55m。

7）粉土（土层代号⑦，成因 Q_4^{al+pl}）

灰黄色或灰色，中密-密实，很湿，含少量铁锰质氧化物及云母碎片，切面无光泽反应，干强度及韧性低，摇震反应迅速，局部夹薄层黏性土。本层厚度 0.90～4.70m，平均厚度 1.99m；层底标高 28.49～32.18m，平均厚度 30.54m；层底埋深 9.00～12.70m，平均厚度 10.54m。本层在场区均有分布。

8）黏土（土层代号⑧，成因 Q_4^{al+pl}）

黄褐色或棕黄色，可塑，含少量铁锰质氧化物及钙核，切面稍有光泽反应，干强度及韧性中等，无摇震反应，夹粉质黏土或粉土薄层。本层厚度 0.70～4.00m，平均厚度 2.34m；层底标高 25.83～30.44m，平均厚度 28.17m；层底埋深 10.70～15.40m，平均厚度 12.92m。本层在场区普遍分布。

9）粉土（土层代号⑨，成因 Q_4^{al+pl}）

灰黄色或黄褐色，中密-密实，很湿，含少量铁锰质氧化物及云母碎片，切面无光泽反应，干强度及韧性低，摇震反应迅速，砂感重，含粉砂粒较多，局部夹薄层黏性土。本层厚度 0.30～3.30m，平均厚度 1.55m；层底标高 23.23～28.38m，平均厚度 26.64m；层底埋深 12.70～18.00m，平均厚度 14.45m。本层在场区普遍分布。

10）粉质黏土（土层代号⑩，成因 Q_4^{al+pl}）

灰褐色，局部灰黑色，可塑，含少量铁锰质氧化物，切面稍有光泽反应，干强度及韧性中等，无摇震反应，局部夹黑色黏土。本层厚度 0.40～4.10m，平均厚度 1.41m；层底标高 22.92～26.50m，平均厚度 25.19m；层底埋深 14.60～18.20m，平均厚度 15.92m。本层在场区普遍分布。

11）粉质黏土（土层代号⑪，成因 Q_3^{al+pl}）

黄褐色，可塑-硬塑，含少量铁锰质氧化物，切面稍有光泽反应，干强度及韧性中等，无摇震反应，夹薄层黏土。本层厚度 0.50～4.10m，平均厚度 2.26m；层底标高 20.32～25.01m，平均厚度 22.91m；层底埋深 16.10～20.80m，平均厚度 18.20m。本层在场区普遍分布。

12）粉土（土层代号⑫，成因 Q_3^{al+pl}）

灰黄色或黄褐色，中密-密实，很湿，含少量铁锰质氧化物及云母碎片，切面无光泽反应，干强度及韧性低，摇震反应迅速，砂感重，含粉砂粒较多，局部夹薄层黏性土。本层厚度 0.70～7.20m，平均厚度 2.51m；层底标高 14.36～22.48m，平均厚度 19.90m；

层底埋深 18.50～26.80m，平均厚度 21.22m。本层在场区普遍分布。

在本层中揭露一黏土夹层（土层代号⑫-1，成因 Q_3^{al+pl}）。黄褐色或棕黄色，硬塑，含少量铁锰质氧化物及钙质结核，切面有光泽反应，干强度及韧性中等，局部夹薄层粉土。本层厚度 0.20～4.30m，平均厚度 1.24m；层底标高 16.32～22.31m，平均厚度 20.52m；层底埋深 19.10～24.80m，平均厚度 20.61m。本层在场区普遍分布。

13）粉细砂（土层代号⑬，成因 Q_3^{al+pl}）

褐黄色，中密-密实，饱和，成分主要为石英、长石，分选性及磨圆度中等，局部相变为细砂，夹粉质黏土或粉土薄层。本层厚度 1.00～6.80m，平均厚度 3.40m；层底标高 11.67～16.41m，平均厚度 13.65m；层底埋深 24.70～29.50m，平均厚度 27.55m。本层在场区普遍分布。

在本层中揭露一粉质黏土夹层（土层代号⑬-1，成因 Q_3^{al+pl}）。黄褐色或棕黄色，可塑-硬塑，含少量铁锰质氧化物及钙质结核，切面稍有光泽反应，干强度及韧性中等，局部夹黏土薄层。本层厚度 0.50～4.60m，平均厚度 2.06m；层底标高 12.67～18.53m，平均厚度 16.19m；层底埋深 22.50～28.40m，平均厚度 24.93m。本层在场区普遍分布。

14）粉质黏土（土层代号⑭，成因 Q_3^{al+pl}）

黄褐色或棕黄色，硬塑，含少量铁锰质氧化物及钙质结核，切面稍有光泽反应，干强度及韧性中等，夹薄层黏土或粉土。本层未穿透，最大揭露厚度 5.60m。本层在场区普遍分布。

13.6.2　处理对象与规模

（1）处理对象

根据济宁市当地的危险废物调查资料，确定处理 23 类危险废物，具体见表 13-14。

表 13-14　危险废物类别及采用的处理方式

序号	类别码	危废名称	处理方法	序号	类别码	危废名称	处理方法
1	HW02	医药废物	焚烧	13	HW18	焚烧处置残渣	稳定化/固化
2	HW03	废药物、药品	焚烧	14	HW21	含铬废物	稳定化/固化
3	HW04	农药废物	物化或焚烧	15	HW22	含铜废物	稳定化/固化
4	HW06	废有机溶剂与含有机溶剂废物	物化或焚烧	16	HW23	含锌废物	物化或稳定化/固化
5	HW07	热处理含氰废物	焚烧	17	HW31	含铅废物	稳定化/固化
6	HW08	废矿物油与含矿物油废物	资源化或焚烧	18	HW34	废酸	物化
7	HW09	油/水、烃/水混合物或乳化液	资源化或焚烧	19	HW35	废碱	物化
8	HW11	精(蒸)馏残渣	焚烧	20	HW37	有机磷化合物废物	焚烧
9	HW12	染料、涂料废物	物化或焚烧	21	HW46	含镍废物	稳定化/固化
10	HW13	有机树脂类废物	焚烧	22	HW49	其他废物	物化、稳定化/固化
11	HW16	感光材料废物	焚烧	23	HW50	废催化剂	稳定化/固化
12	HW17	表面处理废物	物化或稳定化/固化				

（2）工艺分类

根据各危险废物的特性，拟分别采取焚烧、物化、稳定化/固化后安全填埋等处理处置工艺。

（3）处理规模

根据危险废物产量调查和分析，确定原生危险废物总处理规模为 90000t/a，其中：焚烧处理规模为 20000t/a；物化及资源化处理规模为 40000t/a；稳定化/固化及安全填埋规模为 30000t/a。

根据物料类别和物流平衡分析，主要设施处理规模为：焚烧设施 20000t/a（折合 60t/d）；物化设施（有机废液物化处理工艺）1000t/a；物化设施（无机废液物化处理工艺）32500t/a；资源化设施（废包装桶清洗工艺）2000t/a；资源化设施（含油废物资源化工艺）4500t/a；稳定化/固化设施 30000t/a（含入厂废物 16000t/a，本厂产生废物 14000t/a）。

填埋处置 45000t/a，填埋场一期库区容量 35.5 万立方米，服务年限 11 年。

13.6.3　总图布局

工程厂址呈矩形，根据场地现有情况、当地主导风向频率及危险废物处理处置生产工艺的特点，管理区位于全厂的上风向。

全厂分为生产区、填埋库区、管理区三个分区，厂区总占地面积为 16.2hm^2。

（1）生产区

生产区占地面积为 47000m^2，生产区位于整个厂区的南侧，主要布置有危险废物贮存库、危险废物物化处理及资源化车间、危险废物固化车间、危险废物焚烧车间等，同时布置有废物运输车消毒区域专用车库等辅助设施。污水处理区布置于调节池的东侧，事故水池位于调节池的南侧。辅助生产区布置于焚烧车间的南侧，主要有综合水泵房、变配电室以及运输车车库等。

（2）填埋库区

填埋库区占地面积为 10.8 万平方米，位于整个厂区的北侧，填埋库区共分 2 个库区，填埋库一区占地面积为 5.7 万平方米，填埋库二区占地面积为 5.1 万平方米。填埋库二区位于填埋库一区的北侧。

填埋库区采用分期实施的原则，在场区北侧布置填埋库一区和填埋库二区，总占地约 10.8 万平方米。库区周边堤顶道路通过库区南侧道路进库区与生产管理区相接。为了完善雨污分流、减少水土流失，在库区堤顶四周设置永久排水沟、导排管以及外排井等地表水导排系统。库区工程主要包括填埋库区、围堤、库区分隔堤、作业平台等设施。

根据库区地形现状和填埋作业要求，为构建填埋库区，在库区四周修建围堤，同时构建分区隔堤将库区分为填埋 1 单元和填埋 2 单元。围堤中心线总长 857m，堤顶标高 46.0m。

（3）管理区

项目管理区占地面积为 6683.7m^2，位于厂区东南角，设置了办公楼、办公楼辅楼、倒班休息楼等。

建、构筑物一览表见表 13-15，主要经济技术指标表见表 13-16。

表 13-15　建、构筑物一览表

序号	名称	建筑面积/m²	占地面积/m²
1	门卫计量间	50.27	50.27
2	洗轮机		18.00
3	地衡		54.00
4	化验楼	1444.56	463.57
5	待检区		324.00
6	废液罐区		1060.00
7	焚烧车间	4490.24	4800.00
8	固化车间	1927.92	1927.92
9	物化车间	2019.79	2019.79
10	三效蒸发装置区		172.00
11	物化罐区		457.00
12	物化除臭装置区		172.00
13	危险废物暂存库	5717.25	5717.25
14	仓库除臭装置区		555.00
15	综合水池		2338.24
16	消防水池及泵房	453.63	816.13
17	废水处理站	553.28	1681.16
18	资源化车间	1894.00	1894.00
19	倒班休息楼	2055.13	686.74
20	办公楼	2197.44	800.53
21	办公楼辅楼	1788.82	883.19
22	南门卫	46.02	46.02
23	洗轮机		18.00
24	安全填埋场一期		57383.00
25	安全填埋场二期		50738.00
26	合计	24638.35	135075.81

表 13-16　主要经济技术指标表

序号	名称	单位	数值
1	占地面积	m²	162044.70
其中	填埋场(一期)	m²	57383.00
	填埋场(二期)	m²	50738.00
	生产区	m²	47240.00
	管理区	m²	6683.7
2	经济技术指标		
2.1	建筑面积	m²	24638.35
2.2	建、构筑物占地面积	m²	135075.81
2.3	道路场地铺砌面积	m²	17910
2.4	绿化面积	m²	9059.2
2.5	容积率	%	94.4
2.6	建筑系数	%	83.4
2.7	绿地率	%	5.6
2.8	围墙	m	1626

13.6.4　主体工程设计

作为综合性的危险废物处理中心，全厂工艺系统齐备。其包括危险废物接收系统、鉴别与暂存系统、焚烧处理系统、物化处理系统、稳定化/固化处理系统、资源化处理系统、安全填埋场、废水处理系统、总平面布置及其他配套系统。

（1）危险废物接收系统

根据危废产生单位需处置量及地区分布、各地区交通路线及路况，执行《危险货物道路运输规则》（JT617）制定出危险废物往返收集路线，采用汽车运输。

运输车辆配备与废物特征及运输量相符，兼顾安全可靠性和经济合理性，确保危险废物收集运输正常化。根据危险废物产生量、运输距离和收运频次，本项目需要配备载重量为 4.5t 的车厢可卸式汽车 10 辆，5t 防腐罐车 8 辆，5t 卡车 10 辆。

运输能力约为 250t/d，能够满足危险废物收集运输需求。

根据危废产生单位需处置量及地区分布、各地区交通路线及路况制定出危废运输路线。

（2）鉴别与暂存系统

危废入场后，首先进行称重计量。若需要分析化验，抽样后送入化验室化验。本工程设置化验楼 1 座，可以对收集的危险废物进行下列特性分析：

a. 物理性质（物理组成、容重、尺寸）；

b. 工业分析（固定碳、灰分、挥发分、水分、灰熔点、低位热值）；

c. 元素分析和有害物质含量；

d. 特性鉴别（腐蚀性、浸出毒性、急性毒性、易燃易爆性）；

e. 反应性；

f. 相容性。

本工程设置危险废物暂存仓库 1 座。贮存库总建筑面积约 4254m²。主要包括半固体废物区（包括预留区约 1400m²）、固体废物区（约 2000m²）、桶装废液区（约 700m²）。暂存库货架采用 3 层设置。

暂存库房内设有全天候摄像监视装置，确保库房的安全运行。

（3）焚烧处理系统

经过配伍后，确保进炉物料热值范围 3000～4000kcal/kg（12560～16747kJ/kg），设计工况点 3500kcal/kg（14654kJ/kg）。

危险废物焚烧工艺主要包括以下主要单元。

① 废物卸料和贮存系统：含固体危险废物、液体危险废物的卸料和贮存。

② 焚烧系统：含料斗、回转窑、二次燃烧室及助燃和风机等辅助设备。

③ 余热回收系统：含余热锅炉以及锅炉辅助系统设备。

④ 烟气净化系统：冷却焚烧炉内的烟气并除去有害的物质，并且达到排放要求后排放。含急冷塔、旋风分离器、袋式除尘器、洗涤塔、烟气加热器、活性炭供给系统、除灰渣系统等。

⑤ 烟气排放系统：含引风机、烟囱等。

焚烧工艺系统流程如图 13-28 所示。

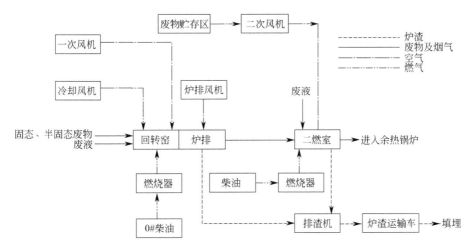

图 13-28　焚烧工艺系统流程

焚烧废物进入料斗后由推料装置使之进入回转窑窑头。

回转窑窑头设有燃烧器、废液喷枪和一次风，随着回转窑的斜度和转速，废料在窑内不停地旋转翻滚，边往窑尾移动边焚烧，与一次风充分混合，迅速被干燥并着火气化和欠氧燃烧，废料依靠自身的热值燃烧，直至基本燃烬，或掉入炉排上继续燃烧，窑内废物焚烧产生的烟气进入二燃室。

回转窑中部分未燃烬的固废和部分已燃烬的炉渣，从回转窑尾部落至炉排上，经炉排的运动和搅拌，大块垃圾被破碎后继续燃烧直至燃烬，产生的烟气进入二燃室；燃烬的炉渣依靠重力落至带水封的排渣机，经排渣机送到炉渣输送车运往自己的填埋场运，不产生二次污染。

二燃室中设有燃烧器、废液喷枪，湍流的二次风与来自回转窑中可燃气体进入二燃室进行过氧燃烧，控制二燃室在较高的燃烧温度（危险废物焚烧≥1100℃）和在此温度下不小于 2s 的烟气停留时间，在较强劲的二次风下组织成"3T"（温度、时间和湍流）的最佳燃烧过程，实现有害物质的高焚毁去除率。

二燃室燃烧产生的高温烟气进入余热锅炉。

高温烟气在余热锅炉内降温至 550℃ 左右后进入急冷塔，在急冷塔中高温烟气与雾化喷淋水雾直接接触，烟气可以在 1s 内与水雾接触蒸发汽化，通过热交换迅速放热，温度由 550℃ 降至 195℃，有效避免二噁英类物质的再合成。

急冷塔出口烟气经旋风除尘器去除大部分颗粒后进入干法脱酸，烟气中的酸性气体与消石灰发生中和作用，烟气中的重金属等被活性炭吸附，均得到一定程度的去除，而后进入袋式除尘器降低烟气中粉尘浓度。

本项目采用"干法脱酸＋湿法脱酸"的脱酸方式，其中烟气中 70％ 以上的酸性物质由湿法脱酸脱除，在酸碱中和反应中，NaOH 与 SO_2、HCl 反应生成盐类，并溶解在湿法洗涤的循环液中。为保证湿法脱酸长期正常运行，要求碱液循环池内的循环液定期排放，补充新的碱液与清水。

（4）物化处理系统

1）含油废物资源化系统（4500t/a）

含油废水（废矿物油，HW08）以及油/水、烃/水混合物或乳化液（HW09）主要来自发电厂、拆船公司、车辆维修行业及非特定行业产生的油渣、石油/炼化行业产生的各类罐底/池底油、油轮舱底油和清理含油容器的废水。

含油废物资源化流程见图13-29。

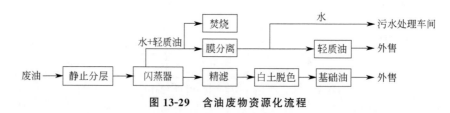

图13-29 含油废物资源化流程

利用油和水的密度差及油和水的不相溶性，在静止状态下实现油、悬浮物的分离。闪蒸器脱去原料油中的水分和少量挥发性有机质。膜分离是利用膜对混合物中各组分的选择渗透作用性能的差异，以外界能量或化学位差为推动力，对双组分或多组分混合的气体或液体进行分离、分级、提纯和富集的技术。目前，膜分离技术处理含油污水在胜利油田已有应用，处理效果较好，对COD、BOD_5、SS、浊度、石油类物质均有较好的去除效果。

加入白土进行机械搅拌后通过压滤机进行压滤将白土和基础油进行分离。精滤后的油通过泵输送至白土精制罐内，通过锅炉蒸汽换热控制温度为80℃左右，根据油料的品位人工加入0.5%左右白土进行脱色，同时用机械搅拌约30min，然后通过离心泵送入板框式压滤机进行压滤，从而使白土渣和油品进行分离，油品进入调节罐冷却30min左右泵送至成品罐。

本工段废渣送焚烧系统焚烧处置，废水送废水处理系统进一步处理。

2）有机废液物化处理（1000t/a）

本项目的有机废水主要是指收集的废乳化液、涂料废液、油墨废液等有机废水以及其他有机废水。预处理原理如下。

利用电法进行破乳反应，从而使乳化液中的乳化液态分子破乳。切削液废水充当导电溶液，含有的污染物质充当电解质。在多维电场之下多维电极释放出电子，电子在电场的作用之下由阳极向阴极移动。电子在移动的过程中会穿过乳化液态污染物质，并轰击乳化态的油包水（或水包油/水包水/油包油）污染物，从而使油分子和水分子分离，产生破乳反应。电子在废水中继续穿插时也会穿过水分子、供给的氧气以及破乳后的油分子，水分子和氧气被分解的时候就会产生大量的氢自由基、氧自由基和氢氧自由基，这些新生态的自由基具有非常强的氧化性，可以将废水中的有机物彻底氧化为二氧化碳和水，从而彻底降低COD。而受二次电子轰击的油分子，在同时被氢自由基、氧自由基和氢氧自由基氧化后，继续被分解断链化。此外，电子在废水中运动的时候会吸附切削液中带正电的悬浮污染物颗粒，吸附在电子上面的污染物质运动到阴极之后会被中和，然后就会沉到底部被除去，从而完成整个设备的破乳反应、降解反应和悬浮物絮凝反应。同时，提高废水的BOD/COD值，以提高其可生化性，再经沉降分离不溶物，进入有机综合废水调节池。

有机废液物化处理流程见图 13-30。

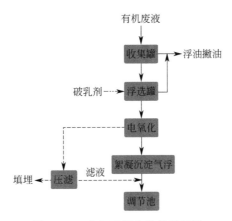

图 13-30　有机废液物化处理流程

3）无机废液物化处理（32500t/a）

① 含铬废液：调节 pH 值在 2～3 之间，加入 Na_2SO_3，将 Cr^{6+} 还原成 Cr^{3+}；加入氢氧化钠或废碱将 Cr^{3+} 沉淀，经沉降后上清液到无机综合废水调节池，与其他预处理后的废水合并后进行后处理；沉淀物转移到污泥池，经压滤机压滤，滤饼进行无害化填埋，滤液合并到无机废水池。

② 含铜、锌、镍废液：用氢氧化钠、废碱或熟石灰进行中和，再加入重金属沉淀剂除杂，经沉降后上清液到无机综合废水调节池，与其他预处理后的废水合并后进行后处理；沉淀物转移到污泥池，经压滤机压滤，滤饼进入固化车间，滤液合并到无机废水池。

③ 废酸液：优先考虑以废制废中和，碱不够时用氢氧化钠、废碱或熟石灰进行中和。废液经中和-混凝-沉淀处理后，经沉降后上清液到无机综合废水调节池，与其他预处理后的废水合并后进行后处理；沉淀物转移到污泥池，经压滤机压滤，滤饼进入固化车间，滤液合并到无机废水池。

④ 废碱液：作为氢氧化钠药剂，用来处理其他酸性废水。由于酸性废水的量远远大于废碱液的量，无需另外设置处理设施来处理废碱液。

⑤ 含氟废液：如若含氟废水中氟离子含量高于 5%，为避免反应过于剧烈，反应前需加入自来水或压滤后的回流水、冷却水稀释含氟废水，将氢氟酸含量降至 5% 以下；然后缓慢加入 10% 石灰乳，控制反应温度，以避免反应过于剧烈；反应终点 pH 值控制在 7～8，反应后料液加入 PAM 加速沉淀；然后进入压滤机压滤，压滤后的滤渣进入稳定化/固化工段，废水部分回用，其余进入污水处理站处理。

$$反应方程式：2HF + Ca(OH)_2 = CaF_2 \downarrow + 2H_2O$$

无机废液物化处理系统流程见图 13-31。

无机废液处理均包含预处理系统和综合处理系统，考虑废液浓度的波动，在工艺设计前端设置预处理反应器可以去除废液中的杂质，并可以在废液浓度过高时利用物化车间处理合格水对废液进行稀释处理。预处理后的废液提升至对应的贮槽以均匀水质水量。不同来源的废料严禁混合，避免增加后续工艺处理的难度。

综合反应系统选用碳钢衬塑材质，耐腐蚀、耐高温。在综合反应器内，通过熟石灰和原料酸来控制废液 pH 值，废液中大部分的重金属离子以氢氧化物的形式沉淀去除，F^- 和 SO_4^{2-}、PO_4^{3-} 等离子以钙盐的形式去除。对于残余的重金属离子，通过投加重金属沉淀剂，使其以溶度积更小的硫化物沉淀，确保出水中重金属离子满足排放要求；通过投加絮凝剂和助凝剂，使得沉淀形成较大的絮体。

污泥沉降槽通过重力沉降作用实现泥水分层，上清液通过泵提升至高效过滤系统，经滤料的物料截留作用去除废水的 SS 后，排至无机废液水池。污泥通过排泥泵提升至固液分离系统进行泥水分离。

无机废水进污水处理车间的三效蒸发系统。进入蒸发器前还需调节 pH 呈弱酸性，以减少气态的氨的挥发，降低蒸馏水的氨氮。

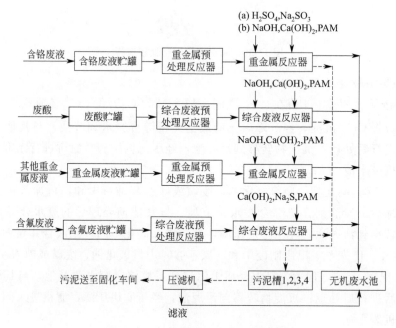

图 13-31　无机废液物化处理系统流程

4）三效蒸发处理

有机废液物化处理系统的废水和无机废液物化处理系统的废水采用三效蒸发系统处理，产生的无机盐及有机残留物等进入厂区的稳定化/固化填埋系统。蒸汽冷凝水返回余热锅炉的去离子水箱。

三效蒸发系统流程见图 13-32。

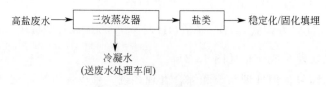

图 13-32　三效蒸发系统流程

(5) 稳定化/固化系统

需固化物料通过运输车辆直接卸入接收料槽、通过提升装置将桶装危险废物卸入、袋装物料借助人工等多种方式将不同方式收集来的危险废物送入配料机中。配料机的受料区域采用耐腐蚀、抗氧化的材质制作而成，并设置闸门和自动计量装置。物料经过自动计量后，通过设置斗式提升机送入搅拌机料槽内。

根据试验所得的配比数据，通过控制系统和计量系统，将水泥、稳定药剂和水等物料按照一定的比例加入到搅拌槽内混合。水泥在贮罐内密闭贮存，在贮罐下口设闸门，由螺旋输送机输送，再进入称重料斗，计量后落进搅拌机料槽内。固化用水可采用填埋库区产生的渗沥液及废水处理车间处理后的中水，通过计量泵由管道送至搅拌机料槽内；药剂通过搅拌器配制成液态，存放在贮液罐，通过计量泵送入到搅拌机料槽内。搅拌时间以试验分析所得时间为准，通常为 3~5min。搅拌顺序为先干搅物料，然后再加水湿搅。对于采用药剂稳定化处理的含重金属物料，先进行废物与药剂的搅拌，搅拌均匀后再加水泥一起进行干搅，最后加水进行整个混合搅拌。这样可避免水泥中的 Ca^{2+}、Mg^{2+} 等离子争夺药剂中的稳定化因子，从而提高处理效果，降低运行成本。

物料混合搅拌以后，开启搅拌机底部闸门，混合物料卸入到搅拌机下设的储料槽，通过皮带机输送至砌块成型机，养护达标后再运送至安全填埋场。若不达标需破碎后重新进行稳定化/固化。

为了方便操作和运行管理，提高物料配比的准确度。单种类型废物物料应采用单一混合搅拌，不同的时段搅拌不同的废物，不同类型废物料不宜同时混合搅拌。

将首次待固化处理的废料采样送入化验室进行试验分析，在化验室进行配比实验，检测实验固化体的抗压强度、凝结时间、重金属浸出浓度以及最佳配比等参数提供给固化车间，包括稳定剂品种、配方、消耗指标及工艺操作控制参数等。

(6) 安全填埋系统

本次填埋场工程分为两个库区，每个库区占地面积约 57383.00m²，每个库区库容为 $39.44 \times 10^4 m^3$，考虑有效库容系数 0.9，有效库容为 $35.50 \times 10^4 m^3$。安全填埋场使用年限为 22 年。

危险废物库区基底和边坡的防渗系统设计由上至下逐一说明如下。

① 基底防渗设计：初始填埋层，采用危险废物；过滤层，采用 300g/m² 轻质有纺土工布；主渗滤液收集层，采用 300mm 厚卵石；主防渗膜保护层，采用 800g/m² 无纺土工布；主防渗层，采用 2.0mm 厚 HDPE 土工膜；主防渗层下垫层，采用 4800g/m²GCL；渗滤液检漏层，采用 7.0mm 厚复合土工排水网；次防渗层，采用 1.5mm 厚光面 HDPE 土工膜；黏土保护层，采用 500mm 厚压实黏土；地下水排水保护层，采用 300g/m² 轻质有纺土工布；地下水排水层，采用 300mm 碎石；支撑层，采用 300g/m² 轻质无纺土工布；基础层，采用平整基底。

② 边坡防渗设计：初始填埋层，采用危险废物；保护层，采用 300mm 厚袋装危险废物；主防渗膜保护层，采用 800g/m² 长丝无纺土工布；主防渗层，采用 2.0mm 厚双糙面 HDPE 土工膜；主防渗层下垫层，采用 4800g/m²GCL；渗滤液检漏层，采用 7.0mm 厚复合土工排水网；次防渗层，采用 1.5mm 厚双糙面 HDPE 土工膜；保护层，采用 600g/m² 无

纺土工布；基底层，采用修整边坡。

（7）废水处理系统

本工程废水处理站拟采用模块化工艺组合的形式，统一处理厂区产生的填埋场渗滤液、工业废水、初期雨水和生活排水。考虑到渗滤液、初期雨水这两类进水水量较大且不稳定，本废水处理站拟设置 2 条设计处理规模为 $180m^3/d$ 的废水处理线。

当进水水质水量出现波动时可通过各模块工艺组合的调整，降低运行费用的同时确保出水效果稳定。

本工艺流程包括三大主体模块。

① 模块一：物化系统模块。由综合调节池、气浮、直流电解、絮凝沉淀池组成。通过气浮、电解、絮凝沉淀流程，可以去除油性污染物，并提高废水的可生化性。

② 模块二：生化系统模块。由 UASB 池厌氧反应器、A/O 活性污泥池、鼓风机房等组成。采用厌氧＋好氧组合的工艺，厌氧反应器去除大部分有机物质，好氧工艺去除厌氧微生物无法降解的剩余有机物。

③ 模块三：深度处理模块。由芬顿强氧化池、三沉池、过滤池及消毒池组成。

除上述三个模块外，还有污泥处理系统，包括储泥池及污泥脱水机房。

生活污水可生化性较好，同时水量比较少，单独收集的意义不大，故在此与其他废水混合后采用模块一＋模块二＋模块三组合工艺处理。

废水处理工艺流程如图 13-33 所示。

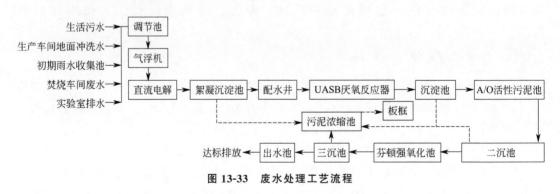

图 13-33　废水处理工艺流程

13.6.5　设计特点

（1）综合性处理基地

本工程危险废物成分复杂、种类多、危害性大，针对此特点，本工程采用了焚烧、物化、稳定化/固化、资源化、桶清洗等多种工艺手段，从安全性、经济性、技术可行性的角度出发，为各类型废物制定合理的处置措施。

（2）地上式安全填埋场

受安全填埋场选址限制，本项目安全填埋场采用地上式柔性库区布置。

图 13-34、图 13-35 分别为总平面布置图和总平面鸟瞰图。

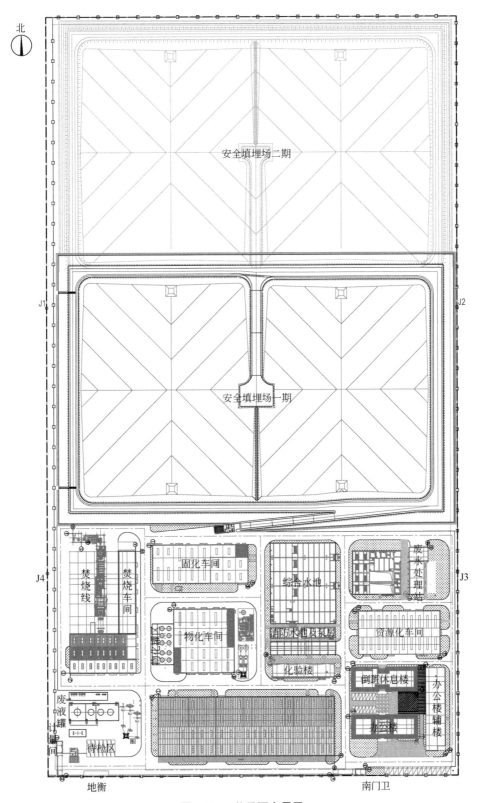

北

J1　J2

J4　J3

安全填埋场二期

安全填埋场一期

焚烧线

焚烧车间

固化车间

综合水池

废水处理站

物化车间

消防水池及泵房

资源化车间

化验楼

倒班休息楼

办公楼

办公楼辅楼

废液罐

待检区

地衡

南门卫

图 13-34　总平面布置图

图 13-35　总平面鸟瞰图

13.7　案例7：厦门市工业废物处置中心项目

13.7.1　项目概述

（1）项目概况

厦门市工业废物处置中心项目位于厦门市翔安区东部固体废弃物处理中心内，占地159.8亩，总处理规模46500t/a（其中：焚烧规模16500t/a，物化规模10000t/a，稳定化/固化规模20000t/a，填埋库区一期库容12.08万立方米）。为有效提高工程设计与建设施工、设备选型等环节衔接效率，该项目采用EPC（设计、采购和施工总承包）建设模式。工程于2016年6月开工建设，2017年10月建设完工，2018年10月通过环保验收。

（2）厂址概况

厂址属于山坡地貌，西北侧为园区的西东走向规划道路，西高东低，高程在58.50～55.86m，东面为排水明渠和园区规划道路，其他侧面均为园区边界。厂址位于近南北向的山坡上，地形高程在55.90～95.00m之间，占地约159.8亩。

厦门属于亚热带季风气候，温和多雨，年平均气温在21℃左右，冬无严寒，夏无酷暑。年平均降雨量在1200mm左右，每年5～8月份雨量最多。风力一般3～4级，常向主导风力为东北风。由于太平洋温差气流的关系，每年平均受4～5次台风的影响，且多集中在7～9月份。

13.7.2　处理对象与规模

（1）处理对象

服务范围为厦门市域范围内各工业企业产生的危险废物。根据前期调查资料，确定处理36类危险废物，具体见表13-17。

表 13-17 危险废物类别及采用的处理方式

序号	废物类别	编号	备注	序号	废物类别	编号	备注
1	医药废物	HW02	焚烧	19	含铜废物	HW22	固化
2	废药物、药品	HW03	焚烧	20	含砷废物	HW24	固化
3	农药废物	HW04	焚烧	21	含硒废物	HW25	固化
4	木材防腐剂废物	HW05	焚烧	22	含镉废物	HW26	固化
5	废有机溶剂与含有机溶剂废物	HW06	焚烧	23	含锑废物	HW27	固化
6	热处理含氰废物	HW07	焚烧	24	含汞废物	HW29	固化
7	废矿物油与含矿物油废物	HW08	焚烧	25	含铊废物	HW30	固化
8	油/水、烃/水混合物或乳化液	HW09	焚烧	26	含铅废物	HW31	固化
9	多氯(溴)联苯类废物	HW10	焚烧	27	无机氟化物废物	HW32	部分固化,部分物化
10	精(蒸)馏残渣	HW11	焚烧	28	无机氰化物废物	HW33	固化
11	染料、涂料废物	HW12	焚烧	29	废酸	HW34	物化
12	有机树脂废物	HW13	焚烧	30	废碱	HW35	物化
13	新化学物质废物	HW14	焚烧	31	有机磷化合物废物	HW37	焚烧
14	感光材料废物	HW16	焚烧	32	有机氰化物废物	HW38	焚烧
15	表面处理废物	HW17	部分焚烧,部分物化	33	含酚废物	HW39	焚烧
16	焚烧处置残渣	HW18	固化	34	含醚废物	HW40	焚烧
17	含金属羰基化合物废物	HW19	固化	35	含有机卤化物废物	HW45	焚烧
18	含铍废物	HW20	固化	36	其他废物	HW49	部分焚烧,部分固化

(2)工艺分类

根据各危险废物的特性,分别采取焚烧、物化、稳定化/固化后安全填埋等处理处置工艺。

(3)处理规模

根据危险废物产量调查和分析,确定原生危险废物总处理规模 46500t/a,其中:焚烧处理设计处理规模 16500t/a,年处理天数 330d,设置 1 套 50t/d 的焚烧处理线;物化处理处理外来废酸碱、含重金属废液等,设计处理规模 10000 t/a;稳定化/固化处理设计处理规模 20000 t/a;安全填埋处置一期库区容量 10.8 万立方米,服务年限 5 年。

13.7.3 总图布局

工程项目建设具有地势复杂、用地集约、集中控制标准高、工艺子系统繁杂、环保要求高等难点,在设计时秉承以人为本的设计理念,在实现危废安全处置的前提下打造一座环境友好型、生态环保型的花园式工厂。

(1)平面布置

考虑厂区东西地形狭长、南北地势陡倾的特点,统筹危险废物处理工艺布局,将管理区位于全厂的上风向,厂址的东侧,北侧布置填埋库区,南侧布置生产区。即全厂分为生产区、填埋库区、管理区三个分区。

1)生产区

生产区内各个工艺系统通过场内道路的划分，既相对独立又能形成有机的联系，保证了工艺流程的顺畅。根据各工艺系统生产区可划分为以下2个功能区。

① 焚烧处理区：为方便危险废物焚烧处理要求，将焚烧车间集中布置在生产区东侧。考虑到配套设施的便捷性，将工业废物暂存库、废液罐区、冷却系统等围绕焚烧线就近布置。考虑到进厂物流管理方便，在物流出入口处，布置地衡、洗车间、停车区等辅助设施。

② 辅助生产区：位于主体生产设施四周，主要包括洗桶间及备品库、固化车间、物化车间、废水处理站、组合水池、调压站、调节池等。辅助设施环绕焚烧车间设置，以利于物料的运输。

物化车间西侧、可燃废液储存区东侧、焚烧车间北侧预留二期发展用地。

2) 填埋库区

主要包括填埋库区及其围堤道路等，填埋库区分为三个分区，本次工程实施范围为填埋一区。

3) 管理区

管理区包括传达室、检测调度中心、倒班休息室、给水泵房及清水池等。管理区坚持"以人为本"的设计理念，结合当地的建筑特色，创造整洁、美观、人性化的建筑环境，与周围环境和谐统一。管理区与生产区之间设置绿化隔离带，确保管理人员获得良好的环境条件。

管理区北侧预留二期废液回收及利用设施建设用地。

建、构筑物一览表见表13-18。

表 13-18　建、构筑物一览表

序号		名称	占地面积/m²	建筑面积/m²	备注
生产区	101	工业废物暂存库	3025.2	4785.3	两层，含除臭设备
	102	甲、乙类暂存库	542.2	398.2	含除臭设备
	103	剧毒废物暂存库	132.2	132.2	
	104	可燃废液贮存区	476.6	22.8	含泵区
	105	焚烧车间	3249.3	4394.3	局部四层，含室外设备
	106	冷却水池	218.8	74.4	
	107	烟气小屋	10.9	10.9	
	108	固化车间	753.4	913.5	局部三层，含室外设备
	109	物化车间	1355.9	792.1	含室外设备
	110	组合水池	1120.8		
	111	污水处理站	659.1	398.7	含室外设备
	112	调节池	477.4		
	113	调压站	6.0		工艺设备不在工程范围内
	114	洗桶间及备品库	226.6	218.2	含室外水池
	115	洗车间	102.4	85.3	含室外水池
	116	门卫及取样室	76.7	76.7	
	117	二期预留用地	8136.1		含可燃废液储存区、焚烧车间及物化车间扩建，工业废液处理设施扩建用地
填埋库区	201	填埋库区	40665.1		
管理区	301	传达室	134.5	52.0	
	302	检测调度中心	869.0	2993.3	四层
	303	倒班宿舍	431.4	1718.8	四层
	304	给水泵房及清水池	600.4	228.2	

（2）竖向布置

竖向布置的基本原则为满足生产、运输、工程管线敷设以及污水导排要求，节能降耗、力求土石方平衡，减少工程费用。

拟建场地现状为高低不平的山坡地。整个场地平整后分为 3 个地块：$1^\#$ 地块整平标高 $65\sim69m$，该地块用作填埋库区用地；$2^\#$ 地块场地平整标高为 $76m$，该地块用作为生产区用地；$3^\#$ 地块场地整平标高为 $76\sim79m$，该地块用作管理区用地。

（3）交通运输

1）出入口设置

厂区共设置 2 个出入口，分别为物流出入口和人员出入口，实现人流物流合理分流。物流出入口位于厂区南侧西部，连接南侧厂外道路和生产区。人员出入口位于厂区南侧东部，连接南侧厂外道路和管理区。

2）交通组织

根据厂外交通条件和出入口布置，厂内交通实现人流车辆和物流车辆分流的要求，同时沿厂区主要建筑物周边和厂区周边形成环通的交通路网，主要道路为 $8\sim10m$ 宽双车道布置，以满足厂区运输和消防等安全要求，确保交通组织有序顺畅。

危险废物及各种生产辅料通过生产区出入口进入厂区，按物料特性分别进入各车间贮存、鉴定或处理，主要物料的交通路线描述如下。

① 固态半固态危险废物：经物流出入口进入厂区，至工业废物暂存库、甲乙类暂存库、剧毒废物暂存库卸料贮存，后通过叉车转运至焚烧车间处置。

② 液态有机类危险废物：经物流入口进入厂区，至废液罐区卸料贮存。

③ 废酸碱、含重金属废液：经物流入口进入厂区，至物化车间的室外贮罐卸料贮存。

④ 无机类危险废物、焚烧残渣：通过叉车转移至固化车间处置。

⑤ 石灰、活性炭、尿素等辅料：均由物流出入口进入厂区，进入焚烧车间卸料。

13.7.4　主体工程设计

作为综合性的危险废物处理中心，全厂工艺系统齐备。包括危险废物收集运输系统、鉴别与暂存系统、焚烧处理系统、物化处理系统、稳定化/固化处理系统、安全填埋场、废水处理系统、总平面布置及其他配套系统。

（1）收集运输系统

危险废物的运输采取公路运输的方式。危险废物处理中心选用专用转运车，按时到各危险废物存放点收集、装运盛有危险废物的专用容器，并选用路线短、对沿路影响小的运输路线，避免在装、运途中产生二次污染。

（2）鉴别与暂存系统

入场后，首先进行称重计量，若需要分析化验，抽样后送入化验室化验。本工程将化验室布置在检测调度中心的一层，配置针对危险废物的分析化验设备，总面积约 $200m^2$。

本工程设置危险废物暂存仓库 3 座，工业固废暂存库用于存放闪点大于 60℃ 的可燃废物及难燃或不燃废物。甲乙类暂存库主要用于存放闪点不大于 60℃ 的可燃废物。剧毒废物暂存库用于存放剧毒化学品类废物。工业固废暂存库布置于生产区的中部，周边紧靠焚烧车间、物化车间，废物转移均较方便。甲乙类暂存库、剧毒废物暂存库具有较高的安全风险，布置于厂区西侧角落。

工业固废暂存库的火灾危险性为丙类，为两层框架结构的库房，每层仓库内部分隔成 2 个独立的贮存区域，采用货架存储方式。仓库设 2 座货梯，废物通过无机房载货电梯转运，仓库内通过叉车搬运。甲乙类暂存库的火灾危险性为甲类，仓库内部分隔成 2 个独立的贮存区域，每个存储区划分为 4 个不同的存放区，采用堆垛式存储方式，甲乙类危险废物必须采用密闭桶装贮存于各个存放区内。剧毒废物暂存库的火灾危险性为丙类，采用堆垛式存储方式，仓库采用防盗门、防盗窗，设置专门的保卫值班室核对、记录废物转移情况。

（3）焚烧处理系统

经过配伍后，确保进炉物料热值范围为 3000～4000kcal/kg（12560～16747kJ/kg），设计工况点为 3500kcal/kg（14654kJ/kg）。

危险废物焚烧工艺主要包括以下主要单元：a. 废物卸料和贮存系统，含固体废物、液体废物的卸料和贮存；b. 焚烧系统，含料斗、回转窑、二燃室、助燃和风机等辅助设备；c. 余热回收系统，含余热锅炉以及锅炉辅助系统设备；d. 烟气净化系统，冷却焚烧炉内的烟气并除去有害的物质，并且达到排放要求后排放，含急冷塔、干式脱酸塔、除尘器、冷却洗涤塔、中和洗涤塔、烟气加热器、活性炭供给系统、除灰渣系统等；e. 烟气排放系统，含引风机、烟囱等。

焚烧车间工艺流程简图如图 13-36 所示。

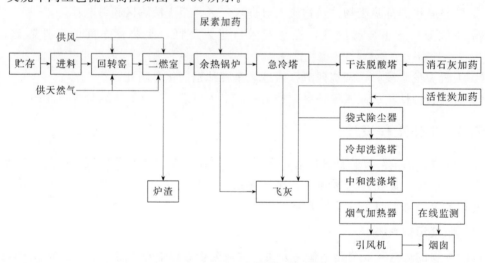

图 13-36　焚烧车间工艺流程简图

危险废物由专用运输车辆运至焚烧车间，可焚烧的固体、半固体危险废物则送入固体废物储坑，需要破碎等预处理的固体废物可临时贮存在废物破碎区，经破碎后从破碎机出口卸入废物贮坑。可焚烧的废液则泵送至废液罐区的废液贮罐缓存，经多级过滤增压后通过废液喷枪喷入回转窑或二燃室进行焚烧处理。其中低热值废液送入回转窑焚烧，高热值废液送入二燃室进行焚烧。

在废物贮坑上方设有废物抓斗起重机，起重机的抓斗可将废物贮坑内需要焚烧的固体、半固体废物抓至焚烧炉的进料斗。焚烧炉的进料斗为斜口溜槽式，料斗下方为液压插板门，垂直溜槽与倾斜溜槽衔接处有翻板压料器，废物经压实后由液压推杆送入回转窑，同时在垂直溜槽前段形成料封，防止回火。回转窑分为低温段和增温段两段燃烧区域，废物在回转窑低温段内与空气接触，在可调节氧含量环境中完成加热、干燥、燃烧过程，在增温段完成挥发及燃烬过程。废物在挥发分挥发气化的同时进行燃烧，挥发产生大量的可燃气体在回转窑内未燃烧完全的情况下进入二燃室，在过量燃烧空气的作用下完成完全燃烧。废物燃烬后产生的残渣经水封出渣机排出。回转窑高温段焚烧温度控制在850℃左右，废物在窑内停留时间大于1h。二燃室燃烧温度则可达1100℃，且烟气在高温区停留时间大于2s，以保证有害物质在高温下充分分解。当温度低于1100℃时，二燃室的燃烧器可调节喷入的燃料量，确保炉温在1100℃以上。

辅助燃料采用天然气。回转窑和二燃室燃烧所用的空气通过一次风机和二次风机供给，采用变频调节，以使废物的燃烧处于较佳状态。

从二燃室出来的1100℃烟气进入余热锅炉，降温至550℃，利用烟气热量产生高温蒸汽，供除氧器、空预器、烟气加热器使用，富余蒸汽经空冷器冷凝。余热锅炉第一回程的入口设置SNCR脱硝装置接口，通过喷射10%的尿素溶液，以热力脱硝工艺去除炉内部分NO_x。

从余热锅炉出来的烟气进入急冷塔，通过急冷塔水泵将清水送入急冷塔内，将烟气在1s之内迅速降温至200℃以下。

经急冷塔降温后的烟气再进入干式脱酸塔，烟气温度由200℃降到180℃。投加干石灰粉的主要目的一方面是可降低烟气的湿度，另一方面是充分利用湿润的石灰在塔内的中和反应以及部分石灰粉随烟气附着在布袋表面所起到的进一步的脱酸作用。

在脱酸塔和袋式除尘器之间还设置活性炭喷射装置，将活性炭喷射到烟道内与烟气混合，进一步吸附重金属、二噁英等有害物质。活性炭反应产物随后进入袋式除尘器被捕获后以干态形式排出。经过初步净化后的烟气经冷却洗涤塔降温至70℃后进入中和洗涤塔，烟气中剩余酸性气体与30%的碱液进一步中和反应，湿法脱酸后的烟气经烟气加热器升温至130℃后，经引风机通过烟囱排入大气。

（4）物化处理系统

物化处理系统处理的对象主要是废酸、废碱、表面处理废物、无机氟化物。物化车间废液处理后废水达到《污水综合排放标准》（GB 8978—2003）中第一类污染物排放标准。

物化车间设2条工艺线，采用批次处理方式，每天运行8h，处理两个批次，每个批次的最大处理能力为15t，每年运行330d。

1）贮存系统

物化车间处理废料根据其类别，分别贮存于不同的贮罐中。贮槽选用PE材质，耐酸、碱腐蚀，其中废酸碱及表面处理废液贮槽配置搅拌机。

2）预处理系统

考虑废液特性的波动，前端设置预处理反应器。可以去除废液中的杂质，在废液浓度过高时利用合格出水对废液进行稀释处理。预处理系统共设置2台反应器，分别为重金属废液预处理反应器和综合废液预处理反应器。

3）综合反应系统

综合反应系统包括2套综合反应器及其配套污泥沉降槽，反应器分别为重金属废液反应器+污泥沉降槽和综合废液反应器+污泥沉降槽。表面处理废物含 Cr^{6+}，投加硫酸将污水 pH 值调至 2～3，然后加硫酸亚铁将 Cr^{6+} 还原成 Cr^{3+}，再投加 NaOH 将 pH 值调至 8～9，然后投加 PAM 使污水中的 Cr^{3+} 絮凝形成污泥，最后过滤去除污水中的杂质，达到排放标准。

无机氟化物废物加入石灰乳，氟离子与钙离子形成氟化钙沉淀，经固液分离系统脱水处理后填埋，上清液排入观察水池。

废酸、废碱经中和-混凝-沉淀处理后，上清液排入观察水池，沉淀物经固液分离系统脱水处理后填埋。

4）固液分离系统

固液分离系统共包含 3 台隔膜式压滤机，1 台为重金属废液专用压滤机，2 台为综合废液专用压滤机。综合反应系统和污泥沉降槽产生的泥水混合物，需提升至固液分离系统进行泥水分离，泥饼送至固化车间进行处理，滤液提升至废液观察水池。对废液观察水池中的废液进行取样检测，若合格排至污水处理系统进行处理，如不合格则回流至综合反应系统进一步处理。

(5) 稳定化/固化系统

固态的需固化物料卸入料坑，通过抓斗起重机送入搅拌机料槽内。水泥、飞灰通过螺旋输送机送到搅拌机，水、药剂通过计量泵送入搅拌机。配料机的受料区域采用耐腐蚀、抗氧化的材质制作而成，并设置闸门和自动计量装置。

物料混合搅拌以后，开启搅拌机底部闸门，混合物料卸入到搅拌机下设的集装箱，通过拉臂车运输至安全填埋区，在填埋区内养护。

(6) 安全填埋系统

场地平整已由园区统一实施，为增加填埋库区库容，一期库区南侧、北侧、东侧三侧采用刚性混凝土墙作为库区围堤，并根据库区分期及分区计划在西侧布置库区隔堤。库区北侧紧邻现状道路挡土墙，南侧与生产区边坡连接，东侧紧靠渗滤液处理区，西侧为阶段分隔堤。填埋作业设备和车辆从场区道路沿坡面上修筑的进库道路经隔堤顶至卸料平台后，最终到达指定作业位置。

安全填埋库区位于场址西北侧，填埋库区总体呈东西向狭长型，东西向平均长度约 350m，南北向平均长度约 130m。填埋库区沿东西向由隔堤分为三个相对独立的库区，从东到西依次为填埋一区、填埋二区和填埋三区。一期工程实施填埋一区，占地约 15435m²，总库容 12.08 万立方米，使用年限 5 年。

库区基底和边坡的防渗系统设计由上而下逐一分析如下。

① 基底防渗设计：初始填埋层，采用预处理后危险废物；隔离层，采用 200g/m² 有纺土工布；主渗滤液收集层，采用 300mm 厚碎石；主防渗膜保护层，采用 600g/m² 无纺土工布；主防渗层，采用 2.0mm 厚光面 HDPE 土工膜；渗滤液检漏层，采用 7mm 厚土工复合排水网；次防渗层，采用 1.5mm 厚光面 HDPE 土工膜；次防渗层，采用 4800g/m² GCL；保护层，采用 500mm 厚压实黏土；排水层，采用碎石盲沟；基底层，采用平整基底。

② 边坡防渗设计（进库作业道路层以下）：初始填埋层，采用预处理后危险废物；隔离层，采用 600g/m² 无纺土工布；主防渗层，采用 2.0mm 厚双毛面 HDPE 土工膜；渗

滤液检漏层，采用 7mm 厚复合土工排水网；次防渗层，采用 1.5mm 厚双毛面 HDPE 土工膜；次防渗层，采用 4800g/m^{2}GCL；基底层，采用修整边坡。

③ 柔性边坡防渗设计（进库作业道路层以上）：初始填埋层，采用预处理后危险废物；隔离层，采用 600g/m^2 无纺土工布；主防渗层，采用 2.0mm 厚双毛面 HDPE 土工膜；渗滤液检漏层，采用 7mm 厚复合土工排水网；次防渗层，采用 1.5mm 厚双毛面 HDPE 土工膜；保护层，采用 400g/m^2 无纺土工布；基底层，采用修整边坡。

④ 钢筋混凝土挡墙处防渗设计：初始填埋层，采用预处理后危险废物；隔离层，采用 600g/m^2 无纺土工布；主防渗层，采用 2.0mm 厚光面 HDPE 土工膜；渗滤液检漏层，采用 7mm 厚复合土工排水网；次防渗层，采用 1.5mm 厚光面 HDPE 土工膜；保护层，采用 400g/m^2 无纺土工布；基底层，采用挡墙库区侧内表面。

库区内的渗滤液汇集到收集坑中，经重力汇至渗滤液提升井，再经渗滤液提升泵提升至渗滤液调节池。调节池设计有效容量为 1400m^3。

(7) 废水处理系统

本工程生产废水"零排放"，污水处理站出水达到《城市污水再生利用　城市杂用水水质》（GB/T 18920）中规定的标准，全部回用。

污水处理站处理的废水可以分为初期雨水、生活污水、高盐废水和一般性生产废水（低盐废水）。根据不同废水的特性，采用分质收集、分质处理原则，确保出水水质稳定达标的同时，降低运行成本。

① 初期雨水主要污染物质为浮油、悬浮物质以及少量的重金属离子，可通过气浮、物化一体化系统去除浮油及重金属离子后直接外排。

② 生活污水主要污染物为有机物，可生化性好，可直接进入到生化处理系统，对生活污水中的含碳有机物质进行降解。

③ 焚烧车间化学烟气洗涤排出的高盐废水含盐量高，可通过三效蒸发系统去除废水中的 TDS 等，处理后可回用于焚烧车间急冷塔、炉渣冲渣冷却等用水。

④ 安全填埋场渗滤液考虑其中含有重金属等污染物质，排至固化车间，用于稳定化/固化工艺用水。

⑤ 一般性生产废水含有一定量的浮油、悬浮物质等，可生化性较差，需通过气浮、物化一体化系统处理实现除油、去除部分 SS，难降解有机物通过化学氧化预处理提高废水可生化性后，与厂区生活污水混合后排至后续生化系统进行生化处理，生化处理可实现去除含碳有机物、硝化去除氨氮，生化出水通过膜进一步深度处理，确保出水可以达到回用水水质标准。

13.7.5　设计特点

本工程作为国内建成的处理门类最多、功能单元最齐全的危废处理中心，项目建设具有地势复杂、用地集约、集中控制标准高、工艺子系统繁杂、环保要求高等难点，设计过程中，秉承以人为本的设计理念，在实现危废安全处置的前提下，打造一座环境友好、生态环保的花园式工厂。

主要设计技术及创新要点如下。

（1）综合型危险废物处置基地的示范工程

项目可处置 36 大类危险废物，综合采用焚烧、物化、固化、填埋等多种处理处置工艺。对于有机类危险废物，采用焚烧处理工艺，焚烧烟气经净化后达标排放。对于废酸碱、含重金属废液等，采用物化处理工艺，废水排入厂区污水处理站处理。对于无机类危险废物，采用稳定化/固化处理工艺，最终进入安全填埋场填埋处置。

（2）集约化设计的精品工程

针对物流复杂、工艺单元繁多的特点，总体布局充分考虑厂址地形特点，因地制宜，将焚烧系统、物化系统以及固化系统布置在坡地的高区，将填埋库区、废水处理等设施布置在地势较低区域，实现土方基本平衡，竖向设计及平面布局合理经济。针对场址地块狭长、用地紧张的特点，合理划分管理区、生产区、填埋区等不同功能分区，人物分流管理有序，物流运输组织顺畅。考虑各子系统的工艺特点，将焚烧线、暂存库及物化处理等污染源相近的单元集约化布局，不仅避免物流交叉，更减少了物流运输距离，同时显著节省除臭设施及暂存库的占地。为挖潜安全填埋库区的库容，结合场址工程地质与水文地质特点，将库区边坡处理措施同环境土工等防渗工程有机结合，显著提高单位占地面积的填埋库容，且经济合理。

（3）高标准新技术的创新工程

危废焚烧处理采用"回转窑＋二燃室＋余热锅炉＋急冷塔＋干式脱酸＋袋式除尘＋冷却洗涤塔＋中和洗涤塔＋烟气加热器"的处理工艺，整体性能处于国内先进水平。物化系统中重金属废液采用"酸化＋还原＋中和＋沉淀"的处理工艺，无机氟化物采用投加石灰乳处理工艺，首次成功应用于处理浓度大于 20% 的氢氟酸。污水处理系统采用"物化预处理＋MBR＋NF＋RO"的处理工艺，高盐废水采用三效蒸发处理，实现废水"零排放"，废水处理后全部回用于工艺设施。

图 13-37　项目鸟瞰效果图

图 13-37～图 13-39 分别为项目鸟瞰效果图、焚烧车间实景鸟瞰图和焚烧线设备图。

图 13-38　焚烧车间实景鸟瞰图

图 13-39　焚烧线设备图

13.8　案例 8：盐城市阜宁县危险废物处理中心项目

13.8.1　项目概述

（1）项目概况

盐城市阜宁县危险废物处理中心项目是盐城维尔利环境科技有限公司投资建设，主要服务范围包括阜宁县、兼顾周边城市各工业企业产生的危险废物。项目位于阜宁县澳洋工业园区。项目处理规模为危险废物焚烧 12000t/a，污泥干化 1500t/a，低浓度有机废液 3000t/a，稳定化/固化及安全填埋 15000t/a。项目于 2017 年建设完工并投入使用。

项目中的安全填埋场建设，是国内首个按照《危险废物填埋污染控制标准》新标准建设的刚性填埋场，极大地提高了安全填埋场建设标准和环保标准，成为刚性填埋场新标准的示范案例。

（2）厂址概况

项目选址在盐城市阜宁县澳洋工业园北侧，紧邻官王路。

阜宁县地处江苏省中北部，黄海之滨，苏北平原的腹部，北纬 $33°26'\sim33°59'$，东经 $119°27'\sim119°58'$，东与射阳县相连，南与建湖县交界，西与淮安市楚州区、涟水县毗邻，北与滨海县接壤，南北长 52.5km，东西宽 48km，县境距南京市约 220km，距上海市约 430km。

澳洋工业园位于阜宁县城西郊 8km 处，园区通过 329 省道与阜宁城区相连；西侧的苏北灌河总渠阜宁段为五级行道，可以通过 300 吨级的船只；南距已投入运营的新长铁路 30km，对外交通十分便捷。

该项目地区属北亚热带向暖温带过渡型气候，并受海洋气候的影响，地处我国南北气候主要分界线秦岭、淮河的附近，季风性气候特征显著，四季分明，雨量充沛，气候温和，雨热同季，光照充足。常年平均气温 13.7℃，极端最高气温 37.6℃，极端最低气温 −15.9℃。常年平均相对湿度为 77％，年均降水量 981.7mm，主要集中在夏季，历年最大降雨量 1430.3mm，历年最小降雨量 537.6mm。常年平均蒸发量 1441.1mm。年平均日照时数为 2257.7h。

该地区年主导风向东南风，常年平均风速为 3.5m/s。阜宁灾害性天气较多，以台风、暴雨、冰雹、霜冻为主。

根据该项目岩土勘察报告，拟建场地建筑抗震设防类别为标准设防类（简称丙类）。场区地震设防烈度为 6 度，设计基本地震加速度值为 0.05g，特征周期 0.90s。拟建场地 20m 深度范围内无液化土层，为不液化场地。建筑场地类别为Ⅳ类，拟建场地属对抗震不利地段。

拟建场地地下水对混凝土结构具微腐蚀性，对钢筋混凝土结构中的钢筋在干湿交替时具弱腐蚀性，在长期浸水时具微腐蚀性。根据当地经验，拟建场地地下水位较高，加之年降水量较大，丰水季节地基土全部浸于水下，土中可溶盐类多已浸出，故本场地地基土对建筑材料的腐蚀性可参照地下水的腐蚀性评价，即地下水位以上地基土对混凝土结构具微腐蚀性，对钢筋混凝土结构中的钢筋具弱腐蚀性。

13.8.2 处理对象与规模

(1) 处理对象

服务范围：该处置中心服务范围包括整个阜宁县，兼顾周边地区。服务对象：服务范围内各工业企业产生的危险废物。

(2) 工艺分类

根据各危险废物的特性，拟分别采取焚烧、蒸馏、稳定化/固化、安全填埋等处理处置工艺。

根据危险废物调查资料，该项目拟收集处理 29 类危险废物，其中易于焚烧的部分进行焚烧处置，热值较低的低浓度有机危险废液经精馏浓缩后再进行焚烧处置，部分不可焚烧的物质经稳定化/固化处理后进行安全填埋。

危险废物处理类别见表 13-19。

表 13-19　危险废物处理类别

序号	废物类别	编号	备注
1	医药废物	HW02	焚烧
2	废药物、药品	HW03	焚烧
3	农药废物	HW04	焚烧
4	木材防腐剂废物	HW05	焚烧
5	废有机溶剂与含有机溶剂废物	HW06	焚烧
6	废矿物油与含矿物油废物	HW08	焚烧
7	油/水、烃/水混合物或乳化液	HW09	焚烧/蒸馏
8	精(蒸)馏残渣	HW11	焚烧
9	染料、涂料废物	HW12	焚烧
10	有机树脂类废物	HW13	焚烧
11	新化学物质废物	HW14	焚烧
12	表面处理废物	HW17	焚烧
13	焚烧处理残渣	HW18	稳定化/固化
14	含金属羰基化合物废物	HW19	稳定化/固化
15	含铬废物	HW21	稳定化/固化
16	含铜废物	HW22	稳定化/固化
17	含锌废物	HW23	稳定化/固化
18	含砷废物	HW24	稳定化/固化
19	含硒废物	HW25	稳定化/固化
20	含镉废物	HW26	稳定化/固化
21	含铅废物	HW31	稳定化/固化
22	无机氰化物废物	HW33	稳定化/固化
23	石棉废物	HW36	安全填埋
24	有机磷化合物废物	HW37	焚烧
25	有机氰化物废物	HW38	焚烧
26	含酚废物	HW39	焚烧
27	含醚废物	HW40	焚烧
28	含有机卤化物废物	HW45	焚烧
29	其他废物	HW49	焚烧/填埋

(3) 处理规模

根据危险废物产量调查和分析，确定该项目处置规模如下：焚烧处理 12000t/a；污泥干化处理 1500t/a；低浓度有机废液处理 3000t/a；稳定化/固化处理 15000t/a；安全填埋处置 20000t/a（固化前 15000t/a）。

总体工艺路线见图 13-40。

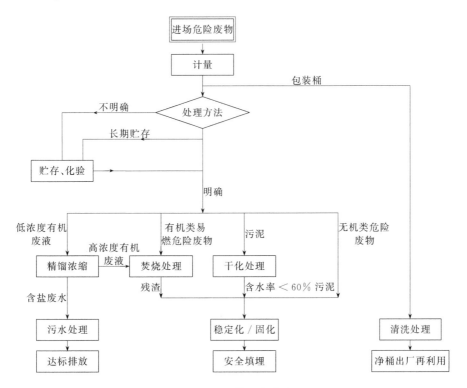

图13-40 总体工艺路线

13.8.3 总图布局

（1）总平面布置

厂区分综合管理区、生产区和安全填埋区三个功能分区。综合管理区设置单独的出入口，进口设置门卫。生产区、安全填埋区进料均需要计量、检测，故两功能区使用同一个出入口，进口设置门卫计量房，便于物料进场计量。

1）综合管理区

综合管理区包括综合楼、停车位等，与安全填埋区布置在同一地块，通过绿化隔离带和围墙实现空间上的分离。综合管理区紧靠官王路布置，且位于安全填埋区用地的南侧，居于生产区和安全填埋区的中间位置，既可对生产区、安全填埋区进行集中管理，又享有便捷的交通条件，同时远离生产区噪声声源，能够获得良好的办公环境。综合管理楼设置为三层，其中一层为接待处和食堂，二、三层主要为办公区。

2）生产区

生产区功能相对独立，西南侧用地全部用于布置焚烧等生产区，生产区内各个工艺系统通过场内道路的分隔，既相对独立又能形成有机的联系，保证物流、人流的顺畅。根据各工艺子系统，该项目生产区可划分为预处理及废物暂存区块、焚烧区块、辅助生产区块等 3 个子区块，具体如下。

① 预处理及废物暂存区块：位于生产区东侧，主要包括预处理车间、1#暂存仓库、2#暂存库等，预处理车间与1#暂存仓库间通过钢结构搭棚连通。其中，预处理车间除满足常规的危险废物鉴定、分类外，还设置了污泥干化车间、废物破碎及打包车间。1#暂存仓库位于焚烧生产区中部，采用直接堆放和货架堆放组合模式，设置堆放层数为三层，1#暂存仓库西北侧室外预留除臭设备用地。

② 焚烧区块：位于焚烧生产区西侧，近1#暂存仓库布置。

③ 辅助生产区块：位于焚烧生产区南侧及东南侧，主要包括罐区、变配电间、污水处理站、消防设施等。辅助设施紧绕焚烧车间设置，以利于物料的运输。

3）安全填埋库区

安全填埋库区功能相对独立，根据各工艺子系统，该项目安全填埋区可划分为管理区、稳定化/固化及暂存、安全填埋库区等各个子区块，具体如下。

① 管理区：位于安全填埋区西南侧。

② 稳定化/固化及暂存区：位于安全填埋区东南侧，包括3#暂存仓库、4#暂存仓库及固化车间，主要对不适宜焚烧的危废和焚烧区产生的炉渣、飞灰、污泥等进行稳定化/固化处理，并对产物进行暂存。

③ 安全填埋库区：位于安全填埋区北侧，主要包括填埋库区、垃圾挡坝等。

安全填埋库区南侧留有远期预留用地。

建、构筑物一览表见表13-20。

表13-20　建、构筑物一览表

序号		名称	建筑面积/m²	占地面积/m²	备注
生产区	1	预处理车间	3365	3365	
	2	1#暂存仓库	4224	4488	含除臭设施
	3	焚烧车间	4274	3266	
	4	2#暂存仓库	534	534	
	5	废液罐区		550	
	6	精馏塔		600	
	7	消防水池及泵房	200	750	
	8	变配电间	534	534	
	9	污水处理间	400	500	
	10	综合水池		1130	
	11	化验室	358	358	
	12	门卫1	40	40	
	13	洗轮机		70	
	14	地磅		70	
安全填埋区	15	3#暂存仓库	2950	2950	
	16	4#暂存仓库及固化车间	4524	4524	
	17	安全填埋库区		23000	
	18	远期预留用地		52587	
管理区	19	综合楼	2330	920	
	20	门卫2	40	40	

（2）竖向布置

项目厂区地势较低，现状标高为2.52~2.78m。百年一遇的洪水位为2.51m，与主要出入口衔接的园区道路设计标高约为2.55m，考虑到厂内外道路的沟通以及排水需要，拟将场地室外设计地坪标高确定为 3.15m。

填埋库区堤顶设计标高 3.15m。安全填埋区与库区堤顶标高一致,室外设计地坪标高确定为 3.15m。

(3) 物流组织

厂区实行人流、物流车辆分流。人流出入口和车流出入口均布置在官王路侧,人流出入口位于物流出入口东侧,相距约 60m,分别服务于综合管理区和生产区。

危险废物及生产辅料通过生产区出入口进入厂区,按物料特性分别进入各车间贮存、处理或处置。

13.8.4　主体工程设计

作为综合性的危险废物处理中心,全厂工艺系统齐备。包括危险废物收集运输系统、鉴别与暂存系统、焚烧处理系统、物化处理系统、稳定化/固化处理系统、安全填埋场、废水处理系统、总平面布置及其他配套系统。

(1) 收集运输系统

根据危废产生单位需处置量及地区分布、各地区交通路线及路况,执行《危险货物道路运输规则》(JT/T 617—2018),制定出危险废物往返收集网络路线,原则上危废运输不采取水上运输,采用汽车运输。废物运输外委给有资质的单位进行。

(2) 鉴别与暂存系统

1) 化验室

根据危险废物处理处置中心的任务要求,其分析能力必须同时满足焚烧、填埋及综合利用的分析项目要求。该项目将分析化验室和试验研究室两室合建。分析化验与试验研究室紧靠生产区出入口布置,总面积约 358m²。

2) 暂存仓库

该项目设置危险废物暂存仓库 4 座。1#暂存仓库布置于焚烧车间东侧,用以贮存进场可燃固体危险废物,2#暂存仓库布置于焚烧车间南侧,用于存储焚烧后灰渣,1#暂存仓库、2#暂存仓库紧靠焚烧车间,废物转移方便快捷。3#暂存仓库主要服务于厂区原料的贮存(如水泥等),4#暂存仓库用于存放需稳定化/固化的无机危险废物,布置于安全填埋区,4#暂存仓库与固化车间合建。

危险废物暂存间内部进行分区布置。根据废物是否经过检测和鉴定以及废物的去向可以把废物暂存间分为若干个存放区。

3) 废液罐区

废液灌区共配置 8 个 50m³ 的贮存罐,6 只不锈钢材质,2 只玻璃钢材质。一期工程包括两只不锈钢贮罐、两只玻璃钢贮罐(预留 4 个 50m³ 的贮罐罐位),另设 1 个 30m³ 柴油贮罐。

废液罐区布置于焚烧生产区东南侧。罐区与周边建筑物距离满足防火间距要求,罐区周边采用防火堤,防火堤高 1.2m。

(3) 焚烧处理系统

经过配伍后,确保进炉物料热值范围 3500~4000kcal/kg,设计工况点 3500kcal/kg。

危险废物焚烧工艺主要包括以下主要单元：a. 进料系统（含固体、废液暂存及进料系统）；b. 焚烧系统（炉窑系统、助燃空气系统、辅助燃烧系统、废液喷烧系统）；c. 余热利用系统（余热锅炉及附属水处理设施、蒸汽冷凝系统）；d. 烟气净化及排放系统（含急冷、除尘、脱酸等系统）；e. 炉渣及飞灰收集系统；f. 辅助系统（如水、压缩空气等）；g. 电气和自动控制系统（含在线监测）。

焚烧车间工艺流程简图如图 13-41 所示。

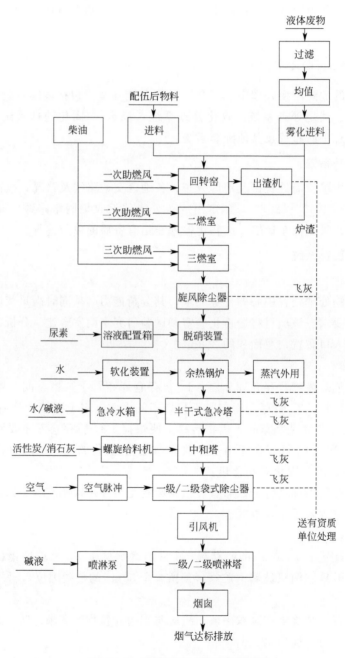

图 13-41 焚烧车间工艺流程简图

① 固体废物由运输车卸至废物贮坑中贮存，而后通过抓斗起重机（备用翻斗上料机）提升至进料斗上方，经进料系统设备进入回转窑前端，废液经贮存和输送，喷入回转窑尾部或二燃室。

② 在回转窑中，废物依次经历着火段、燃烧段和燃烬段，燃烧产生的高温烟气进入二燃室、三燃室继续燃烧，产生的炉渣经排渣机排出系统。

③ 三燃室出口烟气依次进入余热锅炉和半干急冷塔降温。余热锅炉利用焚烧产生的热量产生蒸汽，蒸汽用于一些罐体的保温、精馏塔加热、三效蒸发加热、污泥干化加热并预留今后蒸汽利用的接口。在半干急冷塔中水与烟气直接接触并瞬间急剧降温。

④ 半干急冷塔出口烟气进入中和反应塔，在中和反应塔中烟气中的酸性气体与消石灰发生中和作用、烟气中的重金属等与活性炭发生吸附作用，均得到一定程度的去除，而后进入两级袋式除尘器降低烟气中粉尘浓度。

⑤ 两级袋式除尘器出口烟气在两级喷淋吸收塔内被净化，酸性气体、颗粒物、重金属及二噁英类物质均得到了有效的控制和去除。经过两级喷淋吸收塔后，烟气中的湿分相对较大，可能会出现"白烟"。利用余热锅炉产生的蒸汽，将排入烟囱的烟气加热到露点以上，可以防止以上情况的出现。蒸汽凝结水回收再利用。

⑥ 烟气再热器出口烟气在引风机的作用下通过烟囱达标排至大气。

（4）稳定化/固化系统

该项目采用水泥基稳定化/固化法。废物被掺入水泥的基质中，在一定条件下经过物理化学作用，废物在水泥基质中胶结固定，生成坚硬的水泥固化体，失去迁移能力。

添加药剂为高分子螯合剂。高分子有机螯合剂是利用其高分子长链上的二硫代羟基官能团以离子键和共价键的形式捕集废物中的重金属离子，生成稳定的交联网状的高分子螯合物，能在更宽的 pH 值范围内保持稳定。

该项目稳定化/固化车间与 4 号暂存仓库合建，车间净高 12.8m。水泥储仓设在室外，以便于设备现场制作、安装以及来料输入。固化车间还设置了配电控制室、加药间、储藏间、厕所。

稳定化/固化车间布置的设备主要有配料机、单斗提升机、带式输送机、搅拌机、除尘器等。本方案采用四个配料斗呈一字形连接，受料区域与倒车区域对应，保证整个系统的物流通畅。

（5）有机废液蒸馏系统

蒸馏回收单元处理对象主要为废矿物油、有机溶剂废液、废有机溶剂等含有机物的危险废液，处理规模约为 3000t/a。

蒸馏塔系统设备主要包括蒸馏塔、进料废水缓冲罐、塔顶回流罐、塔顶产品罐、进料废水一级换热器、进料废水二级换热器、塔顶产品冷却器、废水蒸馏塔再沸器及各种进出料泵等。

蒸馏塔、进料废水缓冲罐、塔顶回流罐、塔顶产品罐及各种进出料泵均布置在地面上，进料废水一级换热器、进料废水二级换热器、塔顶产品冷却器分别布置在不同标高的平台上。

(6) 安全填埋库

本刚性安全填埋库是国内首座参考《危险废物填埋污染控制标准》（送审稿）建设的刚性安全填埋库。为满足"填埋结构的设计应能通过目视检测到填埋单元的破损和渗漏情况，以便进行修补"的要求，将刚性填埋库架高增设检修夹层，使填埋库底板与基础脱开，避免渗滤液和地下水经底板破裂位置相互交汇，设置在钢筋混凝土底板下部的检修夹层可满足日常监测与维护要求。

在刚性填埋库内增加中间隔墙，将填埋库划分为若干填埋单元，将不同填埋物料分区填埋，通过对填埋单元系统编号，实现填埋物料的可追溯管理。不同工况时每个区域底板受力更加明确。

该项目根据场址地质条件及库区结构形式，其库区基底防渗系统设计由上而下逐一分析如下。

① 基底防渗设计：初始填埋层，采用危险废物；保护层，采用 HDPE 排水板；防渗膜上保护层，采用 $800g/m^2$ 无纺土工布；防渗层，采用 2.0mm 厚光面 HDPE 土工膜；基础层，采用钢筋混凝土底板。

② 挡墙防渗设计：初始填埋层，采用危险废物；保护层，采用 $800g/m^2$ 无纺土工布；主防渗层，采用 2.0mm 厚光面 HDPE 土工膜；基础层，采用钢筋混凝土挡墙。

(7) 废水处理系统

该项目污水可根据水质特点不同划分为生活污水、车辆清洗废水、高盐废水、含有一类污染物废水、厂区一般性生产废水、初期雨水。根据上述废水各自的水质特点，本方案采用"分质排放、分质收集、分质处理"的设计原则，上述废水分别采用不同的预处理工艺，以提高系统运行的稳定性，在确保出水水质稳定达标的同时降低运行成本。

1) 生活污水

主要污染物为有机物，可生化性好，厂区生活污水采用重力流生活污水管道收集，管网末端设置化粪池，经过化粪池简单预处理后，排至厂区综合污水处理单元调节池内，经过综合污水处理生化单元进一步处理。

2) 高盐废水

该项目高盐废水主要产生于焚烧系统烟气净化系统，该部分废水含部分 COD、BOD，并且含盐量较高，需对这部分废水进行去除盐分的处理。该部分废水经收集后通过提升泵加压，由压力管道排至三效蒸发处理系统进行脱盐预处理，脱盐预处理后产生的废水排至厂区综合污水处理单元调节池内，经过综合污水处理生化单元进一步处理。

3) 含有一类污染物废水（填埋场渗滤液及焚烧系统冲渣冷却排水）

该部分废水含有一类污染物，需要进行物化预处理去除一类污染物，预处理后出水一类污染物须符合《污水综合排放标准》中一类污染物的控制限制要求。

预处理采用"气浮＋微电解＋混凝沉淀＋砂滤"物化工艺，实现一类污染物处理达标的目标后，排至厂区综合污水处理单元调节池内，经过综合污水处理生化单元进一步处理。

4）车辆清洗废水

由于项目采用的危险废物运输车均为密闭专用运输车，为控制扬尘污染，厂区进出口处设置有洗轮机，用于去除车轮及底盘上的泥土。洗轮机的冲洗台设置于大门内侧，其周边设置排水沟，排水沟与二级沉淀池相连，沉淀池需定期清理残渣，澄清液回流至洗轮机水箱循环使用，日常需补充少量的水。车辆清洗废水沉淀池是利用重力沉降作用将密度比水大的悬浮颗粒从水中去除的处理构筑物，由于清洗废水的主要特点为悬浮物浓度高，有机污染物浓度低，且回用水主要用于冲洗车轮及底盘上的泥土，回用水质要求不高，采用二级沉淀池对冲洗废水处理后继续循环使用，定期清理残渣。

5）初期雨水

厂区生产污染作业区域道路径流雨水通过雨水明渠收集系统收集，在该收集系统末端设置初期雨水截流设施，截流初期雨水至初期雨水池。初期雨水池内设置提升泵，收集的初期雨水根据其是否含有一类污染物，可实现排至厂区含有一类污染物生产废水的物化预处理单元预处理后排至厂区综合污水处理单元进一步处理或直接排至厂区综合污水预处理单元进一步处理。

6）厂区综合污水

一般性生产废水排至厂区综合污水处理单元调节池内，与上述经过预处理后的各类生产废水混合（除了车辆冲洗废水，该部分废水经过预处理后回用），一并经过后续综合污水处理生化单元进一步处理，达到污水外排标准后排至厂区"一企一管"接口，并最终排至阜宁县工业污水处理有限公司。

厂区综合污水采用"调节池＋水解酸化＋AO＋二沉池"生化处理工艺。

7）污泥处理系统

一般性生产废水"物化预处理"单元产生的化学污泥、综合污水处理单元产生的生化污泥均排至污泥浓缩池，最终经过污泥脱水机脱水后污泥含水率降低至 80％，泥饼运至固化车间稳定化/固化处理后最终填埋处置。

13.8.5　设计特点

（1）首个新标准刚性填埋场，示范意义显著

本项目填埋场是国内首个按照《危险废物填埋污染控制标准》进行设计施工的架空式安全填埋场。该技术方案的提出当时在国内外尚属首次，极大地提升了危险废物安全填埋场的设计理念和设计水平，是全世界安全填埋高标准实践中的里程碑。

（2）项目运行可靠，效果显著

项目探索刚性填埋场运营作业经验，运营两年多来，各项环保指标和运营参数均达到标准要求，也取得了较好的社会效益和经济效益。目前一期工程库容基本已满，二期工程建设已经启动。

图 13-42～图 13-45 分别是项目总体鸟瞰效果图、刚性填埋场外形照片、刚性填埋场内部分隔照片和刚性填埋场架空层照片。

图 13-42　总体鸟瞰效果图

图 13-43　刚性填埋场外形照片

图 13-44　刚性填埋场内部分隔照片

图 13-45　刚性填埋场架空层照片

13.9　案例 9：南充市危险废物综合处置项目

13.9.1　项目概述

（1）项目概况

南充市危险废物综合处置项目是《四川省危险废物集中处置设施建设规划（2017～2022 年）》的骨干工程。该项目位于南充市嘉陵区南充经济开发区（南充化学工业园），总处理规模 66000t/a（其中废矿物油再生利用处置规模 20000t/a、焚烧处置规模 15000t/a、物化系统处置规模 20000t/a、稳定化/固化处置规模 11000t/a、安全填埋场设计库容约

10 万立方米）。工程于 2017 年 1 月取得省环境保护厅（现省生态环境厅）环境影响评价文件的批复，2019 年 10 月通过竣工验收，2020 年 7 月通过环保验收。

（2）厂址概况

项目厂址位于南充市嘉陵区南充经济开发区化学工业园区河西片区，占地约 180 亩。

南充市地处四川盆地东北部，嘉陵江中游西岸，嘉陵区属于四川盆地中亚热带季风性湿润气候区。主要气候特点是季风气候显著，四季分明。气候总的特点是冬暖、夏长、雪少、雨量多、日照少，多年平均日照时数 1191.7～1566.0h，占可照时数的 31％。多年平均气温 17.6℃，最高气温 40.4℃，最低气温−5.8℃，无霜期 285～328d，多年平均蒸发量 1115.7mm，相对湿度 69％～84％，近 30 年来的平均降水量为 987.2mm。多年平均风速 1.4m/s，主导风向为偏北风，次为东北风，西风最少。

场地地貌属于嘉陵江Ⅲ级阶地，现场内地面高程最小值为 302.50m，最大值为 306.40m，高差 3.90m，地形开阔、平坦，市政道路可直达现场，交通方便。

13.9.2　处理对象与规模

（1）处理对象

服务范围为南充市化学工业园及周边地区产生的危险废物。根据前期调查资料，确定处理《国家危险废物名录》中的 26 类危险废物，具体见表 13-21。

表 13-21　危险废物类别及采用的处理方式

序号	废物类别	编号	备注
1	医药废物	HW02	焚烧
2	废药品、药物	HW03	焚烧
3	农药废物	HW04	焚烧
4	废有机溶剂与含有机溶剂废物	HW06	焚烧
5	废矿物油与含矿物油废物	HW08	再生利用和焚烧
6	油/水、烃/水混合物或乳化液	HW09	物化
7	精（蒸）馏残渣	HW11	焚烧
8	燃料、涂料废物	HW12	焚烧
9	有机树脂废物	HW13	焚烧
10	感光材料废物	HW16	焚烧、稳定化/固化、填埋
11	表面处理废物	HW17	物化、稳定化/固化、填埋
12	焚烧处置残渣	HW18	稳定化/固化
13	含铬废物	HW21	物化、稳定化/固化、填埋
14	含铜废物	HW22	物化、稳定化/固化、填埋
15	含锌废物	HW23	物化、稳定化/固化、填埋
16	含铅废物	HW31	物化、稳定化/固化、填埋
17	无机氟化物废物	HW32	物化
18	废酸	HW34	物化、稳定化/固化、填埋
19	废碱	HW35	物化、稳定化/固化、填埋

序号	废物类别	编号	备注
20	有机磷化合物废物	HW37	焚烧
21	含酚废物	HW39	焚烧
22	含醚类废物	HW40	焚烧
23	含镍废物	HW46	稳定化/固化、填埋
24	含钡废物	HW47	稳定化/固化、填埋
25	有色金属冶炼废物	HW48	稳定化/固化、填埋
26	其他废物	HW49	焚烧、物化、稳定化/固化、填埋（不含900-041-49、900-044-49）

（2）工艺分类

根据各危险废物的特性，拟分别采取焚烧、物化、稳定化/固化后安全填埋等处理处置工艺。

（3）处理规模

根据危险废物产量调查和分析，确定原生危险废物总处理规模 66000t/a，其中：废矿物油再生利用，设计处理规模 20000t/a，年产燃料油 700t，基础润滑油 17300t；焚烧处理，设计处理规模 15000t/a，年处理天数 300d，设置 1 套 50t/d 的焚烧处理线；物化处理，处理外来废酸碱、含重金属废液、废乳化液等，设计处理规模 20000t/a；稳定化/固化处理，设计处理规模 11000t/a；安全填埋处置：一期库区容量 $10 \times 10^4 m^3$，设计服务年限 13.8 年。

13.9.3 总图布局

（1）平面布置

项目拟建场地近似矩形，场地地貌属于嘉陵江Ⅲ级阶地，地形高程在 302.50～306.40m 之间。根据场地现有情况、当地主导风向频率及危险废物处理处置生产工艺的特点，将厂区分为管理区、生产区以及远期预留用地。生产区包括填埋库、预处理及暂存系统、焚烧系统、物化处理系统、污水处理系统、废矿物油再生利用系统和辅助工程设施。厂区西侧布置管理区，东侧布置生产区，两区域及各区域单体之间由厂内道路连通。

1）管理区

主要包括管理区门卫、综合楼、配套用房等。管理区坚持"以人为本"的设计理念，创造整洁、美观、人性化的建筑环境，与周围环境和谐统一。此外，设置景观区域，确保管理人员获得良好的环境条件。

2）生产区

生产区内各个工艺系统通过场内道路的划分，既相对独立又能形成有机的联系，保证了工艺流程的顺畅。各工艺系统根据运行要求及特点就近设置配套辅助设施。同时，预处理及暂存系统、填埋库、焚烧系统、废矿物油再生利用系统均预留远期扩建用地。

主要建、构筑物一览表见表 13-22。

表 13-22 主要建、构筑物一览表

序号		建筑名称	占地面积/m²	建筑面积/m²	建筑高度/m	耐火等级	火灾危险性类别	层数
预处理及暂存系统	101	1#暂存仓库	1481.2	1481.2	8.7	一级	丙类	一层
	102	2#暂存仓库	1264	1264	9.3	一级	丙2类	一层
	103	3#暂存仓库	764.51	764.51	9.3	一级	丙类	一层
	104	预处理车间	1422.2	1422.2	9.6	一级	丙类	一层
稳定化/固化处理系统	201	稳定化/固化厂房	1327	1327	14.85	二级	丙类	一层
填埋库	301	一期填埋库区	9083					
污水处理系统	401	污水处理设备房	1098.55	586.87	9.9	二级	丁类	
	402	组合水池	1687.5					
焚烧系统	501	焚烧厂房	1910.2	4615.62	22.4	一级	丙类	四层
	502	焚烧线	1246.2				丁类	
	503	废液贮罐区	592.86			二级	丙类	
	504	甲类焚烧危废库房	235.4	235.4	8.2	一级	甲1、2、5、6类	一层
废矿物油再生利用系统	601	废油处理厂房	821.56	1275.05	9.9	二级	丙类	一层
	602	室外设备一区	380.43				丙类	
	603	油品贮罐区	1274.28			二级	丙类	
	604	装车平台	12.8					
	605	卸车平台	48.78					
物化处理系统	701	物化厂房	1613.56	1613.56	9.8	一级	丙类	一层
	702	循环水池	129.6	129.6	2.8	二级	丁类	
辅助工程	801	门卫二	65	59.89	4.2	二级	戊类	一层
	802	消防水池及泵房	590	401.5	7.8	二级	丁类	一层
	803	地磅一	36					
	804	洗车位	27					
	805	管廊						
管理区	901	门卫一	74	56.99	4.1			一层
	902	综合楼	825	2354.81	18.05			四层
	903	配套用房	867.6	1435.95	10.6			二层

（2）竖向布置

竖向布置的基本原则为满足生产、运输及工程管线敷设要求，保证场地水能顺利排除，尽量做到土石方平衡，减少工程费用。

项目场地平整分为两个地块，1#地块整平标高为 306.00m，2#地块整平标高为 303.50m，1#、2#地块之间为由 306.00m 标高至 303.50m 放坡的过渡区域。

(3) 交通运输

1) 出入口设置

厂区共设置 3 个出入口，分为 2 个物流出入口和 1 个人员出入口（管理区出入口），实现人流物流合理分流。2 个物流出入口分别位于厂区北侧及东侧，其中北侧物流出入口主要为焚烧系统及安全填埋服务，东侧物流出入口主要为物化系统、资源化利用系统服务。以北侧物流出入口为主要出入口。人员出入口（管理区出入口）位于厂区西侧中部，连接西侧厂外道路和管理区。

2) 交通组织

根据厂外交通条件和出入口布置，厂内交通实现了人流和物流车辆有序分流，同时沿厂区主要建筑物周边和厂区周边形成环通的交通路网，主要道路为 6～8m 宽双车道布置，进一步满足了厂区运输和消防安全要求，确保交通组织有序顺畅。

危险废物及各种生产辅料通过生产区的物流出入口进入厂区，按物料特性分别进入各车间鉴定、贮存或处理，主要物料的交通路线描述如下。

① 固态半固态危险废物：经北侧物流出入口进入厂区，经预处理后按类别送至 1～3 号暂存仓库和甲类焚烧危废库房贮存，通过叉车转运至焚烧厂房或安全填埋库处置。

② 液态有机类危险废物：经北侧主物流入口进入厂区，至废液罐区卸料贮存。

③ 废酸碱、含重金属废液：经东侧物流入口进入厂区，至物化车间的室外贮罐卸料贮存，桶装废液堆放于物化车间西侧桶装废物堆放区，再由叉车运输至相应处理装置处理。

④ 无机类危险废物、焚烧残渣、飞灰通过叉车转移至固化车间处置。

⑤ 石灰、活性炭、尿素等辅料均由物流出入口进入厂区，进入焚烧厂房卸料。

13.9.4 主体工程设计

项目作为服务于全省的综合性危废处置中心，构建了多类别危险废物处置方式，包括暂存仓库、焚烧、物化、废油再生利用、稳定化/固化、安全填埋等。项目的工程建设标准较高，尤其在危废暂存库火灾预警、刚性安全填埋库实践、废矿物油再生利用系统等方面具有显著的特色。

(1) 总体工艺流程

危险废物进场后首先经过计量，若危险废物性质明确，可焚烧类危险废物送至焚烧厂房进行处理；废酸废碱、含重金属废液、废乳化液送至物化车间处理；废矿物油送至废矿物油再生利用系统处理。

若危险废物接受量大于处理量时，送至暂存仓库暂时存放，根据生产安排再转移至相应车间处理。焚烧厂房处理过程中产生的残渣、经稳定化/固化车间处理的焚烧飞灰和物化处理残渣，运至安全填埋场处置。

安全填埋场运行过程中产生的渗滤液、焚烧系统废水和物化处理等生产过程中产生的废水一起送至污水处理设备房处理。处理过程中产生的污泥送至稳定化/固化车间处理后送至安全填埋场处置。

总体工艺流程见图 13-46。

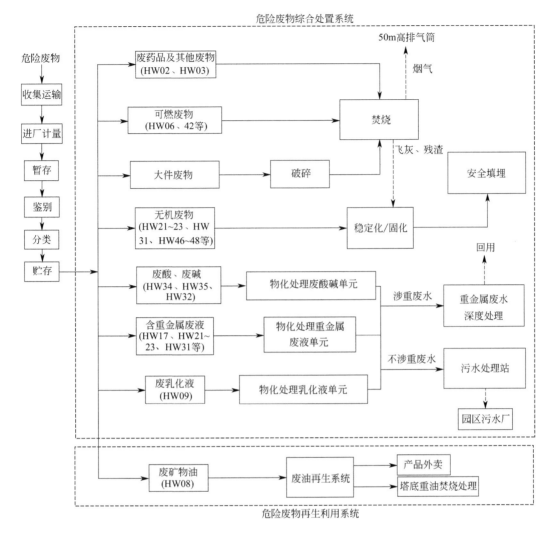

图 13-46　总体工艺流程

（2）危废暂存仓库

本项目危险废物暂存仓库主要位于厂区北侧中部，共设置 4 座危险废物暂存仓库，其中丙类库 3 座，甲类库 1 座。

$1^{\#}$、$3^{\#}$ 暂存仓库主要用于存放闪点不小于 60℃的液体、可燃固体及难燃烧或不燃烧废物，火灾危险性为丙类，$1^{\#}$ 暂存仓库建筑面积为 1481.2m²，$3^{\#}$ 暂存仓库建筑面积为 764.51m²。$2^{\#}$ 暂存仓库主要存放可燃固体、难燃烧或不燃烧废物，火灾危险性为丙 2 类，总建筑面积为 1264m²。

$3^{\#}$ 暂存仓库采用堆垛的存储方式，预留叉车行进及人员巡检通道，$3^{\#}$ 暂存仓库有效废物堆放面积约为 450m²，危险废物存放量约为 620t。$1^{\#}$、$2^{\#}$ 暂存仓库采用货架存储方式，废物以托盘为单位置于货架上，货架的顶部放置空托盘。$1^{\#}$ 仓库可放置 906 只托盘，$2^{\#}$ 可放置 824 只废物托盘，托盘载荷 1.2t，共可存放约 2076t 危险废物。甲类暂存库主要采用货架存储，主要用于存放液体类危废，共有托盘 96 个，托盘载荷 1.2t，可存放

115.2t 液体危废。另外，稳定化/固化车间内建设灰渣间一座，采用堆垛式存放，面积 200m²，可存放灰渣约 200t。

为提高安全防治管理水平，本工程暂存仓库采用红外预警监控系统。该技术通过红外测温仪汇聚目标红外辐射能量，对监控对象进行实时在线监控，不间断地对视场内监控对象进行温度分析。根据现场危险废物分类贮存和摆放区域，在显示器上将视场有针对地做多个区域划分，并可以对每个区域设置多级的消防预警阀值（预警阀值可根据现场需要自行设置或者调整）。当视场内温度达到一级报警值时，系统会发出声光报警并借助红外视场和可视视场快速定位报警点位置，提醒现场人员发现温度异常点，进行报警确认核实；当系统监测到温度继续升高到二级报警阀值时，系统会发出二级报警，此时表明温度较高，视场内报警点处于高风险状态，值班人员应立即对视场内高温物体或者潜在危险源进行处理或者搬移仓库，在火灾发生前提前处理危险隐患。

红外热成像仪的布设除硬件本身的因素外，主要取决于暂存库的尺寸、内部分隔情况、危险废物的贮存方式等。图 13-47 为暂存仓库的红外热成像仪布置示意图。

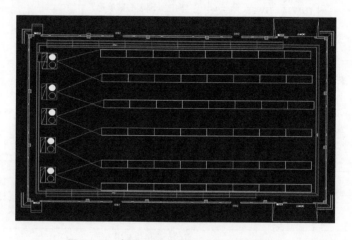

图 13-47　暂存仓库红外热成像仪布置示意

（3）焚烧处置系统

焚烧处理系统包括焚烧系统、余热利用系统、烟气处理系统及附属设施。焚烧系统包括焚烧炉及其附属的上料、助燃、除灰等设施。

焚烧工艺流程如图 13-48 所示。

1）破碎系统

设有一套破碎机，用于将尺寸较大、不能直接入窑焚烧的物料进行破碎。装于桶中的废物通过翻斗式提升机将废物提升送进料斗。

2）进料系统

进料系统包括散装废物进料系统、推杆进料系统、废液进料系统。

散装固体废物及破碎后的固体废物置于储料坑中。储料间设有起重机及行车抓斗。抓斗除进料外，还兼做混料功能。在储料间设置螺旋给料机料斗供焚烧炉使用。散装废物通过行车及液压抓斗将废物投放到螺旋给料机料斗，再由螺旋给料机均匀、定量进料送入回转窑内。

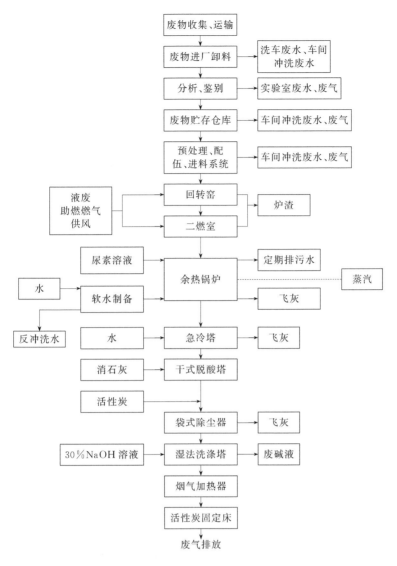

图 13-48　焚烧工艺流程

推杆上料系统主要为小包装废料的进料系统，包括桶装危废提升机、溜槽、双翻板阀、液压推杆、水平料道防火门及灭火装置等。

废液进料系统主要包含 4 支废液喷枪，回转窑窑头设置 2 支低热值废液喷枪，二燃室设置 2 支高热值废液喷枪。

3）余热回收系统

二燃室出口的 1100℃烟气进入余热锅炉将温度降至 500℃用于回收热量，本项目的余热锅炉产生参数为 1.6MPa（G），出口温度为 204℃的饱和蒸汽，蒸汽温度变化范围允许±5℃，产汽量约为 6t/h。余热回收系统由余热锅炉、给水系统、蒸汽系统、加药系统、排污系统、脱硝系统和控制系统组成。余热锅炉采用单锅筒、自然循环水管式、全膜式、壁式结构，立式布置。

余热锅炉为四回程布置，在第一回程布置有 SNCR 接口。SNCR 采用的还原剂为尿素。SNCR 适宜的温度区间为 950～1050℃。SNCR 设有 4 支 SNCR 喷枪。尿素溶解罐配套蒸汽加热，尿素溶解后通过尿素溶液输送泵送至尿素溶液贮罐，并由尿素溶液输送泵送至 SNCR 喷枪。在锅炉的适宜温度窗口喷入尿素溶液，实现烟气脱硝。

4）急冷系统

急冷系统由急冷塔筒体和急冷泵站系统组成。急冷塔采用顺流式喷淋，从余热锅炉出来的 500～550℃ 烟气自上而下进入急冷塔，与喷入急冷塔内的水进行快速换热，水经雾化后形成小于 $80\mu m$ 的水雾，水分很快汽化蒸发，在 1s 内将烟气温度从 550℃ 降至 200℃ 以下，减少二噁英再生成。烟气在急冷的过程中还有洗涤、除尘的作用。脱除的一部分飞灰从急冷塔底部排出至吨袋。

5）干法脱酸及除尘系统

干法脱酸及除尘系统包含干法脱酸塔、消石灰系统、活性炭系统和袋式除尘系统。

烟气从干式脱酸反应塔底部进入塔内，与 200 目的熟石灰粉高效反应后从塔顶部出口排出，进入后面的滤袋除尘器。在干式脱酸反应塔中喷入活性炭，使用 250 目的活性炭，以保证比表面积和吸附能力，活性炭添加为连续作业，并可根据需要控制活性炭的添加量。

本项目消石灰投加系统包含上料系统、贮存系统以及投加系统。消石灰储存在消石灰仓中，通过消石灰星型给料机经螺旋输送机输送到干法脱酸反应塔中，以去除烟气中的酸性气体。

本项目活性炭系统包含活性炭自动上料系统、活性炭贮存系统以及活性炭投加系统。活性炭通过活性炭螺旋输送机输送到干式脱酸反应塔内，以去除烟气中的二噁英和重金属。活性炭的投加量保证重金属及二噁英在烟气处理系统出口的排放满足要求。

经干法活性炭反应后的烟气进入袋式除尘器。含尘烟气由进风总管通过除尘器风口进入除尘器箱体，粗尘粒沉降至灰斗底部，细尘粒随气流转折向上进入过滤室，粉尘被阻留在滤袋表面，净化后的气体经滤袋口（花板孔上）进入清洁室，由出风口排出，而后再经引风机排至湿法脱酸塔系统。袋式除尘器收集下来的飞灰由螺旋输送机排入吨袋。

6）湿式脱酸系统

本项目采用两级脱酸系统：第一级脱酸塔（预冷塔）为空塔，主要用于将来自袋式除尘器的烟气温度降低，并同时采用碱液喷淋洗涤，起到部分脱酸作用；第二级脱酸塔（洗涤塔）采用填料塔，通过充分的气液接触将烟气中的酸性气体脱除。经过湿法塔后的烟气排放标准满足《危险废物焚烧污染控制标准》（GB 18484）。

7）烟气排放系统

系统为负压操作，整个系统的阻力由引风机克服，引风机布置在预冷塔上游。引风机为变频离心风机。经过烟气净化系统的烟气最后通过烟囱排放。烟囱之前设置有烟气加热器，采用余热锅炉产生的 1.6MPa（G）蒸汽作为热源。

8）活性炭固定床

活性炭固定床利用活性炭的吸附作用进一步吸附、去除烟气中的二噁英、重金属。活性炭固定床是一个大体积物质的过滤器，炭层自然堆积，烟气流自下而上对流穿过炭层，布气均匀，烟气中的颗粒物也可被其滤除。活性炭更换周期≥1 年，可连续工作，也可间隙运行，其中每年连续工作时间≥300d。

（4）物化处置系统

物化处理系统划分为三个处理单元，主要包括废酸碱处理单元、废乳化液处理单元及含重金属废液处理单元，总处理规模 20000t/a。其中废酸碱处理单元处理对象为 HW32（无机氟化物废物）、HW34（废酸）、HW35（废碱）和 HW49（其他废物）4 类危险废物，处理能力 5000t/a（废碱液 3500t/a、废酸及无机氟化物废液 1500t/a）；废乳化液处理单元处理对象为 HW09（油/水、烃/水混合物或乳化液）和 HW49（其他废物）2 类危险废物，处理能力 10000t/a；含重金属废液处理单元处理对象为 HW17（表面处理废物）、HW21（含铬废物）、HW22（含铜废物）、HW23（含锌废物）、HW31（含铅废物）和 HW49（其他废物）6 类危险废物，处理能力 5000t/a。

1）废乳化液处理单元工艺流程

废乳化液一般通过装桶收集进厂，并根据种类分别存放在乳化液桶堆场。同一类型的桶装废乳化液经提升泵输送至乳化液贮罐，并经篮式过滤器对废液中的金属屑、塑胶杂物等进行过滤，防止大颗粒杂物进入废水处理系统损伤处理设备。贮罐内乳化液废水由提升泵送入两级破乳＋两级气浮系统，通过投加特殊配比的破乳剂对废水进行两级破乳，气浮过程中分离的浮油、浮渣通过塑料桶进行收集，送至焚烧线焚烧处置。气浮出水自流进入微电解系统，并投加双氧水强化氧化效果。微电解系统出水进入絮凝沉淀罐，投加 PAM 增强絮凝效果，最终通过沉淀分离去除反应过程中产生的化学污泥。沉淀出水进入污水处理站非涉重废水进水调节池，进行后续处理。系统产生的沉淀污泥由进泥泵输送至隔膜压滤机进行脱水处理，产生的泥饼根据热值情况可进入焚烧线焚烧处置，或进入稳定化/固化车间进一步处置，最终安全填埋。

2）含重金属废液处置工艺

含重金属废液一般通过装桶收集进厂，废液桶分别进入酸废液桶和碱废液桶堆场进行分类存储。桶装重金属废液通过人工（或机械）运至处理线相应位置，经卸料泵卸料至一级反应釜，并经篮式过滤器对废液中的金属屑、塑胶杂物等进行过滤，防止大颗粒杂物进入废水处理系统损伤处理设备。含重金属（Pb、Cr、Zn、Ni、Cu 等）废液进入一级反应槽后，通过投加硫酸调节废水的 pH 值至 3 左右，并投加亚硫酸钠，去除六价铬（或砷），一级反应槽出水进入二级反应槽后，投加 NaOH 进行中和（pH 值维持在 8～8.5），并去除重金属等物质。二级反应槽出水进入絮凝反应槽后投加絮凝剂（PAC、PAM），利于后续沉淀池中悬浮物的去除，两级中和后的废水泵入絮凝沉淀罐，通过投加 PAC 及 PAM 使废水产生混凝作用，再通过沉淀分离去除废水中的沉淀物。沉淀出水进入重金属中间检测罐暂存，检测废水 pH 值及主要污染物浓度。先检测废水 pH 值，若废水 pH 值不达标，则返回综合反应池进行循环处理直到达标。废水 pH 值达标，则检测废水中重金属指标是否满足排出车间的水质要求，满足则全部进入污水处理站低盐类涉重废水调节池进行后续处理。若废水中重金属指标超出限制条件，则进入离子交换装置继续处理，处理达标后进入污水处理站低盐类涉重废水调节池进行后续处理。若废水中盐分、COD 含量超出限制条件，则进入重金属废水存储池进行临时存储，该部分废水可以根据其水质情况、综合废水处理站运行情况，分批适量排入综合调节池稀释后进行生化处理。重金属废液处理系统产生的沉淀污泥由进泥泵输送至隔膜压滤机进行脱水处理，产生的泥饼进入稳定化/固化车间进一步处置，最终安全填埋。

3）废酸碱液处理工艺流程

酸废液、碱废液一般通过装桶收集进厂，废液桶分别进入废酸液桶和废碱液桶堆场进行分类存储。经槽车进厂酸废液、碱废液可卸至相应的废液贮罐中贮存。桶装酸、碱废液通过人工（或机械）运至处理线相应位置，经卸料泵卸料至反应釜，并经篮式过滤器对废液中的金属屑、塑胶杂物等进行过滤，防止大颗粒杂物进入废水处理系统损伤处理设备。中和反应过程首先利用酸、碱废液自身酸度和碱度进行中和，再通过投加氢氧化钠或硫酸对废水进行pH值调节，使废水最终达到中性。中和后的废水泵入絮凝沉淀罐，通过投加 PAC 及 PAM 使废水产生混凝作用，再通过沉淀分离去除废水中的沉淀物。沉淀出水进入酸碱中间检测罐暂存，检测废水 pH 值及主要污染物浓度。先检测废水 pH 值，若废水 pH 值不达标，则返回综合反应池进行循环处理直到达标。废水 pH 值达标，则检测废水中盐分、COD 含量是否满足综合废水进水限制条件，满足则全部进入污水处理站低盐类涉重废水调节池进行后续处理。若废水中盐分、COD 含量超出限制条件，则进入酸碱废水存储池进行临时存储，该部分废水可以根据其水质情况、综合废水处理站运行情况，分批适量排入综合调节池稀释后进行生化处理。酸碱废液处理系统产生的沉淀污泥由进泥泵输送至隔膜压滤机进行脱水处理，产生的泥饼进入稳定化/固化车间进一步处置，最终安全填埋。

（5）废矿物油再生利用系统

1）物料特性

项目废矿物油主要来源于南充、广安、达州、遂宁、巴中、广元等地的石油炼制、机械加工业、汽车 4S 店等工业、服务行业的废弃油料等。废矿物油指受杂质污染、氧化和热的作用，改变了原有的理化性能而不能继续使用时被更换下来的油，是由多种物质组成的复杂混合物，主要含废机油、废润滑油、废液压油、油泥、底油等，在油组分中混有颗粒状固体、铁屑、污泥等。化学组成有 C15～C36 的烷烃、多环芳烃（PAHs）、烯烃、苯系物、酚类等。由于回收的废油组成比例不稳定，原料性质波动大，废矿物油主要性质见表 13-23。

表 13-23 废矿物油主要性质

理化指标		数值
密度(20℃)/(kg/L)		0.86～0.89
运动黏度	40℃/(mm²/s)	80～120
	100℃/(mm²/s)	9～13.5
倾点/℃		−40～−20
残炭/%		<2.5
酸值/(mgKOH/g)		<4.5
闪点(开)/℃		>150
杂质(质量分数)/%		<5
水分(质量分数)/%		<5
灰分(质量分数)/%		<2
S/%		0.1～0.55
N/(μg/g)		1692
Fe/(μg/g)		34.1
Mg/(μg/g)		254.7
Ca/(μg/g)		0～2000
组成分析/%	饱和烃	73.1
	芳香烃	12.8
	胶质+沥青质	14.1

2）产品标准

项目回收成品油包括燃料油、基础润滑油。

回收的燃料油主要是重柴油，与轻柴油相比质量要求较宽，十六烷值较低，黏度较大、凝固点较高，为黄色易燃液体，黏度适宜，喷油雾化效果好，燃烧完全，含硫量低，不腐蚀设备，残炭较少。重柴油是中、低速（1000r/min 以下）柴油机的燃料，一般按凝点分为 10 号、20 号和 30 号三个牌号，转速越低，选用的重柴油凝点越高（重质柴油标准参照 SH/T 0356—1996 中表1）。

基础润滑油主要分矿物基础油、合成基础油以及植物油基础油三大类，其组成一般为烷烃（直链、支链、多支链）、环烷烃（单环、双环、多环）、芳烃（单环芳烃、多环芳烃）、环烷基芳烃以及含氧、含氮、含硫有机化合物和胶质、沥青质等非烃类化合物。润滑油基础油加工工艺不同，生产的基础油质量也就不同。溶剂精制基础油按黏度指数的高低分为 HVI、MVI 和 LVI 三类，加氢基础油按黏度指数的高低分为 HVIH、MVIH 和 LVIH 三类。

3）废矿物油再生工艺

废矿物油再生工艺主要包含再净化、再精制、再炼制等工序。

① 再净化。再净化主要包括沉降、离心、过滤、絮凝这些处理步骤，可一个或几个步骤联用，主要除去废油中的水、一般悬浊杂质和以胶态稳定分散的机械杂质。

② 再精制。再精制是在再净化工序的基础上再进行化学精制和吸附精制，可以再生得到金属加工液、非苛刻条件下使用的润滑油、脱模油、清洁燃料、清洁道路油等。

③ 再炼制。再炼制是包括蒸馏在内的再生过程，如蒸馏-加氢，可以生产符合天然油基本质量要求的再生基础油，调制各种低、中、高档油品，质量与从天然油中生产的油品相似。

根据项目的废油来源和种类，项目采用"再净化＋再精制"，即高温蒸馏法的生产工艺，废矿物油经过净化、精制所得的产品主要有重柴油和润滑油，其产品质量达到行业标准。再生系统工艺流程为"预处理脱水/脱机杂＋蒸馏脱水＋真空蒸馏＋白土补充精制"。

4）系统主要组成

本工程废矿物油再生利用系统由废油处理厂房、室外设备区、油品贮罐区、装车平台、卸车平台、油罐区事故池组成。

废油处理厂房为一层丙类厂房，建筑面积约 1500m²，净高为 9.0m；室外设备区主要为废矿物油再生中间罐，设置于废油处理厂房西侧，占地面积约 350m²；油品贮罐区由 12 个 450m³ 贮罐组成，8 个为废油贮油罐、4 个为成品油贮油罐；油品贮罐区西侧为装车平台、卸车平台，便于原料油及成品油的装卸，装卸区紧邻出入口，有效控制安全风险。

（6）稳定化/固化处置系统

本项目稳定化/固化处置系统规模为 11000t/a。系统采用 8h 工作制，年运行 330d。

稳定化/固化处置系统主要工艺流程如下。

① 首先将需固化的废料及其他辅助用料采样送入化验室进行试验分析，在化验室进行配比实验，检测实验固化体的抗压强度、凝结时间、重金属浸出浓度以及最佳配比等参数提供给固化车间，包括稳定剂品种、配方、消耗指标及工艺操作控制参数等。

② 固态的需固化物料通过叉车机械运送到车间配料机上料区域，到配料机的受料斗，通过皮带输送机输送至搅拌机料槽内；半固态的桶装物料借助翻桶机送入料斗，然后通过螺旋输送机送到搅拌机。配料机的受料区采用耐腐蚀、抗氧化的材质制作而成，并设置闸门和自动计量装置。

③ 根据试验所得的配比数据，通过控制系统和计量系统，将水泥、稳定药剂和水等物料按照一定的比例加入到搅拌槽内混合。水泥和飞灰在贮罐内密闭贮存，在罐下口设闸门，由螺旋输送机输送，再进入称重料斗，计量后落进搅拌机料槽内。固化用水采用废水处理站处理后的出水，通过输水泵计量由管道送至搅拌机料槽内；药剂通过搅拌器配置成液态，存放在贮液罐，通过计量泵送入到搅拌机料槽内。搅拌时间以试验分析所得时间为准，通常为 3~5min。搅拌顺序为先干搅物料，然后再加水湿搅。对于采用药剂稳定化处理的物料，先进行废物与药剂的搅拌，搅拌均匀后，再加水泥一起进行干搅，最后加水进行整个混合搅拌。这样可避免水泥中的 Ca^{2+}、Mg^{2+} 等离子争夺药剂中的稳定化因子（S^{2-}），从而提高处理效果，降低运行成本。

④ 物料混合搅拌以后开启搅拌机底部闸门，混合物料卸入到搅拌机下设的集装箱，通过拉臂车运输至安全填埋区，在填埋区内养护。

(7) 安全填埋库

安全填埋库为全地下钢筋混凝土结构，由地下池体、防渗系统、渗滤液收集导排系统、雨棚、危废吊装作业系统等组成。

1) 平面布置

安全填埋库位于场区西南侧，库区平面尺寸为 220.8m×55.5m。将安全填埋库区分为 4 个填埋单元，每个填埋单元为长 49.45m×宽 39.50m×高 14.00m 的长方体结构，库区间以中间隔墙隔开。

2) 竖向布置

整个场区地形较平坦，结合库容、环保要求，将填埋库区设计为全地下敞口矩形水池结构。库底埋深 14.00m，库顶高出设计地坪 0.5m，库顶以上布置雨棚。

3) 池体结构

库底底板位于④-2 中风化砂质泥岩，$f_{ak}=500kPa$，基础底板以下设 300mm 厚 1∶3 砂石垫层，压实度≥0.96，库底局部需采用毛石混凝土换填至中风化岩层，毛石混凝土内设抗浮吊筋，使换填料兼做抗浮配重。

库区外侧挡墙高 14.00m，单片墙长约 50m，顶部约束自由，采用扶壁式挡墙结构，扶壁柱柱宽 800mm。根据一次规划分期建设的原则，二期库区布置在一期库区南侧，并与一期库区间以结构伸缩缝隔开。库区内的中间隔墙及分期隔墙需在满足双侧受力要求的同时尽量少的占用库容。中间隔墙及分期隔墙采用悬臂结构，墙体采用箱型截面，墙体总厚度 3.5m。由于箱型截面墙体刚度较大，隔墙底板承担了较大的弯矩，底板厚度为 1.8m。库区中部底板按照弹性地基板计算，控制工况为库区内空时底板承担地下水的浮力，中部底板厚度为 0.7m。

填埋库混凝土强度等级为 C40 混凝土，抗渗等级 P8。库区池体内表面采用热塑性聚烯烃防腐材料。

4) 雨棚

填埋库上部设置雨棚覆盖，防止雨水进入库区。填埋库区分为 4 个独立的填埋分格，填埋库服务年限长达 13.8 年，考虑到雨棚的使用寿命及经济性，对 1/4 库区进行雨棚覆盖。采用大跨度钢桁架膜结构雨棚，下部设置移动导轨，雨棚可整体推移，实现投资效益最大化。

5) 危废吊装作业系统

本项目设置 1 台跨度为 40m 的门式起重机对填埋危险废物进行吊装作业。门式起重机位于膜结构雨棚之下，危险废物进料区及吊装作业区均可被有效覆盖。起重机的行走轨道架设在填埋库池体的外壁顶面。填埋库区设置高清视频监视器，可在现场遥控或在中控室进行起吊作业。

6）防渗系统

其库区基底防渗系统设计由上而下逐一分析如下。

① 基底防渗设计：初始填埋层，采用危险废物；过滤层，采用 $200g/m^2$ 有纺土工布；渗滤液收集层，采用双层 HDPE 排水板；防渗膜上保护层，采用 $600g/m^2$ 无纺土工布；防渗层①，采用 2.0mm 厚光面 HDPE 土工膜；防渗层②，采用 $4800g/m^2$ GCL；过滤层，采用 $200g/m^2$ 有纺土工布；渗滤液检漏层，采用双层 HDPE 排水板；保护层，采用 $600g/m^2$ 无纺土工布；基础层，采用抗渗钢筋混凝土底板。

② 挡墙防渗设计：初始填埋层，采用危险废物；过滤层，采用 $200g/m^2$ 有纺土工布；防渗层，采用 2.0mm 厚光面 HDPE 土工膜；保护层，采用 $600g/m^2$ 无纺土工布；基础层，采用抗渗钢筋混凝土挡墙。

7）渗滤液导排系统

填埋库区分为 4 个独立的填埋分格，各填埋单元格设置独立的渗滤液收集与导排系统，主要包括库底渗滤液导排、渗滤液检漏、渗滤液集水坑、渗滤液提升井等，其中渗滤液提升井采用 $DN800$ HDPE 实壁管构建，与渗滤液集水坑由 $DN200$ HDPE 实壁管连通。

各填埋单元格在库底主脊线两侧最低处分别设置 $1000mm\times1000mm\times800mm$ 的渗滤液集水坑与渗滤液检漏集水坑，坑顶相对标高 $-13.50m$。同时，在渗滤液集水坑与渗滤液检漏集水坑一侧的库区结构连接区中间空腔内，分别设置渗滤液提升井与渗滤液检漏提升井。各填埋分区渗滤液经重力流汇集到渗滤液提升井与渗滤液检漏提升井后，通过深井潜水泵压力流输送至厂区污水处理系统。

13.9.5　设计特点

（1）综合性危险废物处置基地精品工程。

作为《四川省危险废物集中处置设施建设规划（2017～2022 年）》的骨干工程，项目可收集处置《国家危险废物名录》所列 26 大类危险废物，集焚烧、物化、废矿物油再生利用、稳定化/固化、填埋等多种处理工艺。对于有机类危险废物，采用焚烧处理工艺，焚烧烟气经净化后达标排放。对于废乳化液、废酸碱、含重金属废液等危险废液，采用物化处理工艺，废水排入厂区污水处理站。对于废矿物油，采用精馏再生工艺，回收产品进入市场流通。对于无机类危险废物，采用稳定化/固化处理工艺，最终进入安全填埋场。

（2）西部地区首座刚性填埋库工程。

采用钢筋混凝土＋人工复合衬层的防渗结构作为防渗阻隔结构的刚性填埋库。刚性填埋库主体结构采用 14m 外围高扶壁式钢筋混凝土挡墙＋中间隔墙＋箱型截面悬臂式挡墙结构，刚性填埋库基础采用变截面筏板基础，基础抗浮设计采用岩石锚杆＋素混凝土配重并辅以地下水导排系统控制地下水水位。填埋库顶部采用空间管桁架膜结构超大跨度雨棚，同时设置大跨度龙门吊起吊危险废物进行填埋作业，对作业填埋库进行全范围雨棚覆盖。与传统柔性填埋库相比，本刚性填埋库在雨污分流措施上实现零渗滤液产生的有效创新，同时可对危险废物进行分类定点填埋，可实现三维动态库容监控。针对水溶性盐类危险废物，可有效杜绝雨水进入，做到几乎不产生渗滤液，减少次生污染。

（3）实现填埋作业全寿命智慧化管理。

项目在四川省危废行业率先引入热成像预警系统，通过监测仓库温度变化，将风险点视觉化，显著提升了处置基地的风险防控能力。针对危险废物在产生、转运、暂存、处置及环境监控过程中产生的信息流，构建了危险废物全流程大数据智慧化管理平台，通过手机客户端也可实现信息监视。通过总体布局、精心设计，为管理平台搭建了坚实的硬件基础设施。

（4）生态友好的示范性环保工程。

处置基地功能分区明确，既舒展又有简洁明了的秩序。景观设计上致力创造一种"生态工艺"景观，一方面与处理工艺及其设施紧密结合，又在"节点、路径、标识"等要素上具有到以少胜多、以点带面的效果。

图13-49～图13-52分别为项目鸟瞰效果图、危废暂存仓库红外热成像预警系统图、膜雨棚刚性填埋库图和稳定化/固化处理系统图。

图13-49　项目鸟瞰效果图

图13-50　危废暂存仓库红外热成像预警系统图

图13-51　膜雨棚刚性填埋库图

图13-52　稳定化/固化处理系统图

参 考 文 献

［1］ 国家危险废物名录（2021版）.

［2］ GB 5085.7—2019.

［3］ GB 18484—2020.

［4］ GB 18598—2019.

［5］ HJ/T176—2005.

［6］ 曹伟华，章伟建，赵由才，等.动物无害化处理与资源化利用技术［M］.北京：冶金工业出版社，2018.

［7］ 赵由才，牛冬杰，柴晓利.固体废物处理与资源化.3版［M］.北京：化学工业出版社，2019.

［8］ 何品晶.固体废物处理与资源化技术［M］.北京：高等教育出版社，2011.

［9］ 聂永丰.固体废物处理工程技术手册［M］.北京：化学工业出版社，2013.

［10］ 蒋建国.固体废物处置与资源化.2版［M］.北京：化学工业出版社，2013.

［11］ 蒋克彬，张洪庄，谢其标.危险废物的管理与处理处置技术［M］.北京：中国石化出版社，2016.

［12］ 王纯.张殿印.废气处理工程技术手册［M］.北京：化学工业出版社，2013.

［13］ 蒋太波，危险废物处置中心物化处理浅析［J］.中国环保产业，2013（10）：66-69.

［14］ 徐明，甘胜，贺峰，等.机械加工废乳化液处理技术的研究进展［J］.安徽化工，2010，36（05）：62-65.

［15］ 杨程，高少峰，王玥，等.基于物化处理方法的危险废弃物处置控制系统设计［J］.化工自动化及仪表，2020，47（04）：329-331，363.

［16］ 朱建伟.危废罐区工艺设计思路及关键点分析［J］.化工管理，2020，4：194-195.

［17］ 卢金龙，肖潇，危险废物焚烧预处理工程的安全设计分析［J］.有色冶金设计与研究，2019，12：79-82.

附　录

附录 1　《危险废物鉴别标准　通则》(GB 5085.7—2019)

附录 2　《危险废物焚烧污染控制标准》(GB 18484—2020)

附录 3　《危险废物填埋污染控制标准》(GB 18598—2019)

附录 4　《危险废物集中焚烧处置工程建设技术规范》(HJ/T 176—2005)

附录1 《危险废物鉴别标准 通则》（GB 5085.7—2019）

1 适用范围

本标准规定了危险废物的鉴别程序和鉴别规则。

本标准适用于生产、生活和其他活动中产生的固体废物的危险特性鉴别。

本标准适用于液态废物的鉴别。

本标准不适用于放射性废物鉴别。

2 规范性引用文件

本标准内容引用了下列文件中的条款。凡是不注明日期的引用文件，其有效版本适用于本标准。

GB 5085.1　危险废物鉴别标准　腐蚀性鉴别

GB 5085.2　危险废物鉴别标准　急性毒性初筛

GB 5085.3　危险废物鉴别标准　浸出毒性鉴别

GB 5085.4　危险废物鉴别标准　易燃性鉴别

GB 5085.5　危险废物鉴别标准　反应性鉴别

GB 5085.6　危险废物鉴别标准　毒性物质含量鉴别

GB 34330　固体废物鉴别标准　通则

HJ 298　危险废物鉴别技术规范

《国家危险废物名录》（环境保护部令第 39 号）

3 术语和定义

下列术语和定义适用于本标准。

3.1 固体废物 solid waste

指在生产、生活和其他活动中产生的丧失原有利用价值或者虽未丧失利用价值但被抛弃或者放弃的固态、半固态和置于容器中的气态的物品、物质以及法律、行政法规规定纳入固体废物管理的物品、物质。

3.2 危险废物 hazardous waste

指列入国家危险废物名录或者根据国家规定的危险废物鉴别标准和鉴别方法认定的具有危险特性的固体废物。

3.3 利用 recycle

指从固体废物中提取物质作为原材料或者燃料的活动。

3.4 处置 dispose

指将固体废物焚烧和用其他改变固体废物的物理、化学、生物特性的方法，达到减少已产生的固体废物数量、缩小固体废物体积、减少或者消除其危险成分的活动，或者将固体废物最终置于符合环境保护规定要求的填埋场的活动。

4 鉴别程序

危险废物的鉴别应按照以下程序进行：

4.1 依据法律规定和 GB 34330，判断待鉴别的物品、物质是否属于固体废物，不属于固体废物的，则不属于危险废物。

4.2 经判断属于固体废物的，则首先依据《国家危险废物名录》鉴别。凡列入《国家危险废物名录》的固体废物，属于危险废物，不需要进行危险特性鉴别。

4.3 未列入《国家危险废物名录》，但不排除具有腐蚀性、毒性、易燃性、反应性的固体废物，依据 GB 5085.1、GB 5085.2、GB 5085.3、GB 5085.4、GB 5085.5 和 GB 5085.6，以及 HJ 298 进行鉴别。凡具有腐蚀性、毒性、易燃性、反应性中一种或一种以上危险特性的固体废物，属于危险废物。

4.4 对未列入《国家危险废物名录》且根据危险废物鉴别标准无法鉴别，但可能对人体健康或生态环境造成有害影响的固体废物，由国务院生态环境主管部门组织专家认定。

5　危险废物混合后判定规则

5.1 具有毒性、感染性中一种或两种危险特性的危险废物与其他物质混合，导致危险特性扩散到其他物质中，混合后的固体废物属于危险废物。

5.2 仅具有腐蚀性、易燃性、反应性中一种或一种以上危险特性的危险废物与其他物质混合，混合后的固体废物经鉴别不再具有危险特性的，不属于危险废物。

5.3 危险废物与放射性废物混合，混合后的废物应按照放射性废物管理。

6　危险废物利用处置后判定规则

6.1 仅具有腐蚀性、易燃性、反应性中一种或一种以上危险特性的危险废物利用过程和处置后产生的固体废物，经鉴别不再具有危险特性的，不属于危险废物。

6.2 具有毒性危险特性的危险废物利用过程产生的固体废物，经鉴别不再具有危险特性的，不属于危险废物。除国家有关法规、标准另有规定的外，具有毒性危险特性的危险废物处置后产生的固体废物，仍属于危险废物。

6.3 除国家有关法规、标准另有规定的外，具有感染性危险特性的危险废物利用处置后，仍属于危险废物。

7　实施与监督

本标准由县级以上生态环境主管部门负责监督实施。

附录 2　《危险废物焚烧污染控制标准》（GB 18484—2020）

1　适用范围

本标准规定了危险废物焚烧设施的选址、运行、监测和废物贮存、配伍及焚烧处置过程的生态环境保护要求，以及实施与监督等内容。

本标准适用于现有危险废物焚烧设施（不包含专用多氯联苯废物和医疗废物焚烧设施）的污染控制和环境管理，以及新建危险废物焚烧设施建设项目的环境影响评价、危险废物焚烧设施的设计与施工、竣工验收、排污许可管理及建成后运行过程中的污染控制和环境管理。

已发布专项国家污染控制标准或者环境保护标准的专用危险废物焚烧设施执行其专项标准。

危险废物熔融、热解、气化等高温热处理设施的污染物排放限值，若无专项国家污染控制标准或者环境保护标准的，可参照本标准执行。

本标准不适用于利用锅炉和工业炉窑协同处置危险废物。

2 规范性引用文件

下列文件对于本标准的应用是必不可少的。凡是注日期的引用文件，仅注日期的版本适用于本标准。凡是不注日期的引用文件，其最新版本（包括所有的修改单）适用于本标准。

GB 8978	污水综合排放标准
GB 12348	工业企业厂界环境噪声排放标准
GB 14554	恶臭污染物排放标准
GB 16297	大气污染物综合排放标准
GB 18597	危险废物贮存污染控制标准
GB 37822	挥发性有机物无组织排放控制标准
GB/T 16157	固定污染源排气中颗粒物测定与气态污染物采样方法
HJ/T 20	工业固体废物采样制样技术规范
HJ/T 27	固定污染源排气中氯化氢的测定　硫氰酸汞分光光度法
HJ/T 42	固定污染源排气中氮氧化物的测定　紫外分光光度法
HJ/T 43	固定污染源排气中氮氧化物的测定　盐酸萘乙二胺分光光度法
HJ/T 44	固定污染源排气中一氧化碳的测定　非色散红外吸收法
HJ/T 55	大气污染物无组织排放监测技术导则
HJ/T 56	固定污染源排气中二氧化硫的测定　碘量法
HJ 57	固定污染源废气　二氧化硫的测定　定电位电解法
HJ/T 63.1	大气固定污染源　镍的测定　火焰原子吸收分光光度法
HJ/T 63.2	大气固定污染源　镍的测定　石墨炉原子吸收分光光度法
HJ/T 63.3	大气固定污染源　镍的测定　丁二酮肟-正丁醇萃取分光光度法
HJ/T 64.1	大气固定污染源　镉的测定　火焰原子吸收分光光度法
HJ/T 64.2	大气固定污染源　镉的测定　石墨炉原子吸收分光光度法
HJ/T 64.3	大气固定污染源　镉的测定　对-偶氮苯重氮氨基偶氮苯磺酸分光光度法
HJ/T 65	大气固定污染源　锡的测定　石墨炉原子吸收分光光度法
HJ 75	固定污染源烟气（SO_2、NO_x、颗粒物）排放连续监测技术规范
HJ 77.2	环境空气和废气　二噁英类的测定　同位素稀释高分辨气相色谱-高分辨质谱法
HJ 91.1	污水监测技术规范
HJ 212	污染物在线监控（监测）系统数据传输标准
HJ/T 365	危险废物（含医疗废物）焚烧处置设施二噁英排放监测技术规范
HJ/T 397	固定源废气监测技术规范
HJ 540	固定污染源废气　砷的测定　二乙基二硫代氨基甲酸银分光光度法
HJ 543	固定污染源废气　汞的测定　冷原子吸收分光光度法（暂行）
HJ 548	固定污染源废气　氯化氢的测定　硝酸银容量法
HJ 549	环境空气和废气　氯化氢的测定　离子色谱法
HJ 561	危险废物（含医疗废物）焚烧处置设施性能测试技术规范

HJ 604	环境空气总烃、甲烷和非甲烷总烃的测定 直接进样-气相色谱法
HJ 629	固定污染源废气 二氧化硫的测定 非分散红外吸收法
HJ 657	空气和废气 颗粒物中铅等金属元素的测定 电感耦合等离子体质谱法
HJ 685	固定污染源废气 铅的测定 火焰原子吸收分光光度法
HJ 688	固定污染源废气 氟化氢的测定 离子色谱法
HJ 692	固定污染源废气 氮氧化物的测定 非分散红外吸收法
HJ 693	固定污染源废气 氮氧化物的测定 定电位电解法
HJ 819	排污单位自行监测技术指南 总则
HJ 836	固定污染源废气 低浓度颗粒物的测定 重量法
HJ 916	环境二噁英类监测技术规范
HJ 973	固定污染源废气 一氧化碳的测定 定电位电解法
HJ 1012	环境空气和废气总烃、甲烷和非甲烷总烃便携式监测仪技术要求及检测方法
HJ 1024	固体废物 热灼减率的测定 重量法
HJ 2025	危险废物收集、贮存、运输技术规范

《国家危险废物名录》

《环境监测管理办法》（原国家环境保护总局令 第 39 号）

《污染源自动监控管理办法》（原国家环境保护总局令 第 28 号）

《生活垃圾焚烧发电厂自动监测数据应用管理规定》（生态环境部令 第 10 号）

3 术语和定义

下列术语和定义适用于本标准。

3.1 危险废物 hazardous waste

列入国家危险废物名录或者根据国家规定的危险废物鉴别标准和鉴别方法认定的具有危险特性的固体废物。

3.2 焚烧 incineration

危险废物在高温条件下发生燃烧等反应，实现无害化和减量化的过程。

3.3 焚烧设施 incineration facility

以焚烧方式处置危险废物，达到减少数量、缩小体积、消除其危险特性目的的装置，包括进料装置、焚烧炉、烟气净化装置和控制系统等。

3.4 焚烧处理能力 incineration capacity

单位时间焚烧设施焚烧危险废物的设计能力。

3.5 焚烧残余物 incineration residues

焚烧危险废物后排出的焚烧残渣、飞灰及废水处理污泥。

3.6 热灼减率 loss on ignition

焚烧残渣经灼烧减少的质量与原焚烧残渣质量的百分比。根据公式（1）计算：

$$P = \frac{(A-B)}{A} \times 100\%$$

(1)

式中　P——热灼减率,%；

　　　A——（105±25）℃干燥 1h 后的原始焚烧残渣在室温下的质量，g；

　　　B——焚烧残渣经（600±25）℃灼烧 3h 后冷却至室温的质量，g。

3.7　焚烧炉高温段 high temperature section of incinerator

焚烧炉燃烧室出口及出口上游，燃烧所产生的烟气温度处于≥1100℃的区间段。

3.8　烟气停留时间 flue gas residence time

燃烧所产生的烟气处于高温段（≥1100℃）的持续时间，可通过焚烧炉高温段有效容积和烟气流量的比值计算。

3.9　焚烧炉高温段温度 temperature of high temperature section of incinerator

焚烧炉燃烧室出口及出口上游保证烟气停留时间满足规定要求的区域内的平均温度。以焚烧炉炉膛内热电偶测量温度的 5 分钟平均值计，即出口断面及出口上游断面各自热电偶测量温度中位数算术平均值的 5 分钟平均值。

3.10　燃烧效率 combustion efficiency（CE）

烟道排出气体中二氧化碳浓度与二氧化碳和一氧化碳浓度之和的百分比。根据公式（2）计算：

$$CE = \frac{C_{CO_2}}{C_{CO_2} + C_{CO}} \times 100\% \tag{2}$$

式中　C_{CO_2}——燃烧后排气中 CO_2 的浓度；

　　　C_{CO}——燃烧后排气中 CO 的浓度。

3.11　焚毁去除率 destruction removal efficiency（DRE）

被焚烧的特征有机化合物与残留在排放烟气中的该化合物质量之差与被焚烧的该化合物质量的百分比。根据公式（3）计算：

$$DRE = \frac{(W_i - W_o)}{W_i} \times 100\% \tag{3}$$

式中　W_i——单位时间内被焚烧的特征有机化合物的质量，kg/h；

　　　W_o——单位时间内随烟气排出的与 W_i 相应的特征有机化合物的质量，kg/h。

3.12　二噁英类 dibenzo-*p*-dioxins and dibenzofurans

多氯代二苯并-对-二噁英（PCDDs）和多氯代二苯并呋喃（PCDFs）的总称。

3.13　毒性当量因子 toxic equivalency factor（TEF）

二噁英类同类物与 2,3,7,8-四氯代二苯并-对-二噁英对芳香烃受体（Ah 受体）的亲和性能之比。典型二噁英类同类物毒性当量因子见附录 A。

3.14　毒性当量 toxic equivalent quantity（TEQ）

各二噁英类同类物浓度折算为相当于 2,3,7,8-四氯代二苯并-对-二噁英毒性的等价浓度，毒性当量为实测浓度与该异构体的毒性当量因子的乘积。根据公式（4）计算：

$$TEQ = \sum (二噁英毒性同类物浓度 \times TEF) \tag{4}$$

式中　TEQ——毒性当量；

　　　TEF——毒性当量因子。

3.15　标准状态 standard conditions

温度在 273.15K，压力在 101.325kPa 时的气体状态。本标准规定的大气污染物排放浓度限值均以标准状态下的干气体为基准。

3.16　测定均值 average value

在一定时间内采集的一定数量样品中污染物浓度测试值的算术平均值。二噁英类的监测应在 6～12 小时内完成不少于 3 个样品的采集；重金属类污染物的监测应在 0.5～8 小时内完成不少于 3 个样品的采集。

3.17　1 小时均值 1-hour average value

任何 1 小时污染物浓度的算术平均值；或在 1 小时内，以等时间间隔采集 3～4 个样品测试值的算术平均值。

3.18　24 小时均值 24-hour average value

连续 24 小时内的 1 小时均值的算术平均值，有效小时均值数不应小于 20 个。

3.19　日均值 daily average value

利用烟气排放连续监测系统（CEMS）测量的 1 小时均值，按照《污染物在线监控（监测）系统数据传输标准》规定方法换算得到的污染物日均质量浓度。根据公式（5）计算：

$$\bar{C}_{Qd} = \frac{\sum_{h=1}^{m} \bar{C}_{Qh}}{m} \tag{5}$$

式中　$\bar{C}_{Qd}$——CEMS 第 d 天测量污染物排放干基标态质量浓度平均值，mg/m^3；

　　　$\bar{C}_{Qh}$——CEMS 第 h 次测量的污染物排放干基标态质量浓度 1 小时均值，mg/m^3；

　　　m——CEMS 在该天内有效测量的小时均值数（$m \geqslant 20$）。

3.20　基准氧含量排放浓度 emission concentration at baseline oxygen content

以 11％O_2（干烟气）作为基准，将实测获得的标准状态下的大气污染物浓度换算后获得的大气污染物排放浓度，不适用于纯氧燃烧。根据公式（6）换算：

$$\rho = \frac{\rho'(21-11)}{\varphi_0(O_2) - \varphi'(O_2)} \tag{6}$$

式中　ρ——大气污染物基准氧含量排放浓度，mg/m^3；

　　　ρ'——实测的标准状态下的大气污染物排放浓度，mg/m^3；

　　$\varphi_0(O_2)$——助燃空气初始氧含量，％，采用空气助燃时为 21％；

　　$\varphi'(O_2)$——实测的烟气氧含量，％。

3.21　现有焚烧设施 existing incineration facility

本标准实施之日前，已建成投入使用或环境影响评价文件已通过审批的危险废物焚烧设施。

3.22 新建焚烧设施 new incineration facility

本标准实施之日后，环境影响评价文件通过审批的新建、改建和扩建危险废物焚烧设施。

4 选址要求

4.1 危险废物焚烧设施选址应符合生态环境保护法律法规及相关法定规划要求，并综合考虑设施服务区域、交通运输、地质环境等基本要素，确保设施处于长期相对稳定的环境。鼓励危险废物焚烧设施入驻循环经济园区等市政设施的集中区域，在此区域内各设施功能布局可依据环境影响评价文件进行调整。

4.2 焚烧设施选址不应位于国务院和国务院有关主管部门及省、自治区、直辖市人民政府划定的生态保护红线区域、永久基本农田集中区域和其他需要特别保护的区域内。

4.3 焚烧设施厂址应与敏感目标之间设置一定的防护距离，防护距离应根据厂址条件、焚烧处置技术工艺、污染物排放特征及其扩散因素等综合确定，并应满足环境影响评价文件及审批意见要求。

5 污染控制技术要求

5.1 贮存

5.1.1 贮存设施应符合 GB 18597 中规定的要求。

5.1.2 贮存设施应设置焚烧残余物暂存设施和分区。

5.2 配伍

5.2.1 入炉危险废物应符合焚烧炉的设计要求。具有易爆性的危险废物禁止进行焚烧处置。

5.2.2 危险废物入炉前应根据焚烧炉的性能要求对危险废物进行配伍，以使其热值、主要有害组分含量、可燃氯含量、重金属含量、可燃硫含量、水分和灰分符合焚烧处置设施的设计要求，应保证入炉废物理化性质稳定。

5.2.3 预处理和配伍车间污染控制措施应符合 GB 18597 中规定的要求，产生的废气应收集并导入废气处理装置，产生的废水应收集并导入废水处理装置。

5.3 焚烧

5.3.1 一般规定

5.3.1.1 焚烧设施应采取负压设计或其他技术措施，防止运行过程中有害气体逸出。

5.3.1.2 焚烧设施应配置具有自动联机、停机功能的进料装置，烟气净化装置，以及集成烟气在线自动监测、运行工况在线监测等功能的运行监控装置。

5.3.1.3 焚烧设施竣工环境保护验收前，应进行技术性能测试，测试方法按照 HJ 561 执行，性能测试合格后方可通过验收。

5.3.2 进料装置

5.3.2.1 进料装置应保证进料通畅、均匀，并采取防堵塞和清堵塞设计。

5.3.2.2 液态废物进料装置应单独设置，并应具备过滤功能和流量调节功能，选用材质应具有耐腐蚀性。

5.3.2.3 进料口应采取气密性和防回火设计。

5.3.3 焚烧炉

5.3.3.1 危险废物焚烧炉的技术性能指标应符合表 1 的要求。

表 1　危险废物焚烧炉的技术性能指标

指标	焚烧炉高温段温度/℃	烟气停留时间 /s	烟气含氧量（干烟气，烟囱取样口）/%	烟气一氧化碳浓度（烟囱取样口）/（mg/m³）		燃烧效率/%	焚毁去除率/%	热灼减率/%
限值	≥1100	≥2.0	6～15	1 小时均值	24 小时均值或日均值	≥99.9	≥99.99	＜5
				≤100	≤80			

5.3.3.2 焚烧炉应配置辅助燃烧器，在启、停炉时以及炉膛内温度低于表 1 要求时使用，并应保证焚烧炉的运行工况符合表 1 要求。

5.3.4　烟气净化装置

5.3.4.1 焚烧烟气净化装置至少应具备除尘、脱硫、脱硝、脱酸、去除二噁英类及重金属类污染物的功能。

5.3.4.2 每台焚烧炉宜单独设置烟气净化装置。

5.3.5　排气筒

5.3.5.1 排气筒高度不得低于表 2 规定的高度，具体高度及设置应根据环境影响评价文件及其审批意见确定，并应按 GB/T 16157 设置永久性采样孔。

表 2　焚烧炉排气筒高度

焚烧处理能力/（kg/h）	排气筒最低允许高度/m
≤300	25
300～2000	35
2000～2500	45
≥2500	50

5.3.5.2 排气筒周围 200m 半径距离内存在建筑物时，排气筒高度应至少高出这一区域内最高建筑物 5m 以上。

5.3.5.3 如有多个排气源，可集中到一个排气筒排放或采用多筒集合式排放，并在集中或合并前的各分管上设置采样孔。

6　排放控制要求

6.1 自本标准实施之日起，新建焚烧设施污染控制执行本标准规定的要求；现有焚烧设施，除烟气污染物以外的其他大气污染物以及水污染物和噪声污染物控制等，执行本标准 6.4、6.5、6.6 和 6.7 相关要求。

6.2 现有焚烧设施烟气污染物排放，2021 年 12 月 31 日前执行 GB 18484-2001 表 3 规定的限值要求，自 2022 年 1 月 1 日起应执行本标准表 3 规定的限值要求。

6.3 除 6.2 条规定的条件外，焚烧设施烟气污染物排放应符合表 3 的规定。

表3 危险废物焚烧设施烟气污染物排放浓度限值　　　　　单位：mg/m³

序号	污染物项目	限值	取值时间
1	颗粒物	30	1 小时均值
		20	24 小时均值或日均值
2	一氧化碳（CO）	100	1 小时均值
		80	24 小时均值或日均值
3	氮氧化物（NO$_x$）	300	1 小时均值
		250	24 小时均值或日均值
4	二氧化硫（SO$_2$）	100	1 小时均值
		80	24 小时均值或日均值
5	氟化氢（HF）	4.0	1 小时均值
		2.0	24 小时均值或日均值
6	氯化氢（HCl）	60	1 小时均值
		50	24 小时均值或日均值
7	汞及其化合物（以 Hg 计）	0.05	测定均值
8	铊及其化合物（以 Tl 计）	0.05	测定均值
9	镉及其化合物（以 Cd 计）	0.05	测定均值
10	铅及其化合物（以 Pb 计）	0.5	测定均值
11	砷及其化合物（以 As 计）	0.5	测定均值
12	铬及其化合物（以 Cr 计）	0.5	测定均值
13	锡、锑、铜、锰、镍、钴及其化合物 （以 Sn＋Sb＋Cu＋Mn＋Ni＋Co 计）	2.0	测定均值
14	二噁英类/（ng TEQ/m³）	0.5	测定均值

注：表中污染物限值为基准氧含量排放浓度。

6.4 除危险废物焚烧炉外的其他生产设施及厂界的大气污染物排放应符合 GB 16297 和 GB 14554 的相关规定。属于 GB 37822 定义的 VOCs 物料的危险废物，其贮存、运输、预处理等环节的挥发性有机物无组织排放控制应符合 GB 37822 的相关规定。

6.5 焚烧设施产生的焚烧残余物及其他固体废物，应根据《国家危险废物名录》和国家规定的危险废物鉴别标准等进行属性判定。属于危险废物的，其贮存和利用处置应符合国家和地方危险废物有关规定。

6.6 焚烧设施产生的废水排放应符合 GB 8978 的要求。

6.7 厂界噪声应符合 GB 12348 的控制要求。

7　运行环境管理要求

7.1　一般规定

7.1.1 危险废物焚烧单位收集、贮存、运输危险废物应符合 HJ 2025 的要求。

7.1.2 焚烧设施运行期间，应建立运行情况记录制度，如实记载运行管理情况，运行记录至少应包括危险废物来源、种类、数量、贮存和处置信息，入炉废物理化特征分析结果和配伍方案，设施运行及工艺参数信息，环境监测数据，活性炭品质及用量，焚烧残余物的去向及其数量等。

7.1.3 焚烧单位应建立焚烧设施全部档案，包括设计、施工、验收、运行、监测及应急等，档案应按国家有关档案管理的法律法规进行整理和归档。

7.1.4 焚烧单位应编制环境应急预案，并定期组织应急演练。

7.1.5 焚烧单位应依据国家和地方有关要求，建立土壤和地下水污染隐患排查治理制度，并定期开展隐患排查，发现隐患应及时采取措施消除隐患，并建立档案。

7.2 焚烧设施运行要求

7.2.1 危险废物焚烧设施在启动时，应先将炉膛内温度升至表1规定的温度后再投入危险废物。自焚烧设施启动开始投入危险废物后，应逐渐增加投入量，并应在6小时内达到稳定工况。

7.2.2 焚烧设施停炉时，应通过助燃装置保证炉膛内温度符合表1规定的要求，直至炉内剩余危险废物完全燃烧。

7.2.3 焚烧设施在运行过程中发生故障无法及时排除时，应立即停止投入危险废物并应按照7.2.2要求停炉。单套焚烧设施因启炉、停炉、故障及事故排放污染物的持续时间每个自然年度累计不应超过60小时，炉内投入危险废物前的烘炉升温时段不计入启炉时长，炉内危险废物燃尽后的停炉降温时段不计入停炉时长。

7.2.4 在7.2.1、7.2.2和7.2.3规定的时间内，在线自动监测数据不作为评定是否达到本标准排放限值的依据，但排放的烟气颗粒物浓度的1小时均值不得大于150 mg/m³。

7.2.5 应确保正常工况下焚烧炉炉膛内热电偶测量温度的5分钟均值不低于1100℃。

8 环境监测要求

8.1 一般规定

8.1.1 危险废物焚烧单位应依据有关法律、《环境监测管理办法》和HJ 819等规定，建立企业监测制度，制订监测方案，对污染物排放状况及其对周边环境质量的影响开展自行监测，保存原始监测记录，并公布监测结果。

8.1.2 焚烧设施安装污染物排放自动监控设备，应依据有关法律和《污染源自动监控管理办法》的规定执行。

8.1.3 本标准实施后国家发布的污染物监测方法标准，如适用性满足要求，同样适用于本标准相应污染物的测定。

8.2 大气污染物监测

8.2.1 应根据监测大气污染物的种类，在规定的污染物排放监控位置进行采样；有废气处理设施的，应在该设施后检测。排气筒中大气污染物的监测采样应按GB/T 16157、HJ 916、HJ/T 397、HJ/T 365或HJ 75的规定进行。

8.2.2 对大气污染物中重金属类污染物的监测应每月至少1次；对大气污染物中二噁英类的监测应每年至少2次，浓度为连续3次测定值的算术平均值。

8.2.3 大气污染物浓度监测应采用表4所列的测定方法。

表 4 大气污染物浓度测定方法

序号	污染物项目	方法标准名称	方法标准编号
1	颗粒物	固定污染源排气中颗粒物测定与气态污染物采样方法	GB/T 16157
		固定污染源废气 低浓度颗粒物的测定 重量法	HJ 836

序号	污染物项目	方法标准名称	方法标准编号
2	一氧化碳（CO）	固定污染源排气中一氧化碳的测定　非色散红外吸收法	HJ/T 44
		固定污染源废气　一氧化碳的测定　定电位电解法	HJ 973
3	氮氧化物（NO$_x$）	固定污染源排气中氮氧化物的测定　紫外分光光度法	HJ/T 42
		固定污染源排气中氮氧化物的测定　盐酸萘乙二胺分光光度法	HJ/T 43
		固定污染源废气　氮氧化物的测定　非分散红外吸收法	HJ 692
		固定污染源废气　氮氧化物的测定　定电位电解法	HJ 693
4	二氧化硫（SO$_2$）	固定污染源排气中二氧化硫的测定　碘量法	HJ/T 56
		固定污染源废气　二氧化硫的测定　定电位电解法	HJ 57
		固定污染源废气　二氧化硫的测定　非分散红外吸收法	HJ 629
5	氟化氢（HF）	固定污染源废气　氟化氢的测定　离子色谱法	HJ 688
6	氯化氢（HCl）	固定污染源排气中氯化氢的测定　硫氰酸汞分光光度法	HJ/T 27
		固定污染源废气　氯化氢的测定　硝酸银容量法	HJ 548
		环境空气和废气　氯化氢的测定　离子色谱法	HJ 549
7	汞	固定污染源废气　汞的测定　冷原子吸收分光光度法（暂行）	HJ 543
8	镉	大气固定污染源　镉的测定　火焰原子吸收分光光度法	HJ/T 64.1
		大气固定污染源　镉的测定　石墨炉原子吸收分光光度法	HJ/T 64.2
		大气固定污染源　镉的测定　对-偶氮苯重氮氨基偶氮苯磺酸分光光度法	HJ/T 64.3
		空气和废气　颗粒物中铅等金属元素的测定　电感耦合等离子体质谱法	HJ 657
9	铅	固定污染源废气　铅的测定　火焰原子吸收分光光度法	HJ 685
		空气和废气　颗粒物中铅等金属元素的测定　电感耦合等离子体质谱法	HJ 657
10	砷	固定污染源废气　砷的测定　二乙基二硫代氨基甲酸银分光光度法	HJ 540
		空气和废气　颗粒物中铅等金属元素的测定　电感耦合等离子体质谱法	HJ 657
11	铬	空气和废气　颗粒物中铅等金属元素的测定　电感耦合等离子体质谱法	HJ 657
12	锡	大气固定污染源　锡的测定　石墨炉原子吸收分光光度法	HJ/T 65
		空气和废气　颗粒物中铅等金属元素的测定　电感耦合等离子体质谱法	HJ 657
13	铊、锑、铜、锰、钴	空气和废气　颗粒物中铅等金属元素的测定　电感耦合等离子体质谱法	HJ 657
14	镍	大气固定污染源　镍的测定　火焰原子吸收分光光度法	HJ/T 63.1
		大气固定污染源　镍的测定　石墨炉原子吸收分光光度法	HJ/T 63.2
		大气固定污染源　镍的测定　丁二酮肟-正丁醇萃取分光光度法	HJ/T 63.3
		空气和废气　颗粒物中铅等金属元素的测定　电感耦合等离子体质谱法	HJ 657
15	二噁英类	环境空气和废气　二噁英类的测定　同位素稀释高分辨气相色谱-高分辨质谱法	HJ 77.2
		环境二噁英类监测技术规范	HJ 916
16	非甲烷总烃	大气污染物无组织排放监测技术导则	HJ/T 55
		环境空气总烃、甲烷和非甲烷总烃的测定　直接进样-气相色谱法	HJ 604
		环境空气和废气总烃、甲烷和非甲烷总烃便携式监测仪技术要求及检测方法	HJ 1012

8.2.4 焚烧单位应对焚烧烟气中主要污染物浓度进行在线自动监测，烟气在线自动监测指标应为 1 小时均值及日均值，且应至少包括氯化氢、二氧化硫、氮氧化物、颗粒物、一氧化碳和烟气含氧量等。在线自动监测数据的采集和传输应符合 HJ 75 和 HJ 212 的要求。

8.3　水污染物监测

8.3.1 水污染物的监测按照 GB 8978 和 HJ 91.1 规定的测定方法进行。

8.3.2 应按照国家和地方有关要求设置废水计量装置和在线自动监测设备。

8.4　其他监测

8.4.1 热灼减率的监测应每周至少 1 次，样品的采集和制备方法应按照 HJ/T 20 执行，测试步骤参照 HJ 1024 执行。

8.4.2 焚烧炉运行工况在线自动监测指标应至少包括炉膛内热电偶测量温度。

9 实施与监督

9.1 本标准由县级以上生态环境主管部门负责监督实施。

9.2 除无法抗拒的灾害和其他应急情况下，危险废物焚烧设施均应遵守本标准的污染控制要求，并采取必要措施保证污染防治设施正常运行。

9.3 各级生态环境主管部门在对危险废物焚烧设施进行监督性检查时，对于水污染物，可以现场即时采样或监测的结果，作为判定排污行为是否符合排放标准以及实施相关生态环境保护管理措施的依据；对于大气污染物，可以采用手工监测并按照监测规范要求测得的任意 1 小时平均浓度值，作为判定排污行为是否符合排放标准以及实施相关生态环境保护管理措施的依据。

9.4 除 7.2.4 规定的条件外，CEMS 日均值数据可作为判定排污行为是否符合排放标准的依据；炉膛内热电偶测量温度未达到 7.2.5 要求，且一个自然日内累计超过 5 次的，参照《生活垃圾焚烧发电厂自动监测数据应用管理规定》等相关规定判定为"未按照国家有关规定采取有利于减少持久性有机污染物排放措施"，并依照相关法律法规予以处理。

附录 A

（规范性附录）

PCDDs/PCDFs 的毒性当量因子

表 A 给出了不同二噁英类同类物（PCDDs/PCDFs）的毒性当量因子。

表 A PCDDs/PCDFs 的毒性当量因子

同类物		WHO-TEF（1998）	WHO-TEF（2005）	I-TEF
PCDDs[①]	2,3,7,8-T4CDD	1	1	1
	1,2,3,7,8-P_5CDD	1	1	0.5
	1,2,3,4,7,8-H_6CDD	0.1	0.1	0.1
	1,2,3,6,7,8-H_6CDD	0.1	0.1	0.1
	1,2,3,7,8,9-H_6CDD	0.1	0.1	0.1
	1,2,3,4,6,7,8-H_7CDD	0.01	0.01	0.01
	OCDD	0.0001	0.0003	0.001
	其他 PCDDs	0	0	0
PCDFs[②]	2,3,7,8-T_4CDF	0.1	0.1	0.1
	1,2,3,7,8-P_5CDF	0.05	0.03	0.05
	2,3,4,7,8-P_5CDF	0.5	0.3	0.5
	1,2,3,4,7,8-H_6CDF	0.1	0.1	0.1
	1,2,3,6,7,8-H_6CDF	0.1	0.1	0.1
	1,2,3,7,8,9-H_6CDF	0.1	0.1	0.1
	2,3,4,6,7,8-H_6CDF	0.1	0.1	0.1
	1,2,3,4,6,7,8-H_7CDF	0.01	0.01	0.01
	1,2,3,4,7,8,9-H_7CDF	0.01	0.01	0.01

同类物		WHO-TEF（1998）	WHO-TEF（2005）	I-TEF
PCDFs[②]	OCDF	0.0001	0.0003	0.001
	其他 PCDFs	0	0	0

① 多氯代二苯并-对-二噁英。

② 多氯代二苯并呋喃。

附录 3　《危险废物填埋污染控制标准》（GB 18598—2019）

1　适用范围

本标准规定了危险废物填埋的入场条件，填埋场的选址、设计、施工、运行、封场及监测的环境保护要求。

本标准适用于新建危险废物填埋场的建设、运行、封场及封场后环境管理过程的污染控制。现有危险废物填埋场的入场要求、运行要求、污染物排放要求、封场及封场后环境管理要求、监测要求按照本标准执行。本标准适用于生态环境主管部门对危险废物填埋场环境污染防治的监督管理。

本标准不适用于放射性废物的处置及突发事故产生危险废物的临时处置。

2　规范性引用文件

本标准内容引用了下列文件中的条款。凡是不注明日期的引用文件，其有效版本适用于本标准。

GB 5085.3	危险废物鉴别标准　浸出毒性鉴别
GB 6920	水质　pH 值的测定　玻璃电极法
GB 7466	水质　总铬的测定（第一篇）
GB 7467	水质　六价铬的测定　二苯碳酰二肼分光光度法
GB 7470	水质　铅的测定　双硫腙分光光度法
GB 7471	水质　镉的测定　双硫腙分光光度法
GB 7472	水质　锌的测定　双硫腙分光光度法
GB 7475	水质　铜、锌、铅、镉的测定　原子吸收分光光度法
GB 7484	水质　氟化物的测定　离子选择电极法
GB 7485	水质　总砷的测定　二乙基二硫代氨基甲酸银分光光度法
GB 8978	污水综合排放标准
GB 11893	水质　总磷的测定　钼酸铵分光光度法
GB 11895	水质　苯并［a］芘的测定　乙酰化滤纸层析荧光分光光度法
GB 11901	水质　悬浮物的测定　重量法
GB 11907	水质　银的测定　火焰原子吸收分光光度法
GB 16297	大气污染物综合排放标准
GB 37822	挥发性有机物无组织排放控制标准
GB 50010	混凝土结构设计规范
GB 50108	地下工程防水技术规范

GB/T 14204	水质　烷基汞的测定　气相色谱法
GB/T 14671	水质　钡的测定　电位滴定法
GB/T 14848	地下水质量标准
GB/T 15555.1	固体废物　总汞的测定　冷原子吸收分光光度法
GB/T 15555.3	固体废物　砷的测定　二乙基二硫代氨基甲酸银分光光度法
GB/T 15555.4	固体废物　六价铬的测定　二苯碳酰二肼分光光度法
GB/T 15555.5	固体废物　总铬的测定　二苯碳酰二肼分光光度法
GB/T 15555.7	固体废物　六价铬的测定　硫酸亚铁铵滴定法
GB/T 15555.10	固体废物　镍的测定　丁二酮肟分光光度法
GB/T 15555.11	固体废物　氟化物的测定　离子选择性电极法
GB/T 15555.12	固体废物　腐蚀性测定　玻璃电极法
HJ 84	水质　无机阴离子（F^-、Cl^-、NO_2^-、Br^-、NO_3^-、PO_4^{3-}、SO_3^{2-}、SO_4^{2-}）的测定　离子色谱法
HJ 478	水质　多环芳烃的测定　液液萃取和固相萃取高效液相色谱法
HJ 484	水质　氰化物的测定　容量法和分光光度法
HJ 485	水质　铜的测定　二乙基二硫代氨基甲酸钠分光光度法
HJ 486	水质　铜的测定　2,9-二甲基-1,10-菲啰啉分光光度法
HJ 487	水质　氟化物的测定　茜素磺酸锆目视比色法
HJ 488	水质　氟化物的测定　氟试剂分光光度法
HJ 489	水质　银的测定　3,5-Br_2-PADAP 分光光度法
HJ 490	水质　银的测定　镉试剂 2B 分光光度法
HJ 501	水质　总有机碳的测定　燃烧氧化-非分散红外吸收法
HJ 505	水质　五日生化需氧量（BOD_5）的测定　稀释与接种法
HJ 535	水质　氨氮的测定　纳氏试剂分光光度法
HJ 536	水质　氨氮的测定　水杨酸分光光度法
HJ 537	水质　氨氮的测定　蒸馏-中和滴定法
HJ 597	水质　总汞的测定　冷原子吸收分光光度法
HJ 602	水质　钡的测定　石墨炉原子吸收分光光度法
HJ 636	水质　总氮的测定　碱性过硫酸钾消解紫外分光光度法
HJ 659	水质　氰化物等的测定　真空检测管-电子比色法
HJ 665	水质　氨氮的测定　连续流动-水杨酸分光光度法
HJ 666	水质　氨氮的测定　流动注射-水杨酸分光光度法
HJ 667	水质　总氮的测定　连续流动-盐酸萘乙二胺分光光度法
HJ 668	水质　总氮的测定　流动注射-盐酸萘乙二胺分光光度法
HJ 670	水质　磷酸盐和总磷的测定　连续流动-钼酸铵分光光度法
HJ 671	水质　总磷的测定　流动注射-钼酸铵分光光度法
HJ 687	固体废物　六价铬的测定　碱消解/火焰原子吸收分光光度法
HJ 694	水质　汞、砷、硒、铋和锑的测定　原子荧光法
HJ 700	水质　65 种元素的测定　电感耦合等离子体质谱法

HJ 702	固体废物　汞、砷、硒、铋、锑的测定　微波消解/原子荧光法
HJ 749	固体废物　总铬的测定　火焰原子吸收分光光度法
HJ 750	固体废物　总铬的测定　石墨炉原子吸收分光光度法
HJ 751	固体废物　镍和铜的测定　火焰原子吸收分光光度法
HJ 752	固体废物　铍 镍 铜和钼的测定　石墨炉原子吸收分光光度法
HJ 761	固体废物　有机质的测定　灼烧减量法
HJ 766	固体废物　金属元素的测定　电感耦合等离子体质谱法
HJ 767	固体废物　钡的测定　石墨炉原子吸收分光光度法
HJ 776	水质　32 种元素的测定　电感耦合等离子体发射光谱法
HJ 781	固体废物　22 种金属元素的测定　电感耦合等离子体发射光谱法
HJ 786	固体废物　铅、锌和镉的测定　火焰原子吸收分光光度法
HJ 787	固体废物　铅和镉的测定　石墨炉原子吸收分光光度法
HJ 823	水质　氰化物的测定　流动注射-分光光度法
HJ 828	水质　化学需氧量的测定　重铬酸盐法
HJ 999	固体废物　氟的测定　碱熔-离子选择电极法
HJ/T 59	水质　铍的测定　石墨炉原子吸收分光光度法
HJ/T 91	地表水和污水监测技术规范
HJ/T 195	水质　氨氮的测定　气相分子吸收光谱法
HJ/T 199	水质　总氮的测定　气相分子吸收光谱法
HJ/T 299	固体废物　浸出毒性浸出方法　硫酸硝酸法
HJ/T 399	水质　化学需氧量的测定　快速消解分光光度法
CJ/T 234	垃圾填埋场用高密度聚乙烯土工膜
CJJ 113	生活垃圾卫生填埋场防渗系统工程技术规范
CJJ 176	生活垃圾卫生填埋场岩土工程技术规范
NY/T 1121.16	土壤检测　第 16 部分：土壤水溶性盐总量的测定

《污染源自动监控管理办法》（国家环境保护总局令第 28 号）

3　术语和定义

3.1　危险废物 hazardous waste

列入国家危险废物名录或者根据国家规定的危险废物鉴别标准和鉴别方法认定的具有危险特性的固体废物。

3.2　危险废物填埋场 hazardous waste landfill

处置危险废物的一种陆地处置设施，它由若干个处置单元和构筑物组成，主要包括接收与贮存设施、分析与鉴别系统、预处理设施、填埋处置设施（其中包括防渗系统、渗滤液收集和导排系统）、封场覆盖系统、渗滤液和废水处理系统、环境监测系统、应急设施及其他公用工程和配套设施。本标准所指的填埋场均指危险废物填埋场。

3.3　相容性 compatibility

某种危险废物同其他危险废物或填埋场中其他物质接触时不产生气体、热量、有害物质，不会燃烧或爆炸，不发生其他可能对填埋场产生不利影响的反应和变化。

3.4　柔性填埋场 flexible landfill

采用双人工复合衬层作为防渗层的填埋处置设施。

3.5 刚性填埋场 concrete landfill

采用钢筋混凝土作为防渗阻隔结构的填埋处置设施。其构成见附录 A 图 A.1。

3.6 天然基础层 nature foundation layer

位于防渗衬层下部，由未经扰动的土壤构成的基础层。

3.7 防渗衬层 landfill liner

设置于危险废物填埋场底部及边坡的由粘土衬层和人工合成材料衬层组成的防止渗滤液进入地下水的阻隔层。

3.8 双人工复合衬层 double artificial composite liner

由两层人工合成材料衬层与粘土衬层组成的防渗衬层。其构成见附录 A 图 A.2。

3.9 渗漏检测层 leak detection layer

位于双人工复合衬层之间，收集、排出并检测液体通过主防渗层的渗漏液体。

3.10 可接受渗漏速率 acceptable leakage rate

渗漏检测层中检测出的可接受的最大渗漏速率，具体计算方式见附录 B。

3.11 水溶性盐 water-soluble salt

固体废物中氯化物、硫酸盐、碳酸盐以及其他可溶性物质。

3.12 防渗层完整性检测 liner leakage detection

采用电法以及其他方法对人工合成材料衬层（如高密度聚乙烯膜）是否发生破损及其破损位置进行检测。防渗层完整性检测包括填埋场施工验收检测以及运行期和封场后的检测。

3.13 填埋场稳定性 landfill stability

填埋场建设、运行、封场期间地基、填埋堆体及封场覆盖系统的有关不均匀沉降、滑坡、塌陷等现象的力学性能。

3.14 公共污水处理系统 public wastewater treatment system

通过纳污管道等方式收集废水，为两家及以上排污单位提供废水处理服务并且排水能够达到相关排放标准要求的企业或机构，包括各种规模和类型的城镇污水处理厂、区域（包括各类工业园区、开发区、工业聚集地等）废水处理厂等，其废水处理程度应达到二级或二级以上。

3.15 直接排放 direct discharge

排污单位直接向环境排放污染物的行为。

3.16 间接排放 indirect discharge

排污单位向公共污水处理系统排放污染物的行为。

3.17 现有危险废物填埋场 existing hazardous waste landfill

本标准实施之日前，已建成投产或环境影响评价文件已通过审批的危险废物填埋场。

3.18 新建危险废物填埋场 new-built hazardous waste landfill

本标准实施之日后，环境影响评价文件通过审批的新建、改建或扩建的危险废物填埋场。

3.19 设计寿命期 designed expect lifetime

进行填埋场设计时，在充分考虑填埋场施工、运行维护等情况下确定的丧失填埋场具有的阻隔废物与环境介质联系功能的预期时间。实现阻隔功能需要通过填埋场的合理选址、规范建设及安全运行等有效措施完成。

4 填埋场场址选择要求

4.1 填埋场选址应符合环境保护法律法规及相关法定规划要求。

4.2 填埋场场址的位置及与周围人群的距离应依据环境影响评价结论确定。

在对危险废物填埋场场址进行环境影响评价时,应重点考虑危险废物填埋场渗滤液可能产生的风险、填埋场结构及防渗层长期安全性及其由此造成的渗漏风险等因素,根据其所在地区的环境功能区类别,结合该地区的长期发展规划和填埋场设计寿命期,重点评价其对周围地下水环境、居住人群的身体健康、日常生活和生产活动的长期影响,确定其与常住居民居住场所、农用地、地表水体以及其他敏感对象之间合理的位置关系。

4.3 填埋场场址不应选在国务院和国务院有关主管部门及省、自治区、直辖市人民政府划定的生态保护红线区域、永久基本农田和其他需要特别保护的区域内。

4.4 填埋场场址不得选在以下区域:破坏性地震及活动构造区,海啸及涌浪影响区;湿地;地应力高度集中,地面抬升或沉降速率快的地区;石灰熔洞发育带;废弃矿区、塌陷区;崩塌、岩堆、滑坡区;山洪、泥石流影响地区;活动沙丘区;尚未稳定的冲积扇、冲沟地区及其他可能危及填埋场安全的区域。

4.5 填埋场选址的标高应位于重现期不小于百年一遇的洪水位之上,并在长远规划中的水库等人工蓄水设施淹没和保护区之外。

4.6 填埋场场址地质条件应符合下列要求,刚性填埋场除外:

a)场区的区域稳定性和岩土体稳定性良好,渗透性低,没有泉水出露;

b)填埋场防渗结构底部应与地下水有记录以来的最高水位保持 3m 以上的距离。

4.7 填埋场场址不应选在高压缩性淤泥、泥炭及软土区域,刚性填埋场选址除外。

4.8 填埋场场址天然基础层的饱和渗透系数不应大于 1.0×10^{-5} cm/s,且其厚度不应小于 2m,刚性填埋场除外。

4.9 填埋场场址不能满足 4.6 条、4.7 条及 4.8 条的要求时,必须按照刚性填埋场要求建设。

5 设计、施工与质量保证

5.1 填埋场应包括以下设施:接收与贮存设施、分析与鉴别系统、预处理设施、填埋处置设施(其中包括防渗系统、渗滤液收集和导排系统、填埋气体控制设施)、环境监测系统(其中包括人工合成材料衬层渗漏检测、地下水监测、稳定性监测和大气与地表水等的环境检测)、封场覆盖系统(填埋封场阶段)、应急设施及其他公用工程和配套设施。同时,应根据具体情况选择设置渗滤液和废水处理系统、地下水导排系统。

5.2 填埋场应建设封闭性的围墙或栅栏等隔离设施,专人管理的大门,安全防护和监控设施,并且在入口处标识填埋场的主要建设内容和环境管理制度。

5.3 填埋场处置不相容的废物应设置不同的填埋区,分区设计要有利于以后可能的废物回取操作。

5.4 柔性填埋场应设置渗滤液收集和导排系统,包括渗滤液导排层、导排管道和集水井。渗滤液导排层的坡度不宜小于 2%。渗滤液导排系统的导排效果要保证人工衬层之上的渗滤液深度不大于 30cm,并应满足下列条件:

a) 渗滤液导排层采用石料时应采用卵石，初始渗透系数应不小于 0.1cm/s，碳酸钙含量应不大于 5%；

b) 渗滤液导排层与填埋废物之间应设置反滤层，防止导排层淤堵；

c) 渗滤液导排管出口应设置端头井等反冲洗装置，定期冲洗管道，维持管道通畅；

d) 渗滤液收集与导排设施应分区设置。

5.5 柔性填埋场应采用双人工复合衬层作为防渗层。双人工复合衬层中的人工合成材料采用高密度聚乙烯膜时应满足 CJ/T 234 规定的技术指标要求，并且厚度不小于 2.0mm。双人工复合衬层中的粘土衬层应满足下列条件：

a) 主衬层应具有厚度不小于 0.3m，且其被压实、人工改性等措施后的饱和渗透系数小于 1.0×10^{-7} cm/s 的黏土衬层；

b) 次衬层应具有厚度不小于 0.5m，且其被压实、人工改性等措施后的饱和渗透系数小于 1.0×10^{-7} cm/s 的黏土衬层。

5.6 黏土衬层施工过程应充分考虑压实度与含水率对其饱和渗透系数的影响，并满足下列条件：

a) 每平方米黏土层高度差不得大于 2cm；

b) 黏土的细粒含量（粒径小于 0.075mm）应大于 20%，塑性指数应大于 10%，不应含有粒径大于 5mm 的尖锐颗粒物；

c) 黏土衬层的施工不应对渗滤液收集和导排系统、人工合成材料衬层、渗漏检测层造成破坏。

5.7 柔性填埋场应设置两层人工复合衬层之间的渗漏检测层，它包括双人工复合衬层之间的导排介质、集排水管道和集水井，并应分区设置。检测层渗透系数应大于 0.1cm/s。

5.8 刚性填埋场设计应符合以下规定：

a) 刚性填埋场钢筋混凝土的设计应符合 GB 50010 的相关规定，防水等级应符合 GB 50108 一级防水标准；

b) 钢筋混凝土与废物接触的面上应覆有防渗、防腐材料；

c) 钢筋混凝土抗压强度不低于 25N/mm²，厚度不小于 35cm；

d) 应设计成若干独立对称的填埋单元，每个填埋单元面积不得超过 50m² 且容积不得超过 250m³；

e) 填埋结构应设置雨棚，杜绝雨水进入；

f) 在人工目视条件下能观察到填埋单元的破损和渗漏情况，并能及时进行修补。

5.9 填埋场应合理设置集排气系统。

5.10 高密度聚乙烯防渗膜在铺设过程中要对膜下介质进行目视检测，确保平整性，确保没有遗留尖锐物质与材料。对高密度聚乙烯防渗膜进行目视检测，确保没有质量瑕疵。高密度聚乙烯防渗膜焊接过程中，应满足 CJJ 113 相关技术要求。在填埋区施工完毕后，需要对高密度聚乙烯防渗膜进行完整性检测。

5.11 填埋场施工方案中应包括施工质量保证和施工质量控制内容，明确环保条款和责任，作为项目竣工环境保护验收的依据，同时可作为填埋场建设环境监理的主要内容。

5.12 填埋场施工完毕后应向当地生态环境主管部门提交施工报告、全套竣工图，所有材料的现场和试验室检测报告，采用高密度聚乙烯膜作为人工合成材料衬层的填埋场还应提交防渗层完整性检测报告。

5.13 填埋场应制定到达设计寿命期后的填埋废物的处置方案，并依据 7.10 条的评估结果确定是否启动处置方案。

6 填埋废物的入场要求

6.1 下列废物不得填埋：

a）医疗废物；

b）与衬层具有不相容性反应的废物；

c）液态废物。

6.2 除 6.1 条所列废物，满足下列条件或经预处理满足下列条件的废物，可进入柔性填埋场：

a）根据 HJ/T 299 制备的浸出液中有害成分浓度不超过表 1 中允许填埋控制限值的废物；

b）根据 GB/T 15555.12 测得浸出液 pH 值在 7.0～12.0 之间的废物；

c）含水率低于 60％的废物；

d）水溶性盐总量小于 10％的废物，测定方法按照 NY/T 1121.16 执行，待国家发布固体废物中水溶性盐总量的测定方法后执行新的监测方法标准；

e）有机质含量小于 5％的废物，测定方法按照 HJ 761 执行；

f）不再具有反应性、易燃性的废物。

6.3 除 6.1 条所列废物，不具有反应性、易燃性或经预处理不再具有反应性、易燃性的废物，可进入刚性填埋场。

6.4 砷含量大于 5％的废物，应进入刚性填埋场处置，测定方法按照表 1 执行。

表 1 危险废物允许填埋的控制限值

序号	项目	稳定化控制限值/（mg/L）	检测方法
1	烷基汞	不得检出	GB/T 14204
2	汞（以总汞计）	0.12	GB/T 15555.1、HJ 702
3	铅（以总铅计）	1.2	HJ 766、HJ 781、HJ 786、HJ 787
4	镉（以总镉计）	0.6	HJ 766、HJ 781、HJ 786、HJ 787
5	总铬	15	GB/T 15555.5、HJ 749、HJ 750
6	六价铬	6	GB/T 15555.4、GB/T 15555.7、HJ 687
7	铜（以总铜计）	120	HJ 751、HJ 752、HJ 766、HJ 781
8	锌（以总锌计）	120	HJ 766、HJ 781、HJ 786
9	铍（以总铍计）	0.2	HJ 752、HJ 766、HJ 781
10	钡（以总钡计）	85	HJ 766、HJ 767、HJ 781
11	镍（以总镍计）	2	GB/T 15555.10、HJ 751、HJ 752、HJ 766、HJ 781
12	砷（以总砷计）	1.2	GB/T 15555.3、HJ 702、HJ 766
13	无机氟化物（不包括氟化钙）	120	GB/T 15555.11、HJ 999

序号	项目	稳定化控制限值/（mg/L）	检测方法
14	氰化物（以 CN⁻计）	6	暂时按照 GB 5085.3 附录 G 方法执行，待国家固体废物氰化物监测方法标准发布实施后，应采用国家监测方法标准

7 填埋场运行管理要求

7.1 在填埋场投入运行之前，企业应制订运行计划和突发环境事件应急预案。突发环境事件应急预案应说明各种可能发生的突发环境事件情景及应急处置措施。

7.2 填埋场运行管理人员，应参加企业的岗位培训，合格后上岗。

7.3 柔性填埋场应根据分区填埋原则进行日常填埋操作，填埋工作面应尽可能小，方便及时得到覆盖。填埋堆体的边坡坡度应符合堆体稳定性验算的要求。

7.4 填埋场应根据废物的力学性质合理选择填埋单元，防止局部应力集中对填埋结构造成破坏。

7.5 柔性填埋场应根据填埋场边坡稳定性要求对填埋废物的含水量、力学参数进行控制，避免出现连通的滑动面。

7.6 柔性填埋场日常运行要采取措施保障填埋场稳定性，并根据 CJJ 176 的要求对填埋堆体和边坡的稳定性进行分析。

7.7 柔性填埋场运行过程中，应严格禁止外部雨水的进入。每日工作结束时，以及填埋完毕后的区域必须采用人工材料覆盖。除非设有完备的雨棚，雨天不宜开展填埋作业。

7.8 填埋场运行记录应包括设备工艺控制参数，入场废物来源、种类、数量，废物填埋位置等信息，柔性填埋场还应当记录渗滤液产生量和渗漏检测层流出量等。

7.9 企业应建立有关填埋场的全部档案，包括入场废物特性、填埋区域、场址选择、勘察、征地、设计、施工、验收、运行管理、封场及封场后管理、监测以及应急处置等全过程所形成的一切文件资料；必须按国家档案管理等法律法规进行整理与归档，并永久保存。

7.10 填埋场应根据渗滤液水位、渗滤液产生量、渗滤液组分和浓度、渗漏检测层渗漏量、地下水监测结果等数据，定期对填埋场环境安全性能进行评估，并根据评估结果确定是否对填埋场后续运行计划进行修订以及采取必要的应急处置措施。填埋场运行期间，评估频次不得低于两年一次；封场至设计寿命期，评估频次不得低于三年一次；设计寿命期后，评估频次不得低于一年一次。

8 填埋场污染物排放控制要求

8.1 废水污染物排放控制要求

8.1.1 填埋场产生的渗滤液（调节池废水）等污水必须经过处理，并符合本标准规定的污染物排放控制要求后方可排放，禁止渗滤液回灌。

8.1.2 2020 年 8 月 31 日前，现有危险废物填埋场废水进行处理，达到 GB 8978 中第一类污染物最高允许排放浓度标准要求及第二类污染物最高允许排放浓度标准要求后方可排放。第二类污染物排放控制项目包括 pH 值、悬浮物（SS）、五日生化需氧量

（BOD$_5$）、化学需氧量（COD$_{Cr}$）、氨氮（NH$_3$-N）、磷酸盐（以 P 计）。

8.1.3 自 2020 年 9 月 1 日起，现有危险废物填埋场废水污染物排放执行表 2 规定的限值。

表 2 危险废物填埋场废水污染物排放限值

（单位：mg/L，pH 值除外）

序号	污染物项目	直接排放	间接排放[①]	污染物排放监控位置
1	pH 值	6～9	6～9	危险废物填埋场废水总排放口
2	生化需氧量(BOD$_5$)	4	50	
3	化学需氧量(COD$_{Cr}$)	20	200	
4	总有机碳(TOC)	8	30	
5	悬浮物(SS)	10	100	
6	氨氮	1	30	
7	总氮	1	50	
8	总铜	0.5	0.5	
9	总锌	1	1	
10	总钡	1	1	
11	氰化物(以 CN$^-$计)	0.2	0.2	
12	总磷(TP,以 P 计)	0.3	3	
13	氟化物(以 F$^-$计)	1	1	
14	总汞	0.001		渗滤液调节池废水排放口
15	烷基汞	不得检出		
16	总砷	0.05		
17	总镉	0.01		
18	总铬	0.1		
19	六价铬	0.05		
20	总铅	0.05		
21	总铍	0.002		
22	总镍	0.05		
23	总银	0.5		
24	苯并[a]芘	0.00003		

① 工业园区和危险废物集中处置设施内的危险废物填埋场向污水处理系统排放废水时执行间接排放限值。

8.2 填埋场有组织气体和无组织气体排放应满足 GB 16297 和 GB 37822 的规定。监测因子由企业根据填埋废物特性从上述两个标准的污染物控制项目中提出，并征得当地生态环境主管部门同意。

8.3 危险废物填埋场不应对地下水造成污染。地下水监测因子和地下水监测层位由企业根据填埋废物特性和填埋场所处区域水文地质条件提出，必须具有代表性且能表示废物特性的参数，并征得当地生态环境主管部门同意。常规测定项目包括浑浊度、pH 值、溶解性总固体、氯化物、硝酸盐（以 N 计）、亚硝酸盐（以 N 计）。填埋场地下水质量评价按照 GB/T 14848 执行。

9 封场要求

9.1 当柔性填埋场填埋作业达到设计容量后，应及时进行封场覆盖。

9.2 柔性填埋场封场结构自下而上为：

——导气层：由砂砾组成，渗透系数应大于 0.01cm/s，厚度不小于 30cm；

——防渗层：厚度 1.5mm 以上的糙面高密度聚乙烯防渗膜或线性低密度聚乙烯防渗膜；采用粘土时，厚度不小于 30cm，饱和渗透系数小于 1.0×10^{-7} cm/s；

——排水层：渗透系数不应小于 0.1cm/s，边坡应采用土工复合排水网；排水层应与填埋库区四周的排水沟相连；

——植被层：由营养植被层和覆盖支持土层组成；营养植被层厚度应大于 15cm。覆盖支持土层由压实土层构成，厚度应大于 45cm。

9.3 刚性填埋单元填满后应及时对该单元进行封场，封场结构应包括 1.5mm 以上高密度聚乙烯防渗膜及抗渗混凝土。

9.4 当发现渗漏事故及发生不可预见的自然灾害使得填埋场不能继续运行时，填埋场应启动应急预案，实行应急封场。应急封场应包括相应的防渗衬层破损修补、渗漏控制、防止污染扩散，以及必要时的废物挖掘后异位处置等措施。

9.5 填埋场封场后，除绿化和场区开挖回取废物进行利用外，禁止在原场地进行开发用作其他用途。

9.6 填埋场在封场后到达设计寿命期的期间内必须进行长期维护，包括：

a）维护最终覆盖层的完整性和有效性；

b）继续进行渗滤液的收集和处理；

c）继续监测地下水水质的变化。

10　监测要求

10.1　污染物监测的一般要求

10.1.1 企业应按照有关法律和排污单位自行监测技术指南等规定，建立企业监测制度，制定监测方案，对污染物排放状况及其对周边环境质量的影响开展自行监测，保存原始监测记录，并公布监测结果。

10.1.2 企业安装污染物排放自动监控设备的要求，按有关法律和《污染源自动监控管理办法》的规定执行。

10.1.3 企业应按照环境监测管理规定和技术规范的要求，设计、建设、维护永久性采样口、采样测试平台和排污口标志。

10.2　柔性填埋场渗漏检测层监测

10.2.1 渗漏检测层集水池可通过自流或设置排水泵将渗出液排出，排水泵的运行水位需保证集水池不会因为水位过高而回流至检测层。

10.2.2 运行期间，企业应对渗漏检测层每天产生的液体进行收集和计量，监测通过主防渗层的渗滤液渗漏速率（根据附录 B 公式 B.1 计算），频率至少一星期一次。

10.2.3 封场后，应继续对渗漏检测层每天产生的液体进行收集和计量，监测通过主防渗层的渗滤液渗漏速率（根据附录 B 公式 B.1 计算），频率至少一月一次；发现渗漏检测层集水池水位高于排水泵的运行水位时，监测频率需提高至一星期一次；当到达设计寿命期后，监测频率需提高至一星期一次。

10.2.4 当监测到的渗滤液渗漏速率大于可接受渗漏速率限值时（根据附录 B 公式

B.2 计算），企业应当按照 9.4 条的相关要求执行。

10.2.5 分区设置的填埋场，应分别监测各分区的渗滤液渗漏速率，并与各分区的可接受渗漏速率进行比较。

10.3 柔性填埋场运行期间，应定期对防渗层的有效性进行评估。

10.4 根据填埋运行的情况，企业应对柔性填埋场稳定性进行监测，监测方法和频率按照 CJJ 176 要求执行。

10.5 企业应对柔性填埋场内的渗滤液水位进行长期监测，监测频率至少为每月一次。对渗滤液导排管道要进行定期检测和清淤，频率至少为每半年一次。

10.6 水污染物监测要求

10.6.1 采样点的设置与采样方法，按 HJ/T 91 的规定执行。

10.6.2 企业对排放废水污染物进行监测的频次，应根据填埋废物特性、覆盖层和降水等条件加以确定，至少每月一次。

10.6.3 填埋场排放废水污染物浓度测定方法采用表 3 所列的方法标准。如国家发布新的监测方法标准且适用性满足要求，同样适用于表 3 所列污染物的测定。

10.7 地下水监测

10.7.1 填埋场投入使用之前，企业应监测地下水本底水平。

10.7.2 地下水监测井的布置要求：

a）在填埋场上游应设置 1 个监测井，在填埋场两侧各布置不少于 1 个的监测井，在填埋场下游至少设置 3 个监测井；

b）填埋场设置有地下水收集导排系统的，应在填埋场地下水主管出口处至少设置取样井一眼，用以监测地下水收集导排系统的水质；

c）监测井应设置在地下水上下游相同水力坡度上；

d）监测井深度应足以采取具有代表性的样品。

10.7.3 地下水监测频率：

a）填埋场运行期间，企业自行监测频率为每个月至少一次；如周边有环境敏感区应加大监测频次；

b）封场后，应继续监测地下水，频率至少一季度一次；如监测结果出现异常，应及时进行重新监测，并根据实际情况增加监测项目，间隔时间不得超过 3 天。

10.8 大气监测

10.8.1 采样点布设、采样及监测方法按照 GB 16297 的规定执行，污染源下风方向应为主要监测范围。

10.8.2 填埋场运行期间，企业自行监测频率为每个季度至少一次。如监测结果出现异常，应及时进行重新监测，间隔时间不得超过一星期。

表 3 废水污染物浓度测定方法标准

序号	污染物项目	方法标准名称	方法标准编号
1	pH 值	水质　pH 值的测定　玻璃电极法	GB 6920
2	化学需氧量（COD$_{Cr}$）	水质　化学需氧量的测定　重铬酸盐法	HJ 828
		水质　化学需氧量的测定　快速消解分光光度法	HJ/T 399
3	生化需氧量（BOD$_5$）	水质　五日生化需氧量（BOD$_5$）的测定　稀释与接种法	HJ 505

序号	污染物项目	方法标准名称	方法标准编号
4	总有机碳(TOC)	水质 总有机碳的测定 燃烧氧化-非分散红外吸收法	HJ 501
5	悬浮物(SS)	水质 悬浮物的测定 重量法	GB 11901
6	氨氮	水质 氨氮的测定 气相分子吸收光谱法	HJ/T 195
		水质 氨氮的测定 纳氏试剂分光光度法	HJ 535
		水质 氨氮的测定 水杨酸分光光度法	HJ 536
		水质 氨氮的测定 蒸馏-中和滴定法	HJ 537
		水质 氨氮的测定 连续流动-水杨酸分光光度法	HJ 665
		水质 氨氮的测定 流动注射-水杨酸分光光度法	HJ 666
7	总氮	水质 总氮的测定 碱性过硫酸钾消解紫外分光光度法	HJ 636
		水质 总氮的测定 连续流动-盐酸萘乙二胺分光光度法	HJ 667
		水质 总氮的测定 流动注射-盐酸萘乙二胺分光光度法	HJ 668
		水质 总氮的测定 气相分子吸收光谱法	HJ/T 199
8	总铜	水质 铜的测定 二乙基二硫代氨基甲酸钠分光光度法	HJ 485
		水质 铜的测定 2,9-二甲基-1,10-菲啰啉分光光度法	HJ 486
		水质 65种元素的测定 电感耦合等离子体质谱法	HJ 700
		水质 32种元素的测定 电感耦合等离子体发射光谱法	HJ 776
		水质 铜、锌、铅、镉的测定 原子吸收分光光度法	GB 7475
9	总锌	水质 锌的测定 双硫腙分光光度法	GB 7472
		水质 铜、锌、铅、镉的测定 原子吸收分光光度法	GB 7475
		水质 65种元素的测定 电感耦合等离子体质谱法	HJ 700
		水质 32种元素的测定 电感耦合等离子体发射光谱法	HJ 776
10	总钡	水质 钡的测定 电位滴定法	GB/T 14671
		水质 钡的测定 石墨炉原子吸收分光光度法	HJ 602
		水质 65种元素的测定 电感耦合等离子体质谱法	HJ 700
		水质 32种元素的测定 电感耦合等离子体发射光谱法	HJ 776
11	氰化物(以 CN⁻ 计)	水质 氰化物的测定 容量法和分光光度法	HJ 484
		水质 氰化物等的测定 真空检测管-电子比色法	HJ 659
		水质 氰化物的测定 流动注射-分光光度法	HJ 823
12	总磷	水质 总磷的测定 钼酸铵分光光度法	GB 11893
		水质 磷酸盐和总磷的测定 连续流动-钼酸铵分光光度法	HJ 670
		水质 总磷的测定 流动注射-钼酸铵分光光度法	HJ 671
13	无机氟化物(以 F⁻ 计)	水质 氟化物的测定 离子选择电极法	GB 7484
		水质 无机阴离子(F^-、Cl^-、NO_2^-、Br^-、NO^-、PO_4^{3-}、SO_3^{2-}、SO_4^{2-}) 的测定 离子色谱法	HJ 84
		水质 氟化物的测定 茜素磺酸锆目视比色法	HJ 487
		水质 氟化物的测定 氟试剂分光光度法	HJ 488
14	总汞	水质 总汞的测定 冷原子吸收分光光度法	HJ 597
		水质 汞、砷、硒、铋和锑的测定 原子荧光法	HJ 694
15	烷基汞	水质 烷基汞的测定 气相色谱法	GB/T 14204
16	总砷	水质 总砷的测定 二乙基二硫代氨基甲酸银分光光度法	GB 7485
		水质 汞、砷、硒、铋和锑的测定 原子荧光法	HJ 694
		水质 65种元素的测定 电感耦合等离子体质谱法	HJ 700
17	总镉	水质 镉的测定 双硫腙分光光度法	GB 7471
		水质 65种元素的测定 电感耦合等离子体质谱法	HJ 700
18	总铬	水质 总铬的测定 (第一篇)	GB 7466
		水质 65种元素的测定 电感耦合等离子体质谱法	HJ 700
19	六价铬	水质 六价铬的测定 二苯碳酰二肼分光光度法	GB 7467
20	总铅	水质 铅的测定 双硫腙分光光度法	GB 7470
		水质 65种元素的测定 电感耦合等离子体质谱法	HJ 700

序号	污染物项目	方法标准名称	方法标准编号
21	总铍	水质 65 种元素的测定 电感耦合等离子体质谱法	HJ 700
		水质 铍的测定 石墨炉原子吸收分光光度法	HJ/T 59
22	总镍	水质 65 种元素的测定 电感耦合等离子体质谱法	HJ 700
		水质 32 种元素的测定 电感耦合等离子体发射光谱法	HJ 776
23	总银	水质 银的测定 火焰原子吸收分光光度法	GB 11907
		水质 银的测定 3,5-Br$_2$-PADAP 分光光度法	HJ 489
		水质 银的测定 镉试剂 2B 分光光度法	HJ 490
		水质 65 种元素的测定 电感耦合等离子体质谱法	HJ 700
		水质 32 种元素的测定 电感耦合等离子体发射光谱法	HJ 776
24	苯并[α]芘	水质 苯并[α]芘的测定 乙酰化滤纸层析荧光分光光度法	GB 11895
		水质 多环芳烃的测定 液液萃取和固相萃取高效液相色谱法	HJ 478

11 实施与监督

11.1 本标准由县级以上生态环境主管部门负责监督实施。

11.2 在任何情况下，企业均应遵守本标准的污染物排放控制要求，采取必要措施保证污染防治设施正常运行。各级生态环境主管部门在对其进行监督性检查时，可以现场即时采样，将监测的结果作为判定排污行为是否符合排放标准以及实施相关环境保护管理措施的依据。

附录 A

（资料性附录）

刚性填埋场及双人工复合衬层示意图

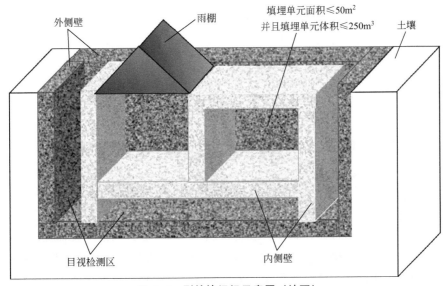

图 A.1 刚性填埋场示意图（地下）

387

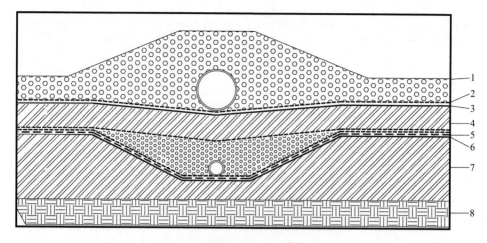

图 A.2　双人工复合衬层系统

1—渗滤液导排层；2—保护层；3—主人工衬层（HDPE）；4—压实黏土衬层；

5—渗漏检测层；6—次人工衬层（HDPE）；7—压实黏土衬层；8—基础层

附录 B

（规范性附录）

主防渗层渗漏速率与可接受渗漏速率计算方法

主防渗层的渗漏速率根据公式 B.1 确定：

$$LR = \frac{\sum_{i=1}^{7} Q_i}{7} \tag{B.1}$$

式中　LR——主防渗层渗漏速率，L/d；

$\quad\quad Q_i$——第 i 天的渗漏检测层液体产生量，L。

主防渗层的可接受渗漏速率根据公式 B.2 计算：

$$ALR = 100 \times A_u \tag{B.2}$$

式中　ALR——可接受渗漏速率，L/d；

$\quad\quad 100$——每万平方米库底面积可接受渗漏速率，L/（d·$10^4\,m^2$）；

$\quad\quad A_u$——填埋场的库底面积，$10^4\,m^2$。

上式中，当填埋场分区设计时，ALR 指不同分区的可接受渗漏速率，对应的 A_u 为不同分区的库底面积。

附录 4　《危险废物集中焚烧处置工程建设技术规范》（HJ/T 176—2005）

1　总则

1.1　为贯彻《中华人民共和国固体废物污染环境防治法》《危险废物焚烧污染控制标准》（GB 18484—2001）和国家其他危险废物领域有关法规，实现危险废物处置的资源化、减量化和无害化目标，规范危险废物焚烧处置工程规划、设计、施工及验收和运行管理，制定本技术规范。

1.2　本技术规范适用于以焚烧方法集中处置危险废物的新建、改建和扩建工程及企业自建的危险废物焚烧处置工程。特殊危险废物（多氯联苯、爆炸性、放射性废物等）专用焚烧处置工程可参照本技术规范的有关规定；对于统筹考虑焚烧危险废物和医疗废物的焚烧处置工程，应同时满足本技术规范和《医疗废物集中焚烧处置工程建设技术规范》的有关规定，相对应指标技术要求不同的，按从严的要求执行。

1.3　危险废物集中焚烧处置工程建设规模的确定和技术路线的选择，应根据城市社会经济发展水平、城市总体规划、环境保护专业规划以及焚烧技术的适用性等合理确定。工程的选址要进行环境影响评价。

1.4　危险废物集中焚烧处置工程建设应采用成熟可靠的技术、工艺和设备，并做到运行稳定、维修方便、经济合理、管理科学、保护环境、安全卫生。

1.5　对有利用价值的危险废物应优先考虑回收利用，使其资源化；对不宜回收利用但可焚烧的危险废物可采取焚烧处理。

1.6　危险废物焚烧以危险废物无害化、减量化为基本原则和主要目标，危险废物焚烧产生的热能可采取适当形式利用。

1.7　危险废物集中焚烧处置工程建设除应遵守本技术规范外，还必须符合国家现行有关标准规定。

2　编制依据

下列标准和文件所含的条文，通过本技术规范引用构成本规范的条文。

（1）《中华人民共和国环境保护法》（1989 年）

（2）《中华人民共和国固体废物污染环境防治法》（2005 年）

（3）《危险废物转移联单管理办法》（1999 年）

（4）《危险废物经营许可证管理办法》（2004 年）

（5）《危险废物污染防治技术政策》（2001 年）

（6）《国家危险废物名录》（1998 年）

（7）《危险废物焚烧污染控制标准》（GB 18484—2001）

（8）《危险废物贮存污染控制标准》（GB 18597—2001）

（9）《危险废物安全填埋污染控制标准》（GB 18598—2001）

（10）《危险废物鉴别标准》（GB 5085.1～3—1996）

（11）《污水综合排放标准》（GB 8978—1996）

（12）《环境保护图形标志　固体废物贮存（处置）场》（GB 15562.2—1995）

（13）《地表水环境质量标准》（GB 3838—2002）

（14）《环境空气质量标准》（GB 3095—1996）

（15）《城市区域环境噪声标准》（GB 3096—1993）

（16）《工业企业厂界噪声标准》（GB 12348—1990）

（17）《工业企业噪声控制设计规范》（GBJ 87—1985）

（18）《汽车加油加气站设计与施工规范》（GB 50156—2002）

（19）《城镇燃气设计规范》（GB 50028—1998）

（20）《锅炉房设计规范》（GB 50041—1992）

（21）《建筑设计防火规范》（GBJ 16—2001）

(22)《建筑灭火器配置设计规范》（GBJ 140—1997）

(23)《建筑内部装修设计防火规范》（GB 50222—2001）

(24)《采暖通风与空气调节设计规范》（GBJ 19—2001）

(25)《工业企业设计卫生标准》（TJ 36—1979）

(26)《生产过程安全卫生要求总则》（GB 12801—1991）

当上述标准和文件被修订时，应使用其最新版本。

3 术语

3.1 危险废物

指列入国家危险废物名录或者根据国家规定的危险废物鉴别标准和鉴别方法判定的具有危险特性的废物。

3.2 焚烧

指焚化燃烧危险废物使之分解并无害化的过程。

3.3 焚烧炉

指焚烧危险废物的主体装置。

3.4 集中处置设施

指统筹规划建设并服务于一定区域的危险废物处置设施。

3.5 危险废物处理设施

指危险废物集中焚烧处置厂内的焚烧主车间、危险废物贮存车间以及烟囱。

3.6 热灼减率

指焚烧残渣经灼热减少的质量占原焚烧残渣质量的百分数。计算方法如下：

$$P=(A-B)/A \times 100\%$$

式中　P——热灼减率，%；

　　　A——干燥后原始焚烧残渣在室温下的质量，g；

　　　B——焚烧残渣经 600℃（±25℃）3h 灼热后冷却至室温的质量，g。

3.7 烟气停留时间

指燃烧所产生的烟气从最后的空气喷射口或燃烧器出口到换热面（如余热锅炉换热器）或烟道冷风引射口之间的停留时间。

3.8 焚烧炉温度

指焚烧炉燃烧室操作温度。

3.9 燃烧效率（CE）

指烟道排出气体中二氧化碳浓度与二氧化碳和一氧化碳浓度之和的百分比，用如下公式表示：

$$CE=[CO_2]/([CO_2]+[CO]) \times 100\%$$

式中　$[CO_2]$ 和 $[CO]$——燃烧后排气中 CO_2 和 CO 的浓度。

3.10 二噁英类

多氯代二苯并-对-二噁英和多氯代二苯并呋喃的总称。

3.11 标准状态

指温度在 273.16K、压力在 101.325kPa 时的气体状态。本标准规定的各项污染物的排放限值均指在标准状态下以 11%O_2（干空气）作为换算基准换算后的浓度。

4　焚烧厂总体设计

4.1　建设规模

4.1.1　危险废物焚烧厂建设规模应根据焚烧厂服务范围内的危险废物可焚烧量、分布情况、发展规划以及变化趋势等因素综合考虑确定。

4.1.2　危险废物焚烧处置工程建设内容应包括：进厂危险废物接收系统、分析鉴别系统、贮存与输送系统、焚烧系统、热能利用系统、烟气净化系统、残渣处理系统、自动化控制系统、在线监测系统、电气系统，以及燃料供应、压缩空气供应、供配电、给排水、污水处理、消防、通信、暖通空调、机械维修、车辆冲洗等设施。

4.2　厂址选择

4.2.1　厂址选择应符合城市总体发展规划和环境保护专业规划，符合当地的大气污染防治、水资源保护和自然生态保护要求，并应通过环境影响和环境风险评价。

4.2.2　厂址选择应综合考虑危险废物焚烧厂的服务区域、交通、土地利用现状、基础设施状况、运输距离及公众意见等因素。

4.2.3　厂址条件应符合下列要求：

（1）不允许建设在《地表水环境质量标准》（GB 3838—2002）中规定的地表水环境质量Ⅰ类、Ⅱ类功能区和《环境空气质量标准》（GB 3095—1996）中规定的环境空气质量一类功能区，即自然保护区、风景名胜区、人口密集的居住区、商业区、文化区和其他需要特殊保护的地区。

（2）焚烧厂内危险废物处理设施距离主要居民区以及学校、医院等公共设施的距离应不小于800m。

（3）应具备满足工程建设要求的工程地质条件和水文地质条件。不应建在受洪水、潮水或内涝威胁的地区；受条件限制，必须建在上述地区时，应具备抵御百年一遇洪水的防洪、排涝措施。

（4）厂址选择时，应充分考虑焚烧产生的炉渣及飞灰的处理与处置，并宜靠近危险废物安全填埋场。

（5）应有可靠的电力供应。

（6）应有可靠的供水水源和污水处理及排放系统。

4.3　总图设计

4.3.1　焚烧厂的总图设计应根据厂址所在地区的自然条件，结合生产、运输、环境保护、职业卫生与劳动安全、职工生活，以及电力、通讯、热力、给排水、污水处理、防洪和排涝等设施，经多方案综合比较后确定。

4.3.2　焚烧厂人流和物流的出入口设置应符合城市交通有关要求，实现人流和物流分离，方便危险废物运输车进出。

4.3.3　焚烧厂生产附属设施和生活服务设施等辅助设施应根据社会化服务原则统筹考虑，避免重复建设。

4.3.4　焚烧厂周围应设置围墙或其它防护栅栏，防止家畜和无关人员进入。

4.3.5　焚烧厂内作业区周围应设置集水池，并且能够收集二十五年一遇暴雨的降水量。

4.4　总平面布置

4.4.1　焚烧厂应以焚烧厂房为主体进行布置，其他各项设施应按危险废物处理流程合理安排。

4.4.2 危险废物物流的出入口以及接收、贮存、转运和处置场所等主要设施应与焚烧厂的办公和生活服务设施隔离建设。

4.4.3 使用燃料油点火或助燃的焚烧厂采用的燃油系统应符合国家《汽车加油加气站设计与施工规范》（GB 50156—2002）中的有关规定。

4.4.4 使用城镇燃气点火或助燃的焚烧厂采用的燃气系统应符合国家《城镇燃气设计规范》（GB 50028—1998）中的有关规定。

4.4.5 地磅房应设在焚烧厂出入口处，与厂界的距离应大于一辆最长车的长度且宜为直通式，并应具备良好的通视条件。

4.4.6 焚烧厂的洗车设施宜位于厂出口附近。

4.5 厂区道路

4.5.1 焚烧厂厂内道路应根据工厂规模、运输要求、管线布置要求等合理确定，厂区道路的设置应满足交通运输、消防及各种管线的铺设要求。道路的荷载等级应根据交通情况确定。

4.5.2 焚烧厂区主要道路的行车路面宽度不宜小于6m，车行道宜设环形道路。焚烧厂房外应设消防道路，道路的宽度不应小于3.5m。路面宜采用水泥混凝土或沥青混凝土，道路的荷载等级应符合国家《厂矿道路设计规范》（GBJ 22—1987）中的有关规定。

4.5.3 临时停车场可设在厂区物流出口或入口附近。

5 危险废物接收、分析鉴别与贮存

5.1 接收

5.1.1 焚烧厂应设进厂危险废物计量设施。

5.1.2 地磅的规格应按运输车最大满载重量的1.7倍设置。

5.2 分析鉴别

5.2.1 焚烧厂应设置化验室，并配备危险废物特性鉴别及污水、烟气和灰渣等常规指标监测和分析的仪器设备。

5.2.2 化验室所用仪器的规格、数量及化验室的面积应根据焚烧厂的运行参数和规模等条件确定。

5.2.3 危险废物特性分析鉴别应包括下列内容：

（1）物理性质：物理组成、容重、尺寸；

（2）工业分析：固定碳、灰分、挥发分、水分、灰熔点、低位热值；

（3）元素分析和有害物质含量；

（4）特性鉴别（腐蚀性、浸出毒性、急性毒性、易燃易爆性）；

（5）反应性；

（6）相容性。

5.2.4 危险废物采样和特性分析应符合《工业固体废物采样制样技术规范》（HJ/T 20—1998）和《危险废物鉴别标准》（GB 5085.1~3—1996）中的有关规定。

5.2.5 对鉴别后的危险废物应进行分类。

5.3 贮存

5.3.1 危险废物贮存容器应符合下列要求：

（1）应使用符合国家标准的容器盛装危险废物。

（2）贮存容器必须具有耐腐蚀、耐压、密封和不与所贮存的废物发生反应等特性。贮存容器应保证完好无损并具有明显标志。

（3）液体危险废物可注入开孔直径不超过 70 毫米并有放气孔的桶中。

5.3.2 经鉴别后的危险废物应分类贮存于专用贮存设施内，危险废物贮存设施应满足以下要求：

（1）危险废物贮存场所必须有符合《环境保护图形标志　固体废物贮存（处置）场》（GB 15562.2—1995）的专用标志；

（2）不相容的危险废物必须分开存放，并设有隔离间隔断；

（3）应建有堵截泄漏的裙角，地面与裙角要用兼顾防渗的材料建造，建筑材料必须与危险废物相容；

（4）必须有泄漏液体收集装置及气体导出口和气体净化装置；

（5）应有安全照明和观察窗口，并应设有应急防护设施；

（6）应有隔离设施、报警装置和防风、防晒、防雨设施以及消防设施；

（7）墙面、棚面应防吸附，用于存放装载液体、半固体危险废物容器的地方，必须有耐腐蚀的硬化地面，且表面无裂隙；

（8）库房应设置备用通风系统和电视监视装置；

（9）贮存库容量的设计应考虑工艺运行要求并应满足设备大修（一般以 15 天为宜）和废物配伍焚烧的要求；

（10）贮存剧毒危险废物的场所必须有专人 24 小时看管。

5.3.3 危险废物输送设备应根据焚烧厂的规模和危险废物的物理特性进行选择。

5.3.4 贮存和卸载区应设置必备的消防设施。

6　危险废物焚烧处置系统

6.1　一般要求

6.1.1 危险废物焚烧处置系统应包括预处理及进料系统、焚烧炉、热能利用系统、烟气净化系统、残渣处理系统、自动控制和在线监测系统及其他辅助装置。

6.1.2 危险废物在焚烧处置前应对其进行前处理或特殊处理，达到进炉要求，以利于危险废物在炉内充分燃烧。

6.1.3 对于处理氟、氯等元素含量较高的危险废物，应考虑耐火材料及设备的防腐问题。对于用来处理含氟较高或含氯大于 5% 的危险废物焚烧系统，不得采用余热锅炉降温，其尾气净化必须选择湿法净化方式。

6.1.4 整个焚烧系统运行过程中应处于负压状态，避免有害气体逸出。

6.1.5 危险废物焚烧厂设计服务期限不应低于 20 年。

6.2　预处理及进料系统

6.2.1 危险废物入炉前需根据其成分、热值等参数进行搭配，以保障焚烧炉稳定运行，降低焚烧残渣的热灼减率。

6.2.2 危险废物的搭配应注意相互间的相容性，避免不相容的危险废物混合后产生不良后果。

6.2.3 危险废物入炉前应酌情进行破碎和搅拌处理，使废物混合均匀以利于焚烧炉稳定、安全、高效运行。对于含水率高的废物（如污泥、废液）可适当进行脱水处理，以降低能耗。

6.2.4 在设计危险废物混合或加工系统时，应考虑焚烧废物的性质、破碎方式、液体废物的混合及供料的抽吸和管道系统的布置。

6.2.5 危险废物输送、进料装置应符合下列要求：

（1）采用自动进料装置，进料口应配制保持气密性的装置，以保证炉内焚烧工况的稳定；

（2）进料时应防止废物堵塞，保持进料畅通；

（3）进料系统应处于负压状态，防止有害气体逸出；

（4）输送液体废物时应充分考虑废液的腐蚀性及废液中的固体颗粒物堵塞喷嘴问题。

6.3 焚烧炉

6.3.1 危险废物焚烧可根据危险废物种类和特征选用不同炉型。

6.3.2 危险废物焚烧炉的选择应符合下列要求：

（1）焚烧炉的设计应保证其使用寿命不低于10年；

（2）焚烧炉所采用耐火材料的技术性能应满足焚烧炉燃烧气氛的要求，质量应满足相应的技术标准，能够承受焚烧炉工作状态的交变热应力；

（3）应有适当的冗余处理能力，废物进料量应可调节；

（4）焚烧炉应设置防爆门或其他防爆设施；燃烧室后应设置紧急排放烟囱，并设置联动装置使其只能在事故或紧急状态时才可启动；

（5）必须配备自动控制和监测系统，在线显示运行工况和尾气排放参数，并能够自动反馈，对有关主要工艺参数进行自动调节；

（6）确保焚烧炉出口烟气中氧气含量达到6％～10％（干烟气）；

（7）应设置二次燃烧室，并保证烟气在二次燃烧室1100℃以上停留时间大于2s；

（8）炉渣热灼减率应＜5％；

（9）正常运行条件下，焚烧炉内应处于负压燃烧状态；

（10）焚烧控制条件应满足国家《危险废物焚烧污染控制标准》（GB 18484—2001）中的有关规定。

6.3.3 燃烧空气设施的能力应能满足炉内燃烧物完全燃烧的配风要求；可采用空气加热装置；风机台数应根据焚烧炉设置要求确定；风机的最大风量应为最大计算风量的110％～120％；风量调节宜采用连续方式。

6.3.4 启动点火及辅助燃烧设施的能力应能满足点火启动和停炉要求，并能在危险废物热值较低时助燃。

6.3.5 辅助燃料燃烧器应有良好燃烧效率，其辅助燃料应根据当地燃料来源确定。

6.3.6 采用油燃料时，储油罐总有效容积应根据全厂使用情况和运输情况综合确定；供油泵的设置应考虑一备一用；供油、回油管道应单独设置，并应在供、回油管道上设有计量装置和残油放尽装置；采用重油燃料时，应设置过滤装置和蒸汽吹扫装置。

6.4 热能利用系统

6.4.1 焚烧厂宜考虑对其产生的热能以适当形式加以利用。

6.4.2 危险废物焚烧热能利用方式应根据焚烧厂的规模、危险废物种类和特性、用热条件及经济性综合比较后确定。

6.4.3 利用危险废物焚烧热能的锅炉，应充分考虑烟气对锅炉的高温和低温腐蚀问题。

6.4.4 危险废物焚烧的热能利用应避开 200～500℃ 温度区间。

6.4.5 利用危险废物焚烧热能生产饱和蒸汽或热水时，热力系统中的设备与技术条件应符合国家《锅炉房设计规范》（GB 50041—1992）中有关规定。

6.5 烟气净化系统

6.5.1 烟气净化技术的选择应充分考虑危险废物特性、组分和焚烧污染物产生量的变化及其物理、化学性质的影响，并应注意组合技术间的相互关联作用。

6.5.2 烟气净化系统可根据不同的废物类型及其组分含量选择采用湿法烟气净化、半干法烟气净化以及干法烟气净化三种方式。

（1）湿法净化工艺：包括骤冷洗涤器和吸收塔（填料塔、筛板塔）等单元，应符合下列要求：

① 必须配备废水处理设施去除重金属和有机物等有害物质；

② 为了防止风机带水，应采取降低烟气水含量的措施后再经烟囱排放。

（2）半干法净化工艺：包括半干式洗气塔、活性炭喷射、布袋除尘器等处理单元，应符合下列要求：

① 反应器内的烟气停留时间应满足烟气与中和剂充分反应的要求；

② 反应器出口的烟气温度应在 130℃ 以上，保证在后续管路和设备中的烟气不结露。

（3）干法净化工艺：包括干式洗气塔或干粉投加装置、布袋除尘器等处理单元，应符合下列要求：

① 反应器内的烟气停留时间应满足烟气与药剂进行充分反应的要求；

② 应考虑收集下来的飞灰、反应物以及未反应物的循环处理问题；

③ 反应器出口的烟气温度应在 130℃ 以上，保证在后续管路和设备中的烟气不结露。

6.5.3 烟气净化装置应有可靠的防腐蚀、防磨损和防止飞灰阻塞的措施。

6.5.4 酸性污染物包括氯化氢、氟化氢和硫氧化物等，应采用适宜的碱性物质作为中和剂，在反应器内进行中和反应。

6.5.5 除尘设备的选择应根据下列因素确定：

（1）烟气特性：温度、流量和飞灰粒度分布；

（2）除尘器的适用范围和分级效率；

（3）除尘器同其他净化设备的协同作用或反向作用的影响；

（4）维持除尘器内的温度高于烟气露点温度 30℃ 以上。

6.5.6 烟气净化系统的除尘设备应优先选用袋式除尘器。若选择湿式除尘装置，必须配备完整的废水处理设施。

6.5.7 袋式除尘器应注意滤袋和袋笼材质的选择。

6.5.8 危险废物焚烧过程应采取如下二噁英控制措施：

（1）危险废物应完全焚烧，并严格控制燃烧室烟气的温度、停留时间和流动工况；

（2）焚烧废物产生的高温烟气应采取急冷处理，使烟气温度在 1.0s 内降到 200℃ 以下，减少烟气在 200～500℃ 温区的滞留时间；

（3）在中和反应器和袋式除尘器之间可喷入活性炭或多孔性吸附剂，也可在布袋除尘器后设置活性炭或多孔性吸附剂吸收塔（床）。

6.5.9 活性炭或多孔性吸附剂及相关设备应具有兼顾去除重金属的功能。

6.5.10　对于含氮量较高的危险废物必须考虑氮氧化物的去除措施。应优先考虑通过焚烧过程控制，抑制氮氧化物的产生；焚烧烟气中氮氧化物的净化方法，宜采用选择性非催化还原法。

6.5.11　引风机应采用变频调速装置。

6.5.12　经净化后的烟气排放和烟囱高度设置应符合《危险废物焚烧污染控制标准》（GB 18484—2001）要求。

6.6　残渣处理系统

6.6.1　焚烧炉渣应进行特性鉴别，经鉴别后属于危险废物，应按照危险废物进行安全处置，不属于危险废物的按一般废物进行处置。产生的炉渣由处置厂进行特性鉴别分析至少1次/天，并保留渣样。由环境管理部门委托监测部门进行抽查鉴别分析1次/月。焚烧飞灰、吸附二噁英和其他有害成分的活性炭等残余物应按照危险废物进行处置，应送危险废物填埋场进行安全填埋处置。

6.6.2　残渣处理系统应包括炉渣处理系统、飞灰处理系统。炉渣处理系统应包括除渣冷却、输送、贮存、碎渣等设施。飞灰处理系统应包括飞灰收集、输送、贮存等设施。

6.6.3　炉渣与飞灰的生成量应根据废物物理成分、炉渣热灼减率及焚烧量核定。

6.6.4　残渣处理技术选择与规模确定，应根据炉渣与飞灰的产生量、特性及当地自然条件、运输条件等，经过技术经济比较后确定。

6.6.5　残渣处理系统应有稳定可靠的机械性能和易维护的特点。

6.6.6　炉渣处理装置的选择应符合下列要求：

（1）与焚烧炉衔接的除渣机应有可靠的机械性能和保证炉内密封的措施；

（2）炉渣输送设备应有足够宽度。

6.6.7　炉渣和飞灰处理系统各装置应保持密闭状态。

6.6.8　烟气净化系统采用湿法烟气净化方式时，应采取有效的脱水措施。采用半干法方式时，飞灰处理系统应采取机械除灰或气力除灰方式，气力除灰系统应采取防止空气进入与防止灰分结块的措施。

6.6.9　飞灰收集应采用避免飞灰散落的密封容器。收集飞灰用的贮灰罐容量宜按飞灰额定产生量确定。贮灰罐应设有料位指示、除尘和防止灰分板结的设施，并宜在排灰口附近设置增湿设施。

6.7　自动化控制及在线监测系统

6.7.1　焚烧厂的自动化控制系统必须适用、可靠，应根据危险废物焚烧设施的特点进行设计，并应满足设施安全、经济运行和防止对环境二次污染的要求。

6.7.2　焚烧厂的自动化系统应采用成熟的控制技术和可靠性高、性能价格比适宜的设备和元件。设计中采用的新产品、新技术应在相关领域有成功运行的经验。

6.7.3　危险废物集中焚烧处置应有较高的自动化水平，能在中央控制室通过分散控制系统实现对危险废物焚烧线、热能利用及辅助系统的集中监视和分散控制。

6.7.4　自动控制的主要内容应根据焚烧厂的规模和各工艺系统的设置情况确定。一般可包括：进料系统控制、焚烧系统控制、热能利用系统控制和烟气净化系统控制等。

6.7.5　对不影响整体控制系统的辅助装置，可设就地控制柜，必要时可设就地控制室，但重要信息应送至中央控制室。

6.7.6 对贮存库房、物料传输过程以及焚烧线的重要环节，应设置现场工业电视监视系统。

6.7.7 对重要参数的报警和显示，可设光字牌报警器和数字显示仪。

6.7.8 应设置独立于分散控制系统的紧急停车系统。

6.7.9 危险废物焚烧厂的检测应包括下列内容：

（1）主体设备和工艺系统在各种工况下安全、经济运行的参数；

（2）辅机的运行状态；

（3）电动、气动和液动阀门的启闭状态及调节阀的开度；

（4）仪表和控制用电源、气源、液动源及其他必要条件供给状态和运行参数；

（5）必需的环境参数。

6.7.10 计算机监视系统的全部测量数据、数据处理结果和设施运行状态，应能在显示器显示。

6.7.11 应对焚烧烟气中的烟尘、硫氧化物、氮氧化物、氯化氢等污染因子，以及氧、一氧化碳、二氧化碳、一燃室和二燃室温度等工艺指标实行在线监测，并与当地环保部门联网。烟气黑度、氟化氢、重金属及其化合物应每季度至少采样监测 1 次。二噁英采样检测频次不少于 1 次/年。

6.7.12 热工报警应包括下列内容：

（1）工艺系统主要工况参数偏离正常运行范围；

（2）电源、气源发生故障；

（3）热工监控系统故障；

（4）主要辅机设备故障。

6.7.13 计算机监视系统功能范围内的全部报警项目应能在显示器上显示并打印输出。

7 公用工程

7.1 电气系统

7.1.1 焚烧厂用电负荷应为 AC380/220V，负荷等级为二级，并应设置备用电源。

7.1.2 高压配电装置、继电保护和安全自动装置、过电压保护和接地的技术规范应分别符合国家《3~110kV 高压配电装置设计规范》（GB 50062—1992）、《交流电气装置的过电压保护和绝缘配合》（DL/T 620）和《交流电气装置接地》（DL/T 621）中的有关规定。

7.1.3 照明设计应符合国家《工业企业照明设计标准》（GB 50034—1992）中的有关规定。

7.2 给水、排水和消防

7.2.1 给水

7.2.1.1 焚烧厂应有可靠的供水水源和完善的供水设施。生活用水、锅炉用水及其他生产用水应符合国家现行有关标准要求。

7.2.1.2 厂区给水管网宜采用生活、消防联合供水系统。

7.2.1.3 各种设备冷却水和其他生产废水，鼓励对其经过处理后再重复利用。

7.2.2 排水

7.2.2.1 焚烧厂区排水应采用雨污分流制。

7.2.2.2 雨水量设计重现期应符合国家现行《室外排水设计规范》（GBJ 14—1997）中的有关规定。

7.2.2.3 焚烧厂的生产废水、生活污水经处理后宜优先考虑循环再利用，废水排放应满足《污水综合排放标准》（GB 8978—1996）要求。

7.2.2.4 经收集池收集的贮存及作业区的初期雨水必须经过有效处理，达到国家《污水综合排放标准》（GB 8978—1996）后排放。

7.2.3 消防

7.2.3.1 焚烧厂消防设施的设置必须满足厂区消防要求，消防设施应符合国家现行的防火规范要求。

7.2.3.2 焚烧厂房的生产类别应属于丁类，焚烧车间、变压器室、储备仓库、燃油库应按一级耐火等级设计，其他建（构）筑物的耐火等级应不低于二级。

7.2.3.3 焚烧炉采用轻柴油燃料启动点火及辅助燃烧时，油箱间、油泵间应为丙类生产厂房，建筑耐火等级应不低于二级。厂房内的上述房间应设置防火墙与其他房间隔开。

7.2.3.4 焚烧炉采用气体燃料启动点火及辅助燃料时，燃气调压间应属于甲类生产厂房，其建筑耐火等级应不低于二级，并应符合国家《城镇燃气设计规范》（GB 50028—1998）中的有关规定。

7.2.3.5 焚烧厂房应设置室内消火栓给水系统，并应符合国家《建筑设计防火规范》（GBJ 16—2001）中的有关规定。

7.2.3.6 危险废物贮存设施应设有火情监测和灭火设施。

7.2.3.7 消防器材的设置应符合国家《建筑灭火器配制设计规范》（GBJ 140—1997）中的有关规定，并定期检查、验核消防器材效用并及时更换。

7.2.3.8 焚烧厂房的防火分区面积划分应符合国家《建筑设计防火规范》（GBJ 16—2001）中的有关规定。

7.2.3.9 焚烧厂房内部的装修设计应符合国家《建筑内部装修设计防火规范》（GB 50222—2001）中的有关规定。

7.3 采暖通风与空调

7.3.1 焚烧厂各建筑物冬、夏季负荷计算的室外计算参数应符合国家《采暖通风与空气调节设计规范》（GBJ 19—2001）中的有关规定。

7.3.2 焚烧厂房的采暖热负荷，宜按维持室内温度+5℃计算，不应计算设备散热量。

7.3.3 建筑物的采暖设计应符合国家《采暖通风与空气调节设计规范》（GBJ 19—2001）中的有关规定。

7.3.4 建筑物的采暖设备宜选用易清扫并具有防腐性能的散热器。

7.3.5 建筑物的通风设计应符合国家《小型火力发电厂设计规范》（GB 50049—1994）中的有关规定。

7.3.6 建筑物的空调设计应符合国家《采暖通风与空气调节设计规范》（GBJ 19—2001）中的有关规定。

7.3.7 当其他建筑物机械通风不能满足工艺对室内温度、湿度要求时应设空调装置。

7.4 建筑与结构

7.4.1 焚烧厂区建筑的造型应简洁、新颖，并与周围环境相协调。厂房平面布置和空间布局应满足工艺设备布置要求，同时应考虑今后生产发展和技术改造的可能性。

7.4.2 厂房平面设计应组织好人流和物流线路，避免交叉；操作人员巡视检查路线应避免重复。

7.4.3 厂房的围护结构应满足基本热工性能和使用要求。

7.4.4 厂房建筑、防腐、采光和消防等设计应符合现行国家相关标准规定。

7.4.5 焚烧厂房宜采用自然通风，窗户设置应避免排风短路并有利于组织自然风。

7.4.6 严寒地区的建筑结构应采取防冻措施。

7.4.7 焚烧厂房可根据不同地区气候条件的差异采用不同的结构形式。

7.4.8 贮存间应考虑密封、防腐和地面防渗并与焚烧厂房主体结构分开。

7.4.9 焚烧厂的建设结构设计应符合现行国家相关标准中的有关规定。

7.5 其他辅助设施

7.5.1 焚烧厂应设置机修间，机修间应具有全厂设备日常维护、保养与小修任务，并具有设施产生突发性故障时应急能力。设备的大、中修宜通过社会化协作解决。

7.5.2 机修间应配备必需的金工设备、机械工具、搬运设备、备用品和消耗品。

7.5.3 金属、非金属材料以及备品备件库应与燃料库、化学品库房分开设置。

7.5.4 厂区不应设变压器检修间，但应为变压器就地或附近检修提供必要条件。

7.5.5 电气试验室设计应满足电测量仪表、继电器、二次接线和继电保护回路调试以及电测量仪表、继电器等机件修理要求。

7.5.6 自动化试验室不应布置在振动大、多灰尘、高噪声、潮湿和强磁场干扰的地方。其设备配置应满足工作仪表维修与调试的需要。

7.5.7 锅炉房、配电室的设计和建设应符合国家相关标准。

7.5.8 焚烧厂通讯设施应保证各生产岗位之间通讯联系和对外通讯的需要。

8 环境保护与劳动卫生

8.1 一般规定

8.1.1 危险废物焚烧过程中产生的烟气、残渣、恶臭、废水、噪声及其它污染物的防治与排放应贯彻执行国家现行的环境保护法规和标准。

8.1.2 焚烧厂建设应认真贯彻执行《中华人民共和国职业病防治法》，符合国家职业卫生标准。

8.1.3 制定危险废物焚烧厂污染物治理措施前应落实污染源的特性和产生量。

8.2 环境保护

8.2.1 烟气污染物的分类如表1所示。

表1 烟气中污染物分类

类别	污染物名称	符号
尘	颗粒物	PM
酸性气体	氯化物	HCl
	硫氧化物	SO_x
	氮氧化物	NO_x
	氟化氢	HF
	一氧化碳	CO
重金属	汞及其化合物	Hg 和 Hg^{2+}
	铅及其化合物	Pb 和 Pb^{2+}
	镉及其化合物	Cd 和 Cd^{2+}
	其他重金属及其化合物	包括 Cu、Mg、Zn、Cr 等和非金属 As 及其化合物

续表

类别	污染物名称	符号
有机类	二噁英	PCDDs(Dioxin)
	呋喃	PCDFs(Furan)
	多氯联苯	PCBs
	多环芳烃、氯苯和氯酚等其他有机碳	TOC

8.2.2 应对焚烧工艺过程进行严格控制，抑制烟气中各种污染物的产生。对烟气必须采取综合处理措施，其烟气排放应符合国家《危险废物焚烧污染控制标准》（GB 18484—2001）中的有关规定。

8.2.3 焚烧厂的废水经过处理后应优先回用。回用水质应符合国家《生活杂用水水质标准》（CJ 25.1—1989）。当废水需直接排入水体时，其水质应符合国家《污水综合排放标准》（GB 8978—1996）对应的最高允许排放浓度标准值。

8.2.4 残渣处理必须采取有效地防止二次污染的措施。

8.2.5 焚烧厂的噪声应符合国家《城市区域环境噪声标准》（GB 3096—1993）和《工业企业厂界噪声标准》（GB 12348—1990），对建筑物内设施直接噪声源控制应符合国家《工业企业噪声控制设计规范》（GBJ 87—1985）中的有关规定。

8.2.6 焚烧厂噪声控制应优先采取噪声源控制措施。厂区内各类地点的噪声控制宜采取以隔音为主，辅以消声、隔振、吸音综合治理措施。

8.2.7 焚烧厂恶臭污染物控制与防治应符合国家《恶臭污染物排放标准》（GB 14554—1993）中的有关规定。

8.2.8 焚烧线运行期间应采取有效控制和治理恶臭物质的措施。焚烧线停止运行期间应采取相应措施防止恶臭扩散到周围环境中。

8.2.9 焚烧厂的污染物排放、采样、环境监测和分析应遵照并符合《危险废物贮存污染控制标准》（GB 18597—2001）和《危险废物焚烧污染控制标准》（GB 18484—2001）中的有关规定。

8.3 职业卫生与劳动安全

8.3.1 焚烧厂的职业卫生应符合国家《工业企业设计卫生标准》（TJ 36—1979）、《生产过程安全卫生要求总则》（GB 12801—1991）和《关于生产性建设工程项目职业安全监察的暂行规定》中的有关规定。

8.3.2 焚烧车间、变压器室、储备仓库、燃油库按一级耐火等级设计，其它建（构）筑物的耐火等级不低于二级。消防器材的设置应符合国家《建筑灭火器配制设计规范》（GBJ 140—1997）中的有关规定，并定期检查、验核消防器材效用，及时更换。

8.3.3 焚烧厂的受压容器应按《压力容器设计规定》设计和检验，焚烧炉、余热锅炉等高温设备和管道均应设置保温绝热层。

8.3.4 所有正常不带电的电气设备的金属外壳均应采取接地或接零保护，厂区钢结构、排气管、排风管和铁栏杆等金属物应采用等电位连接。

8.3.5 主要通道处应设置安全应急灯。

8.3.6 各种机械设备裸露的传动部分或运动部分应设置防护罩，不能设置防护罩的应设置防护栏杆，周围应保持一定的操作活动空间，以免发生机械伤害事故。

8.3.7 各生产构筑物应设有便于行走的操作平台、走道板、安全护栏和扶手，栏杆高度和强度应符合国家有关劳动安全卫生规定。

8.3.8 在设备安装和检修时应有相应的保护设施。

8.3.9 存放易燃待处理物料的仓库应独立设置,不同物化性质的物料应分区存放。

8.3.10 储备仓库中储备易燃易爆物料的小间内的电气设备、灯具应采用防爆设备。

8.3.11 废物贮存和焚烧部分处理设备等应采取密闭措施,减少灰尘和臭气外逸。

8.3.12 所有产生作业粉尘、有毒有害物质的建筑物内应安装设备通风设备,并保持通风除尘、除臭设备设施完好。

8.3.13 在所有存在安全事故隐患的场所应设置明显的安全标志,其标志设置应符合国家《安全色》(GB 2893—1982)和《安全标志》(GB 2894—1996)中的有关规定。

8.3.14 焚烧厂应采取相应的避雷、防爆措施,其设计应符合国家《建筑物防雷设计规范》(GB 50057—2000)和《生产设备安全卫生设计总则》(GB 5083—1985)中的有关规定。

8.3.15 焚烧厂建设应采用有利于职业病防治和保护劳动者健康的措施。

8.3.16 职业病防护设备和防护用品应确保处于正常工作状态,不得擅自拆除或停止使用。

8.3.17 厂内应设置必要的更衣、沐浴、厕所等生活卫生设施。

9 工程施工及验收

9.1 建筑、安装工程应符合施工设计文件和设备技术文件要求。

9.2 施工安装使用的建筑材料和有关器件应符合国家有关标准和设计要求,并取得供货商的合格证明文件,严禁使用不合格产品。

9.3 工程的施工及验收应符合国家相关的标准和规范要求。

9.4 设备安装工程施工及验收应按我国现行的有关标准执行。对国外引进专用设备应按供货商提供的设备技术规范、合同规定及商检文件执行,并应符合我国现行国家或行业工程施工及验收标准要求。

9.5 焚烧线及其全部辅助系统与设备、设施试运行合格并具备运行条件时应及时组织工程验收。

9.6 工程验收应依据:主管部门的批准文件、批准的设计文件及设计变更文件、设备供货合同及合同附件、设备技术说明书和技术文件、专项设备施工验收规范、环境监测部门的监测报告及其他文件。

9.7 竣工验收应具备下列条件:

(1)按照批准的设计文件要求完成生产性建设工程和公用辅助设施建设并具备运行条件。未按期完成建设任务,但不影响焚烧厂运行的少量土建工程、设备、仪器等,在落实具体解决方案和完成期限后,可办理竣工验收手续。

(2)焚烧线、烟气净化及配套热能利用设施已安装完毕并带负荷试运行合格。废物处理量、炉渣热灼减率、炉膛温度、焚烧炉热效率、生产蒸汽参数、烟气污染物排放指标、设备噪声级、原消耗指标均达到有关设计标准。引进的设备、技术、按合同规定完成负荷调试、设备考核。

(3)焚烧工艺装备、工器具、原辅材料、配套件、协作条件及其他生产准备工作已适应运行要求。

（4）具备独立运行和使用条件的单项工程，可进行单项工程验收。

9.8 工程竣工验收前严禁焚烧线投入使用。

10 运营管理基本要求

10.1 运营管理总则

10.1.1 为实现危险废物集中焚烧处置厂科学管理、规范作业和安全生产，有效防止二次污染，达到危险废物无害化处置的目的，制定本运营管理要求。

10.1.2 本运营管理要求是对危险废物集中焚烧处置工程建设在焚烧厂运营管理方面的基本要求。

10.1.3 本运营管理要求适用于危险废物集中焚烧处置厂的运行、维护及安全管理。

10.1.4 焚烧厂的运行、维护及安全管理除应执行本要求外，还应符合国家现行有关标准规定。

10.2 运营条件

10.2.1 危险废物运营单位必须按照《危险废物经营许可证管理办法》获得许可证后方可运营；未取得危险废物经营许可证的单位不得从事有关危险废物集中处置活动。

10.2.2 必须具有经过培训的技术人员、管理人员和相应数量的操作人员。

10.2.3 具有完备的保障危险废物安全处理、处置的规章制度。

10.2.4 具有保证焚烧厂正常运行的周转资金和辅助原料。

10.2.5 具有负责危险废物处置效果检测、评价工作的机构和人员。

10.3 机构设置与劳动定员

10.3.1 焚烧厂运营机构设置应以精干高效、提高劳动生产率和有利于生产经营为原则，做到分工合理、职责分明。

10.3.2 焚烧厂工作制度宜采用四班工作制。

10.3.3 焚烧厂劳动定员可分为生产人员、辅助生产人员和管理人员。焚烧厂劳动定员应按照定岗定量的原则，根据项目的工艺特点、技术水平、自动控制水平、投资体制、当地社会化服务水平和经济管理的要求合理确定。

10.4 人员培训

10.4.1 焚烧厂应对操作人员、技术人员及管理人员进行相关法律法规和专业技术、安全防护、紧急处理等理论知识和操作技能培训。

10.4.2 培训内容应包括以下几个方面：

（1）一般要求

① 熟悉有关危险废物管理的法律和规章制度；

② 了解危险废物危险性方面的知识；

③ 明确危险废物安全卫生处理和环境保护的重要意义；

④ 熟悉危险废物的分类和包装标识；

⑤ 熟悉危险废物焚烧厂运作的工艺流程；

⑥ 掌握劳动安全防护设施、设备使用的知识和个人卫生措施；

⑦ 熟悉处理泄漏和其他事故的应急操作程序。

（2）危险废物焚烧处置操作人员和技术人员的培训还应包括：

① 危险废物接收、搬运、贮存和上料的具体操作和灰渣处理的安全操作；

② 处置设备的正常运行，包括设备的启动和关闭；

③ 控制、报警和指示系统的运行和检查，以及必要时的纠正操作；

④ 最佳的运行温度、压力、燃烧空气量，以及保持设备良好运行的条件；

⑤ 危险废物焚烧处置产生的排放物应达到的技术要求；

⑥ 设备运行故障的检查和排除；

⑦ 事故或紧急情况下人工操作和事故处理；

⑧ 设备日常和定期维护；

⑨ 设备运行及维护记录，以及泄漏事故和其他事件的记录及报告；

⑩ 技术人员应掌握危险废物焚烧处置的相关理论知识和处置设备的基本工作原理。

10.5 危险废物接收

10.5.1 危险废物接收应认真执行危险废物转移联单制度。

10.5.2 焚烧厂有责任协助运输单位对危险废物包装发生破裂、泄漏或其他事故进行处理。

10.5.3 危险废物现场交接时应认真核对危险废物的数量、种类、标识等，并确认与危险废物转移联单是否相符。

10.5.4 焚烧厂应对接收的废物及时登记。

10.6 交接班及运行登记制度

10.6.1 为保证焚烧厂生产活动安全有序进行，必须建立严格的交接班制度，内容包括：

（1）生产设施、设备、工具及生产辅助材料的交接；

（2）危险废物的交接；

（3）运行记录的交接；

（4）上下班交接人员应在现场进行实物交接；

（5）运行记录交接前，交接班人员应共同巡视现场；

（6）交接班程序未能顺利完成时，应及时向生产管理负责人报告；

（7）交接班人员应对实物及运行记录核实确定后签字确认。

10.6.2 焚烧厂应当详细记载每日收集、贮存、利用或处置危险废物的类别、数量、危险废物的最终去向、有无事故或其他异常情况等，并按照危险废物转移联单的有关规定，保管需存档的转移联单。危险废物经营活动记录档案和危险废物经营活动情况报告与转移联单同期保存。

10.6.3 当地环保行政主管部门和其他有关管理部门应依据这些准确信息建立数据库，为管理和处置危险废物提供可靠的依据。

10.6.4 焚烧厂生产设施运行状况、设施维护和危险废物焚烧处置生产活动等记录的主要内容包括：

（1）危险废物转移联单记录；

（2）危险废物接收登记记录；

（3）危险废物进厂运输车车牌号、来源、重量、进场时间、离场时间等记录；

（4）生产设施运行工艺控制参数记录；

（5）危险废物焚烧灰渣处理处置情况记录；

（6）生产设施维修情况记录；

（7）环境监测数据的记录；

（8）生产事故及处置情况记录。

10.7 安全生产和劳动保护

10.7.1 一般规定

10.7.1.1 焚烧厂在设计、施工和生产过程中，必须高度重视安全卫生问题，采取有效措施和各种预防手段，严格执行以下规范和标准：

（1）《中华人民共和国劳动法》

（2）《建设项目（工程）劳动安全监察规定》（劳动部第 3 号令）

（3）《建设项目（工程）职业安全卫生设施和技术措施验收办法》（劳安字〔1992〕1 号）

（4）《生产过程安全卫生要求总则》（GB 12801—1991）

（5）《生产设备安全卫生设计总则》（GB 5083—1999）

（6）《建筑设计防火规范》（GBJ 16—2001）

（7）《建筑灭火器配置设计规范》（GBJ 140—1997）

（8）《建筑内部装修设计防火规范》（GB 50222—2001）

（9）《爆炸和火灾危险环境电力装置设计规范》（GB 50058—1992）

（10）《爆炸危险场所电气安全规定》（劳人护〔1987〕36 号）

（11）《爆炸危险场所安全规定》（劳动部 1995）

（12）《建筑物防雷设计规范》（GB 50057—2000）

（13）《工业企业设计卫生标准》（GBZ 1—2002）

（14）《电气设备安全设计导则》（GB 4064—1983）

（15）《安全色》（GB 2893—1982）

（16）《安全标志》（GB 2894—1996）

（17）《企业职工劳动安全卫生教育管理规定》（劳部发〔1995〕405 号）

（18）《劳动防护用品配备标准（试行）》（国经贸安全〔2002〕89 号）

当上述标准和文件被修订时，应使用其最新版本。

10.7.1.2 建设单位必须在焚烧厂建成运行的同时，保证安全和卫生设施同时投入使用，并制定相应的操作规程。

10.7.2 安全生产

10.7.2.1 焚烧厂生产过程安全管理应符合国家《生产过程安全卫生要求总则》（GB 12801—1991）中的有关规定。

10.7.2.2 各工种、岗位应根据工艺特征和具体要求制定相应的安全操作规程并严格执行。

10.7.2.3 各岗位操作人员和维修人员必须定期进行岗位培训并持证上岗。

10.7.2.4 严禁非本岗位操作管理人员擅自启、闭本岗位设备，管理人员不允许违章指挥。

10.7.2.5 操作人员应按电工规程进行电器启、闭。

10.7.2.6 风机工作时，操作人员不得贴近联轴器等旋转部件。

10.7.2.7 建立并严格执行定期和经常的安全检查制度，及时消除事故隐患，严禁违章指挥和违章操作。

10.7.2.8 应对事故隐患或发生的事故进行调查并采取改进措施。重大事故及时向有关部门报告。

10.7.2.9 凡从事特种设备的安装、维修人员，必须经劳动部门专门培训并取得特种设备安装、维修人员操作证后才能上岗。

10.7.2.10 厂内及车间内运输管理，应符合《工业企业厂内运输安全规程》（GB 4387—1994）中的有关规定。

10.7.3 劳动保护

10.7.3.1 废物贮存和焚烧部分处理设备等应尽量密闭，以减少灰尘和臭气外逸。

10.7.3.2 尽可能采用噪声小的设备，对于噪声较大的设备，应采用减震消音措施，使噪声符合国家规定标准要求。

10.7.3.3 接触有毒有害物质的员工应配备防毒面具、耐油或耐酸手套、防酸碱工作服。

10.7.3.4 焚烧炉、余热锅炉、除尘系统等高温操作间应配置降温设施。

10.7.3.5 检修人员进入焚烧炉检修前应先对炉内强制输送新鲜空气并测定炉内含氧量，待含氧量大于19％后方可进入。检修人员在炉内检修时需佩戴防毒面具，同时炉外应有人监护。

10.7.3.6 进入高噪声区域人员必须佩戴性能良好的防噪声护耳器。

10.7.3.7 进行有毒、有害物品操作时必须穿戴相应种类专用防护用品，禁止混用；严格遵守操作规程，用毕后物归原处，发现破损及时更换。

10.7.3.8 有毒、有害岗位操作完毕，要将防护用品按要求清洁、收管，不得随意丢弃，不得转借他人；做好个人安全卫生（洗手、漱口及必要的沐浴）。

10.7.3.9 禁止携带或穿戴使用过的防护用品离开工作区。报废的防护用品应交专人处理，不得自行处置。

10.7.3.10 应配足配齐各作业岗位所需的个人防护用品，并对个人防护用品的购置、发放、回收、报废进行登记。防护用品要由专人管理，并定期检查、更换和处理。

10.7.3.11 工作区及其他设施应符合国家有关劳动保护的规定，各种设施及防护用品（如防毒面具）要由专人维护保养，保证其完好、有效。

10.7.3.12 对所有从事生产作业的人员应定期进行体检并建立健康档案卡。

10.7.3.13 应定期对车间内的有毒有害气体进行检测，若发生超标，应分析原因并采取相应措施。

10.7.3.14 应定期对职工进行职业卫生的教育，加强防范措施。

10.8 检测、评价及评估制度

10.8.1 定期对危险废物处置效果进行检测和评价，必要时应采取改进措施。

10.8.2 应定期对危险废物处置厂的设施、设备运行及安全状况进行检测和评估，消除安全隐患。

10.8.3 应定期对危险废物处置程序及人员操作进行安全评估，必要时采取有效的改进措施。

10.9 危险废物焚烧处置厂应急预案

危险废物焚烧处置厂应建立应急预案，应急预案内容至少应包括以下内容：

（1）危险废物贮存过程中发生事故时的应急预案；

（2）危险废物运送过程中发生事故时的应急预案；

（3）焚烧设施、设备发生故障、事故时的应急预案。

本技术规范用词说明

1. 为方便在执行本技术规范条文时区别对待，对于要求严格程度不同的用词说明如下：

（1）表示很严格，非这样做不可的：

正面词采用"必须"；反面词采用"严禁"。

（2）表示严格，在正常情况下均应这样做的：

正面词采用"应"；反面词采用"不应"或"不得"。

（3）表示允许稍有选择，在条件许可时首先这样做的：

正面词采用"宜"；反面词采用"不宜"。

表示有选择，在一定条件下可以这样做的，采用"可"。

2. 条文中指明应按其他有关标准执行的写法为："应……执行""应按……执行"或"应符合……中的有关规定（或要求）"。